Web开发技术丛书

高效前端
Web高效编程与优化实践
EFFECTIVE FRONT END

李银城 著

机械工业出版社
China Machine Press

图书在版编目（CIP）数据

高效前端：Web 高效编程与优化实践 / 李银城著 . —北京：机械工业出版社，2018.1
（2021.3 重印）
（Web 开发技术丛书）

ISBN 978-7-111-59021-7

I. 高⋯　II. 李⋯　III. 网页制作工具 – 程序设计　IV. TP393.092

中国版本图书馆 CIP 数据核字（2018）第 016715 号

高效前端：Web 高效编程与优化实践

出版发行：机械工业出版社（北京市西城区百万庄大街22号　邮政编码：100037）	
责任编辑：李　艺	责任校对：李秋荣
印　　刷：大厂回族自治县益利印刷有限公司	版　　次：2021年3月第1版第5次印刷
开　　本：186mm×240mm　1/16	印　　张：25.75
书　　号：ISBN 978-7-111-59021-7	定　　价：89.00元

凡购本书，如有缺页、倒页、脱页，由本社发行部调换
客服热线：（010）88379426　88361066　　　　投稿热线：（010）88379604
购书热线：（010）68326294　88379649　68995259　读者信箱：hzit@hzbook.com

版权所有・侵权必究
封底无防伪标均为盗版
本书法律顾问：北京大成律师事务所　韩光 / 邹晓东

Preface 前言

为何写作本书？

本书通过介绍前端的优化实践以达到高效编程之功效，这里并不是教你怎么用 CSS 的某个属性，如"display：grid"，或者怎么用 JS 的 ES6，而是重点教你一些前端的思想，如怎么提高用户体验，怎么写出简洁优美的代码等。注重思想而不注重形式，注重功底而不注重框架是本书的特色。本书有一大部分篇幅在介绍怎么提升编程的功底，怎么修炼内功，从而达到高效编程的目的。

全书以问题为导向，例如有些页面为什么打开会比较卡顿，从怎么解决这种问题，有哪些方法，这些方法的优缺点是什么，一步步由浅入深地分析和解决问题。学会解决问题，比学会知识更为重要。

本书主要内容

本书分为七章，第 1～4 章和第 7 章的实践性比较强，第 5 章和第 6 章注重基础。

第 1 章介绍如何使用浏览器提供的便利进行开发，能使用 HTML/CSS 解决的问题就不要使用 JS，因为用 HTML/CSS 解决一般会更加简单，用户体验也会更好。

第 2 章介绍怎么样写出简洁高效的 JS 代码，怎么组织代码逻辑，让代码更加优美，具有更好的扩展性。

第 3 章介绍页面整体的优化，包括怎么加快页面的打开速度，怎么避免页面的卡顿，怎么从一些细节之处提升用户的体验，怎么更好地使用调试工具。

第 4 章结合实际经验，介绍 HTML5 的一些实用技术，如使用 history 改善 AJAX 体验、图标字体和 SVG、裁剪压缩图片、如何做一个 PWA 应用等。

第 5 章回归技术基础，以 WebSocket、wasm、Web Workers 等 HTML5 的新技术为出发点回归到计算机基础，如网络协议、程序编译、多线程等。特别介绍了它们和前端的联系，只有掌握这些基础，才能更好地解决问题，做一个优秀的前端开发人员。

第 6 章讨论了诸如跨域、上传文件、CSS 布局等前端技术支柱，特别是有些很常用但却是前端知识盲点的部分。

第 7 章介绍前端的单元测试与自动化测试，以及怎么使用可视化工具制作网页动画，还介绍了其他一些前端开发常用的工具，作为本书的一个补充内容。

在写作的过程中，我都是结合实际的经验进行阐述，并不像很多大学课本那样只讲理论。所以相对来说，本书看起来应该会比较生动，并且很多章节都是图文并茂的。

本书读者对象

本书适用于以下读者对象：
- 具有一定的前端基础，想要找一本高阶的、能提升水平的书；
- 刚毕业，没有什么实践经验，需要一本有实践指导作用的书；
- 已经工作了，想要学习一下其他人的前端开发经验；
- 不是做前端开发，但是有编程基础，想要深入理解前端是怎么运作的，或者是想加深理解 HTTP 之类的计算机基础知识。

如何阅读本书

如果你一点编程经验都没有，可能不太适合阅读本书，你要是不知道什么是变量，什么是 HTML，应该先读一些编程入门书籍。

读者可以从头看到结尾，我相信每一篇看完都会有收获的。或者有针对性地看，例如，你觉得自己在计算机基础里的网络协议、数据结构算法等方面比较薄弱，可以直接看第 5 章；如果你对 HTML5 比较感兴趣可以直接看第 4 章。在阅读的过程中，建议读者都实际操作一遍，而不仅仅是当作睡前读物，因为只有自己动手实践才能识别书中的真伪并且加深理解。所以本书不提供相关源码等资源，读者可自行根据书中描述动手练习。

致谢

在本书的写作和出版过程中得到了很多人的帮助，感谢我的家人对我写作的支持和鼓励，感谢人人网同事在写作过程中提出的建议和对错误的修正,感谢机械工业出版社华章分社对本书出版付出的努力,特别是杨福川编辑对本书的策划以及李雷鸣老师的认真审阅、还要感谢阮一峰、大漠老师在百忙之中审阅本书、认可本书,并为本书写推荐语。

由于水平有限,书里难免会有一些不足和错误的地方,虽经过几番修改,可能还会有些许问题,欢迎读者朋友对本书的内容积极讨论,提出意见。我的邮箱是 liyincheng@m.scnu.edu.cn。

李银城

2017 年 12 月 17 日

目录 Contents

前言

第1章 HTML/CSS优化 ········· 1

Effective 前端 1：能用 HTML/CSS 解决的问题就不要用 JS ········· 2

Effective 前端 2：优化 HTML 标签 ······ 16

Effective 前端 3：用 CSS 画一个三角形 ·········· 22

Effective 前端 4：尽可能地使用伪元素 ··········· 28

第2章 JS优化 ············ 34

Effective 前端 5：减少前端代码耦合 ····· 34

Effective 前端 6：JS 书写优化 ·········· 47

第3章 页面优化 ··········· 59

Effective 前端 7：避免页面卡顿 ········· 59

Effective 前端 8：加快页面打开速度 ····· 67

Effective 前端 9：增强用户体验 ········· 85

Effective 前端 10：用好 Chrome Devtools ············ 91

第4章 HTML5优化实践 ······· 109

Effective 前端 11：使用 H5 的 history 改善 AJAX 列表请求体验 ········ 109

Effective 前端 12：使用图标替代雪碧图 ············ 118

Effective 前端 13：理解和使用 CSS3 动画 ············· 128

Effective 前端 14：实现前端裁剪压缩图片 ············· 136

Effective 前端 15：实现跨浏览器的 HTML5 表单验证 ·········· 145

Effective 前端 16：使用 Service Worker 做一个 PWA 离线网页应用 ······ 151

第5章 前端与计算机基础 ······· 164

Effective 前端 17：理解 WebSocket 和 TCP/IP ············ 164

Effective 前端 18：理解 HTTPS 连接的前几毫秒发生了什么 ······ 185

Effective 前端 19：弄懂为什么 0.1+ 0.2 不等于 0.3 ··········· 203

Effective 前端 20：明白 WebAssembly 与程序编译 ·············· 209
Effective 前端 21：理解 JS 与多线程 ··· 221
Effective 前端 22：学会 JS 与面向对象 ·············· 231
Effective 前端 23：了解 SQL ·········· 248
Effective 前端 24：学习常用的前端算法与数据结构 ·············· 266

第6章　掌握前端基础 ·············· 293

Effective 前端 25：掌握同源策略和跨域 ·············· 293
Effective 前端 26：掌握前端本地文件操作与上传 ·············· 301

Effective 前端 27：学会常用的 CSS 居中方式 ·············· 312
Effective 前端 28：学会常用的 CSS 布局技术 ·············· 322
Effective 前端 29：理解字号与行高 ··· 329
Effective 前端 30：使用响应式开发 ··· 338
Effective 前端 31：明白移动端 click 及自定义事件 ·············· 346
Effective 前端 32：学习 JS 高级技巧 · 357

第7章　运用恰当的工具 ·············· 374

Effective 前端 33：前端的单元测试与自动化测试 ·············· 374
Effective 前端 34：使用 AE + bodymovin 制作网页动画 ·············· 392

第 1 章 Chapter 1

HTML/CSS 优化

切图是作为前端的一项基本技能，切图切得好，能够简化后续写 JS 的逻辑，有些交互甚至不用写 JS 就能完成。一方面 HTML/CSS 越来越强大了，另一方面 HTML/CSS 是浏览器提供的特性，只要写几个标签、写几行样式，一个好看的排版就出来了。善于使用浏览器提供的便利进行开发，能够简化代码，提高编程效率。

一般人都认为切图就是静态的，是死的，其实不然，一个好的切图除了好看之外，应该还要具备良好的交互性，是活的。而这不需要借助 JS 也能实现，而且比写 JS 更加方便。

不过也有人认为切图是比较低端的活儿——传说中程序员的鄙视链，写 C 的鄙视写 C++ 的，写 C++ 的鄙视写 Java 的，写 Java 的鄙视那些认为 HTML/CSS 是一门编程语言的人，如图 1-1 漫画所示。

图 1-1 程序员的鄙视链（图片来自网络）

所以切图真得是很低端的工作吗？其实不然。

有人向大师提问，如何成为一名优秀的小提琴家，大师回答，先成为一名优秀的人，再成为一名优秀的音乐家，最后再成为一名优秀的小提琴家。而怎么成为一名优秀的前端？我认为要先成为一名优秀的人，然后再成为一名切图优秀的前端，最后再成为一名优秀的前端。这个类比虽然有点牵强，但是切图确实是一门技术活。

切图有三境界：第一境界——长得好看，长得好看方能让人有兴趣去了解你的思想；

第二境界——灵活,可根据数据长短扩展,维护方便;第三境界——友好的交互和用户体验,例如能否自动监听回车提交。

Effective 前端 1:能用 HTML/CSS 解决的问题就不要用 JS

为什么说能使用 HTML/CSS 解决的问题就不要使用 JS 呢?两个字,因为简单。简单就意味着更快的开发速度,更小的维护成本,同时往往具有更好的体验,下面介绍几个实例。

导航高亮

导航高亮是一种很常见的需求,包括当前页面的导航在菜单里面高亮和 hover 时高亮。你可以用 JS 控制,但其实用一点 CSS 技巧就可以达到这个目的,而不需要使用 JS。如图 1-2 和 1-3 所示。

图 1-2   HOME 菜单高亮

图 1-3   EVALUATION 菜单高亮

在正常态时,每个导航的默认样式为代码清单 1-1 所示:

代码清单 1-1   未选中态菜单是暗的

```
nav li{
    opacity: 0.5;
}
```

而在选中态即当前页面时,导航不透明度为 1。为了实现这个目的,首先通过 body 给不同的页面添加不同的类,用于标识不同的页面,如代码清单 1-2 所示:

代码清单 1-2   不同页面 body 的 class 不一样

```
<!-- home.html -->
<body class="home"></body>
<!-- buy.html -->
<body class="buy"></body>
```

所有的 li 也用 class 标识,为了有一个一一对应的关系,如代码清单 1-3 所示:

代码清单1-3　导航li的class

```
<li class="home">home</li>
<li class="buy">buy</li>
```

然后就可以设置当前页面的样式，覆盖掉默认的样式，如代码清单1-4所示：

代码清单1-4　通过body和li的类建立起一一对应的关系

```
body.home nav li.home,
body.buy nav li.buy{
    opacity: 1;
}
```

这样，如果当前页面是home，则body.home nav li.home这条规则将生效，home的导航高亮。

这个技巧在《精通CSS》这本书里面有提及。如果你用JS控制，那么在脚本加载好之前，当前页面是不会高亮的，而当脚本加载好之后会突然高亮。所以这种情况下用JS吃力不讨好。

同时，hover时的高亮可以用CSS的:hover选择器实现，如代码清单1-5所示：

代码清单1-5　hover高亮

```
nav li:hover{
    opaciy: 1;
}
```

加上:hover选择器后的优先级将会高于原本的优先级，鼠标hover的时候将会覆盖默认样式，即高亮生效。

你也可以用JS的mouse事件实现此功能，但JS会在mouseover的时候添加一个类，mouseleave的时候移除掉这个类，这样就变复杂了，而用CSS甚至可以兼容不支持JS的浏览器，所以，推荐使用CSS。一个纯展示的静态页面，为啥要写JS呢，是吧。

注意这个hover选择器特别好用，几乎适用于所有需要用鼠标悬浮时显示的场景。

鼠标悬浮时显示

鼠标悬浮的场景十分常见，例如导航菜单，如图1-4所示，当鼠标hover到某个菜单时，它的子菜单就显示出来：

图1-4　hover菜单时显示下拉选项

还有像在地图里面，鼠标悬浮到某个房子图标时，显示这个房子的具体信息，如图 1-5 所示。

图 1-5　hover 图标时显示它的具体信息

这类场景的实现，一般要把隐藏的对象如子菜单、信息框作为 hover 目标的子元素或者相邻元素，才方便用 CSS 控制，例如，上面的菜单是把 menu 当作导航的一个相邻元素，HTML 结构如代码清单 1-6 所示：

代码清单 1-6　菜单 menu 紧挨着 user

```html
<li class="user">用户</li>
<li class="menu">
    <ul>
        <li>账户设置</li>
        <li>登出</li>
    </ul>
</li>
```

menu 在正常态下是隐藏的，如代码清单 1-7 所示：

代码清单 1-7　菜单默认隐藏

```css
.menu{
    display: none;
}
```

当导航 hover 时结合相邻选择器，把它显示出来，如代码清单 1-8 所示：

代码清单 1-8　hover 时把相邻的 sub-menu 显示出来

```css
.user:hover + .menu{
    display: list-item;
}
```

注意这里使用了一个相邻选择器，这也是上面说的为什么要写成相邻的元素。而 menu 的位置可以用 absolute 定位。

同时，menu 本身 hover 的时候也要显示，否则鼠标一离开导航的时候，菜单就消失了，如代码清单 1-9 所示：

代码清单 1-9　menu hover 时也要显示

```
.menu:hover{
    display: list-item;
}
```

这里会有一个小问题，即 menu 和导航需要挨在一起，如果中间有空隙，上面添加的菜单 hover 就不能发挥作用了，但是实际情况下，从美观的角度，两者是要有点距离的。这个其实也好解决，只要在 menu 上面再画一个透明的区域就好了，如图 1-6 中选中的方块。

可以用 before/after 伪类用 absoute 定位实现，如代码清单 1-10 所示：

图 1-6　填充空白区域

代码清单 1-10　使用 before 画小蓝块

```
ul.menu:before{
    content: "";
    position: absolute;
    left: 0;
    top: -20px;
    width: 100%;
    height: 20px;
}
```

这样鼠标往下移的时候就会马上 hover 到 menu 身上，而不会因为中间的空白导致 menu 出不来了。

如果既写了 CSS 的 hover，又监听了 mouse 事件，用 mouse 控制显示隐藏，双重效果会有什么情况发生？如果按正常思路，在 mouse 事件里面 hover 的时候，添加了一个 display: block 的 style，会覆盖掉 CSS 的设置。也就是说，只要 hover 一次，CSS 的代码就不管用了，因为内联样式的优先级会高于外联的。但是实际情况下会有意外发生，那就是在移动端 Safari 上面，触摸会触发 CSS 的 hover，并且这个触发会很高概率地先于 touchstart 事件，此时会先判断当前是显示还是隐藏的状态，由于 CSS 的 hover 发挥了作用，所以判断为显示，然后又把它隐藏了。也就是说，点一次不出来，要点两次。所以最好别两个同时写。

第二种方法，使用子元素，这个更简单。把 hover 的目标和隐藏的对象当作同一个父容器的子元素，然后 hover 写在这个父容器上面就可以了，不用像上面那样，隐藏的元素本身也要写个 hover。如代码清单 1-11 所示：

代码清单 1-11　marker hover 时把它的子元素 detail-info 放出来

```
.marker-container .detail-info{
    display: none
}
.marker-container:hover .detail-info{
    display: block
}
```

自定义 radio/checkbox 的样式

我们知道，使用原生的 radio/checkbox 是不可以改变它的样式的，得自己用 div/span 去画，然后再去监听单击事件。但是这样需要自己去写逻辑控制，例如实现 radio 按钮单选的功能，另外没有办法使用原生 radio 的 change 事件，没有用原生的来得方便。

但是实际上可以用一点 CSS3 的技巧实现自定义的目的，如图 1-7 所示，就是用原生 radio 实现的。

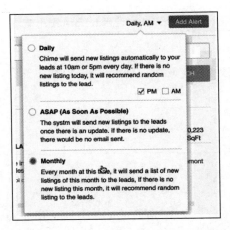

图 1-7　左边的圆框和上面的方框都是用原生实现的

这主要是借助了 CSS3 提供的一个伪类 :checked，只要 radio/checkbox 是选中状态，这个伪类就会生效，因此可以利用选中和非选中这两种状态，去切换不同的样式。代码清单 1-12 是把一个 checkbox 和一个用来自定义样式的 span 写在一个 label 里面，同时 checkbox 始终隐藏。

代码清单 1-12　实现自定义单选、多选按钮样式

```
<style>
input[type=checkbox]{
    display: none;
}
/* 未选中的 checkbox 的样式 */
```

```
.checkbox{
    /* 实现略 */
}
</style>
<label>
    <input type="checkbox">
    <span class="checkbox"></span>
</label>
```

写在 label 里面是为了能够在单击 span 的时候改变 checkbox 的状态。最后，再改一下选中态的样式即可，如代码清单 1-13 所示：

代码清单 1-13　选中时，把单选框的样式加上一个勾

```
input[type=checkbox]:checked + .checkbox{
    /* 实现略 */
}
```

注意，这一步很关键，添加一个打勾的背景图也可以，使用图标字体也可以（我们将在第 4 章介绍图片字体）。:checked 兼容性还是比较好的，只要你不需要兼容 IE8 就可以使用，换句话说只要你可以用 nth-of-type，就可以用 :checked。

多列等高

多列等高的问题是这样的，排成一行的几列由于内容长短不一致，导致容器的高度不一致，如图 1-8 所示。

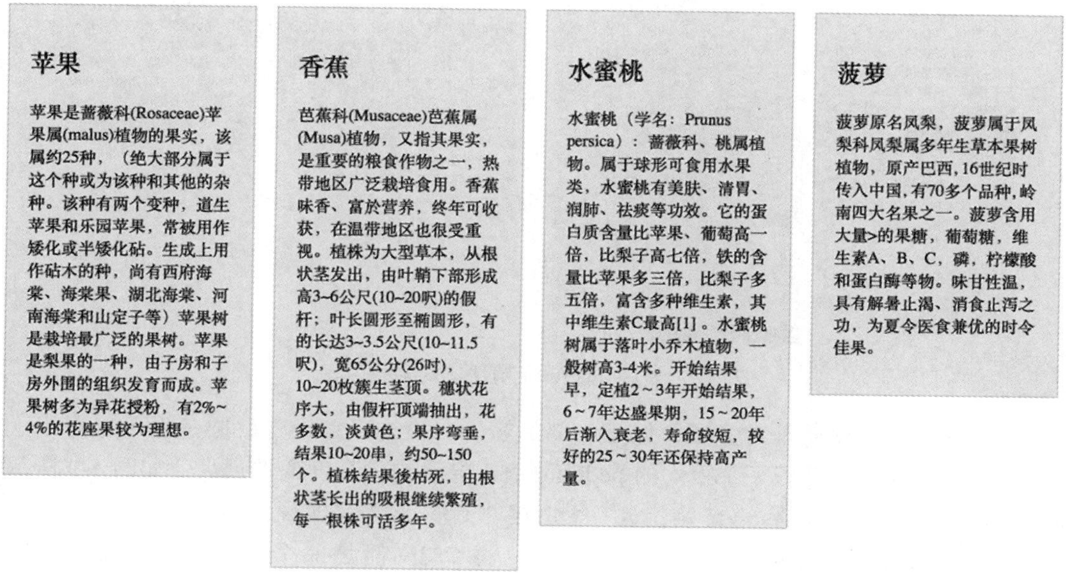

图 1-8　多列排列时由于内容长短不一，导致各列对不齐

你可以用 JS 计算一下，以最高的一列的高度去设置所有列的高度，然而这会造成页面闪动，刚开始打开页面的时候高度不一致，然后突然又对齐了。解决办法主要有两种：

第一种是每列来一个很大的 padding，再来一个很大的负的 margin 值矫正回去，就对齐了，这种方法在《精通 CSS》里面提到过，如代码清单 1-14 所示：

代码清单 1-14　借助 margin/padding 实现等高对齐

```
<style>
    .wrapper > div{
        float: left;
        padding-bottom: 900px;
        margin-bottom: -880px;
        background-color: #ececec;
        border: 1px solid #ccc;
    }
</style>
<div class="wrapper">
    <div>column 1</div>
    <div>column 2</div>
    <div>column 3</div>
    <div>column 4</div>
</div>
```

效果如图 1-9 所示。

图 1-9　使用 margin 负值法实现多列等高

你会发现，这样做是对齐了，但是底部的 border 没有了，设置的圆角也不起作用了，究其原因，是因为设置了一个很大的 padding 值，导致它的高度变得很大，如图 1-9 所示。所以如果你想在底部用 absolute 定位放一个链接"更多>>"是实现不了的。

第二种办法是借助 table 的自适应特性，每个 div 都是一个 td，td 肯定是等高的，HTML 结构不变，CSS 改一下，如代码清单 1-15 所示：

代码清单 1-15　借助 td 实现多列等高

```
.wrapper{
    display: table;
    border-spacing: 20px;    /* td 间的间距 */
}

.wrapper > div {
    display: table-cell;
    width: 1000px;           /* 设置很大的宽度，table 自动平分宽度 */
    border-radius: 5px;      /* 这里设置圆角就正常了 */
}
```

对齐效果如图 1-10 所示。

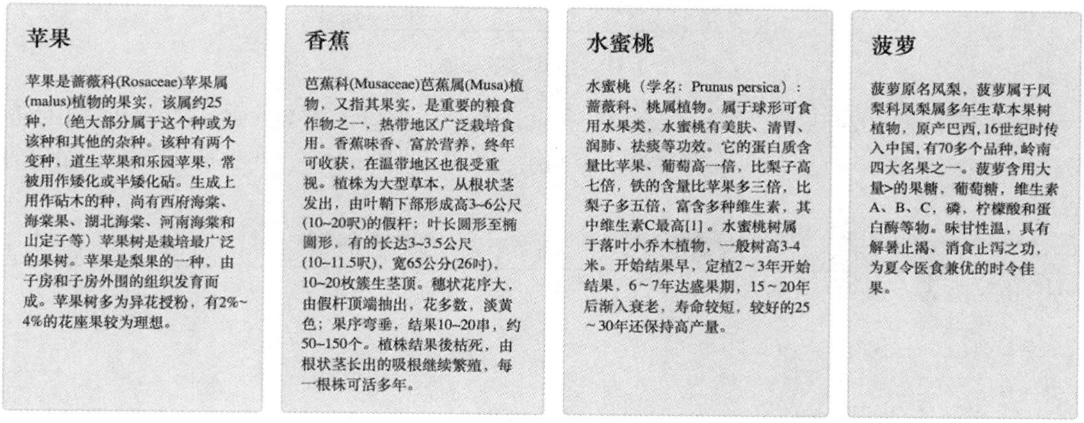

图 1-10　借助表格元素特性实现多列等高

这样还有一个好处，就是在响应式开发的时候，可以借助媒体查询动态地改变 display 的属性，从而改变排列的方式。例如在小于 500px 时，每一列占满一行，那么只要把 display: table-cell 覆盖掉就好了，如代码清单 1-16 所示：

代码清单 1-16　小屏时改成单列显示

```
@media (max-width: 500px){
    .wrapper{
        display: block;
    }
    .wrapper > div{
        display: block;
        width: 100%;
    }
}
```

效果如图 1-11 所示。

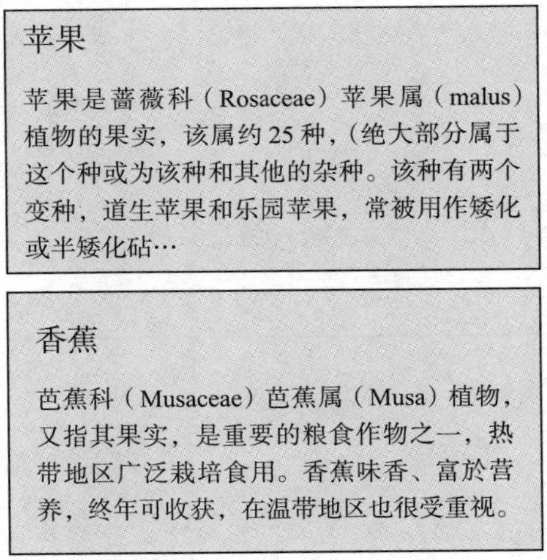

图 1-11 小屏时单列显示

如果在宽为 1024px 的设备上，希望一行显示两个，那应该怎么办呢？由于上面用的是 td，必定会排在同一行。其实可以在第二个和第三个中间加一个 tr，让它换行即可，如代码清单 1-17 所示：

代码清单 1-17 隔两个 div 加一个 tr

```
<div class="wrapper">
    <div>column 1</div>
    <div>column 2</div>
    <span class="tr"></span>
    <div>column 3</div>
    <div>column 4</div>
</div>
```

在大屏和小屏时，tr 是不显示的，而在中屏时，tr 是显示的，如代码清单 1-18 所示：

代码清单 1-18 通过媒体查询，改变 tr 的显示

```
.tr{
    display: none;
}
@media (max-width: 1024px) and (min-width: 501px){
    .tr{
        display: table-row;
    }
}
```

这样就能够实现在小屏时一行排两列了，只是这里有个小问题，就是在中屏拉到大屏的时候 tr 的 dipslay: none 已经没有什么作用，因为 table 的布局已经计算好。但是一般应该

不用考虑这种拉伸范围很大的情况，正常刷新页面是可以的，如果真要解决则要借助 JS。

需要根据个数显示不同样式

例如有 1～3 个 item 显示在同一行，但 item 的个数不一定，如果只有 1 个，那这个 item 占宽 100%，有 2 个时每一个占 50%，3 个时每一个占 33%，这个你也可以用 JS 计算一下，但是这样做比较繁琐，用 CSS3 就可以轻松解决这个问题，如代码清单 1-19 所示：

代码清单 1-19　借助 nth-last-child 实现个数区分

```
<style>
    li{
        width: 100%;
    }
    li:first-child:nth-last-child(2),
    li:first-child:nth-last-child(2) ~ li{
        width: 50%;
    }
    li:first-child:nth-last-child(3),
    li:first-child:nth-last-child(3) ~ li{
        width: 33%;
    }
</style>
<ul>
    <li>1</li>
    <li>2</li>
    <li>3</li>
</ul>
```

再考虑这样的情况，如图 1-12 所示。

当左边图标较多，手机的屏幕比较小时，一行排不下，要把右边的电话号换行，同时左边的竖线不要了，怎么实现？同样的，你也可以用 JS 算一下图标的个数，然后做些处理，但是这样也会引起闪动。此时可以借用代码清单 1-19 的办法轻松解决这个问题，感兴趣的读者可以尝试一下。

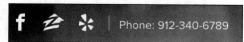

图 1-12　左边图标个数不定

借助一个 nth-last-of-type 有时候非常好用，特别是当你要实现**前向选择器**时。我们知道 CSS 是没有前向选择器的，而借助 nth-last-of-type 或者 nth-last-child 恰好弥补了这一点。

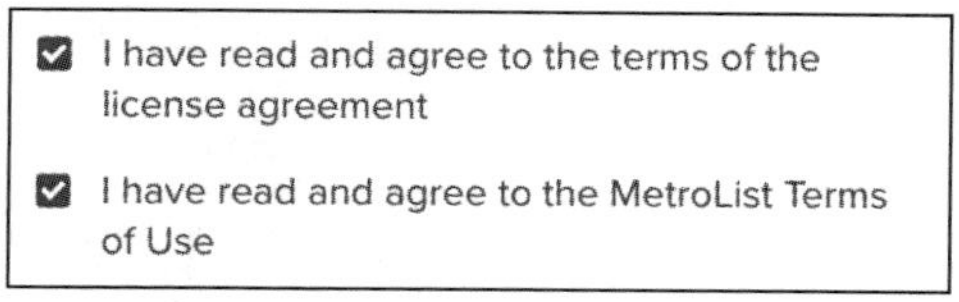

如图 1-13 所示，当有两个 terms 的时候，会只显示第二个，把第一个隐藏了：

图 1-13　有两个选择框的时候只能显示一个

如果要隐藏第二个 term，那么非常简单，用一个相邻选择器就可以实现，如代码清单 1-20 所示：

代码清单 1-20　用相邻选择器隐藏第二个 div

```
<style> .terms-box + .terms-box{ display: none } </style>
<div class="terms-box"></div>
<div class="terms-box"></div>
```

这个时候你会想，如果有一个反过来的选择器就好了，但是 CSS 没有一个前向选择器，无法直接隐藏第一个，这个时候用 nth-last-type 就可以实现，如代码清单 1-21 所示：

代码清单 1-21　隐藏掉第一个

```
.terms-box:nth-of-type(1):nth-last-of-type(2){
    display:none
}
```

当它是第一个元素，并且它是倒数第二个的时候就隐藏。这样就实现了有两个 term 的时候隐藏第一个，只有一个的时候不隐藏的目的。

使用表单提交

提交请求有两种方式，一种是 AJAX/fetch，另外一种是表单提交。很多人都知道 AJAX，但往往忽略了还有个 form 提交。

假设在首页有一个搜索的表单，单击 SEARCH 的时候就跳到列表页，如图 1-14 所示。

图 1-14　单击 SEARCH 按钮跳到搜索页面

你可以一个个去获取所有 input 的值，然后把它 encode 一下拼接到网址参数中，再做重定向。但是其实可以不用这样，用一个表单提交就好了，如代码清单 1-22 所示：

代码清单 1-22　用 form 实现自动跳转

```
<form id="search-form" action="/search">
    <input type="search" name="keyword">
    <input type="number" name="price">
</form>
```

将所有字段的名字写在 input 的 name 里面，然后 form 的 action 为搜索页的链接。这样不用一行 JS 代码就能够实现搜索跳转。

如果你需要做表单验证，那就监听 submit 事件做验证，验证通过后调用原生表单元素的 submit 函数就可以提交了，也不需要手动去获取 form 的值。

自动监听回车事件

这个场景是希望按"回车"的时候能够触发请求，像前文"使用表单提交"中提到的按"回车"实现跳转，或者是像图 1-15 所示的，按下"回车"就送一条聊天消息：

通常的做法是监听 keypress 事件，然后检查一下 keycode 是不是回车，如果是，则发送请求。

其实有个特别简单的办法，那就是把表单写在一个 form 里面，当按回车时会自动触发 submit 事件。读者可以自己试试。这就启示我们要用语义的 HTML 标签，而不是全部都用 div。如果用相应的 HTML 标签，浏览器会自动做一些优化，特别是对表单提交的 input。

图 1-15　按下"回车"时能触发动态请求

巧用 CSS3 伪类

CSS3 的伪类提供了状态切换特性，除了前面第 3 小节提到的 checked 之外，还有其他几个很好用的特性，例如 focus、invalid 等。

1）例如图 1-16 所示的效果：focus 的时候把左边的放大镜颜色加深。

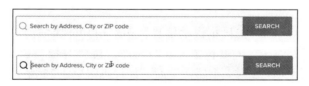

图 1-16　聚焦时左边的放大镜由灰变黑

这个可以借用 :focus 实现如代码清单 1-23 所示：

代码清单 1-23　用 focus 实现状态变化

```
<style>
    /* 正常状态为浅灰色 */
    .icon-search{
        color: #ccc;
    }
    /*input focus 时为深灰色 */
    input[type=search]:focus + .icon-search{
        color: #111;
    }
</style>
```

```
<input type="search">
<span class="icon-search"></span>
```

2）再如图 1-17 所示，如果用户输入不合法，则 Next 按钮是半透明不可点的状态：

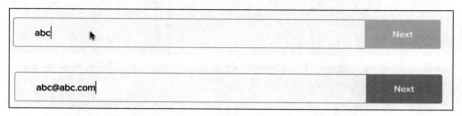

图 1-17　用户输入合法时，右边的按钮由半透明变为透明

实现这一步可以用 HTML5 的 input 和 CSS3 的 invalid，如代码清单 1-24 所示：

代码清单 1-24　使用 invalid 选择器改变样式

```
<style>
    input[type=email]:invalid + .next-step{
        opacity: 0.5;
    }
</style>
<input type="email">
<span class="next-step">Next</span>
```

通过 input 的 type 和 pattern 等属性约束合法性，然后触发 :invalid。

其他

当要实现一个 hover 的时候显示提示信息，如果用 title 属性觉得效果太弱，但是又不想用 JS 写，更不想引入一个 tooltip 第三方的大库，这个时候可以用 CSS3 的 attr 属性实现，将想要展示的提示文案放到一个属性里面，如代码清单 1-25 所示：

代码清单 1-25　把提示文案放到 data-title

```
<p>hello, <span data-title='Frontend Development'>FED</span></p>
```

然后添加样式，如代码清单 1-26 所示：

代码清单 1-26　鼠标 hover 时显示提示文案

```
span[data-title]{
    position: relative;
}
span[data-title]:hover:before{
    content: attr(data-title);
    position: absolute;
    top: -150%;
    left: 50%;
```

```
    transform: translateX(-50%);
    white-space: nowrap;
}
```

效果如图 1-18 所示。

上面框内的三角形是用一个 after 画的，我们将在"Effective 前端 3"讨论怎么画一个三角形。

上文介绍了很多不用 JS 实现的排版和交互效果，虽然 JS 是万能的，几乎可以做任何事情，但是有时候会显得十分笨拙，在 JS/HTML/CSS 三者间灵活地切换，往往会极大地简化开发，没有谁是最好的语言，只有适不适合。只要用得好，不管黑猫白猫，都是好猫。

图 1-18　用 CSS 控制 tooltip 的显示

前端问答

1. 不用兼容老的浏览器吗？我看你列的有一些是 CSS3 和 HTML5 的东西，在老浏览器上无法运行。

答：确实，如果你的项目需要兼容 IE8，那么确实不能用。你可能在开发一个供银行或者医院使用的网页，这些机构很多确实还在用 Windows XP 系统，使用 IE8。但是如果老想着要向下兼容，不去使用新技术，那么新技术如何发展？HTML5 已经发展了这么多年，你还不敢用，也不去了解，那就真得太浪费，太可惜了。

2. 自动表单提交那个例子说得不严谨，只有 form 里面有 input/select 元素的时候回车自动提交才管用？

答：这个确实，我之前也没注意到，不过你写 form，自然要有输入框，不然自动提交就没有内容了。

3. 第一点提到用 CSS 控制菜单的高亮和颜色，如果用户需要定义菜单的主题色，那又该如何？

答：使用 CSS 控制菜单的缺点是需要写很多 rule，一个页面就得写一个，有 20 个页面就得写 20 个，假设用户定义主题色则又得再写 20 个，覆盖掉默认的 20 个。所以这也是这种方法的缺点，使用 SASS 写 for 循环可以变得简单一点，但是由于 CSS3 中增加了原生变量，可定义一个主题色的变量，也就是说，如果没有规定主题色则用默认的颜色，如代码清单 1-27 所示：

代码清单 1-27　使用原生变量更改主题色

```
<style>
    /* :root 表示 这个变量是全局的，所有选择器都可以用 */
    :root{
        --theme-color: #a22926; /*变量需要用 -- 开头区分 */
    }
    body.home li.home{
```

```
        color: var(--theme-color, #505050);
    }
</style>
```

上面代码定义了一个 --theme-color 变量，然后通过 var() 函数实现，如果没有定义这个变量，则用后面默认的色值。这个时候我们的代码又变得优雅了。补充一点，Chrome/Safari/Firefox 等主流浏览器都已经支持 CSS 原生变量，Chrome 在 2016 年 3 月就已经提供支持了。

Effective 前端 2：优化 HTML 标签

有些人写页面会走向一个极端，几乎页面所有的标签都用 div，究其原因，用 div 有很多好处，最主要的是 div 没有默认样式，不会有 margin、background 等初始化设置，另外可能会觉得不用 div 还能用啥。所以很多页面一展开是 div，再展开还是 div，展开四、五层都是 div。如图 1-19 所示。

这样对用户来说虽然没什么区别，但是作为一名有追求的程序员，这种写法看起来是比较难受的。有些人虽然知道 HTML5 新增了很多标签，却并不想研究它们的用法，觉得用传统的 div 也挺好，何必去用兼容性不好的新东西。如果人人都这么想，新技术就不会发展了。有不一样或者更好的选择，当然要尝试下。

另外补充一点，这里并不是说使用 div 不好，该用 div 的地方还是得用 div，只是有其他更好的选择时应该选用其他的。

图 1-19　几乎都是 div

选用合适的标签

1. 文字

如果它是一段文字，那就用 p 标签，如果它是一个标题，那就用 h1 ~ h6 标签。下面的代码清单 1-28 则是一个不好的示例。

代码清单 1-28　不好的示例

```
<p class="title">你好，我是一个标题</p>
```

明明知道它是一个标题，为什么不用标题标签呢，如代码清单 1-29 所示：

代码清单 1-29　推荐的写法

```
<h2>你好我是一个真实的标题</h2>
```

这样可以让你的标签多样化，更加易读，并且有利于 SEO。

2. 表单

如果它是一个表单，那就用 form 吧。用 form 很多优点，在 Effective 1 一节中已经提到 from 可以实现自动表单提交，即通过写一个 form 的 action 就能实现自动搜索跳转，而不用自己去获取每个 input 的值，然后去拼接参数跳转，如代码清单 1-30 所示：

代码清单 1-30　使用 form 实现表单

```
<form id="search-form" action="/search">
    <input type="search" name="keyword">
    <input type="number" name="price">
</form>
```

除了这一点，form 还有一个很大的好处，当你用传统的 jQuery 选择器获取表单值的时候，如代码清单 1-31 所示：

代码清单 1-31　使用 jQuery 选择器获取表单元素

```
<div>
    <input id="user-name">
    <input id="password">
</div>
<script>
var userName = $("#user-name").val(),
    password = $("#password").val();
</script>
```

在这里，你为了获取两个表单数据，查了两次 DOM，假设你有 10 个，就得查 10 次，如果是 20 个呢，对性能就会有影响，特别是在移动端。但是如果你把 div 换成 form，情况就不一样了，如代码清单 1-32 所示：

代码清单 1-32　使用 form

```
<form id="register">
    <input name="user-name">
    <input name="password">
</form>
```

在获取表单数据时，可以这样用，如代码清单 1-33 所示：

代码清单 1-33　使用 form 的 key 值查找 input 元素

```
var form = document.forms.namedItem("register");
//var form = document.getElementById("register"); 或者这样写
```

```
var userName = form["user-name"].value,
    password = form.password.value;
```

只需要用原生的 form 属性就可以获取表单的 input，不用 jQquery，也不用查 DOM。但这样有个弊端，就是当哪个 name 的 input 不存在时，form.password 是 undefined，然后再获取 value 就出错了，但是这样早点暴露问题在某些情况下是不是更好呢？

如果你用 jQuery，还可以再增强一下，给表单对象添加一个函数，如代码清单 1-34 所示：

代码清单 1-34 添加一个自动获取所有表单元素的函数

```
$.fn.serializeForm = function()
{
    var o = {};
    var a = this.serializeArray();
    $.each(a, function() {
        // 如果存在两个 input 的 name 相同，则转成一个数组
        if (o[this.name] !== undefined) {
            if (!o[this.name].push) {
                o[this.name] = [o[this.name]];
            }
            o[this.name].push(this.value || '');
        } else {
            o[this.name] = this.value || '';
        }
    });
    return o;
};
```

这个函数的作用在于借助 jQuery 的 serializeArray 获取所有的表单数据，然后再转化成一个 Object，以后若需要获取这个表单的内容只需调一下如代码清单 1-35 所示的方法：

代码清单 1-35 很方便地获取表单数据

```
var userData = $("#user-form").serializeForm();
//userData: {"user-name": '', password: ''}
```

当然如果用前端框架，你可能使用的是另外一种方式，如 input 每次 change 的时候都记录一下。

3. HTML5 input

HTML5 提供了很多类型的 input，使用这些 input 有很多好处，浏览器会根据不同的 input 做出相应的优化，例如在 iPhone 上，使用不同的 input 会弹出不同的键盘，如图 1-20 所示。

即使在非 HTML5 浏览器也可以用，因为对不认识的 type，浏览器会把它当作默认的 text，唯一一个有兼容性的问题就是 IE8、IE9 会把不认识的 input 强制设置成 text，即一访

问页面，IE 会把 HTML 里面的 <input type="email"> 强制渲染成 <input type="text">，这样就导致你没办法用 CSS/JS 根据这个 type 控制，如代码清单 1-36 所示：

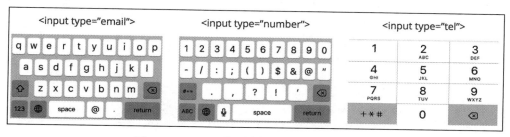

图 1-20　iPhone 弹不同类型的键盘，方便输入

代码清单 1-36　IE10 以下会强制渲染不认识的 input 为 text 类型

```
/* will not work on ie8/ie9 */
input[type=email]{

}
```

不过，动态设置的 type 是可以生效的。初始化渲染的时候会被处理掉，但是这个的影响应该不会很大。笔者还写了一个 HTML5 input 的表单验证插件，为了统一 HTML5 表单在各浏览器中处理不一致的问题，具体将在"Effective 15"中介绍。

还有一个小坑，就是 <input type="number"> 在 Chrome 下面是不允许输入逗号的，如果要支持输入逗号就不能用 number，可以改成 tel 之类的。

4. 其他

（1）如果内容是一个表格，那就用 table，table 有自适应的优点；如果是一个列表，就使用 ol/ul 标签，扩展性比较好；

（2）如果是加粗就用 b/strong，而不是自己手动设置 font-weight，这样做的好处是，当以后要更改字体时，只需要设置 b/strong 的 font-family，当然 font-face 也可以按照不同的 font-weight 设置不同的 font-family，但是用 strong 有强调的作用；

（3）如果是图片，那就用 img 标签，并且写上 alt，帮助 SEO 以及作为图片加载不出来时显示的帮助文案；同时还可以用 picture/srcset 做响应式图片；如果是背景图片才用 background-image；

（4）如果是输入框，就写个 input，而不是自己写个 p/div 标签再设置 contenteditable 属性，因为这样在 iOS Safari 上光标的定位容易出现问题，需要做特殊效果除外，如让输入框按文字内容高度自适应；

（5）如果是跳链，那就写个 a 标签，而不是自己用 JS 监听单击事件，然后自己做跳转。因为用 a 标签可以让搜索引擎爬取整个网站的内容，并且用 a 标签还有个好处，就是在手机端上滑的时候不会触发 touchstart；如果自己做跳转，就得用 click，手机上的交互用

touchstart 会更加自然。笔者习惯这样写，如代码清单 1-37 所示。

代码清单 1-37　使用 a 标签做跳转，并改变它的 display 属性

```
<ul>
    <li>
        <a style="display:block;color:inherit" href="/list?id=1">
            <img src="pic.jpg">
            <p>desc</p>
        </a>
    </li>
</ul>
```

（6）如果是按钮就应该写一个 button 或者 <input type="button">，而不是写一个 a 标签设置样式，因为使用 button 可以设置 disabled，然后使用 CSS 的 :disabled，还有 :active 等伪类，例如在 :active 的时候设置按钮的样式，产生一种被按下去的感觉；

（7）如果是分隔线就使用 hr 标签，而不是自己写一个 border-bottom 的样式，使用 hr 容易进行检查；

（8）如果是换行文本就应该使用 p 标签，而不是写 br，因为 p 标签可以用 margin 设置行间距，但是如果是长文本则应该使用 div，因为 p 标签里面不能有 p 标签，特别是当数据是后端给的，可能会带有 p 标签，所以这时容器不能使用 p 标签。

使用 HTML5 语义化标签

HTML5 新增了很多语义化标签，一个传统的 HTML4 的页面结构如代码清单 1-38 所示：

代码清单 1-38　传统的 HTML4 页面

```
<ul class="nav">
    <li></li>
</ul>
<div class="header"></div>
<div class="main">
    <div class="section"></div>
    <div class="section"></div>
</div>
<div class="footer"></div>
```

可以用 HTML5 的新标签改装一下，如代码清单 1-39 所示：

代码清单 1-39　使用 HTML5 标签

```
<nav></nav>
<header></header>
<main>
    <section></section>
    <section></section>
</main>
<footer></footer>
```

这样除了语义化的特点，更重要的是页面组织发生了根本变化，以前你在 HTML4 只能写一个 h1 标签，现在你可以写多个 h1 标签。因为 HTML5 的页面大纲不再只是根据 h1、h2 等标签进行划分，更多是根据页面的章节。

搜索引擎会把这个页面概括为以下大纲：

> Effective2
> 1. 使用合适的标签
>   1）使用 form
>   2）使用 a 标签
> 2. 使用 h5 标签

读者可以从这个网站：THML5 outliner⊖ 进行实验。这样有利于 SEO，屏幕阅读器也可以先获取这个大纲，让使用者决定有没有兴趣阅读。

上面我们用了 section 进行章节划分，除了 section 之外，还有 article、nav、aside，这四个标签可以互相嵌套划分层级关系，就像上面那样，section 又嵌套了 section，而且每一个层级都可以任意使用 h1～h5 标签，同一个层级根据标题标签的主次进行划分。

这四个标签和 div 的区别如下：
- div：作为一个普通的容器使用；
- section：作为一个普通的章节；
- article：适用于独立性较强的内容，如网页文章的主体就可以用 article 标签；
- nav：适用于导航内容；
- aside：可用作和页面主题相关的容器，像侧边栏、评论等辅助的元素。

本节无外乎在说一件事情——站在浏览器的肩膀上进行开发，因为前端是跟浏览器打交道的。这与"Effective 1"中提到的原理是相通的。

前端问答

1. HTML5 新标签的用法，每个人的理解是不一样，怎么知道你说的就是对的？

答：确实，中文版的 w3school 和英文版的 w3school 解释都不一样，例如对 article 的应用，中文版认为是引用外部的东西，英文版则认为是页面比较独立的模块。但是我觉得英文版是对的，我还看了《Dive into HTML5》，它也是这么说的。查了一下 W3C 文档⊖ 的解释：

The article element represents a complete, or self-contained, composition in a document, page, application, or site and that is, in principle, independently distributable or reusable, e.g. in syndication. This could be a forum post, a magazine or newspaper article, a blog entry, a user-submitted comment, an interactive widget or gadget, or any other independent item of content.

⊖ https://gsnedders.html5.org/outliner/
⊖ https://www.w3.org/TR/html5/sections.html#the-article-element

确实是对的。

2. 现在大家都在用各式各样的前端框架了，jQuery过时了吗？

答：我还是那句话，没有好与不好，只有合适与不合适。如果你用框架，那你应该花更多时间去研究这个框架，例如阅读它的源码，然后更高性能地使用它。如果你不用框架，只用原生或者jQuery，那你应该多花时间研究怎么更好地组织你的代码，更深入地了解浏览器的特性。这一方面，不管你用不用框架都应该去了解，只是如果你用了框架，它会帮你屏蔽掉了这些细节。

Effective 前端 3：用 CSS 画一个三角形

三角形的场景很常见，打开一个页面可以看到各种各样的三角形，如图1-21所示。

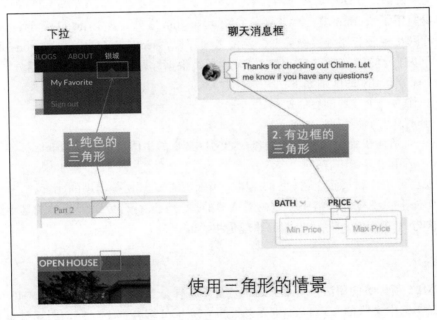

图1-21　三角形是页面的一个重要组成元素

由于div一般是四边形，要画个三角形并不是那么直观。你可以贴一张png，但是这种办法有点low；也可以用svg的形式，但是太麻烦。三角形其实可以用CSS画出来。如图1-21中提到，可以分为两种三角形：一种是纯色的三角形，第二种是有边框色的三角形。下面先介绍最简单的纯色三角形。

三角形的画法

三角形可以用border画出来，首先一个有四个border的div应该是这样的，如图1-22所示。

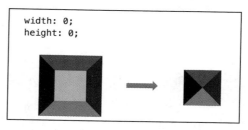

图 1-22　一个有 border 和宽高的 div

然后把它的高度和宽度去掉，剩下四个 border，就变成了图 1-23 所示的效果。

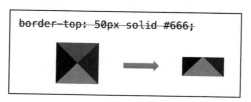

图 1-23　只有 4 个 border 的 div

再把 border-top 去掉，这样就把上面的区域给裁掉了，如图 1-24 所示。

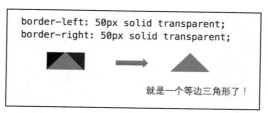

图 1-24　去掉一个 border

接下来，再让左右两边的 border 透明，就得到了一个三角形，如图 1-25 所示。

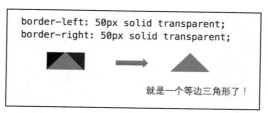

图 1-25　设置另外两边的 border 为透明

这里是用了底部的 border 作为三角形，如果要取左边 border，同理只需让上下两个 border 颜色为 transparent，同时不要右边的 border，如代码清单 1-40 所示：

代码清单 1-40　斜边在左边的三角形

```
border-top: 50px solid transparent;
border-bottom: 50px solid transparent;
border-left: 50px solid #000;
```

效果如图 1-26 所示。

图 1-26　斜边在不同位置的三角形

控制三角形的角度

上面画的三角形是一个直角三角形，而用得比较多的应该是等边三角形或者接近于等边三角形，那么怎样画一个等边三角形呢？

首先，保持 border-left 和 border-right 的大小不变，让 border-bottom 不断变大，观察一下形状是怎么变的，如图 1-27 所示。

图 1-27　底边从左到右依次变大

可以看到顶部的角度在不断变小，换句话说三角形的底边长不变，而高在不断变大，因为 border-bottom-width 其实就是三角形的高，如图 1-28 所示。

然后再做第二个实验，让 border-left 不断地变大，其他两个 border 保持不变，如图 1-29 所示。

图 1-28　border-width

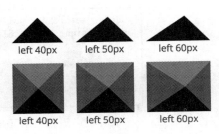

图 1-29　border-left 不断增大

通过上下对比，看出 border-left 变大增加了左边那条边的长度。由此可以想到，如果右边的 border-width 是 0 的话，那么它将是一个直角三角形，并且直角在右下角，如图 1-30 所示。

图 1-30　border-width 为 0

实现过程如代码清单 1-41 所示：

代码清单 1-41　直角边是横的和竖的三角形

```
border-left: 60px solid transparent;
border-right: 0 solid transparent;
border-bottom: 40px solid #000;
```

border-right 为 0，也就是 border-right 可以和 width、height 一样不用设置，只写两行代码即可。其中 border-left 决定了底部直角边的长度，而 border-bottom 决定了右边直角边的长度，刚好跟直观的想法相反。注意，这一点很重要。

同时，通过切换四个 border 的设置就可以控制直角边在不同的位置，例如想要直角边在右上角，则应该设置 border-left 和 border-top。

回到上面的问题，怎样画一个等边三角形？等边三角形的高是底边的 sqrt(3)/2 倍。经过上面的分析可以知道，底边是由 border-left 加上 border-right 的长度合起来的，而底边的高是 border-bottom，所以如果 border-bottom-width 是 40px，那么 border-left 和 border-right 的宽度都是 40px/sqrt(3) ≈ 23px，画出来的等边三角形如图 1-31 左所示，发现有点尖，所以稍微调整一下，左右宽度改为 40px * sqrt(2) / 2 ≈ 28px，约等于 28px。验证一下，效果如图 1-31 右所示。

图 1-31　等边三角形（左）和调整后的三角形（右）

到这里你可能会有一个疑问：上面取了约等，因为像素大小一般不取小数，这里是 28 个 px，舍掉的小数相对很小，但如果我画的三角形本来就比较小，像那种下拉的右边的三角形，此时舍去小数影响比较大，该怎么办？其实这个问题本身是无解的，因为你要画的区域就那么小，要想画个绝对等边或者绝能合适的三角形本身就有难度，就算用其他的办法也会有一样的困境。

画一个有边缘色的三角形

这种三角形很常见，特别是 tip 的提示框、聊天消息框等，如图 1-32 所示。

图中的三角形是用了一个图标字体实现，跟 svg 差不多，但是由于高度没有那么刚刚好，导致它看起来有点错位了。如果用 CSS 画，就不会有这种问题。

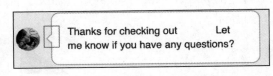

图 1-32　消息框左边的三角形

这种画法其实很简单，只是不容易想到——就是先画一个深色的三角形，然后再画一个同样大小白色的三角形盖在它上面，两个三角形错位两个像素，这样深色三角形的边缘就刚好露出一个像素。

首先画一个深色的三角形，如代码清单 1-42 所示：

代码清单 1-42　画一个深色的三角形

```
<style>
.chat-msg {
    width: 300px;
    height: 80px;
    border: 1px solid #ccc;
    position: relative;
}
.chat-msg:before{
    content: "";
    position: absolute;
    left: -10px;
    top: 34px;
    border-top: 6px solid transparent;
    border-bottom: 6px solid transparent;
    border-right: 10px solid #ccc;
}
</style>

<div class="chat-msg">hi, 亲</div>
```

效果如图 1-33 所示：

图 1-33　先画一个灰色的三角形

然后再画一个白色的三角形盖上去，错位两个像素，如代码清单 1-43 所示：

代码清单 1-43　画一个白色三角形

```
.chat-msg:after{
    content: "";
    position: absolute;
    left: -8px;
```

```
    top: 34px;
    border-top: 6px solid transparent;
    border-bottom: 6px solid transparent;
    border-right: 10px solid #fff;
}
```

效果如图 1-34 所示。

图 1-34　画一个稍微错位的白色三角形

这样就成功了，可以看到，这个三角形的效果明显比图 1-32 要好。

上面用的属性都是 CSS 2 最基本的属性，所以没有兼容性问题。

添加阴影

如果三角形要有阴影怎么办？可以用 filter 添加阴影效果，如代码清单 1-44 所示：

代码清单 1-44　借助 filter 添加阴影效果

```
.chat-msg {
    filter: drop-shadow(0 0 2px #999);
    background-color: #fff;
}
```

效果如图 1-35 所示。

图 1-35　添加阴影效果

除了画一个三角形之外，还可以画其他很多形状，像五边形、爱心等，详见 css-tricks[⊖]，但是这些方法由于借助了 transform 等属性，所以兼容性没有画一个三角形的好，并且大小也不好扩展。如果你需要改变它的大小，要么你知道它的原理，然后一个个去改各个构成的属性位置和大小，要么用 scale，但用 scale 会有文档流占用空间不一致的问题。所以这种比较复杂的 CSS 画法，实用性并不是很好，还不如用图标字体的方法，具体我们将在第 4 章"Effective 12"中介绍。

⊖　https://css-tricks.com/examples/ShapesOfCSS/

Effective 前端 4：尽可能地使用伪元素

伪元素是一个好东西，但是很多人都没怎么用，因为他们觉得伪元素比较诡异。其实使用伪元素有很多好处，最大的好处是它可以简化页面的 HTML 标签，同时用起来也很方便。善于使用伪元素可以让你的页面更加简洁优雅。

伪元素使用场景

伪元素一般是用于画图，特别是那种无关紧要的分隔线、点之类的小元素，如图 1-36 的线框所示。

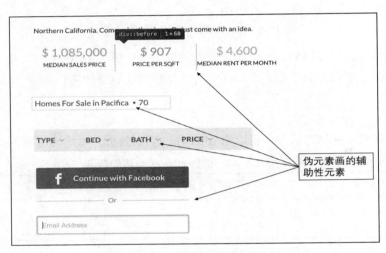

图 1-36　伪元素的使用场景示例

图 1-36 中第一张图的分隔线，就是用 before 画的。只需要给 div 套一个类，这个类写一个 before，那么相应的 div 就会带上分隔线，而不用每加一个内容，就得手动添加一个 span 来画那个分隔线。

什么是伪元素

伪元素是一个元素的子元素，并且是 inline 行内元素。给一个标签加上 before 和 after，用浏览器检查，如图 1-37 所示。

可以看到 before 成为了这个标签的第一个子元素，而 after 成为了它的最后一个子元素。

这样其实相当于，自己写了两个 span，如图 1-38 所示。

但是它跟 span 不太一样，**因为伪元素是伪的**，伪的意思就是说，你无法用 JS 获取到这个伪元素，或者增、删、改一个伪元素，所以伪元素的优点就体现在这里了——你可以用伪元素制造视觉上的效果，但是不会增加 JS 查 DOM 的负担，它对 JS 是透明的。所以即使你给页面添加了很多伪元素，也不会影响查 DOM 的效率。同时，它不是一个实际的 HTML 标签，可以加快浏览器加载 HTML 文件，对 SEO 也是有帮助的。

```
:before   (::before是html5的写法)
:after

<span class="drop-down">hello</span>

.drop-down:before{
    content: "";
}
.drop-down:after{
    content: "";
}
```

图 1-37　伪元素是一个元素的子元素

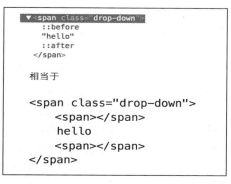

图 1-38　伪元素相当于 span

使用伪元素的案例：画分割线

像图 1-39 的这个 "or"：

图 1-39　or 两边带有分隔线

它的 HTML 结构如代码清单 1-45 所示：

代码清单 1-45　"or" 的代码结构

```
<p>or</p>
```

这就是一个 p 标签。左右两条线用 before 和 after 画出来，如代码清单 1-46 所示：

代码清单　1-46

```
.or{
    text-align: center;
}
.or:after,
.or:before{
    content: "";
    /* 注意把一个元素 absolute 定位后会强制把它变成块级元素 */
    position: absolute;
    top: 12px;
    height: 1px;
    background-color: #ccc;
    width: 200px
}
```

```
.or:after{
    right: 0;
}
.or:before{
    left: 0;
}
```

注意第 7 行代码，虽然 before 和 after 是一个行内元素，但是 absolute 定位后会把它强制 display:block，即使你再 dislay:table-cell 之类的也不管用。

假设还有其他地方需要用到这种线，那么我只要给那个标签套一个 or 的类就可以了，假设页面有 n 个相同的地方需要用到，那么页面就减少了 2n 个标签。一个页面会有很多视觉辅助性元素，这些元素都可以用伪元素画。

清除浮动

"大大有名"的清除浮动 clearfix 就是借助伪元素。何谓**清除浮动**——一个父元素的所有子元素如果都是浮动的，那么这个父元素是没有高度的，具体表现为：

（1）如果这个父元素的相邻元素是行内元素，那么这个行内元素将会在这个父元素的区域内见缝插针，找到一块放得下它的地方。

（2）如果相邻的元素是一个块级元素，那么设置这个块级元素的 margin-top 将会以这个父元素的起始位置作为起点。这相应地体现了浮动的两个特性：

❑ 浮动的元素不像 absolute 定位那样，**它并没有脱离正常的文档流，仍然占据正常文档流的空间**。其他元素将会围绕浮动的元素排列，浮动的元素就会占据着它们的背景和 border，一旦超出了浮动的影响范围，围绕着的元素将恢复正常的行宽，如图 1-40 所示：

❑ 浮动的元素虽然还在父容器的区域内排列，但它不会撑起父容器的高度，父容器的高度跟没有子元素一样都是 0px。为什么要这样设计呢，假设浮动元素撑起了父容器的高度，那么就不会有上面第 1 点的效果（两段文字环绕着一张图片环绕）了，要知

图 1-40　浮动的环绕效果

道浮动的出现是为了解决图片环绕文字的问题。我们将在第 6 章 "Effective 27" 中更详细地讨论浮动。

所以结合这两点，就可以解决高度塌陷的问题。目标是要把父容器的高度撑起来，考虑到浮动的元素并没有脱离正常文档流，而其他元素会围绕着它环绕，所以清除浮动最简单有效的办法就是让环绕的元素不可环绕，把它变成一把尺子，放在最后面，把所有浮动的元素顶起来，而这把尺子就是一个设置了 clear 的块级元素。因为块级元素会换行，并且设置它两边不能跟着浮动的元素，所以它就跑到浮动元素的下面去，就像一把尺子把浮动

元素的内容给顶起来了。这可以用一个 after 实现，因为 after 就是最后一个子元素，如代码清单 1-47 所示：

代码清单 1-47　清除浮动

```
.clearfix:after{
    content: "";
    display: table;
    clear:both;
}
```

行内元素默认是 inline 的，所以要改变它的 display，很多人都忽略了 before/after 是一个行内元素。

虽然这种清除浮动的方法也有缺点，但是它足够适合绝大多数的使用场景。

巧用伪元素做一些特殊效果

用伪元素一个很方便的地方是可以用 CSS 控制，因此可以通过动态地添加和删除一个类，或者是结合 :hover :active 等伪类做一些效果。

（1）例如图 1-42 所示的这种输入框，有两种状态：编辑和查看。如果是查看，则不可选且不可输入，直观的办法是把一个个 input 和 select 禁用掉，但是这样太麻烦了。一个很简单的办法就是画一个 after 把它覆盖上去就行了。

图 1-41　查看状态不可点

具体实现如代码清单 1-48 所示：

代码清单 1-48　用伪元素覆盖查看状态

```
form:after{
    content: "";
    position: absolute;
    left: 0;
    top: 0;
    width: 100%;
    height: 100%;
}
```

（2）还可以用伪元素展示文字，即设置它的 content，在前面 "Effective 1" 中已经介绍了一个 tooltip 的例子。我们可以用 content 做一些有趣的事情，例如图 1-42 所示的计数，没有用到一行 JS 代码。

图 1-42　CSS 计数

这里使用了 CSS 的计数器，结合伪元素，如代码清单 1-49 所示：

代码清单 1-49　用伪元素计数

```
<style>
.choose{
    counter-reset: fruit;
}
.choose input:checked{
    counter-increment: fruit;
}
.count:before{
    content: counter(fruit);
}
</style>
<div class="choose">
    <label><input type="checkbox">苹果</label>
    <label><input type="checkbox">香蕉</label>
</div>

<p>您选择了 <span class="count"></span> 种水果 </p>
```

（3）还有人做了些小游戏，例如下面这个 ASCII 编码的游戏[⊖]，一个 ASCII 编码由 8 位组成，通过打开不同的位，就会变成不同的字符，如图 1-43 所示。

图 1-43　通过打开不同的位变成不同的 ASCII 码

这个主要是结合 ::checked 和 counter，用 before/after 纯 CSS 实现的。

需要注意的是，img/input 等单标签是没有 before/after 伪元素的，因为它们本身不可以有子元素，如果你给 img 添加一个 before，那么会被浏览器忽略。

⊖　https://una.im/css-games

前端问答

1. 既然伪元素有这么多好处,是不是要用在所有能用到的地方上?

答:并不是,伪元素适用于那种页面辅助性的视觉元素,如果内容本身是正常的页面内容,那还是用正常的标签吧。不能仅仅只是出于节省一个标签的目的,走向另一个极端,全部都用伪元素。

2. 使用 JS 无法完全获取到伪元素?

答:并不是完全不行,getComputedStyle 是一个特例,因为它可以传第二个参数,以表示伪元素,如代码清单 1-50 所示,获取上面计数例子的值:

代码清单 1-50　获取计数

```
var style = window.getComputedStyle(document.querySelector('.count'), ':before');
var count = style.getPropertyValue("content"));
```

3. 现在有一种很流行的思想"CSS In JS",即要把 CSS 写到 JS 里面,由 JS 去写 CSS,最后转化成行内 style。这样每个组件的样式和逻辑对于外部系统来说都是独立的。而你这一篇甚至本章内容都在提倡 CSS 和 JS 要分工明确,这不是和这个思想相冲突?

答:既然问到了这个终极问题,我也谈谈我的看法。新进的框架要把 CSS/HTML 和 JS 写在一起,而原生的开发者们是要把它们分开,各司其职,这也是传统的 Web 开发思想。CSS 的优点,甚至可以说是魔法,在于它的简单易用,几个规则就可以写出很好看的排版、交互、动画,而当你用 JS 控制的时候,这个魔法就没有了,例如清除浮动就得给那个元素调用一个 API,和我直接套一个 clearfix 的类,差别还是挺大的。所以我还是偏向于这种简单、看似"低级"的开发模式。前端之所以这么流行,一个原因在于前端简单,容易入门,如果每个前端开发者都得先学一套复杂的环境和规则,并且按照这个规则去写代码,那么前端可能就没那么大的吸引力了。

本章小结

本章介绍了一些 HTML/CSS 的优化建议,它们是浏览器赋予的两把利器,用好它们可以让代码更加简洁优雅。前端技术发展保持了很大的活力,特别是 HTML5 和 CSS3 增加了很多实用的功能,浏览器的兼容性也越来越好了。

另外,各种第三方框架、工具的发展也是日新月异,使用它们可以帮助我们快速构建一个页面应用,但是别忘了"内功"的修炼,练好了功底,才能很快学习其他功夫和解决问题,这也是本书的目的和重点所在,所谓授人以鱼,不如授人以渔。

Chapter 2 第 2 章

JS 优化

上一章介绍了切图相关的优化建议，本章将介绍 JS 优化相关的内容。切图体现了你的细致和美感，而 JS 更加重视你的严谨与素质。有些人的代码排版上就比较乱，也没有注释，所以第一印象就不好，而另一些人的代码看起来就像写文章一样，行云流水，有轻有重，重点突出，一下子就让人知道他想要表达的意思。后者编码素质的养成不是一朝一夕的事情，需要在实践中不断地培养，一心想着要写出好代码，同时借鉴别人的经验。

本章将从两方面介绍一些优化的建议，一个是"灵魂"，一个是形式。

Effective 前端 5：减少前端代码耦合

什么是代码耦合？代码耦合的表现是改了一点毛发而牵动了全身，或者是想要改点东西，需要在一堆代码里面找半天。由于前端需要组织 JS/CSS/HTML，耦合的问题可能会更加明显，下面按照耦合的情况分别说明。

避免全局耦合

这应该是比较常见的耦合。全局耦合就是几个类、模块共用了全局变量或者全局数据结构，特别是一个变量跨了几个文件。例如下面代码清单 2-1 所示，在 HTML 文件里面定义了一个变量：

代码清单 2-1　在 HTML 文件中定义一个变量

```
<script>
    var PAGE = 20;
</script>
<script src="main.js"></script>
```

上面在 head 标签里面定义了一个 PAGE 全局变量，然后在 main.js 里面使用。这里的全局变量 PAGE 跨了两个文件，一个 HTML，一个 JS。在 main.js 里面突然冒出来了个 PAGE 变量，后续维护这个代码的人很容易找不到它的定义。这样就有点不清晰了，并且这样的变量容易和本地变量发生命名冲突。

这种场景还是比较常见的，它的优点是不用再发一次请求，获取数据。所以一般人通常会写个全局变量。使用起来比较简单，但是容易冲突，不利于维护。

所以如果需要把数据写在页面上的话，一种改进的办法是在页面写一个 form，数据写成 form 里面的控件数据，如代码清单 2-2 所示：

代码清单 2-2　在 HTML 定义全局变量

```html
<form id="page-data">
    <input type="hidden" name="page" value="2">
    <textarea name="list" style="display:none">[{"userName": ""yin"},{}]</textarea>
</form>
```

上面使用了 input 和 textarea，其中，使用 textarea 的优点是支持特殊符号。再把 form 的数据序列化，序列化也是比较简单的，可以查看第 1 章的"Effective 2：优化 HTML 标签"。

第二种方法是利用全局数据结构，即可能会使用模块化的方法，如代码清单 2-3 所示，先定义一个 data 的数据结构，然后在其他三个文件里面引入进来使用。

代码清单 2-3　用 data 存储数据，并跨文件使用

```js
//data.js
module.exports = {
    houseList: null
}

//search.js 获取 houseList 的数据
var data = require("data");
data.houseList = ajax();
require("format-data").format();

//format-data.js 对 houseList 的数据做格式化
function format(){
    var data = require("data");
    process(data);
    require("show-result").show();
}

//show-result.js 将数据显示出来
function show(){
    showData(require("data").houseList)
}
```

上面四个模块各司其职，乍一眼看上去好像没什么问题，但是它们都用了一个名为

data 的模块共用数据。这样确实很方便，但是这样就全局耦合了。因为用的同一个 data，所以你无法保证，其他人也会加载这个模块然后做些修改，或者是在你的某一个业务的异步回调也改了这个。第二个问题：你不知道这个 data 是从哪里来的，谁可能会对它做了修改，这个过程对于后续的模块来说都是不可见的。

所以这时应该考虑使用传参的方式，降低耦合度，把 data 作为一个参数传递，如代码清单 2-4 所示。

代码清单 2-4　使用传参的方式减少耦合

```
//去掉 data.js
//search.js 获取数据并传递给下一个模块
var houseList = ajax();
require("format-data").format(houseList);

//format-data.js 对 houseList 的数据做格式化
function format(houseList){
    process(houseList);
    require("show-result").show(houseList);
}

//show-result.js 将数据显示出来
function show(houseList){
    showData(houseList)
}
```

可以看到，search 里面获取到 data 后，交给 format-data 处理，format-data 处理完之后再给 show-result。这样就很清楚地知道数据的处理流程，并且保证了 houseList 不会被某个异步回调不小心改了。如果单独从某个模块来说，show-result 这个模块并不需要关心 houseList 经过了哪些流程和处理，它只需要关心输入是符合它的格式要求的就可以了。

此时你可能会有一个问题：这个 data 被逐层传递了这么多次，还不如像最上面的那样写一个 data 模块，大家都去改那里，岂不是简单了很多？对，这样是简单了，但是一个数据结构被跨了几个文件使用，就会出现我上面说的全局耦合问题，甚至出现一些意想不到的情况，到时候要是出 bug 可能得找很久。所以这种解耦是值得的，除非你定义的变量并不会跨文件，它的作用域只在它所在的文件，这样会好很多。当然，如果 data 是常量，data 里面的数据定义好之后值就再也不会改变了，这样也是可取的。

JS/CSS/HTML 的耦合

这种耦合在传统的前端开发里面最常见，因为这三者通常具有交集，需要使用 JS 控制样式和 HTML 结构。如果使用 JS 控制样式，很多人都喜欢在 JS 里面写样式，例如当页面滑动到某个地方后要把某个条吸顶，正常情况如图 2-1 所示。

页面滑到下面灰色的条再继续往下滑的时候，那个灰色条就要保持吸顶状态，如图 2-2 所示。

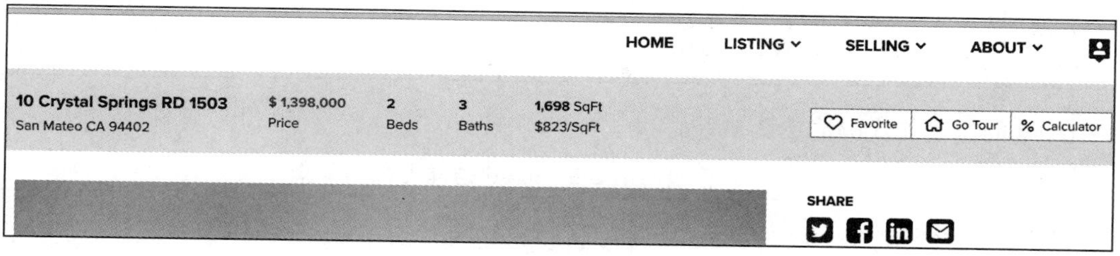

图 2-1　正常情况不吸顶

图 2-2　往下滑吸顶

可能不少人会这么写，如代码清单 2-5 所示。

代码清单 2-5　fixed 操作

```
$(".bar").css({
    position: fixed;
    top: 0;
    left: 0;
});
```

然后当用户往上滑的时候取消 fixed，如代码清单 2-6 所示。

代码清单 2-6　取消 fixed

```
$(".bar").css({
    position: static;
});
```

如果你用 React，你可能会设置一个 style 的 state 数据，其实都一样，都把 CSS 杂合到 JS 里面了。如果有人想要检查你的样式，想要给你改个 bug，他检查浏览器发现有个标签 style 里的属性，但是却找不到是在哪里设置的，最后发现是在某个 JS 的隐蔽角落设置了。你在 JS 里面设置了样式，而 CSS 文件里面也会有样式，在改 CSS 的时候，如果不知道 JS 里面也设置了样式，那么可能会发生冲突。

所以不推荐直接在 JS 里面更改样式属性，应该通过增删类来控制样式，这样，样式还是回归到 CSS 里面。例如上面可以改成代码清单 2-7：

代码清单 2-7　通过类来控制样式

```
// 增加 fixed
$(".bar").addClass("fixed");
```

```
// 取消 fixed
$(".bar").removeClass("fixed");
```

fixed 的样式如代码清单 2-8 所示：

代码清单 2-8　fixed 的样式

```
.bar.fixed{
    position: fixed;
    left: 0;
    top: 0;
}
```

可以看到，这样的逻辑非常清晰，并且回滚 fixed，不需要把它的 position 还原为 static，因为它不一定是 static，也可能是 relative。这种方式在取消一个类的时候，不需要去关心原本是什么，该是什么就会是什么。

但是有一种情况是避免不了的，就是监听 scroll 事件或者 mousemove 事件，动态地改变位置。

通过类来控制样式还有一个好处，就是当你给容器动态地增删一个类时，可以借助子元素选择器，用这个新加的类控制它的子元素的样式，非常方便。

和耦合相对的是内聚，写代码的原则是要低耦合、高内聚。所谓内聚就是说如果一个模块的职责功能十分紧密，不可分割，那么它就是高内聚的。下面我们先从重复代码说起。

减少重复代码

假设有一段代码在另外一个地方也要被用到，但又不太一样，那么最简单的方法当然是 copy 一下，然后改一改。这也是不少人采取的办法，这样就导致了：如果以后要改一个相同的地方就得同时改好多个地方，就很麻烦了。

例如有一个搜索的页面，如图 2-3 所示。

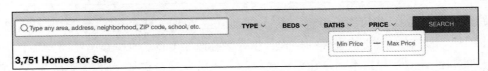

图 2-3　搜索页面

用户可以通过单击 search 按钮触发搜索，也可以通过单击下拉或者通过输入框的 change 触发搜索，所以你可能会这么写，如代码清单 2-9 所示：

代码清单 2-9　单击 search 进行搜索

```
$("#search").on("click", function(){
    var formData = getFormData();
    $.ajax({
        url: '/search',
```

```
        data: formData,
        success: function(data){
            showResult(data);
        }
    });
});
```

在 change 里面又重新发请求，如代码清单 2-10 所示：

代码清单 2-10　change 时触发搜索

```
$("input").on("change", function(){
    //把用户的搜索条件展示进行改变
    changeInputFilterShow();
    var formData = getFormData();
    $.ajax({
        url: '/search',
        data: formData,
        success: function(data){
            showResult(data);
        }
    });
});
```

change 里面需要对搜索条件的展示进行更改，和 click 事件不太一样，所以图一时之快就把代码 copy 了一下。但是这样是不利于代码维护的。上面是用 jQuery 实现的，如果你用框架也可能会出现同样的问题。

所以你可能会想到把获取数据和发请求的那部分代码单独抽离封装在一个函数中，然后两边都调一下，如代码清单 2-11 所示。

代码清单 2-11　把发请求处理分离成一个函数

```
function getAndShowData(){
    var formData = getFormData();
    $.ajax({
        url: '/search',
        data: formData,
        success: function(data){
            showResult(data);
        }
    });
}

$("#search").on("click", getAndShowData);
$("input").on("change", function(){
    changeInputFilterShow();
    getAndShowData();
});
```

但是，这个函数其实有点大，因为这里面要获取表单数据，还要对数据进行格式化，用做请求的参数。如果用户触发得比较快，还要记录上次请求的 xhr，在每次发请求前取消上一次的 xhr，并且可能对请求做一个 loading 效果，增加用户体验，还要对出错的情况进行处理。所以最好对 getAndShowData 继续拆分，你会很自然地想到把它分离成一个模块，一个单独的文件，叫作 search-ajax。所有发请求的处理都在这个模块里面统一操作。对外只提供一个 search.ajax 接口，传的参数为当前的页数即可。这时，所有需要发请求的地方都调一下这个模块的这个接口就好了。除了上面的两种情况，还有单击分页的情景。这样不管哪种情景都很方便，我不需要关心请求是怎么发的，结果是怎么处理的，我只要传一个当前的页数就好了。

再往下会发现，在显示结果那里，即代码清单 2-11 的第 7 行，需要对有结果、无结果的情况分别处理，所以又搞了一个函数叫作 showResult，这个函数有点大，它里面的逻辑也比较复杂，有结果的时候除了更新列表结果，还要更新结果总数、更新分页的状态。因此这个 showResult 函数难以担当大任。所以要把这个 show-result 也单独分离出一个模块，负责结果的处理。

到此，我们整个 search 的 UML 图应该是这样的，如图 2-4 所示。

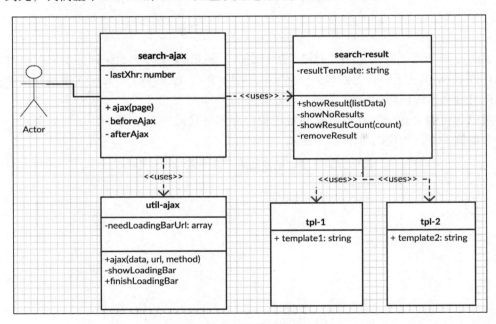

图 2-4　整个搜索模块的 UML 图

注意图 2-4 中把发请求又再单独封装成了一个模块，因为除了搜索发请求外，其他请求也可以用到。同时 search-result 会用到两个展示的模板。

由于不只一个页面会用到搜索的功能，所以再把上面继续抽象，把它封装成一个 search-app 的模块，需要用到的页面只需请求这个 search-app，调用一下它的 init 函数，然后传些定制的参数就可以了。这个 search-app 就相当于一个搜索的插件。

所以整个思路是这样的：出现了重复代码 → 封装成一个函数 → 封装成一个模块 → 封装成一个插件，抽象级别不断提高，将共有的特性和有差异的地方分离出来。当你走在抽象与封装路上的时候，应该也是走在了大神的路上。

当然，如果两个东西并没有共同点，但是你硬要搞在一起，那是不可取的。

我这里说的封装并不是说，你一定要使用 requirejs、ES6 的 import 或者 webpack 的 require，关键在于你要有这种模块化的思想，不管你用的是哪一个工具，只要你有这种抽象的想法，那都是可取的，当然使用这些工具可能会促进你模块化的思想。

模块化的极端是拆分粒度太细，一个简单的功能，明明十行代码就可以搞定的事情，硬是写了七、八层函数栈，每个函数只有两、三行。这样除了把你的逻辑搞得太复杂之外，并没有太多的好处。当出现了重复代码，或者是一个函数太大、功能太多，又或是逻辑里面写了三层循环又嵌套了三层 if，再或是你预感到你写的这个东西其他人也可能会用到时，才适合考虑模块化，进行拆分。

上面不管是 search-result 还是 search-ajax，它们在功能上都是高度内聚的，每个模块都有自己的职责，不可拆分，这在面向对象编程里面叫作**单一责职原则**，一个模块只负责一个功能。

再举一个例子，在第 4 章 "Effective 14" 里会介绍一个上传裁剪的实现，这里面包含裁剪、压缩上传、进度条三大功能，所以把它拆成三个模块，如图 2-5 所示。

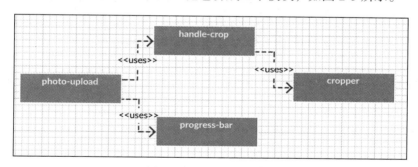

图 2-5　一个裁剪的功能

这里提到的模块大部分是一个单例的 object，一般不去实例它就可以满足大部分的需求。在这个单例的模块里面，它自己的"私有"函数一般是通过传参调用，但是如果需要传递的数据比较多，就有点麻烦了，这个时候可以考虑把它封装成一个类。

封装成一个类

在图 2-5 中的进度条 progress-bar，一个页面里可能有几个需要上传功能的地方，每个上传的地方都会有进度条，每个进度条都有自己的数据。面对如此多的数据，就不能像在前文说的，在一个文件的最上面定义一些变量供这个模块里面的函数共用，通过传递参数的形式，即在最开始调用的时候定义一些数据，然后一层一层地传递下去。

所以稍微变通一下，把 progress-bar 封装成一个类，如代码清单 2-12 所示。

代码清单 2-12 ProgressBar 构造函数初始化一些数据

```
function ProgressBar($container){
    this.$container = $container;     //进度条外面的容器
    this.$meter = null;               //进度条可视部分
    this.$bar = null;                 //进度条存放可视部分的容器
    this.$barFullWidth = $container.width() * 0.9;  //进度条的宽度
    this.show();                      //new 一个对象的时候就显示
}
```

或者你可以用 ES6 的 class，其本质是一样的，不过用 ES6 的 class 比较方便，这里先以原始 function 定义类为例。

封装后，这个 ProgressBar 的成员函数就可以使用定义的这些"私有"变量，例如设置进度条的进度函数，如代码清单 2-13 所示。

代码清单 2-13 setProgress 函数里面使用构造函数定义的数据

```
ProgressBar.prototype.setProgress = function(percentage, time){
    time = typeof time === "undefined" ? 100 : time;
    this.$meter.stop().animate({width: parseInt(this.$barFullWidth * percentage)}, time);
};
```

这里使用了两个私有变量，如果再加上传进来的两个，用传参的方式就得传四个。

使用类是模块化的一种思想，另外一种常用的还有策略模式。

使用策略模式

假设要实现图 2-6 所示的三个弹框。

图 2-6 三个结构一样，但文案不一样的弹框

这三个弹框无论是在样式上还是在功能上都是一样的，唯一的区别是上面的标题文案不一样。最简单的方式可能是把每个弹框的 HTML 都复制一下，然后改一改。如果你用 react 等框架，你可能会用拆分组件的方式，上面一个组件，下面一个组件。或者你没用 react，你可能得想办法组织一下你的代码。

此时如果你有策略模式的思想，你可能会想到把上面的标题当作一个个的策略。首先定义不同弹框的类型，用来标识不同的弹框，如代码清单 2-14 所示。

代码清单 2-14　定义几种弹框的类型

```
var popType = ["register", "favHouse", "saveSearch"];
```

如上定义了三种 popType ——对应上面的三个弹框，然后每种 popType 都有对应的文案，如代码清单 2-15 所示。

代码清单 2-15　不同的 popType 有不同的文案

```
Data.text.pop = {
    register: {
        titlte: "Create Your Free Account",
        subTitle: "Search Homes and Exclusive Property Listings"
    },
    favHouse: {title: "xxx", subTitle: "xxx" },
    saveSearch: {title: "xxx", subTitle: "xxx"}
};
```

{tittle: ""，subtitle: ""} 就是弹框文案策略，然后在写弹框的 HTML 模板的时候引入一个占位变量，如代码清单 2-16 所示。

代码清单 2-16　引入占位变量

```
<section>
    {{title}}
    {{subTitile}}
    <div>
        <!-- 其他内容 -->
    </div>
</section>
```

在渲染这个弹框的时候，根据传进来的 popType 映射到不同的文案，如代码清单 2-17 所示。

代码清单 2-17　根据不同的类型渲染不同的文案

```
function showPop(popType){
    Mustache.render(popTemplate, Data.text.pop[popType])
}
```

这里用 Data.text.pop[popType] 映射到了对应的文案，如果用 react 把标题封装成一个组件，其实思想是一样的。

但是这个并不是严格的策略模式,因为策略就是要有执行的东西嘛,我们这里其实是一个写死的文案,但是借助了策略模式的思想。接下来继续说使用策略模式做一些执行的事情。

上面弹框的触发机制分别是:用户单击了注册、单击了收藏房源、单击了保存搜索条件。如果用户没有登录就会弹出一个注册框,当用户注册完之后,要继续执行用户原本的操作,例如该收藏还是收藏,所以必须要有一个注册后的回调,并且这个回调做的事情还不一样。

当然,你可以在回调里面写很多 if else 或者 case 语句,如代码清单 2-18 所示。

代码清单 2-18　switch-case 的模式

```
function popCallback(popType){
    switch(popType){
        case "register":
            //do nothing
            break;
        case: "favHouse":
            favHouse();
            break;
        case: "saveSearch":
            saveSearch();
            break;
    }
}
```

但是当你的 case 很多时,看起来可能就不是特别好了,特别是 if else 的那种写法。这个时候就可以使用策略模式,每个回调都是一个策略,如代码清单 2-19 所示:

代码清单 2-19　pop-callback.js

```
var popCallback = {
    favHouse: function(){
        //do sth.
    },
    saveSearch: function(){
        //do sth.
    }
}
```

然后根据 popType 映射调用相应的 callback,如代码清单 2-20 所示。

代码清单 2-20　根据映射调用函数

```
var popCallback = require("pop-callback");
if(typeof popCallback[popType] === "function"){
    popCallback[popType]();
}
```

这样它就是一个完整的策略模式了,这样写有很多好处。如果以后需要增加一个弹框类型 popType,那么只要在 popCallback 里面添加一个函数就好了,或者如果要删掉一个

popType，相应地注释掉某个函数即可。这样并不需要改动原有代码的逻辑，所以对扩展是开放的，而对修改是封闭的，这就是面向对象编程里面的**开闭原则**。

在 JS 里面实现策略模式或者是其他设计模式都是很自然的方式，因为 JS 里面的 function 可以直接作为一个普通的变量，而在 C++/Java 里面需要用一些技巧，玩一些 OO 的把戏才能实现。例如上面的策略模式，在 Java 里面需要先写一个接口类，定义一个接口函数，然后每个策略都封装成一个类，分别实现接口类的接口函数。而在 JS 里面的设计模式往往几行代码就能写出来，这可能也是作为函数式编程的一个优点。

前端和设计模式经常打交道的还有访问者模式。

访问者模式

事件监听就是一个访问者模式，一个典型的访问者模式可以这么实现，首先定义一个 Input 的类，初始化它的访问者列表，如代码清单 2-21 所示。

代码清单 2-21　初始化访问者数据结构

```
function Input(inputDOM){
    //用来存放访问者的数据结构
    this.visitiors = {
        "click": [],
        "change": [],
        "special": [] //自定义事件
    }
    this.inputDOM = inputDOM;
}
```

然后提供一个对外的添加访问者的接口，如代码清单 2-22 所示。

代码清单 2-22　on 接口

```
Input.prototype.on = function(eventType, callback){
    if(typeof this.visitiors[eventType] !== "undefined"){
        this.visitiors[eventType].push(callback);
    }
};
```

使用者调用 on，传递两个参数：一个是事件类型，即访问类型；另外一个是具体的访问者，这里是回调函数。Input 会将访问者添加到它的访问者列表中。

同时 Input 还提供了一个删除访问者的接口，如代码清单 2-23 所示。

代码清单 2-23　off 接口

```
Input.prototype.off = function(eventType, callback){
    var visitiors = this.visitiors[eventType];
    if(typeof visitiors !== "undefined"){
        var index = visitiors.indexOf(callback);
        if(index >= 0){
```

```
            visitiors.splice(index, 1);
        }
    }
};
```

这样，Input 就和访问者建立起了关系，或者说访问者已经成功地向接收者订阅了消息，一旦接受者收到了消息会向它的访问者一一传递，如代码清单 2-24 所示。

代码清单 2-24　trigger 接口

```
Input.prototype.trigger = function(eventType, event){
    var visitors = this.visitiors[eventType];
    var eventFormat = processEvent(event); //获取消息并做格式化
    if(typeof visitors !== "undefined"){
        for(var i = 0; i < visitors.length; i++){
            visitors[i](eventFormat);
        }
    }
};
```

trigger 可能是用户调用的，也可能是底层的控件调用的。在其他领域，它可能是一个光感控件触发的。不管怎样，一旦有人触发了 trigger，接收者就会一一下发消息。

如果你知道了事件监听的模式是这样的，可能对你写代码会有帮助。例如图 2-7 所示单击下面的搜索条件的 x，会执行清空上面的搜索框，同时触发搜索，并把输入框右边的 x 去掉这几件事。

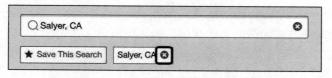

图 2-7　单击 X 的时候要做几件事情

这个时候你可能会这样写，如代码清单 2-25 所示：

代码清单 2-25　手动执行需要做的事情

```
$(".icon-close").on("click", function(){
    $(this).parent().remove();      //删除本身的展示
    $("#search-input").val("");
    searchAjax.ajax();              //触发搜索
    $("#clear-search").hide();      //隐藏输入框 x
});
```

这样其实有点累赘，因为在上面的搜索输入框肯定也有相应的操作，当用户输入为空时，自动隐藏右边的 x，并且输入框 change 的时候会自动搜索，也就是说所有附加的事情输入框那边已经有了，所以其实只需要触发一下输入框的 change 事件就好了，如代码清单 2-26 所示。

代码清单 2-26   trigger 输入框

```
$(".icon-close").on("click", function(){
    $(this).parent().remove(); // 删除本身的展示
    $("#search-input").val("").trigger("change"); // 其他事情交给输入框
});
```

输入框为空时，search 输入框会相应地处理，下面那个条件展示的 x 不需要去关心。触发了 change 之后，会把相应的消息下发给 search 输入框的访问者们。

事件还可以直接用于两个模块或者组件间的通信，当两个模块关系比较紧密，共同完成一个功能时，那么可以 require 进来，但是当两个模块功能比较独立，每个模块完成自己的功能，并且完成后需要通知另一个模块相应地做些修改，那么就可以用事件的机制通知其他模块相应地做些修改，即一个模块 trigger 一个自定义事件，另外一个模块监听这个事件。

上文提及使用传参避免全局耦合，然后在 JS 里面通过控制 class 减少和 CSS 的耦合，和耦合相对的是内聚，出发点是重复代码，减少拷贝代码会有一个抽象和封装的过程：function → 模块 → 插件/框架，常用的方法还有封装成一个类，方便控制私有数据。这样可实现高内聚，除此方法，还有设计模式的思想，这里主要介绍了策略模式和访问者模式的原理和应用，以及对写代码的启示。

问答

1. jQuery 不是过时了么，现在 React/Vue/Angular 等火得一塌糊涂，不学一两个都觉得跟不上时代了，为什么你的例子还处处用 jQuery？

答：笔者刚入门前端在学 jQuery 的时候，w3school 的介绍就说 jQuery 改变了写前端的方式，而现在新的框架又再一次改变了写前端的方式，并且几乎推翻了传统的写前端的形式。但是，形式的东西不管怎么变，思想的东西肯定是不会变的，例如低耦高聚的思想、设计模设的思想、面向对象的思想等。这也正是本书的侧重点所在，本书不是要介绍框架，否则本书应该叫 XXX 框架的最佳实践了，而是重点分析一些通用的编程思想，尽可能地独立于框架之外。同时使用 jQuery 相比使用原生可以简化代码，更加易懂。

2. 你上面介绍了策略模式和访问者模式，可以再介绍一些更多的模式吗？

答：上文介绍了两个模式，分析它们如何帮助写代码，起到一个抛砖引玉的作用，更多的设计模式可以去查看相关的书籍和网站，第 5 章 "Effective 22" 中将会介绍另外几个常用的设计模式。抛砖引玉，点到为止，这也是本书的特色之一，本书不会很详细地介绍某个领域的东西，更不会细致地介绍某个 API 怎么用，涉及的具体用法，感兴趣的可去 MDN/W3C 等查阅。

Effective 前端 6：JS 书写优化

JS 书写优化是一个老生常谈的问题，这里我根据自己的经验提一些自己的看法。

按强类型风格写代码

JS 是弱类型的，但是写代码的时候不能太随意，写得太随意也体现了编码风格不好。下面分点说明：

（1）定义变量的时候要指明类型，告诉 JS 解释器这个变量是什么数据类型的，而不要让解释器去猜，例如，不好的写法如代码清单 2-27 所示。

代码清单 2-27　没有指明类型

```
var num,
    str,
    obj;
```

这里声明了三个变量，但其实没什么用，因为解释器不知道它们是什么类型的，好的写法应该是这样的，如代码清单 2-28 所示。

代码清单 2-28　指明变量类型

```
var num = 0,
    str = '',
    obj = null;
```

定义变量的时候就给它一个默认值，这样不仅方便了解释器，也方便了阅读代码的人。

（2）不要随意改变变量的类型，例如代码清单 2-29 所示：

代码清单 2-29　改变变量类型

```
var num = 5;
num = "-" + num;
```

第 1 行它是一个整型，第 2 行它变成了一个字符串。因为 JS 最终都会被解释成汇编语言，而汇编语言变量的类型肯定是要确定的，当你把一个整型改成了字符串，那解释器就得做一些额外的处理，并且这种编码风格是不提倡的。有一个变量第 1 行是一个整型，第 10 行变成了一个字符串，第 20 行又变成了一个 object，这样就让阅读代码的人比较困惑，上面明明是一个整数，怎么突然又变成一个字符串了。

好的写法应该是再定义一个字符串的变量，如代码清单 2-30 所示。

代码清单 2-30　好的写法，改变变量类型

```
var num = 5;
var sign = "-" + num;
```

（3）函数的返回类型应该是确定的，不建议使用代码清单 2-31 这样的写法：

代码清单 2-31　函数返回值类型不确定

```
function getPrice(count){
    if(count < 0) return "";
    else return count * 100;
}
```

getPrice 这个函数有可能返回一个整数，也有可能返回一个空的字符串。虽然它是符合

JS 语法的,但这种编码风格是不好的。使用你这个函数的人会有点无所适从,不敢直接进行加减乘除,因为如果返回字符串进行运算的话值就是 NaN 了。

可以修改为代码清单 2-32 这样:

代码清单 2-32　好的写法,返回类型确定

```
function getPrice(count){
    if(count < 0) return -1;
    else return count * 100;
}
```

然后告诉使用者,如果返回 -1 就表示不合法。如果类型确定,解释器也不用去做一些额外的工作,可以加快运行速度。否则可能会触发"优化回滚",即编译器已经给这个函数编译成一个函数了,但是突然发现类型变了,又得回滚到通用的状态,然后再重新生成新的函数。

类型不确定的写法有时候会比较方便,但是这种"方便"只是对于写的时候比较方便,对于以后的阅读和维护却是不方便的。

减少作用域查找

1. 不要让代码暴露在全局作用域下

代码清单 2-33 是运行在全局作用域的代码:

代码清单 2-33　代码逻辑运行在全局作用域

```
<script>
    var map = document.querySelector("#my-map");
    map.style.height = "600px";
</script>
```

有时候你需要在页面直接写一个 script,但要注意,在一个 script 标签里面,代码的上下文都是全局作用域的,由于全局作用域比较复杂,所以查找属性比较慢。

例如上面的 map 变量,第二行在使用的时候,需要在全局作用域查找这个变量,假设 map 是在一个循环里面使用,那就会涉及效率的问题了。所以应该把它处理成一个局部作用域,如代码清单 2-34 所示:

代码清单 2-34　代码逻辑运行在局部作用域

```
<script>
!function(){
    var map = document.querySelector("#my-map");
    map.style.height = "600px";
}()
</script>
```

这里用了一个 function 制造一个局部作用域,也可以用 ES6 的块级作用域。

由于 map 这个变量直接在当前的局部作用域命中了，所以就不用再往上一级的作用域（这里是全局作用域）查找，而局部作用域的查找是很快的。同时，直接在全局作用域定义变量，会污染 window 对象。

2. 不要滥用闭包

闭包的作用在于可以让子级作用域使用父级作用域的变量，同时这些变量在不同的闭包是不可见的。这样就导致了在查找某个变量的时候，如果当前作用域找不到，就得往它的父级作用域查找，一级一级往上直到找到或者到了全局作用域也没有找到。因此如果闭包嵌套得越深，那么变量查找的时间就越长。如代码清单 2-35 所示。

代码清单 2-35　使用了一个闭包

```javascript
function getResult(count){
    count++;
    function process(){
        var factor = 2;
        return count * factor - 5;
    }
    return process();
}
```

上面的代码定义了一个 process 函数，在这个函数里面 count 变量的查找时间要高于局部的 factor 变量。其实这里不太适合用闭包，可以直接把 count 传给 process，如代码清单 2-36 所示。

代码清单 2-36　不需要使用闭包

```javascript
function getResult(count){
    count++;
    function process(count){
        var factor = 2;
        return count * factor - 5;
    }
    return process(count);
}
```

这样 count 的查找时间就和 factor 一样，都是在当前作用域直接命中。这个就启示我们如果需要频繁使用某个全局变量，可以用一个局部变量缓存一下，如代码清单 2-37 所示。

代码清单 2-37　频繁地使用 window.location

```javascript
var url = "";
if(window.location.protocal === "https:"){
    url = "wss://xxx.com" + window.location.pathname + window.location.search;
}
```

这里频繁地使用了 window.location 对象，所以可以先把它缓存一下，如代码清单 2-38 所示。

代码清单 2-38　缓存 location 对象

```
var url = "";
var location = window.location;
if(location.protocal === "https:"){
    url = "wss://xxx.com" + location.pathname + location.search;
}
```

这样 location 就成了一个局部变量，查找就会明显快于全局的查找，代码也可以写少一点。

避免 == 的使用

这里你可能会有疑问了，有些人喜欢用 ==，有些人喜欢用 ===，大家的风格不一样，为什么要强制别人用 === 呢？习惯用 == 的人，不能仅仅是因为 == 比 === 少敲了一次键盘。那么，为什么要避免使用 == 呢？

（1）如果你确定了变量的类型，那么就没必要使用 == 了，如代码清单 2-39 所示。

代码清单 2-39　类型确定没必要使用 ==

```
if(typeof num != "undefined"){

}
var num = parseInt(value) * 2;
if(num == 10){

}
```

上面的两个例子都是确定类型的，一个是字符串，一个是整数。就没必要使用 == 了，直接用 === 就可以了。

（2）如果类型不确定，那么应该手动做一下类型转换，而不是让别人或者以后的你去猜这里面有类型转换，如代码清单 2-40 所示。

代码清单 2-40　手动转成整型

```
var totalPage = "5";
if(parseInt(totalPage) === 1){

}
```

（3）使用 == 在 JSLint 检查的时候是不通过的，如代码清单 2-41 所示。

代码清单 2-41　试验代码

```
if(a == b){

}
```

用 JSLint 检查将会报错：

```
Expected '===' and instead saw '=='.
if(a == b){
```

（4）使用 == 可能会出现一些奇怪的现象，这些奇怪的现象可能会给代码埋入隐患，如代码清单 2-42 所示。

代码清单 2-42　错误的示例

```
null == undefined                //true
'' == '0'                        //false
0 == ''                          //true
0 == '0'                         //true
' \t\r\n ' == 0                  //true
new String("abc") == "abc"       //true
new Boolean(true) == true        //true
true == 1                        //true
```

代码中的比较在用 === 的时候都是 false，这样才是比较合理的。例如第一点 null 居然会等于 undefined，就特别的奇怪，因为 null 和 undefined 是两个毫无关系的值，null 应该是作为初始化空值使用，而 undefined 是用于检验某个变量是否未定义。

这和本节开篇介绍的强类型的思想是相通的。

合并表达式

如果用 1 句代码就可以实现 5 句代码的功能，那往往 1 句代码的执行效率会比较高，并且可读性可能会更好。

1. 用三目运算符取代简单的 if-else

如代码清单 2-43 中的 getPrice 函数：

代码清单 2-43　简单的 if-else 的形式

```
function getPrice(count){
    if(count < 0) return -1;
    else return count * 100;
}
```

可以改成如代码清单 2-44 所示。

代码清单 2-44　三目运算符的形式

```
function getPrice(count){
    return count < 0 ? -1 : count * 100;
}
```

这个比写一个 if-else 看起来清爽多了。当然，如果你还是写 if-else，压缩工具也会帮你把它改三目运算符的形式，如代码清单 2-45 所示。

代码清单 2-45　压缩后的代码

```
function getPrice(e){return 0>e?-1:100*e}
```

2. 连等

连等是利用赋值运算表达式返回所赋的值，并且执行顺序是从右到左的，如代码清单 2-46 所示。

代码清单 2-46　连等

```
overtime = favhouse = listingDetail = {...};
```

有时候你会看到有人这样写，如代码清单 2-47 所示：

代码清单 2-47　另一种写法

```
var age = 0;
if((age = +form.age.value) >= 18){
    console.log("你是成年人");
} else {
    consoe.log("小朋友,你还有" + (18 - age) + "年就成年了");
}
```

这也是利用了赋值表达式会返回一个值的特点，在 if 里面赋值的同时用它的返回值做判断，然后 else 里面就已经有值了。上面的 + 号把字符串转成了整数。

3. 自增

利用自增也可以简化代码。如代码清单 2-48 所示，每发出一条消息，localMsgId 就自增 1：

代码清单 2-48　自增

```
chatService.sendMessage(localMsgId++, msgContent);
```

减少魔数

例如，在某个文件的第 800 行，冒出来如代码清单 2-49 所示的一句：

代码清单 2-49　魔数

```
dialogHandler.showQuestionNaire("seller", "sell", 5, true);
```

就会让人很困惑了，上面的四个常量分别代表什么呢，如果不去查这个函数的变量说明就不能很快地意会到这些常量分别有什么用。这些意义不明的常量就叫"魔数"。

所以最好还是给这些常量取一个名字，特别是在一些比较关键的地方。例如上面的代码可改成代码清单 2-50 所示：

代码清单 2-50　给常量起个名字

```
var naireType = "seller",    // 或者用 ES6 的 const
    dialogType = "sell",
    questionsCount = 5,
    reloadWindow = true;

naireHandler.showNaire(naireType, dialogType, questionsCount, reloadWindow);
```

这样意义就很明显了。

使用 ES6 简化代码

ES6 已经发展很多年了，兼容性也已经很好了。恰当地使用，可以让代码更加简洁优雅。

1. 使用箭头函数取代小函数

有很多使用小函数的场景，如果写个 function，代码起码得写 3 行，但是用箭头函数一行就搞定了，如代码清单 2-51 所示，实现数组从大到小排序：

代码清单 2-51　传统的 function

```
var nums = [4, 8, 1, 9, 0];
nums.sort(function(a, b){
    return b - a;
});
// 输出 [9, 8, 4, 1, 0]
```

如果用箭头函数，排序只要一行就搞定了，如代码清单 2-52 所示：

代码清单 2-52　使用箭头函数

```
var nums = [4, 8, 1, 9, 0];
nums.sort((a, b) => b - a);
```

还有 setTimeout 里面也经常会遇到只要执行一行代码的情况，写个 function 总感觉有点麻烦，用字符串的方式又不太好，所以这时用箭头函数就会很方便，如代码清单 2-53 所示：

代码清单 2-53　箭头函数的另外一个应用场景

```
setTimeout(() => console.log("hi"), 3000)
```

箭头函数在 C++/Java 等其他语言里面叫作 Lambda 表达式，Ruby 应该比较早就有这种语法形式了，后来 C++/Java 也实现了这种语法。

当然箭头函数或者 Lambda 表达式不仅适用于一行代码的情况，多行代码也可以，不过在一行的时候它的优点才比较明显。

2. 使用 ES6 的 class

虽然 ES6 的 class 和使用 function 的 prototype 本质上是一样的，都是用的原型。但是用 class 可以减少代码量，同时让代码看起来更加高级，而使用 function 时如代码清单 2-54 所示。

代码清单 2-54　传统的 function 定义类

```
function Person(name, age){
    this.name = name;
    this.age = age;
}

Person.prototype.addAge = function(){
    this.age++;
};

Person.prototype.setName = function(name){
    this.name = name;
};
```

使用 class 代码会更加简洁易懂，如代码清单 2-55 所示。

代码清单 2-55　使用 class 定义类更加简洁明了

```
class Person{
    constructor(name, age){
        this.name = name;
        this.age = age;
    }
    addAge(){
        this.age++;
    }
    setName(name){
        this.name = name;
    }
}
```

并且 class 还可以很方便地实现继承、静态的成员函数，而不需要自己再去通过一些技巧去实现了。

3. 字符串拼接

以前要用 + 号拼接字符串，如代码清单 2-56 所示：

代码清单 2-56　用 + 号拼接修改起来比较麻烦

```
var tpl =
    '<div>' +
    '    <span>1</span>' +
    '</div>';
```

现在只要用两个反引号 ` 就可以了，如代码清单 2-57 所示：

代码清单 2-57　使用反引号

```
var tpl =
`   <div>
        <span>1</span>
    </div>
`;
```

另外反引号还支持占位替换，原本你需要如代码清单 2-58 所示：

代码清单 2-58　使用加号拼参数

```
var page = 5,
    type = encodeURIComponet("#js");
var url = "/list?page=" + page + "&type=" + type;
```

现在只需要如代码清单 2-59 所示，而不需要使用＋号了：

代码清单 2-59　使用反引号自动替换

```
var url = `/list?page=${page}&type=${type}`;
```

4. 块级作用域变量

块级作用域变量也是 ES6 的一个特色，代码清单 2-60 是一个任务队列的模型抽象：

代码清单 2-60　队列的模型抽象

```
var tasks = [];
for(var i = 0; i < 4; i++){
    tasks.push(function(){
        console.log("i is " + i);
    });
}
for(var j = 0; j < tasks.length; j++){
    tasks[j]();
}
```

但是上面代码的执行输出是 4，4，4，4，而不是想要的输出：0，1，2，3。所以每个 task 就不能取到它的 index 了，这是因为闭包都是用的同一个 i 变量，i 已经变成 4 了，所以执行闭包的时候就都是 4。那怎么办呢？可以这样解决，如代码清单 2-61 所示。

代码清单 2-61　代码优化

```
var tasks = [];
for(var i = 0; i < 4; i++){
    !function(k){
        tasks.push(function(){
            console.log("i is " + k);
        });
```

```
        }(i);
    }
    for(var j = 0; j < tasks.length; j++){
        tasks[j]();
    }
```

把 i 赋值给 k，由于 k 是一个 function 的一个参数，每次执行函数的时候，肯定会创建新的 k，所以每次的 k 都是不同的变量，这样，输出就正常了。

但是这样看起来有点别扭，如果用 ES6，只要把 var 改成 let 就可以了，如代码清单 2-62 所示：

代码清单 2-62　将 var 改为 let

```
var tasks = [];
for(let i = 0; i <= 4; i++){
    tasks.push(function(){
        console.log("i is " + i);
    });
}
for(var j = 0; j < tasks.length; j++){
    tasks[j]();
}
```

上面只改动了 3 个字符就达到了目的。因为 for 循环里面有个大括号，大括号就是一个独立的作用域，let 定义的变量在独立的作用域里，所以它的值也是独立的。当然即使没写大括号 for 循环执行也是独立的。

除了以上几点，ES6 还有其他一些比较好用的功能，如 Object 的 assign，Promise 等，也是可以帮助写出简洁高效的代码。

这里列出了我自己在实际写代码过程中遇到的一些问题和个人认为比较重要的方面，其他的还有变量命名、缩进、注释等，具体就不提及了。写代码的风格也体现了编程的素养，而这种编程素质的提升需要有意识地去做一些改进，可以多去学一下别人的代码，甚至学一下其他语言的书写，两者一比较就能发现差异，或多看一下这方面的书，比如代码大全之类的。

问答

1. 既然推荐用强类型的风格写，那干脆用微软的 typescript？

答：我觉得这个得看具体的项目。微软的 typescript 要求用强类型的语法写，例如上面的 getPrice 可以改成代码清单 2-63：

代码清单 2-63　getPrice.ts

```
function getPrice(count: number): number{
    return count < 0 ?  -1 : count * 100;
```

```
}
```

上面指定了参数必须是 number 类型,并且返回值也只能是 number,如果违背了,把 ts 文件解释成 js 文件的时候将报错,如函数里面返回一个字符串的时候:

```
type.ts(3,5): error TS2322: Type '""' is not assignable to type 'number'.
```

而传参为字符串的时候:

```
type.ts(6,10): error TS2345: Argument of type '"5"' is not assignable to parameter of type 'number'.
```

这样就保证了代码在变成正常的 JS 之前帮你做了个类型检查,提前避免一些在运行的时候才发现的错误。这种就比较适用于比较大型的应用,如用 JS 写桌面的应用、大型的网页游戏。而在平时的 Web 开发,可以酌情考虑。毕竟它无疑增加了开发成本,并且"违背"了 JS 弱类型的根本。

2. 我可以放心地使用 ES6 吗,万一客户的浏览器比较老怎么办?

答:在 caniuse[⊖] 上面可以看到 ES6 的支持情况,iOS 9 和 Android 4 的支持性都不是很好,例如不支持箭头函数和 let 定义变量。现在很多人都采用了 webpack + babel 的开发模式,babel 把 ES6 转化成 ES5 的语法,写的是 ES6,但运行的是 ES5,这是一种折中的方法。

本章小结

本章"Effective 5"介绍了组织代码逻辑的建议,"Effective 6"介绍了书写代码形式的建议。这些都只是参考意见,你可能有属于自己风格的好方法。JS 是一门很有特色的语言,涉及很多内容,大家都在挖掘不同的宝藏,框架的开发者们挖到了新的理念,想要改写前端的编写方式,底层的编译开发人员做了个外衣,让它更强大,还有一些人想要用 JS 去一统编程语言的江湖。大家都在争当前端时代的弄潮儿。不管怎样,JS 就是 JS,它是一门充满自由和灵活的编程语言,并且凌驾于它之上的是各种编程思想。有良好的编程素质方能更好地驾驭这门语言去挖掘更多的宝藏,创造更多的价值。这也正是本章的出发点。

[⊖] http://caniuse.com/#search=es6

第 3 章 Chapter 3

页面优化

第一章介绍了 HTML/CSS，第二章分析了 JS，这一章我们将从页面整体的角度提一些优化建议。好的页面和不好的页面的区别是什么呢？不好的页面可能经常会被卡住，例如单击某个按钮之后，页面就卡死了，或者说假死了，点不了也滚不了，给人的体验就很不好。或者是页面下滑不流畅，页面的动画不流畅，甚至滑动滑动条的时候页面一闪一闪的。又或者打开个页面需要转半天，一直都是白屏，让人等得很不耐烦，还没加载出来就关掉了。再或者页面的有些效果比较突兀，缺少点"灵性"。好的页面让人用得舒服，并不是说做了许多很厉害的效果和交互，而是体验上让人感觉很流畅。

本章将从页面卡顿、打开速度、用户体验三个角度提出一些优化的意见。

Effective 前端 7：避免页面卡顿

什么是页面卡顿？如图 3-1 所示，把地图从右往左拖的时候有时候被卡住了，导致一下子从这个位置闪到了一个很远的位置，看起来很不流畅。

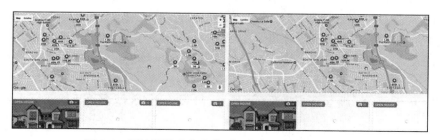

图 3-1　把地图从右往左拖时，相邻两帧相距比较远

也就是说，当拖动页面或者滚动页面的时候一卡一卡的，看起来不连贯，我们就说页面卡了，这是一种非常不友好的体验，怎么衡量页面卡顿的情况呢？

失帧和帧率 FPS

如果你家里买了电视盒的话，在设置里面应该会有一个输出设置，如图 3-2 所示。

上面选中的 60Hz 就是帧率 fps（frame per second），即一秒钟 60 帧，换句话说，一秒钟的动画是由 60 幅静态图片连在一起形成的。60fps 是动画播放比较理想、比较基础的要求。当然如果你的显卡要是连这个都支持不了的话那就没办法了。Windows 系统的刷新频率也是这个意思。

图 3-2　电视盒的输出分辨率设置

所以卡了，就是失帧了，或者掉帧了，1 秒钟没有 60 个画面，看起来不连贯了。这可能是因为在渲染某些帧所花的时间比较长，导致停留在这些帧的时间较长，所以画面停顿了。

页面渲染流程

60fps 就要求 1 帧的时间为 1s / 60 = 16.67ms。浏览器显示页面的时候，要处理 JS 逻辑，还要做渲染，每个执行片段不能超过 16.67ms。实际上，浏览器内核自身支撑体系运行也需要消耗一些时间，所以留给我们的差不多只有 10ms。这 10ms 里面需要做一些什么事情？在 Chrome 的开发者文档《Rendering Performance》⊖里面提到这个流程，如图 3-3 所示。

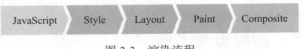

图 3-3　渲染流程

首先你用 JS 做了些逻辑，还触发了样式变化，style 把应用的样式规则计算好之后，把影响到的页面元素进行重新布局（叫作 layout），再把它画到内存的一个画布里面，paint 成了像素，最后把这个画布刷新到屏幕上去，叫作 composite，形成一帧。

这其中的任何一项如果执行时间太长，就会导致渲染这一帧的时间过长，平均帧率就会下降。假设这一帧花了 50ms，那么此时的帧率就为 1s / 50ms = 20fps。

当然上面的过程并不一定每一步都会执行，例如：

❑ 你的 JS 只是做一些运算，并没有增删 DOM 或改变 CSS，那么后续几步就不会执行；

⊖ https://developers.google.com/web/fundamentals/performance/rendering

- style 只改了 color/background-color 等不需要重新 layout 的属性，则不用执行 layout 这一步；
- style 改了 transform 属性，在 blink 和 edge 浏览器里面不需要 layout 和 paint，如图 3-4 所示 css trigger[⊖] 的说明。

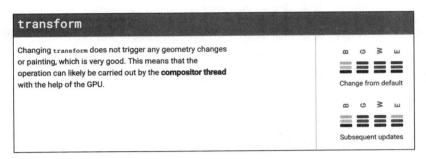

图 3-4　transform 不会触发 layout

掉帧分析

打开 timeline 的标签，勾上 JS Profile 和 Paint 这两个选项，然后单击左边的记录按钮，如图 3-5 所示。

图 3-5　timeline 工具

较新版的 Chrome 做了更新，会自动记录 JS Profile 和 Paint，并且 Timeline 变成了 Performance，如图 3-6 所示。

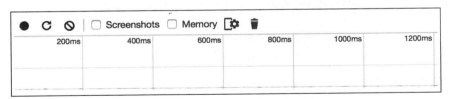

图 3-6　Chrome 57 的 timeline 界面

在页面拖动地图，出现卡顿的情况后，单击关闭记录按钮，就会生成这次操作的详细过程，先看最上面的 Overview 图，如图 3-7 所示。

⊖ https://csstriggers.com/transform

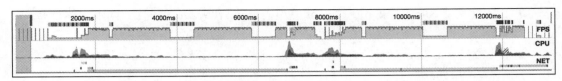

图 3-7 timeline 的总体预览图

最上面一栏是帧率，顶点表示 60fps，红色方格表示渲染时间比较长的帧，Chrome 把这种情况叫做 jank。可以看到上面有 3 个比较大的低谷，这并不是异常的失帧，这是 Chrome 检测到页面没有动了，idle 空闲了，自动降低帧率。第二栏是 CPU 的使用情况，黄色的为 Script，紫色的是 CSS，蓝色是 HTML[⊖]，可以看到往往 Script 占了比较高的 CPU。关于 timeline 更详细的说明，可以查看 Chrome 的开发者文档[⊖]。

我们注意到在 6s 和 8s 中间 CPU 占用有一个比较大的峰值，并且失帧得比较厉害，如图 3-8 所示。

选中这段区域，进行放大查看，如图 3-9 所示。

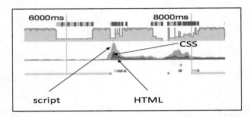

图 3-8 这 2s 间掉帧比较多

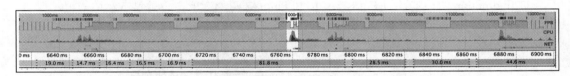

图 3-9 选中放大查看这段失帧的区域

可以看到有好几帧都超过了 16.67ms，其中有一帧甚至达到了 81.8ms，所以难怪卡得那么厉害。我们重点看一下这一帧里面发生了什么，如图 3-10 所示。

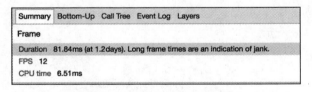

图 3-10 渲染时间很长的一帧

这一帧的 FPS 只有 1s / 81.8ms = 12fps，单击第二个 tab 查看具体的时间开销，如图 3-11 所示。

其中 JS 的处理用掉了 46.8ms（JS 里面还要更新 DOM），排第二的 Rendering 花掉了 22.9ms，这个 Rendering 包括上面说的 CSS 计算和 Layout，如图 3-12 所示。

⊖ 由于为黑白印刷，不能区分颜色，CPU 波形图由上至下顺序为：Script、CSS、HTML。——编辑注
⊖ https://developers.google.com/web/tools/chrome-devtools/evaluate-performance/timeline-tool

第3章 页面优化 63

Self Time		Total Time		Activity
46.8ms	61.9%	46.8ms	61.9%	▶ ■ Scripting
22.9ms	30.3%	22.9ms	30.3%	▶ ■ Rendering
3.4ms	4.5%	3.4ms	4.5%	▶ ■ Loading
2.5ms	3.3%	2.5ms	3.3%	▶ ■ Painting

图 3-11 时间具体开销

22.9ms	30.3%	22.9ms	30.3%	▼ ■ Rendering	
6.9ms	9.1%	6.9ms	9.1%	▶ ■ Recalculate Style	jquery-1.11.3.min.js:5
6.8ms	9.0%	6.8ms	9.0%	▶ ■ Layout	jquery-1.11.3.min.js:5
3.9ms	5.2%	3.9ms	5.2%	■ Layout	/search?layoutType=map&key=Pacifica%2C%20CA&...
2.8ms	3.7%	2.8ms	3.7%	■ Update Layer Tree	
2.2ms	2.9%	2.2ms	2.9%	▶ ■ Recalculate Style	/search?layoutType=map&key=Pacifica%2...
0.3ms	0.4%	0.3ms	0.4%	■ Layout	

图 3-12 Rendering 的具体开销

最后的 Painting，时间还是比较少的，只花了 2.5ms，如图 3-13 所示。

2.5ms	3.3%	2.5ms	3.3%	▼ ■ Painting
2.3ms	3.0%	2.3ms	3.0%	■ Paint
0.2ms	0.2%	0.2ms	0.2%	■ Composite Layers

图 3-13 Painting 的时间开销

所以最长的开销是 JS 脚本，并且很可能 JS 里面做了很多 DOM 操作或者改了很多 CSS，导致 Rendering 的时间也很长。

由于在开始记录之前勾选了 JS Profile 的选项，所以可观察这些 JS 执行的具体开销，包括调用的函数栈及每个函数的执行时间，如图 3-14 所示。

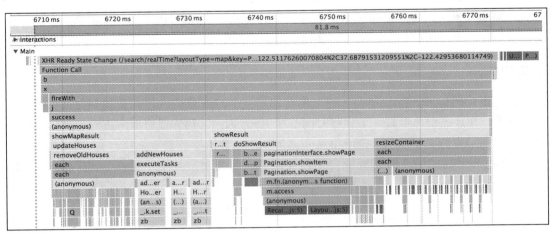

图 3-14 每个函数的时间开销

最上面的黄色长条表明了那个函数是 XHR Ready State Change 触发的，也就是说这一整段代码都是在一个 AJAX 的 success 回调函数里面执行的。再往下可以看到回调函数里面调用的最耗时的两个函数，第一个如图 3-15 所示。

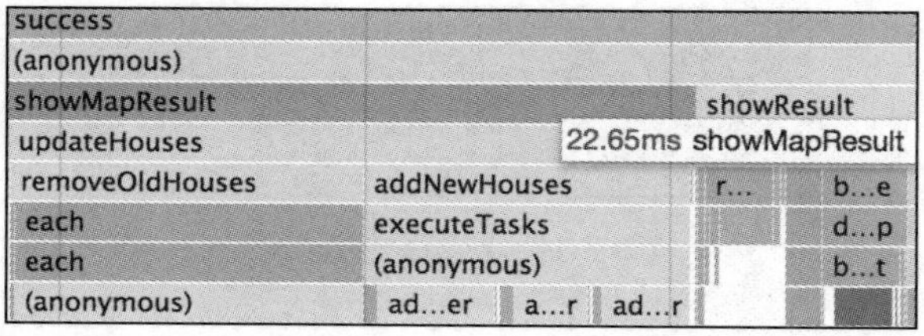

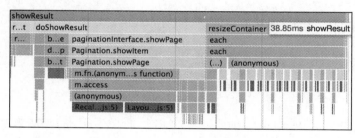

图 3-15　showMapResult 花了约 22ms

showMapResut 花费了 22.65ms，它里面调用了 removeOldHouses 和 addNewHouses，这两个各自的时间约为 11ms。

而另一个函数占用的时间更多，如图 3-16 所示。

图 3-16　showResult 花了接近 40ms

showResult 花费了快 40ms，它下面的 doShowResut 和 resizeContainer 最为耗时。

现在我们找到 4 个最为耗时的函数。那接下来怎么办呢？

上面已经提到，每一帧留给我们的时间只有 10ms。所以可以考虑把上面那 4 个函数拆了，分别在 4 个连续的帧里面执行。这样应该会改善很多。

拆分代码段

我们把代码拆成一个个单元，每个单元就是一个 task 任务，每一帧执行之前去取一个 task 执行，并且控制每个 task 的执行时间都在 10ms 以内，这样就可以解决问题。JS 在渲染每一帧之前会去调 requestAnimationFrame（传一个函数的参数给它去执行）。所以用这一个 API，并把 task 传给它。我们建立一个任务队列，为此封装一个 Task 类，如代码清单 3-1 所示。

代码清单 3-1　任务队列 Task

```
class Task{
    constructor(){
        this.tasks = [];
    }
    // 添加一个 task
    addTask(task){
        this.tasks.push(task);
```

```
    }
    // 每次重绘前取一个 task 执行
    draw(){
        var that = this;
        window.requestAnimationFrame(function(){
            var tasks = that.tasks;
            if(tasks.length){
                var task = tasks.shift();
                task();
            }
            window.requestAnimationFrame(function(){that.draw.call(that)});
        });
    }
}
```

使用的时候先创建一个 Task，然后调 draw 函数初始化。有任务的时候调 addTask 插到队尾，执行任务的时候调 shift 取出队首元素。

然后再封装一个 mapTask 的单例，存放 map 页面的 task，如代码清单 3-2 所示。

代码清单 3-2　mapTask 单例

```
var aTask = null;
var mapTask = {
    get: function(){
        if(!aTask){
            aTask = new Task();
            aTask.draw();
        }
        return aTask;
    },
    add: function(task){
        mapTask.get().addTask(task);
    }
};
```

需要插入一个任务的时候就调一下 mapTask.add，把上面 4 个十分耗时的函数分别当作一个任务插进去，代码清单 3-3 是原本的执行逻辑：

代码清单 3-3　一次性执行比较

```
updateHouses: function(houses){
    var remainMultipleMarkers = null;
    var housesFilter = null;
        housesFilter = filterData.filterHouse(houses);
    remainMultipleMarkers = filterData.removeOldHouses(
                            housesFilter.remainsHouses);
    housesFilter.newHouses = housesFilter.newHouses.concat(
                            remainMultipleMarkers);
    filterData.addNewHouses(housesFilter.newHouses);
}
```

现在把它改成两个 task，并加到任务队列里面，如代码清单 3-4 所示：

代码清单 3-4　变成两个 task

```
mapTask.add(function(){
    housesFilter = filterData.filterHouse(houses);
    remainMultipleMarkers = filterData.removeOldHouses(
                            housesFilter.remainsHouses);
});
mapTask.add(function(){
    housesFilter.newHouses = housesFilter.newHouses.concat(
                            remainMultipleMarkers);
    filterData.addNewHouses(housesFilter.newHouses);
});
```

同样地，把另外两个耗时的函数也这样改一下。然后拖动地图，查看效果，会发现页面瞬间顺滑了好多，如图 3-17 所示。基本上不会出现先卡一下，然后再显示到相离上一个位置较远的地方。

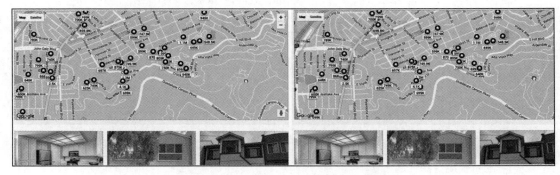

图 3-17　使用 task 拆分代码拖动效果比较流畅

当快速拖动页面的时候还是会有一点卡顿，但是比之前已经好了很多。这里还有优化的空间，例如后面两个函数的执行时间还是比较长，可以把这两个函数再继续拆分 task。

看一下 timeline，如图 3-18 所示。

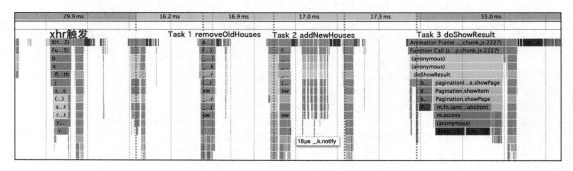

图 3-18　每一帧分别执行一个 task 函数

可以看到 4 个 task 分别在 4 帧执行，并且 Task3 还有很大的优化空间。

除了拆分代码段的方法外，还有其他一些地方要注意。

其他优化方法

1. 减少 layout

由于 layout 是比较耗时的操作，所以要尽量减少页面重绘，例如，能用 transform 就不要使用 position/width/height 做动画，另外要减少 layout 的影响范围。

2. 简化 DOM 结构

当 DOM 结构越复杂时，需要重绘的元素也就越多。所以 DOM 应该保持简单，特别是那些需要做动画的，或者要监听 scroll/mousemove 事件的。另外，使用 flex 比使用 float 在重绘方面会有优势，flex 需要重绘的元素会比 float 少，使用 flex 布局做动画会更加流畅。

问答

1. window.requestAnimationFrame 可以注册多个函数吗，上文的 Task 实现是不是有问题？

答：可以的，注册两个它就会执行两个。但其实上文的 Task 实现有点问题，因为 Task 是要作为一个通用的任务队列，除了 mapTask 之外，可能还会有 searchTask，它们都会注册 requestAnimationFrame，这样就会导致同一个 Frame 可能要执行多个 Task，就失去了 Task 的意义了。但是考虑到本文只是一个最简单的实现，具体的改善可以留给读者去做。

2. 这种使用 Task 的方法，是不是增加了实现的复杂度，因为需要把原本在一起的代码拆成一个个 Task？

答：确实。复杂性增加了就意味着容易引入 bug，所以需要良好的代码组织，并且 Task 不要拆太散。所以如果你觉得流畅度影响并不是很大的话就别采用这种方式，不过你可以尝试着改一下，比较一下区别，如果区别很大，那就真的值得做一下。

3. 获取 height/width/scrollTop 等维度属性时，也会触发 Layout，所以应该也要减少这些属性的获取？

答：一般的说法是这样的，但是根据笔者的实验，获取这些属性值并不会触发 Layout。如果前面设置了新的 style，再获取的时候会触发 layout，但如果没有设置的话去获取是不会触发 layout 的。这是用 debug 版的 Chromium 观察到的结果。

Effective 前端 8：加快页面打开速度

页面的打开速度对网站的优化有极大的意义，那么，如何评价一个页面打开得快不快，可以用两个指标描述，一个是 ready 的时间，另一个是 load 的时间。这个可以从 Chrome 的控制台看到，如打开 stackoverflow 的首页，如图 3-19 所示。

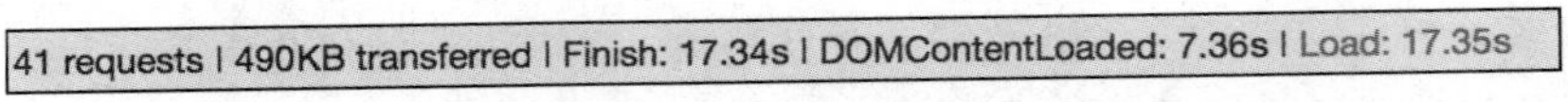

```
41 requests | 490KB transferred | Finish: 17.34s | DOMContentLoaded: 7.36s | Load: 17.35s
```

图 3-19 stackoverflow 某一次打开的加载时间

一共是加载 490KB，ready 时间是 7.36s，load 时间是 17.35s。再来看下打开谷歌搜索首页的情况，如图 3-20 所示。

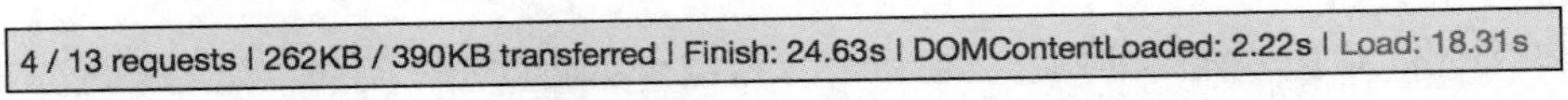

```
4 / 13 requests | 262KB / 390KB transferred | Finish: 24.63s | DOMContentLoaded: 2.22s | Load: 18.31s
```

图 3-20 Google 在同样环境打开的加载时间

虽然两个页面的内容差别比较大，但是从时间来看的话，很明显谷歌的速度要明显优于 stackoverflow，谷歌的 ready 时间只有 2.22s，也就是说 2.22 秒之后这个页面就是布局完整可交互的了，而 stackoverflow 打开的时候较长时间处于空白状态，可交互时间要达到 7.36s。

从 load 时间来看的话，两者差别不大，都比较长，可能因为它们是境外的服务器。finish 时间比 load 时间长，是因为 load 完后又去动态加载了其他的 JS。

为什么 stackoverflow 的 ready 时间要这么长呢？下面通过分析分别介绍优化的策略。

减少渲染堵塞

1. 避免 head 标签 JS 堵塞

所有放在 head 标签里的 CSS 和 JS 都会堵塞渲染。如果这些 CSS 和 JS 需要加载和解析很久的话，那么页面就空白了。看 stackoverflow 的 HTML 结构，如代码清单 3-5 所示。

代码清单 3-5 stackoverflow head 标签里有一个 script

```html
<head>
    <title>Stack Overflow</title>
    <script src="https://ajax.googleapis.com/ajax/libs/jquery/1.12.4/jquery.min.js"></script>
</head>
```

它把 jquery 放到了 head 标签里，这个 jquery 加载了 3s，如图 3-21 所示。

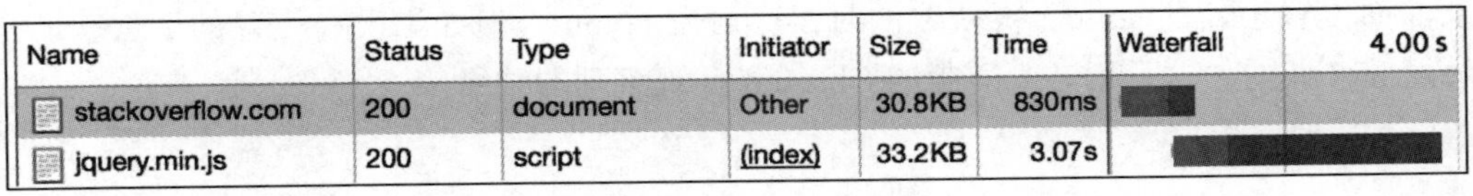

Name	Status	Type	Initiator	Size	Time	Waterfall 4.00 s
stackoverflow.com	200	document	Other	30.8KB	830ms	
jquery.min.js	200	script	(index)	33.2KB	3.07s	

图 3-21 jquery.js 加载了 3s

相比之下，HTML 文件只加载了 0.83s，所以这个 JS 文件至少使页面停留了 3s 的空白状态。

而它的解析花了 20ms 不到，如图 3-22 所示。

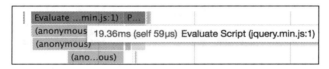

图 3-22 jquery 的解析时间

这个解析时间还是可以忽略的，相对于加载时间而言。并且我们注意到即使把 jquery 删了，stackoverflow 的页面还是可以完整显示，样式无异，这个可以复制它的源代码到本地然后删掉 head 里面的 script 标签打开页面观察。也就是说，把 JS 放在头部是没太大必要的。最关键的是它用的是谷歌的 cdn，这样就导致了大陆的小伙伴们无法在正常的环境下看 stackoverflow，一打开整个页面一两分钟都保持空白状态。

有两种解决办法：第一种是把 script 放到 body 后面，这也是很多网站采取的方法；第二种是给 script 加 defer 的属性，defer 是 HTML5 新增的属性。一旦 script 是 defer 延迟的，那么这个 script 将会异步加载，但不会马上执行，会在 readystatechange 变为 Interactive 后按顺序依次执行，用以下 demo 做说明，如代码清单 3-6 所示。

代码清单 3-6　demo.html

```html
<!DOCType html>
<html>
<head>
    <meta charset="utf-8">
    <script src="defer.js" defer></script>
</head>
<body>
    <script>
        document.onreadystatechange = function(){
            console.log(document.readyState);
        };
    </script>
    <script>
        window.onload = function(){
            console.log("window is loaded");
        };
        window.addEventListener("DOMContentLoaded", function(){
            console.log("dom is ready");
        });
    </script>
    <img src="test.jpg" alt="">
    <script src="normal.js"></script>
    <script>
        console.log("dom almost built");
    </script>

</body>
</html>
```

其中 defer.js 的内容为代码清单 3-7 所示。

代码清单 3-7　defer.js

```
console.log("I'm defered");
for(var i = 0; i < 10000000; i++){
    new Date();
}
console.log("defer script end");
```

中间让它执行一段较长的时间（约 3 秒），normal.js 内容类似，打印的 log 如图 3-23 所示。

可以看到，正常的 script 最先执行，然后紧接着是内联 script 依次执行，说明正常 script 是串行执行的，不过它们可以并行加载，例如 stackoverflow 写在 head 标签里面的这两个正常的 script 就是并行加载的，如图 3-24 所示。

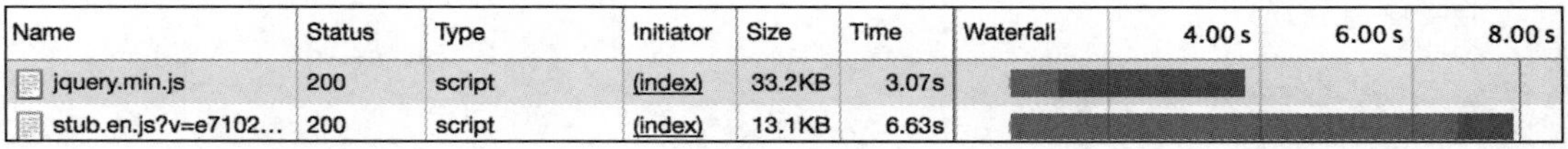

```
normal script begin                normal.js:1
normal script end                  normal.js:5
dom almost built                   demo.html:24
interactive                        demo.html:10
defer script begin                 defer.js:1
defer script end                   defer.js:5
dom is ready                       demo.html:18
complete                           demo.html:10
window is loaded                   demo.html:15
```

图 3-23　输出结果

图 3-24　非 defer 的 script 也是并行加载的

回到图 3-23，第四行 readystatechange 变成 interactive，然后开始执行 defer 的 script，执行完后依次触发 ready 和 load 事件。

也就是说，defer 的脚本会异步加载，但是延后执行，在页面 interactive 后执行，所以不会 block 页面渲染。因此放在 head 标签的 script 可以加一个 defer，但是加上 defer 的脚本发生了重大的变化，不能够影响渲染 DOM 的过程，只能是在渲染完了才能生效，例如，绑定的 click 事件在整个页面没渲染好之前不能生效。并且很多人要把它写在 head 里面，是为了在页面中间的 script 能调用这些库，影响 DOM 的渲染，加上 defer 就违背本意了。但是把不推荐将 script 写在 head 标签里，所以在页面中间的 script 要么使用原生的 API，要么把一些用到的函数写成 head 标签里面的内联 script。

head 标签里面的 defer 脚本和放在 body 后面的脚本有什么区别呢？写在 head 标签里面的外链脚本会影响 DOM 构建和页面图片的加载，特别是当脚本很多时，所以需要加上 defer 避免堵塞。加上 defer 之后的资源加载优先级将会降为最低，甚至比图片还要低，高优先级的资源加载顺序会优于低优先级的加载，即使是出现在后面的。所以如果认为页面的展示比交互要重要，需要马上加载出来，那么可以加上 defer，否则还是不要轻易加上 defer 了，一般把 JS 放在 body 后面就行了。

另外，defer 可能会有兼容性问题，在老的浏览器上某些行为表现可能会不一致。

同样地，head 标签里面的 CSS 资源也会 block 页面渲染。

2. 减少 head 标签里的 CSS 资源

由于 CSS 必须要放在 head 标签里面，因为如果放在 body 里面，一旦加载好之后，又会对 layout 好的 DOM 进行重绘，样式可能会发生闪烁。但是一旦放在 head 标签里面又会堵塞页面渲染，若要加载很久，页面就会保持空白状态。所以要尽可能地减少 CSS 的代码量。

1）不要放太多 base64 放在 CSS 里面

放太多 base64 放在 CSS 里面，会导致 CSS 极速膨胀，把一张 3k 的图片转成 base64，体积将变成 4k，如图 3-25 所示。

filename	size	progress	converted
0.png	3.04 KB	90 x 44 px	4.06 KB

图 3-25　base64 会比原始文件大 1/3

假设放了 10 张 3k 的图片，那么 CSS 将增大为 40K，这已经和一个普通大小的 CSS 文件相仿。笔者曾解决了一个 hover 变色的问题，如图 3-26 所示。

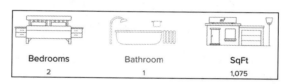

图 3-26　hover 变成蓝色

原始图片都是 svg 的格式，hover 的时候变成蓝色，如果像代码清单 3-8 这样写的话：

代码清单 3-8　hover 的时候换一张蓝色的 svg

```
.img{
    background: url(black.svg) 0 0 no-repeat;
}

.img:hover{
    background: url(blue.svg) 0 0 no-repeat;
}
```

会导致 hover 的时候才去加载 blue.svg，第一次 hover 的时候不会马上变蓝，要稍微等到图片下载下来，在产品角度上是不可接受的。所以第一种解决办法是把 hover 写在 svg 里面，如代码清单 3-9 所示。

代码清单 3-9　改变 svg 的样式

```
<svg>
```

```
<style type="text/css">
    .st0{fill:#282828;}
    .st0:hover{fill: #3399cc;}
</style>
</svg>
```

但是由于下面的文字也要跟着变蓝，文字又不能放在 svg 里面控制，svg 变成外链引进来之后，它就跨域了，无法在外面的 HTML 用 CSS 控制一个跨域的 svg 的样式，如果把 svg 变成内联的，又会导致 HTML 体积过大，同时对缓存也是不利的。所以当时提议，把 svg 转成 base64 放到 CSS 里面，黑色和蓝色的各转成 base64，总共要转 6 * 2 = 12 个，由于原始的 svg 本来就比较大，再转成 base64 就更大了，7k 变成了 9k，再乘以 12，整个 CSS 就增加了 100 多 K。这样就导致了 CSS 要加载很久。

最后压缩后的 CSS 文件有 179KB：

```
-rw-r-r-  1 yincheng staff  179K Mar 10 17:45 common-fbc013bb2526235952078ccd72a7fc97.css
```

好在开启了 gzip 压缩，实际传输的大小为 30K，如图 3-27 所示。

Name	Status	Type	Initiator	Size	Time
common-fbc013bb25262...	200	stylesheet	(index)	29.1KB	1.62s

图 3-27 gzip 压得很小

不管怎样，这种方法依旧是不推荐的。最后采取了图标字体的解决方案，将 svg 转成字体 icon，方便颜色控制。脱离图片后的 CSS 文件只有 22KB：

```
-rw-r-r-  1 yincheng staff  22K Mar 10 17:45 common-def3ac6078614e995ca8.js
```

gzip 压缩后不到 10KB。

上面的例子是避免动态加载，而有时候要动态加载，当使用媒体查询的时候，如代码 3-10 所示：

代码清单 3-10　使用媒体查询动态加载图片

```
@media(min-width: 501px){
    .img{
        background-picture: url(large.png);
    }
}

@media(max-width: 500px){
    .img{
        background-picture: url(small.png);
    }
}
```

大屏的时候加载 large 的图片,小屏的时候加载 small 的图片,浏览器会根据屏幕大小自动加载相应的图片。而一旦你把它转成了 base64 之后,它们都在 CSS 里面了,就没有自动选择加载的优势了。

2)把 CSS 写成内联的

如果你的 CSS 只有 10K 或者 20K,把它写成内联的,也未尝不可,谷歌搜索和淘宝 PC 版就是这样干的,直接把页面几乎所有的 CSS 都写成 style 标签放到 HTML 里面,如图 3-28 所示。

图 3-28 把页面的 CSS 都改成内联的

这个原始的 CSS 有 66KB:

```
-rw-r-r-  1 yincheng  staff    66K Mar 12 10:00 taobao.css
```

gzip 之后为 16KB 如图 3-29 所示。

图 3-29 gzip 后体积剩下 1/4

这样虽然对缓存不利,但是对于首次加载是有很大的作用的。因为如果你把 CSS 放到 CDN 上,为了得到这个 CSS,它首先需要进行域名解析,然后建立 http/https 连接,其次才是下载。而用来做域名解析和建立连接的时候很可能早已把放在 HTML 里面的 CSS 下载下来了,这个时间可以从 Chrome 的控制台观察到,如图 3-30 所示。

为了加载这个资源,DNS 查找花掉了 0.5s,建立 TCP 连接花掉了 0.95s,建立 https 连接花掉

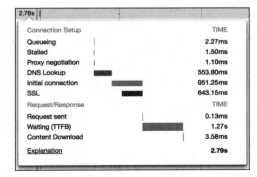

图 3-30 请求一个文件的具体时间

了 0.6s，从发请求到收到第一个字节的数据（Time To First Byte）又花掉了 1.27s，总的时间接近 3s。

所以这个开销还是很大的。还不如直接把 CSS 嵌到 HTML 里面。如果你的 CSS 不是特别大，加上 gzip 压缩，放到 HTML 里面往往是更好的选择。

优化图片

1. 使用响应式图片

响应式图片的优点是浏览器能够根据屏幕大小、设备像素比 dpr、横竖屏自动加载合适的图片，如代码清单 3-11 所示。

代码清单 3-11　响应式 srcset

```
<img srcset="photo_w350.jpg 1x, photo_w640.jpg 2x" src="photo_w350.jpg" alt="">
```

如果屏幕的 dpr = 1 的话则加载 1 倍图，而 dpr = 2 则加载 2 倍图，手机和 Mac 基本上 dpr 都达到了 2 以上，这样对于普通屏幕来说不会浪费流量，而对于视网膜屏来说又有高清的体验。

并且，如果浏览器不支持 srcset，则默认加载 src 里面的图片。

但是你会发现实际情况并不是如此，在 Mac 上的 Chrome 它会加载 srcset 里面的那张 2x 的同时，还会再去加载 src 里面的那张，加载两张图片。顺序是先把所有图片的 srcset 里面的加载完了，再去加载 src 的。这个策略比较奇怪，它居然会加载两张图片，如果不写 src，则不会加载两张，但是兼容性就没那么好。这个可能是因为浏览器认为，既然有 srcset 就不用写 src 了，如果写了 src，用户可能是有用的，所以要去加载。

而使用 picture 就不会加载两张，如代码清单 3-12 所示。

代码清单 3-12　响应式 picture

```
<picture>
    <source srcset="banner_w1000.jpg" media="(min-width: 801px)">
    <source srcset="banner_w800.jpg" media="(max-width: 800px)">
    <img src="banner_w800.jpg" alt="">
</picture>
```

如上，如果页面宽度大于 800px（PC），则加载大图，手机上加载小图。这样写浏览器就只会加载 source 里面的一张图片。但是据观察，如果是用 JS 动态插进去的，它还是会去加载两张，只有写在 HTML 里面，初始化页面的时候才只加载一张。

这个的解决方法很简单，浏览器支不支持 srcset，可以用 JS 判断。如果支持 srcset，则不写 src 的属性了，如果不支持就不用写 srcset 了，判断方法如代码清单 3-13 所示：

代码清单 3-13　判断是否支持响应式图片

```
var supportSrcset = 'srcset' in document.createElement('img');
var surportPicture = 'HTMLPictureElement' in window;
```

需要注意的是，picture 必须要写 img 标签，否则无法显示，对 picture 的操作最后都是在 img 上面，例如 onload 事件是在 img 标签触发的，picture 和 source 是不会进行 layout 的，它们的宽和高都是 0。

另外使用 source，还可以对图片格式做一些兼容处理，如代码清单 3-14 所示。

代码清单 3-14　提供两种格式的图片 webp 和 jpg

```
<picture>
    <source type="image/webp" srcset="banner.webp">
    <img src="banner.jpg" alt="">
</picture>
```

上面 Chrome 浏览器将会加载 webp 格式的图片，如图 3-31 所示。

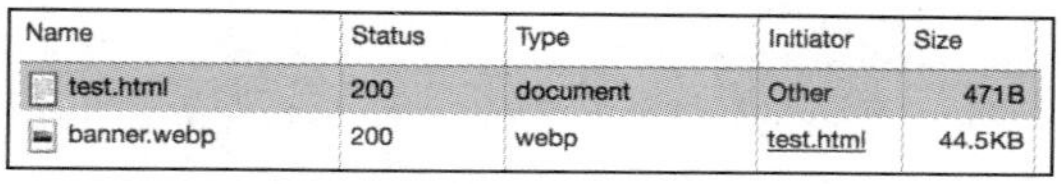

Name	Status	Type	Initiator	Size
test.html	200	document	Other	471B
banner.webp	200	webp	test.html	44.5KB

图 3-31　Chrome 将优先加载 webp 格式的图片

webp 在保持同等清晰度的情况下，体积可以减少一半，但是目前只有 Chrome 支持，Safari 和 firefox 一直处于实验阶段，所以其他的浏览器如 firefox 将会加载 jpg 格式的照片，如图 3-32 所示。

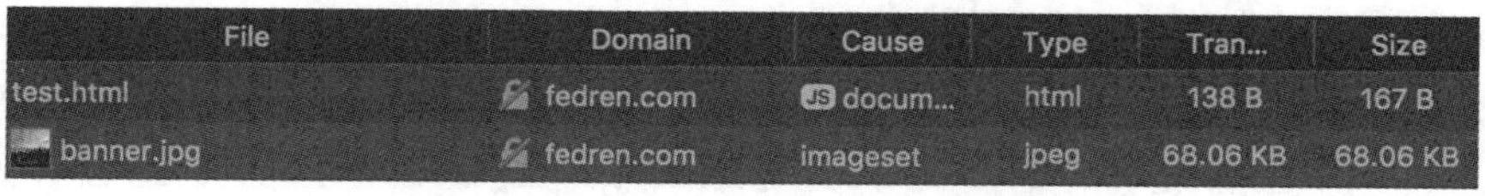

File	Domain	Cause	Type	Tran...	Size
test.html	fedren.com	JS docum...	html	138 B	167 B
banner.jpg	fedren.com	imageset	jpeg	68.06 KB	68.06 KB

图 3-32　firefox 不支持 webp，将加载 jpg

可以看到原图是 68k，转成 webp 之后变成了 45k，如果你把 jpg 有损压得比较厉害，例如质量压为 0.3，可以比 webp 更小，但是失真就比较严重了。

2. 延迟加载图片

对于很多网站来说，图片往往是占据最多流量和带宽的资源。特别是那种瀑布式展示性的网站，一个页面展示 50 本书，50 张图片，如果一口气全部放出来，那么页面的 loaded 时间将会较长，并且由于并行加载资源数是有限的，图片太多会导致放在 body 后面的 JS 解析比较慢，页面将较长时间处于不可交互状态。所以不能一下子把全部图片都放出来，这对于手机上的流量也是不利的。

为此，笔者做了个懒惰加载图片的尝试，初始加载页面的时候并不去加载图片，只有当用户下滑到相应位置的时候才把图片放出来。首先，渲染页面的时候别把图片地址放到 src 上，放到一个 data 的属性中，如代码清单 3-15 所示。

代码清单 3-15　把图片地址放到 data 属性中

```
<picture>
```

```html
    <source data-srcset="photo_w350.jpg 1x, photo_w640.jpg 2x">
    <img data-src="photo_w350.jpg" src="about:blank" alt="">
</picture>
```

如上，放到 data-src 和 data-srcset 里面，上面把 src 的属性写成了"about:blank"，这是因为不能随便写一个不存在的地址，否则控制台会报错：加载失败，如果写成空或不写，那么它会认为 src 就是当前页面。如果写成 about:blank，大家相安无事，并且不同浏览器兼容性好。

接下来进行位置判断，监听 scroll 事件，回调函数如代码清单 3-16：

代码清单 3-16　scroll 的时候把图片放出来

```javascript
showImage(leftSpace = 500){
    var scrollTop = $window.scrollTop();
    var $containers = this.$imgContainers,
        scrollPosition = $window.scrollTop() + $window.height();
    for(var i = 0; i < $containers.length; i++){
        //如果快要滑到图片的位置了
        var $container = $containers.eq(i);
        if($container.offset().top - scrollPosition < leftSpace){
            this.ensureImgSrc($container);
        }
    }
}
```

第 5 行的 for 循环，依次对所有的图片做处理，第 8 行的 if 判断，如果滑动的位置快要到那张图片了，则把 src 放出来，这个位置差默认为 500px，如果图片加载得快的话，这种行为对于用户来说是透明的，他可能不知道图片是往下滑的时候才放出来的，几乎不会影响体验，如果用户滑得很快，本身不做这样的处理，图片也不可能加载得这么快，也会是处于 loading 的状态。

代码 3-17 所示的 ensureImage 函数把图片放出来：

代码清单 3-17　用 ensureImage 把图片放出来

```javascript
ensureImgSrc($container){
    var $source = $container.find("source");
    if($source.length && !$source.attr("srcset")){
        $source.attr("srcset", $source.data("srcset"));
    }
    var $img = $container.find("img:not(.loading)");
    if($img.length && $img.attr("src").indexOf("//") < 0){
        $img.attr("src", $img.data("src"));
        this.shownCount++;
    }
}
```

代码里面判断 src 是不是有"//"，如果有即为正常的地址，如果没有则给它赋值，触发浏览器加载图片。并记录已经放出来的个数，这样可以做个优化，当图片全部都加载或者开始加载了，如代码清单 3-18 所示，把 scroll 事件取消掉：

代码清单 3-18　当把图片都放出来了后去掉 scroll 事件

```
init(){
    // 初始化
    var leftSpace = 0;
    this.showImage(leftSpace);
    // 滑动
    $window.on("scroll", this, this.throttleShow);
}

ensureImgSrc($container){
    // 如果全部显示，off 掉 window.scroll
    if(this.shownCount >= this.allCount){
        $window.off("scroll", this.throttleShow);
    }
}
```

上面的代码其实有个问题，就是如果 new 两次 ImageShower 的话，只要有一次 off 掉了，那么两次的 scroll 事件都被 off 掉了，因为 this.throttleShow 是在类的原型上的一个函数，绑了多次也是同一个函数，所以 off 掉这个函数的时候就把全部这个函数的监听都 off 掉了。所以你可能不能直接 off 掉。

用懒惰加载的方式可以大大减少打开页面的流量，加快 ready 和 load 的时间。

压缩和缓存

1. gzip 压缩

上文已提及，使用 gzip 压缩可以大大减少文件的体积，一个 180K 的 CSS 文件被压成了 30K，减少了 83% 的体积。如何开启压缩呢，这个很简单，只要在 Nginx 的配置里面添加这个选项就好了，如代码清单 3-19，现在的服务基本上都使用 Nginx 做转发。

代码清单 3-19　nginx.conf 开启 gzip

```
server{
    gzip on;
    gzip_types   text/plain application/javascript application/x-javascript text/javascript text/xml text/css;
}
```

由于这一块相信很多前端都比较陌生，但是它是属于 HTTP 协议的内容，所以这里将进行较详细地分析。

2. Cache-Control

如果没有任何缓存策略，那么对于代码清单 3-20 所示页面：

代码清单 3-20　demo.html

```html
<!DOCType html>
<html>
<head>
    <link href="test.css" rel="stylesheet">
</head>
<body>
<picture>
    <source type="image/webp" srcset="banner.webp">
    <img src="banner.jpg" alt="">
</picture>
<script src="normal.js"></script>
</body>
</html>
```

该页面总共有 4 个资源，HTML、CSS、img 和 JS 各一个，第一次加载返回码都为 200，如图 3-33 所示。

Name	Status	Type	Initiator	Size	Time
test.html	200	document	Other	476B	4ms
normal.js	200	script	test.html	454B	6ms
test.css	200	stylesheet	test.html	16.7KB	6ms
banner.webp	200	webp	test.html	44.4KB	2ms

图 3-33　demo.html 加载四个资源

刷新页面第二次加载时，如图 3-34 所示，除了 HTML，其他三个文件都是直接在本地缓存取的，这个是 Chrome 的默认策略。HTML 是重新去请求，Nginx 返回了 304 Not Modified。

Name	Status	Type	Initiator	Size	Time
test.html	304	document	Other	157B	2ms
test.css	200	stylesheet	test.html	(from memory cache)	0ms
banner.webp	200	webp	test.html	(from memory cache)	0ms
normal.js	200	script	test.html	(from memory cache)	0ms

图 3-34　第二次加载的情况

为什么 Nginx 知道没有修改呢，因为在第一次请求的时候，Nginx 的 HTTP 响应头里面返回了 HTML 的最近修改时间，如图 3-35 所示。

```
▼ Response Headers    view source
  Accept-Ranges: bytes
  Connection: keep-alive
  Content-Length: 246
  Content-Type: text/html; charset=utf-8
  Date: Sun, 12 Mar 2017 04:17:56 GMT
  Last-Modified: Sun, 12 Mar 2017 04:04:00 GMT
  Server: nginx/1.8.0
```

图 3-35　Last-Modified

在第二次请求的时候，浏览器会把这个 Last-Modified 带上，变成 If-Modified-Since 字段，如图 3-36 所示。

```
▼ Request Headers    view source
  Accept: text/html,application/xhtml+xml,application/xml;q=0.9,image/webp,*/*;q=0.8
  Accept-Encoding: gzip, deflate, sdch
  Accept-Language: en,zh-CN;q=0.8,zh;q=0.6,zh-TW;q=0.4
  Cache-Control: max-age=0
  Connection: keep-alive
  Cookie: __qca=P0-701315834-1489229048587; _ga=GA1.2.2046567987.1489220166
  Host: fedren.com
  If-Modified-Since: Sun, 12 Mar 2017 04:04:00 GMT
  Upgrade-Insecure-Requests: 1
  User-Agent: Mozilla/5.0 (Macintosh; Intel Mac OS X 10_12_3) AppleWebKit/537.36 (KHTML, like Gecko) Chrome/56.
  0.2924.87 Safari/537.36
```

图 3-36 If-Modified-Since

这样 Nginx 就可以取本地文件信息里的修改时间和这个进行比较，一旦时间一致或者在此之前，直接返回 304，告诉客户端从缓存取。笔者的 Nginx 版本默认是开启 last-modified，有些网站并没有开启这个，每次都是返回 200 重新请求。如果把文件编辑了保存，Nginx 会重新返回一个最近修改时间。

除了 last-modified 字段之外，还可以手动控制缓存时间，那就是使用 Cache-Control，例如设置图片缓存 30 天，而 JS/CSS 缓存 7 天，如代码清单 3-21 所示。

代码清单 3-21 nginx.conf 设定缓存时间

```
location ~* \.(jpg|jpeg|png|gif|webp)$ {
    expires 30d;
}
location ~* \.(css|js)$ {
    expires 7d;
}
```

这样响应头就会加一个 Cache-Control: max-age=604800(s)，如图 3-37 所示。

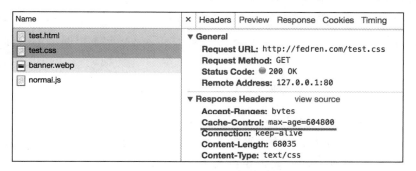

图 3-37 用 max-age 告诉客户端缓存时间

这个和 last-modified 有什么区别呢，如果把 expires 改成 3s，如代码清单 3-22 所示：

代码清单 3-22　把缓存时间改成 3s

```
location ~* \.(css|js)$ {
    expires 3s;
}
```

不断刷新，观察加载情况。

第一次请求还是 200，第二次请求 CSS/JS 都是 cached，过了 3 秒之后的第三次请求，CSS/JS 变成了 304，如图 3-38 所示。

Name	Status	Type	Initiator	Size	Time
test.html	304	document	Other	157B	2ms
banner.webp	200	webp	test.html	(from memory cache)	0ms
test.css	304	stylesheet	test.html	223B	2ms
normal.js	304	script	test.html	223B	2ms

图 3-38　超过缓存时间重新请求

从这里可以看出 max-age 的优先级要大于 last-modified。如果要强制不缓存，则把 expires 时间改成 0。

上面的结果都是 Chrome 的实验结果，Firefox 和 Chrome 比较一致，而 Safari 差别比较大，Safari 不太相信缓存，即使设置 Cache-Control，仍然还是会有 304 的请求，并且 HTML 永远是 200 重新加载，它没有把 last-modified 和 cache-control 带上。

综上，设置缓存的作用一个是把 200 变成 304，避免资源重新传输，第二个是让浏览器直接从缓存取，连 HTTP 请求都不用了，这样对于第二次访问页面是极为有利的。

设置缓存还有第三种技术，使用 etag。

3. 使用 etag

上面的两种办法都有缺点，由于很多网站使用模板渲染，每次请求都是重新渲染，生成的文件的 last-modified 肯定是不一样的，所以 last-modified 在这种场景下失效，而使用 max-age 你无法知道精确控制页面的数据什么时候会发生变化，所以 max-age 不太好使。这个时候 etag 就派上用场了。Nginx 开启 etag 只需要在 server 配置里面加上一行，如代码清单 3-23 所示：

代码清单 3-23　nginx.conf etag

```
etag on;
```

所谓 etag 就是对文件做的一个校验和，第一次访问的时候，响应头里面返回这个文件的 etag，浏览器第二次访问的时候把 etag 带上，Nginx 根据这个 etag 和新渲染的文件计算出的 etag 进行比较，如果相等则返回 304。

如图 3-39，第一次访问的时候返回 etag。

```
▼ Response Headers    view source
   Accept-Ranges: bytes
   Connection: keep-alive
   Content-Length: 246
   Content-Type: text/html; charset=utf-8
   Date: Sun, 12 Mar 2017 05:50:53 GMT
   ETag: "58c4c8b0-f6"
   Last-Modified: Sun, 12 Mar 2017 04:04:00 GMT
   Server: nginx/1.8.0
```

图 3-39 html 的 etag

第二次访问浏览器会带上 etag，添加在 If-None-Match 字段，如图 3-40 所示。

```
▼ Request Headers    view source
   Accept: text/html,application/xhtml+xml,application/xml;q=0.9,image/webp,*/*;q=0.8
   Accept-Encoding: gzip, deflate, sdch
   Accept-Language: en,zh-CN;q=0.8,zh;q=0.6,zh-TW;q=0.4
   Cache-Control: max-age=0
   Connection: keep-alive
   Cookie: __qca=P0-701315834-1489229048587; _ga=GA1.2.2046567987.1489220166
   Host: fedren.com
   If-Modified-Since: Sun, 12 Mar 2017 04:04:00 GMT
   If-None-Match: "58c4c8b0-f6"
   Upgrade-Insecure-Requests: 1
```

图 3-40 If-None_Match

服务将返回 304，如果我把 HTML 文件修改了，那么这个 etag 就会发生变化，服务返回 200，并告知新的 etag，如图 3-41 所示。

由于 etag 要使用少数的字符表示一个不定大小的文件，所以 etag 是有重合的风险，如果网站的信息特别重要，连很小的概率如百万分之一都不允许，那么就不要使用 etag 了。

我们可以看到 youku 就是用的 etag，如图 3-42 所示。

```
▼ General
   Request URL: http://fedren.com/test.html
   Request Method: GET
   Status Code: ● 200 OK
   Remote Address: 127.0.0.1:80
▼ Response Headers    view source
   Accept-Ranges: bytes
   Connection: keep-alive
   Content-Length: 247
   Content-Type: text/html; charset=utf-8
   Date: Sun, 12 Mar 2017 05:54:57 GMT
   ETag: "58c4e2a1-f7"
   Last-Modified: Sun, 12 Mar 2017 05:54:41 GMT
   Server: nginx/1.8.0
```

图 3-41 新的 etag

```
▼ General
   Request URL: http://www.youku.com/
   Request Method: GET
   Status Code: ● 304 Not Modified
   Remote Address: 106.11.186.2:80
▼ Response Headers    view source
   Connection: keep-alive
   Date: Sun, 12 Mar 2017 05:58:16 GMT
   ETag: "58c4e32c-99766"
   Last-Modified: Sun, 12 Mar 2017 05:57:00 GMT
   Server: Tengine/Aserver
   Timing-Allow-Origin: *
   X-Via-Tag: cms.static
```

图 3-42 youku html 使用 etag

使用 etag 的代价是增加了服务器的计算负担，特别是当文件比较大时。

升级到 HTTP/2

现在国内很多服务商仍然在使用 HTTP/1.1，其实 HTTP/2 已经来了，并且可以兼容。

HTTP/2 的优点在于对于一个域只建立一次 TCP 连接，使用多路复用，传输多个资源，这样就不用使用诸如雪碧图、合并 JS/CSS 文件等技术减少请求数。如下图 3-43 所示，可以同时加载多个资源，不用进行资源排队（第 4 章 "Effective12" 中将会更详细讨论这个问题）。

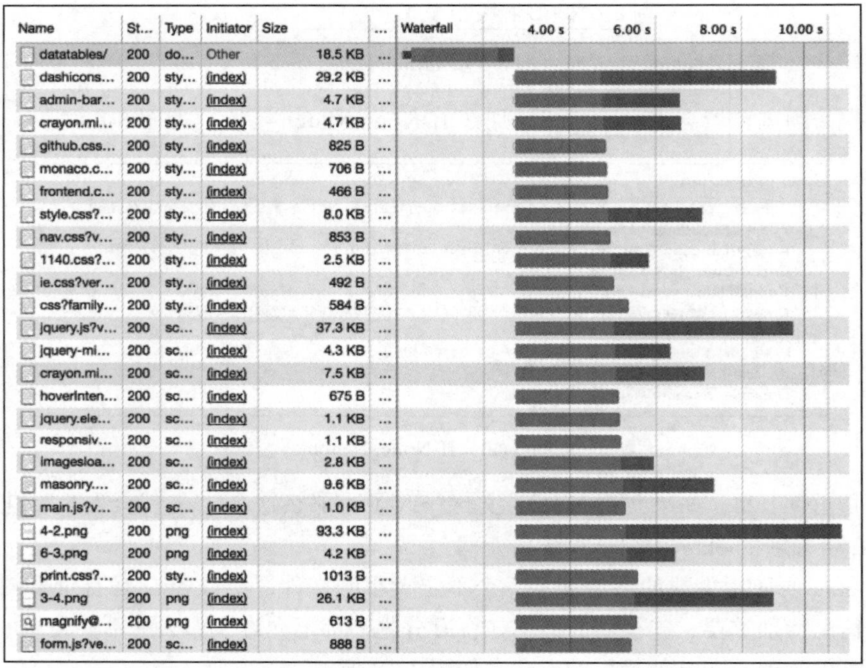

图 3-43 同时加载多个资源

还能进行报文头压缩，使用二进制传输和 Server Push 提前把资源推送给浏览器，不用等 HTML 解析了才能触发加载。图 3-43 第一个资源就是 HTML，其他资源都要等 HTML 加载和解析，Server Push 就是为了解决这个问题。

HTTP/2 需要使用 nginx 1.10.0 和 openssl 1.0.2 以上版本，安装好之后在 nginx 的配置上加上 http2 就可以了，如代码清单 3-24 所示：

代码清单 3-24　nginx.conf

```
listen 443 ssl http2;
```

浏览器加载资源显示的协议就会由 1.1 变成 2，如图 3-44 所示。

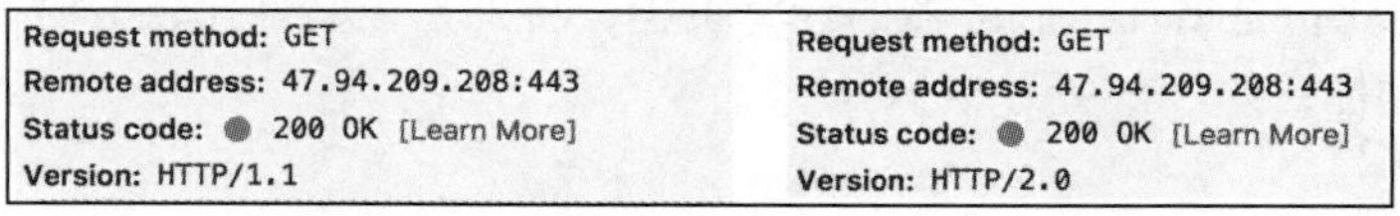

图 3-44　转变为 HTTP/2

对于不支持 HTTP/2 的浏览器应该怎么办呢？ nginx 会自动处理，因为 HTTP/2 的实现基本只支持 HTTPS，HTTPS 连接过程中需要先握手，浏览器会发一个 Client Hello 的包给服务，这个包里面会有它是否支持 h2 的信息，如图 3-45 所示。

```
▼ Extension: Application Layer Protocol Negotiation
    Type: Application Layer Protocol Negotiation (0x0010)
    Length: 14
    ALPN Extension Length: 12
  ▼ ALPN Protocol
      ALPN string length: 2
      ALPN Next Protocol: h2
      ALPN string length: 8
      ALPN Next Protocol: http/1.1
```

图 3-45　ALPN 信息

如果没有这些信息，nginx 会自动切换到 HTTP/1.1，所以能够兼容老的浏览器和客户端，进而可以放心地升级到 HTTP/2。

第 5 章 "Effective18" 中将会讨论更多关于 HTTPS 的东西。

其他优化方案

1. DNS 预读取

上文已提到域名解析可能会花很长的时间，而一个网站可能会加载很多个域的东西，例如使用了三个自己的子域名的服务，再使用了两个第三方的 CDN，再使用了百度统计 / 谷歌统计的代码，还使用了其他网站上的图片，一个网站很可能要加载七、八个域的资源，第一次打开时，要做七、八次的 DNS 查找，这个时间是非常可观的。因此，DNS 预读取技术能够加快打开速度，方法是在 head 标签里面写上几个 link 标签，如代码清单 3-25 所示：

代码清单 3-25　通过 dns-prefection 的 link 标签

```
<link rel="dns-prefecth" href="https://www.google.com">
<link rel="dns-prefecth" href="https://www.google-analytics.com">
<link rel="dns-prefecth" href="https://connect.facebook.net">
<link rel="dns-prefecth" href="https://googleads.g.doubleclick.net">
<link rel="dns-prefecth" href="https://staticxx.facebook.com">
<link rel="dns-prefecth" href="https://stats.g.doubleclick.net">
```

如上，对以上几个网站提前解析 DNS，由于它是并行的，不会堵塞页面渲染。这样可以缩短资源加载的时间。

2. HTML 优化

把本地的 HTML 部署到服务器上前，可以先对 HTML 做一个优化，例如把注释 remove 掉，把行前缩进删掉，如代码清单 3-26 所示：

代码清单 3-26　原始 html 文件

```
<!DOCType html>
```

```
<html>
    <head>
        <meata charset="utf-8">
    </head>
</html>
    <body>
        <!-main content-->
        <div>hello, world</div>
    </body>
</html>
```

处理后的文件,如代码清单 3-27 所示:

代码清单 3-27　处理后的 html 文件

```
<!DOCType html>
<html>
<head>
<meata charset="utf-8">
</head>
</html>
<body>
<div>hello, world</div>
</body>
</html>
```

这样处理的文件可以明显减少 HTML 的体积,特别是当一个 tab 是 4 个空格或者 8 个空格时。

可以做一个比较,以 youku 为例,把它的 HTML 复制出来,然后再把它每行的行首空格去掉,如图 3-46 所示。

```
yinchenglis-MacBook-Pro:site yincheng$ ls -lh youku-before.html youku-after.html
-rw-r--r--  1 yincheng  staff   489K Mar 12 15:13 youku-after.html
-rw-r--r--  1 yincheng  staff   687K Mar 12 15:11 youku-before.html
```

图 3-46　去掉行前缩进前后体积比较

从 687K 减少了 200K,约为 1/3,这个量还是很可观的。对其他网页的实验,可以发现这样处理普遍减少 1/3 的体积。而且这样做几乎没有风险,除了 pre 标签不能够去掉行首缩进之外,其他的都正常。

3. 代码优化

对自己写的代码做优化,提高运行速度,例如说 HTML 别嵌套太多层,否则加重页面 layout 的压力,CSS 的选择器别写太复杂,不然匹配的计算量会比较大,对 JS,别滥用闭包,闭包会加深作用域链,加长变量查找的时间,这个在第 2 章 "Effective 前端 6" 里已经提过。

上文从页面堵塞、图片优化、开启缓存、代码优化等角度介绍了优化页面加载的方案,但其实上面的只是一些参考建议,可能不能放之四海皆准,读者应该要结合自己网站的实际情况做一些分析,找到瓶颈问题。如果不确定就反复实践,直到发现一些合适的方法。

问答

1. 后面介绍的缓存使用到了 Nginx,Nginx 不是后端的么,这个对前端的要求太高了吧?

答:如果你认为前端就是写 HTML/CSS/JS 的,那你的思想就有点局限了。虽然我们是做前端的,但是视野要放宽一点,例如你得去了解 HTTP 协议吧,你为了实践 HTTP 协议的缓存机制,你不搞个 Nginx 怎么玩,是吧,当然你搞个 Node.js 开个服务往 response 写字段也可以,但是 Nginx 是最简单直接的方式。

2. 上面那个图片变蓝的问题,能不能使用图片预加载的方式?

答:可以,但是你还是无法保证图片会在用户 hover 前已经加载好了。

3. 系统安装的 Nginx 版本不够应该怎么办?

答:需要在 Nginx 官网下载源码,然后从源码编译一个就可以了,如下所示:

```
wget http://nginx.org/download/nginx-1.12.1.tar.gz # 下载
tar -zxvf nginx-1.12.1.tar.gz # 解压
cd nginx-1.12.1
./configure # 确认系统环境,生成 make 文件
make # 编译
sudo make install # 安装
```

4. 没有加上 async 和 defer 的 script 为什么是并行加载的,理论上不应该先加载执行完一个 JS 再接着下一个 script 吗?

答:最开始的浏览器是这么处理的,只要遇到一个 JS,则后面的资源都不会去加载了,只有等到这个 JS 执行完了,才会继续解析 DOM,继续加载其他资源。但是早在 2008 年的 IE8 等浏览器支持了一个叫作"推测加载"的策略——在遇到一个 JS 的时候,虽然 DOM 停止构建了,但是会去分析后面的标签有哪些资源需要加载,提前放到加载队列里面,而不用等到堵塞的 JS 完成了。这样大大提高了网页的整体加载速度。

Effective 前端 9:增强用户体验

用户体验是一个很大的话题,可以单独写一本书讨论,所以本文并不是从宏观的角度阐述要怎么设计,而是从一些小细节切入。把很多的小细节做好了,用户体验自然就上去了。

加 Loading 效果

在一些加载可能比较久的地方做一个 loading,这样可以缓和等待的焦急心情,例如:

（1）页面上的图片加载。对一些主体图片做一个 loading 效果，如图 3-47 所示。

（2）对 AJAX 请求做一个进度条的效果。用户点一个按钮发一个请求，页面顶部出现一个进度条，如果请求比较久，这个进度条还是比较有用的，同时至少让用户知道他点了按钮之后是有反应的。图 3-48 是模仿 youtube 网站的效果。这个 Loading 进度是假的，每次都先 load 到 60% 到 80% 的一个随机位置，请求回来之后再加载到 100%，因为普通的 AJAX 请求只有 0 和 100% 的状态，所以只能做一个假的进度。

图 3-47　图片 loading 效果

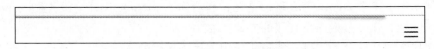

图 3-48　做一个 ajax 的进度条

（3）上传文件的进度条。上传文件能够返回上传的进度，这个进度是真的，这个是 AJAX2 的特性，所以可以做一个真的进度条。如图 3-49 所示。

图 3-49　上传文件真实 loading

加过渡动画效果

（1）轮播的过渡效果，如图 3-50 所示，有一个虚化的过度效果。

图 3-50　轮播的过渡效果

这个过渡效果是用的 jssor slider 的轮播插件自带的效果。下面还有一个过渡动画，就是小横条由短变长，由长变短的动画，这个是用 transition + width 做的动画。

（2）导航显示，导航从右到左显示的时候加一个出现动画，这个动画用 transform + transition 实现，如图 3-51 所示。

（3）弹框显示，弹框显示的时候加一个过渡动画，为了弹框闪现的时候看起来不会很突兀，如图 3-52 的弹框在切换的时候有一个从虚到实的变化。

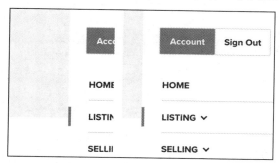

图 3-51　导航从右到左推出

图 3-52　弹框出现的时候由暗变亮

这个是用 opactiy + transition 做的动画。关于动画的制作我们将在 HTML5 的章节进行讨论。

有一点需要注意的是，动画效果不能做得太多太炫，导致喧宾夺主了，除非你那个页面是纯动画展示。设想打开一个页面中间有个轮播动画，下面还有个框在飞来飞去，左边还有个地方在跳动，这给人感觉就有点乱了。

单击和输入

（1）用户单击按钮提交的时候，可以给按钮做一个效果，让人感觉按钮有被按下去，图 3-53 所示的这个按钮在单击的时候就有一种被按下去的感觉。

图 3-53　被按下去的效果

这个是怎么做的呢？其实很简单，只要改变两个属性就好了，如代码清单 3-28 所示：

代码清单 3-28　改变两个属性

```
button{
    background-color: #249bff;    /*普通的蓝色 */
}
button:active{
    padding-top: 3px;
    background-color: #3491df;    /*更深的蓝色 */
}
```

即加一个 padding-top 把文字稍微挤下去，再把背景色调深就可以了。

（2）使用 HTML5 的 input，这个在第 1 章 "Effective 前端 2" 中提到，因为手机端会弹出不同的键盘，方便用户输入，如图 3-54 所示。

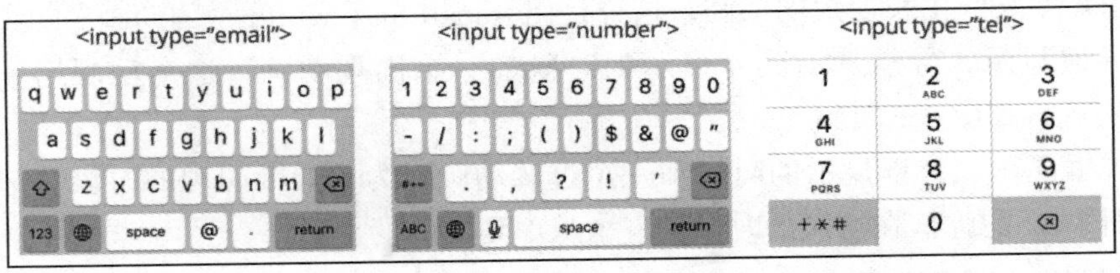

图 3-54　使用 html5 的 input

（3）自动补全，根据当前输入框的特点自动补全，如图 3-55 输入框自动补全协议，当用户切到下一个框的时候自动补全。

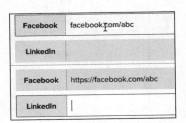

图 3-55　失焦时自动补全

记住用户使用习惯

（1）记住位置，如图 3-56 左右区域是可以拉动改变大小比例的，当用户刷新页面的时候自然要记住他上一次拉的位置，而不是让他每次开页面又得重新拉到他喜欢的那个位置。

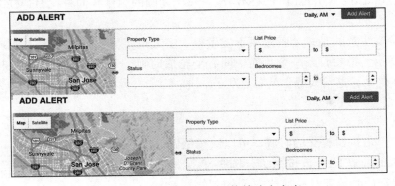

图 3-56　左边的地图可以拖拽改变宽度

这个可以用本地存储实现，如果用户开了隐身模式，本地存储将会被禁掉，那可以改成用 cookie，为此做一个兼容，如代码清单 3-29 所示：

代码清单 3-29　本地存储兼容代码

```
setLocalData: function(key, value){
    if(Data.hasLocalStorage){
        window.localStorage[key] = value;
    }
    else{
        util.setCookie(key, value);
    }
}
```

刷页面时用同样的方式去获取本地存储里的 key 值，如果有值的话就给它自动设置一下。

（2）记住用户的输入信息，如图 3-57 第一次填写时全部是空的。

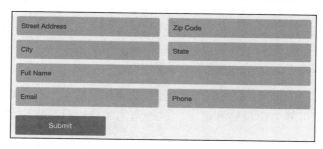

图 3-57　第一次输入框都是空的

一旦用户填写完之后，再次填写新的信息时，他的个人信息应该要被记住，而不是让他再重新填邮箱电话号码，如图 3-58 自动填充个人信息。

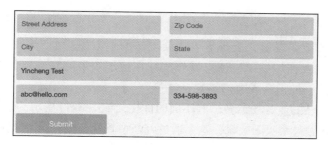

图 3-58　记住用户信息

哪些需要被记住，哪些不需要被记住可能得根据不同的使用场景，如果记住了一些不必要的信息可能会适得其反。

避免页面闪动

闪动的意思是刚开始刷页面的时候，部分显示是错乱的，JS 加载好之后突然又恢复了。或者是页面的加载比较奇怪，例如页面下方第二部分的先加载出来，突然第一部分也加载好了，然后把第二部分给挤下去了。

第一种通常是使用服务端渲染，再使用 JS 调整部分内容的显示，如图 3-59 的 textarea 会从左边闪到右边的效果。

它先是 p 标签，然后又变成了换行。因为数据是 p 标签的，然后再用 JS 把它改成换行。由于 JS 是放在外链的，导致它的加载要慢于 DOM 的渲染，所以中间会有一个间隔。

再如需要根据用户窗口的高度设置某个 div 的高度，让它占据除了导航、搜索区域占掉的空间外的所有空间，这个也是有可能会闪动的情况。有一个解决办法是在页面写一个内联的 script，由于它是和 DOM 渲染同步的，所以就不会有闪动的问题。

Self-introduction	Self-introduction
<p>hello, world</p><p>goodbye, world</p>	hello, world goodbye, world

图 3-59　内容闪了一下

第二种通常是客户端渲染，渲染一个页面要发好几个请求，有些请求比较快，有些请求返回得比较慢，就可能会出现这种情况。这种问题的处理只要保证位于上方的元素先渲染出来就好了。

还有一种是容器的高度是图片的高度撑起来的，如果图片还没加载好，容器就塌了，等图片出来后，再把下面的内容挤下去。这种问题也好处理，只要给容器一个高度就好了，就不会有页面闪动的问题了。

其他优化方法

其他的像提示文案要友好，上传等可能会出错的地方加一个出错处理允许用户重新操作，而不是出错了就死在那里了，还有操作交互在追求效果的时候要保持简单易操作，而不是搞得很复杂制造一种很高大上的错觉，等等。

另外可以根据自己的业务场景做一些不同的优化，如图 3-60 所示的地图绘制，在点第一个点关闭路径的时候做一个吸附效果，这个通过判断位置是否接近第一个进行相应的处理。

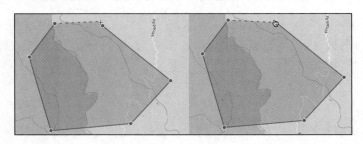

图 3-60　当鼠标靠近第一个点时有一种被吸过去的感觉

问答

1. 能不能附上完整的代码或者 demo 示例？

答：上面的效果大部分都是一些比较普通的效果，技术难度不复杂。本文重点是提一些想法，然后抛砖引玉，读者可以根据自己的网页做一些相应的优化。

2. UI 和产品并没有要求加这些效果，自己胡乱添加一些效果真的好吗？

答：如果你加了一个不好的效果，画蛇添足，那还不如不加。加这种效果的前提是确实能够提升体验，而不是为了显示我的技术有多厉害，能够做出这么酷炫的效果。如果你不确定这个效果好不好，那就和其他人商量一下。

Effective 前端 10：用好 Chrome Devtools

相信绝大部分的前端是使用 Chrome 进行开发的，一方面 Chrome 浏览器确实做得好，更重要的一方面是因为 Chrome 有一个非常强大的调试工具。用好这个调试工具可以提高编程效率，帮助我们快速地定位问题。

打印

1. console.table

最常用的打印是 console.log，console.log 有时候打印一些复杂的数据结构显得有点吃力，如打印一个元素是 object 的数组，如图 3-61 所示。

```
> var mapPath = [{"lat":37.769629187677005,"lng":-122.42477416992188},
  {"lat":37.72076290898373,"lng":-122.38563537597656},
  {"lat":37.68055980320511,"lng":-122.40966796875},
  {"lat":37.678386041261184,"lng":-122.47283935546875},
  {"lat":37.71261539271678,"lng":-122.54013061523438},
  {"lat":37.75877280300828,"lng":-122.51609802246094},
  {"lat":37.78156937014928,"lng":-122.47146606445312},
  {"lat":37.79513541839677,"lng":-122.41996765136719}]
<· undefined
> mapPath
<· ▼[Object, Object, Object, Object, Object, Object, Object, Object]
    ▶0: Object
    ▼1: Object
        lat: 37.72076290898373
        lng: -122.38563537597656
      ▶__proto__: Object
    ▶2: Object
    ▶3: Object
    ▶4: Object
    ▶5: Object
    ▶6: Object
    ▶7: Object
     length: 8
    ▶__proto__: Array(0)
> |
```

图 3-61 用 console.log 打印数组

为了查看每个数组的元素，必须得一个个展开，就显得有点麻烦了，其实可以用 console.table，如图 3-62 所示。

```
> console.table(mapPath)
                                                        VM597:1
```

(index)	lat	lng
0	37.769629187677005	-122.42477416992188
1	37.72076290898373	-122.38563537597656
2	37.68055980320511	-122.40966796875
3	37.678386041261184	-122.47283935546875
4	37.71261539271678	-122.54013061523438
5	37.75877280300828	-122.51609802246094
6	37.78156937014928	-122.47146606445312
7	37.79513541839677	-122.41996765136719

▶Array(8)

图 3-62 使用 console.table 打印更加易读

瞬间就变得非常清爽，同时 console.table 还支持打印对象属性，如图 3-63 所示的 Student 对象，有 name 和 score 两个属性。

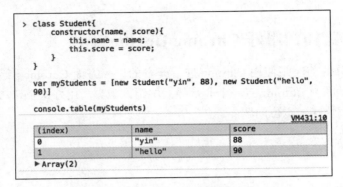

图 3-63　用 console.table 打印 object

2. console.dir

console.log 是侧重于字符串化的打印，而 console.dir 能递归打印对象的所有属性，如图 3-64 所示打印一个 DOM 结点。

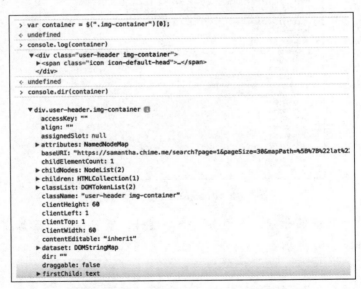

图 3-64　console.log 和 console.dir 的比较

console.log 把它的 html 打印出来了，而 console.dir 把它的所有属性打印出来，方便进行检查。

3. 打印带样式

经常会看到有些网站会在控制台打印一些提示语，并且这些提示语还带样式，这个是

用 %c 加上的样式，如图 3-65 所示。

```
console.log('%c 请不要在控制台输入一些你不懂的命令！%s', 'background: #222; color: #bada55',
    '>>');
```

图 3-65　使用 %c 添加打印的样式

检查没有用的 CSS/JS

Chrome 59 新增了一个功能，能够检查页面上的 CSS/JS 没有用到的比例，如下打开 devtools 的 Coverage 标签栏，然后点记录按钮，刷新页面，页面加载完之后，单击停止。就会显示页面用到和没用的 CSS/JS 占比。如图 3-66 所示，没有用到的用红色表示，用到的用绿色表示。

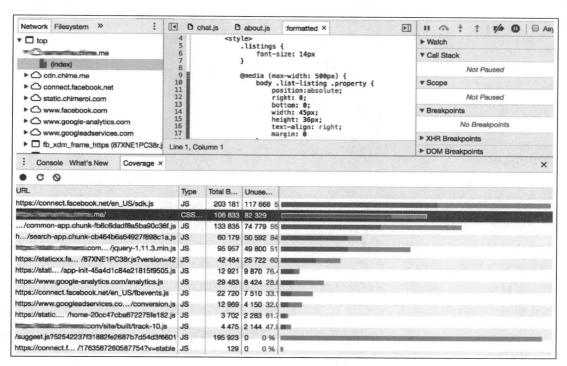

图 3-66　Coverage 功能显示没用到的 CSS/JS 比例

可以看到第二个 CSS 文件有大部分是没用到的，JS 也有很大的比例没有用到。在上图中间的窗口会把具体没使用到的代码标红，就能知道哪些代码没有被用到。

CSS 有一半没有用到，因为有一些是小屏的响应式 CSS，大屏没用到。另一些是 common-chunk 提出来的，所以可以考虑把大小屏的 CSS 分开（但是不适合于内联 Style），如代码清单 3-30 用媒体查询去加载不同的 CSS：

代码清单 3-30　使用 link 的 media 属性做媒体查询

```
<link rel="stylesheet" href="large.css" media="screen and (min-width:500px)">
```

JS 也是因为 require 了比较大的公有模块导致的，这些模块比较大，但是只使用了其中一小部分功能，可考虑把大模块拆细，但是粒化太细可能会增加复杂度，所以要权衡一下。

截全屏的功能

除了 Corverage 之外，Chrome 59 还新增了截全屏的功能，如图 3-67 所示。而不用去装一个第三方的插件。

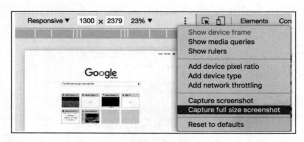

图 3-67　新增的截全屏的功能

debugger

可以在代码里面写一句 debugger，一旦运行到 debugger 就会自动卡在那里进入调试模式，使用这个有两个好处，一个是不用手动去展开文件找到对应的位置，因为现在很多人都用第三方的打包工具，导致运行的代码和本地的代码行数不能保持一致，所以需要去搜索相应的代码，比较麻烦。另外一个好处是：当代码是一个很大的循环的时候，并且在特定的情况下代码会出错，由于要循环好多次，所以有时候不可能在循环里面打个断点，然后不断地跳到下一个断点直到出现问题。所以这时候怎么办呢？可以用条件结合 debugger。如代码清单 3-31 所示：

代码清单 3-31　一段有问题的代码

```
var scores = [90,70,58,60, ...];
var newScores = [88, 55, 60, ...];
for(var i = 0; i < scores.length; i++){
    for(var j = 0; j < newScores.length; j++){
        if(scores[i] !== newScores[j]){
            scores.push(newScores[j]);
        }
    }
}
```

这段代码发生了死循环，怎么定位在哪里出了问题呢？方法一是在循环里面打个断点，一次次执行分析，直到发现问题，方法一有时候挺好用的，可能很快就可以发现问题了。方法二，首先要确定是否发生死循环了，如果发生死循环了肯定是 i 在不断地变大。可以加个条件，当达到那个条件的时候进入断点，如代码清单 3-32 所示：

代码清单 3-32　在循环里面加个条件

```
if(i > 1000000){debugger}
```

如上面第 7 行，当 i 大于 1000000 时进入断点，这个时候检查一下，如图 3-68 所示，发现 scores 已经变成了一个很大的 array 了。

所以可以断定确实是发生了死循环，然后再进一步发现问题。这样就解决了大循环里面打断点调试的问题。

使用 debugger 还有一个小技巧——可以解决一个检查页面元素的问题。如图 3-69 所示，当 hover 到那个绿色的标签时，会出来个详情框。

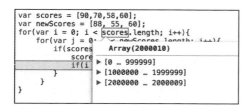 

图 3-68　进入条件断点　　　　　　　　图 3-69　鼠标 hover 的时候才显示

现在我要检查这个详情框，但是我一检查，鼠标离开了，那个框也消失了，导致检查不了了，因为触发了 mouseout 事件，那怎么办呢？假设这个框是 CSS 的 hover 控制的，那么可以用控制台的伪类窗口，在 :hover 那里打个勾，就有 hover 的效果，如图 3-70 所示。

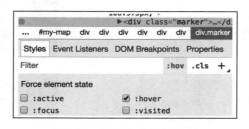

图 3-70　控制台的伪类控制

但是这个例子不是用 CSS 的 hover 实现的，所以没办法用这个。这里有一个小技巧，就是用 debugger 让页面卡住，mouseout 事件的响应函数就不会执行了。如下，先在左边的控制台点一下进入编辑模式，然后把鼠标挪到左边的页面的标签，让那个框出来，接着在控制台输入 debugger 回车，这个时候页面就卡住了，最后就可以愉快地进行检查了，如图 3-71 所示。

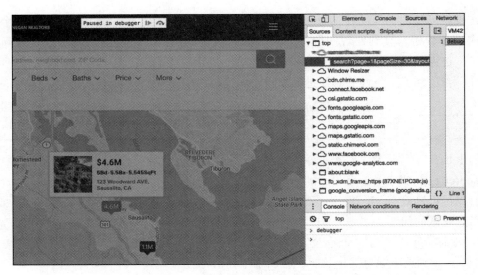

图 3-71　借助 debugger 检查样式

iOS 真机模拟

这个虽然和 Chrome 没关系，但是也可以提一下，Mac 的 XCode 可以开一个 iOS 系统，操作如图 3-72 所示，然后可以用 Mac 的 Safari 接连这个 iOS 里面的 Safari 进行检查。

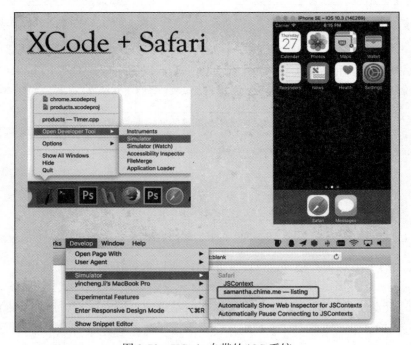

图 3-72　XCode 自带的 iOS 系统

如图 3-73 所示调试 iPhone 的 Safari：

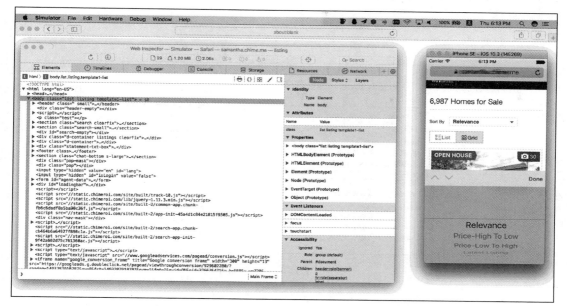

图 3-73　用 Mac 的 Safari 调试 iOS 的 Safari

图 3-73 右侧弹出了一个原生的下拉，因为它是真的 iOS 系统，这个的好处就在于不用老是连真机调试，适合于有 Mac 但是没有 iPhone 的同学，缺点是没办法和真机 100% 一样，例如它不弹键盘，它的输入是用电脑键盘输入。不过它是 100% 的 iOS 系统，另外需要装一个很大的 XCode。

用 console.trace 追踪函数调用

现在遇到了一个问题，就是单击 X 按钮的时候重复发了两个请求，如图 3-74 的红框。

当上一次请求还没完成又要发了一个新的请求的时候，代码里面会把上一次请求 abort 掉，所以会看到上一个变红了，如图 3-75 所示。

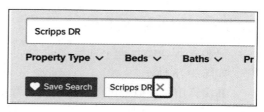

图 3-74　点 X 的时候发了两个相同的请求

图 3-75　发了两个请求

但是这样还是会有问题，所以要看一下究竟是在哪里触发了两次请求。由于请求会走一个通用的发请求的接口，所以可以在那里追踪一下，如代码清单 3-33 所示。

代码清单 3-33　使用 console.trace 追踪

```
ajax: function(curPage){
    console.trace("search.js ajax");
    //other code
}
```

然后控制台就打印了两次 trace，如图 3-76 所示。

图 3-76　打印两次函数调用栈

分别点开这两次的代码，就会发现，两次触发分别是：一次是 X 的 click 事件调的搜索，另外一次是 map 的 zoom_changed 触发的搜索，知道了调用的地方就好办了，就可以做进一步分析，然后去掉其中一个。

另外一个看函数调用栈的地方是在右边的窗口如图 3-77 所示。

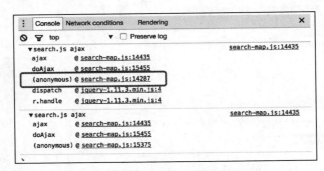

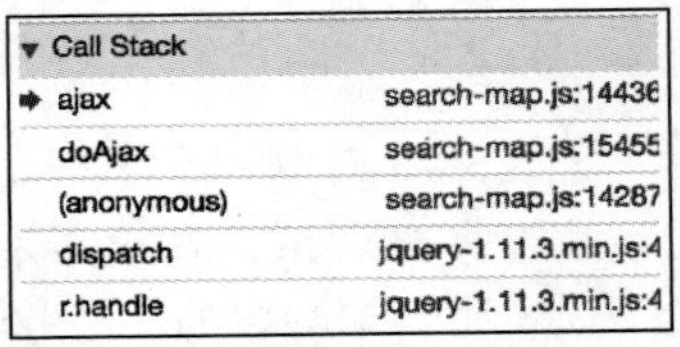

图 3-77　函数调用栈

查看某个函数绑定的事件

控制台 Elements 的下面有个 Event Listeners，选择最后那个可以看到和它最相关的事件，如图 3-78 所示。

其次，用好快捷键可以事半功倍，常用的快捷键：

```
F10 下一步
F8 跳到下一个断点
command/ctrl + ;            step into 进入函数执行
shift + command/ctrl + ;    step out 跳出当前函数
```

一个实例——研究一下鼠标 hover 的时候下面蓝色的边界[○]是怎么画出来的，如图 3-79 所示。

首先定位到 mouseover 事件，因为它必定是 mouseover 触发的，如图 3-80 所示。

○　http://leaflet.github.io/Leaflet.markercluster/example/marker-clustering-realworld.10000.html

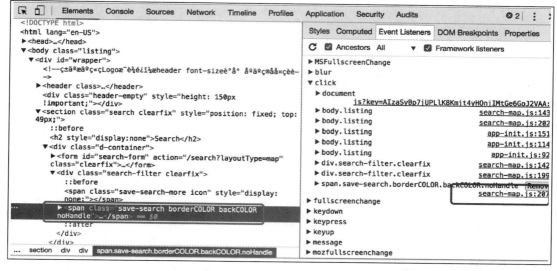

图 3-78　用 Event Listeners 查看绑定的事件

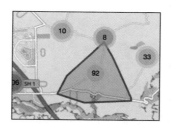

图 3-79　hover 的时候会展示一个边界

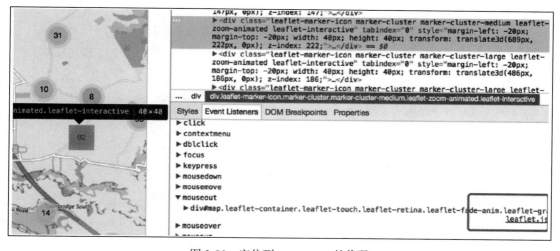

图 3-80　定位到 mouseover 的代码

一打开发现代码是压缩的，如图 3-81 所示。

压缩的代码可以点左下角的大括号，进行美化，如图 3-82 所示。

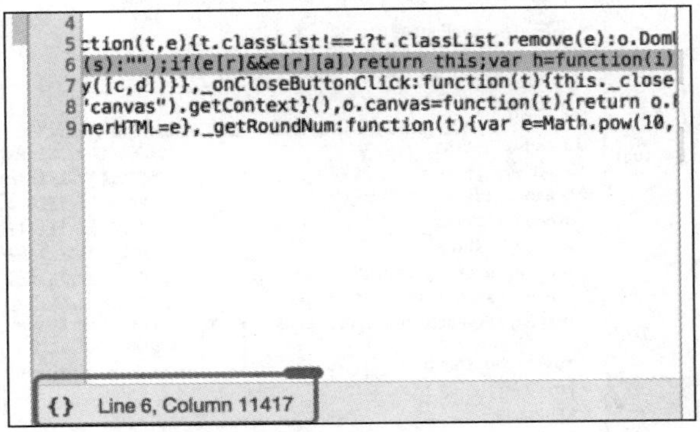

图 3-81　压缩代码

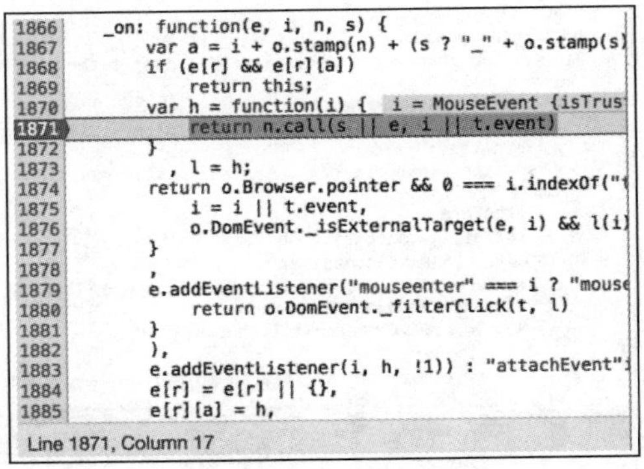

图 3-82　美化后的代码

然后再用快捷键一步步的 step over/step into，如果你不用快捷键，老是一个个去点那个调试的按钮还是挺麻烦的。如果不小心过了，就重新来一遍。最后会找到在这个函数里面画的边界，如图 3-83 所示。

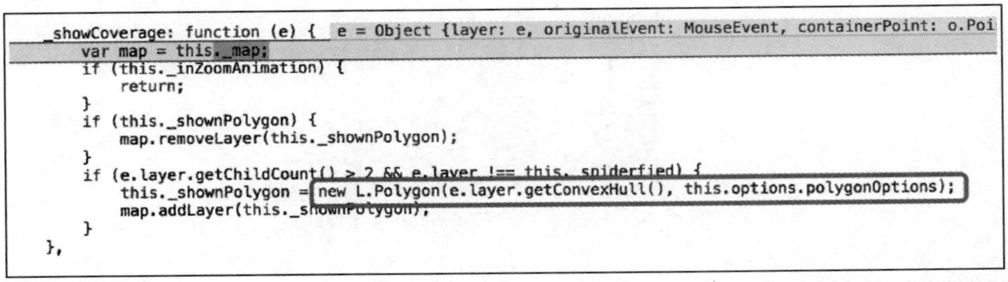

图 3-83　一步一步找到相关代码

Open in Sources Pannel

在 sources pannel 面板如果要查看某个源文件的时候，需要一步步展开文件夹，这样比较麻烦，而在 network 面板里面可以用各种筛选，但是在 network 里面是不能打断点的，这个时候可以用右键，然后单击 Open in Sources Pannel 的功能，如图 3-84 所示。

就会在 sources 面板打开相应的文件，然后可以在 sources 里面进行调试了。

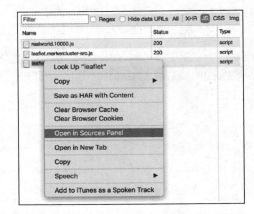

图 3-84　使用 Open in Sources Panel 快速定位

模拟断网做一些出错处理

devtools 还支持模拟网络情况，例如可以模拟断网的情况，突然挂掉了会怎么样，然后相应的做一些出错处理，如图 3-85 所示。

图 3-85　模拟断网做一些出错处理

图 3-81 中出错的时候给一个提示文案，同时恢复 upload 按钮，就可以让用户再重新上传。

研究重绘

devtools 有一个 Rendering 的标签页可以用来研究重绘，如图 3-86 所示，在图的右下角，把面板里面的勾都打上。

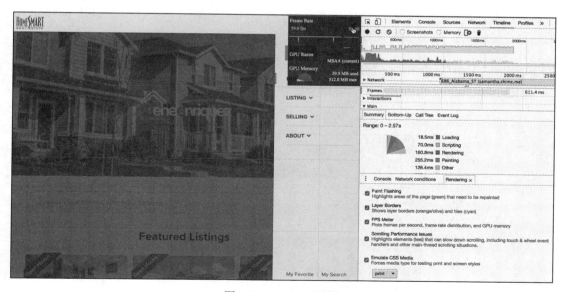

图 3-86　Renders 面板

然后单击左边的页面的菜单按钮研究菜单从右到左显示出来的过程页面重绘的情况。右上角黑色的框会显示当前的帧率。左边变蓝的区域表示需要进行重绘，由于要弹一个蒙层，所以页面可视区域进行了重绘。同时可以看到当前帧率是 59，而且整个过程帧率基本保持在 55 以上，因为这个是用 transform 做的动画，所以帧率比较高。再来看一个用 postion 做的动画，如图 3-87 所示。

图 3-87　底部的表单显示时有一个从下到上的动画

可以看到帧率跌到了 45，并且有相当一小段时间帧率是在 50 以下，所以用 postion 做的动画流畅度没有 transform 的好。

用 timeline/Performance 看执行时间

如图 3-88 所示，可以查看很多有用的信息。

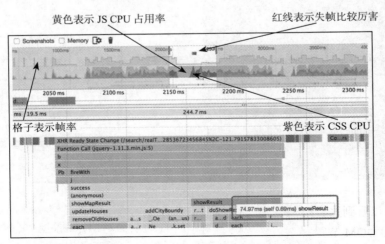

图 3-88　用 Timeline 查看执行时间和 CPU

这个在"Effective7"中已做过详细的介绍。

检查内存泄漏

只要存在一个引用就不会进行 GC 回收，有些 DOM 节点没有 append 到 DOM 中，但是存在引用指向它，它就是一个分离的 DOM 结点，这个时候就发生了 DOM 内存泄漏，如代码清单 3-34 所示：

代码清单 3-34　detached 变量指向一个游离的 DOM 节点

```
var detached = null;
button.on("click", function(){
    detached = document.createElement("div");
})
```

由于闭包里面有一个变量指向一个分离的 DOM 结点，所以创建的那个变量指向的内存空间不会被释放掉。这个时候可以拍一张内存堆的快照，Chrome 会帮你把这些分离 DOM 结点用黄色标出来。

先切到 Profile 标签，选中 Take Heap Snapshot 选项，然后单击 Take Snapshot 按钮，如图 3-89 所示。

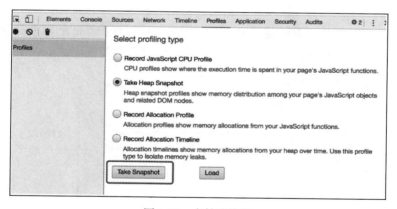

图 3-89　点拍照按钮

然后就会把当前内存的使用情况显示出来，在搜索框里搜一下 detached，出来的结果里面红色的表示已经分离且没有引用，而黄色表示已经分离且有引用，如图 3-90 所示。

所以重点是看这些黄色的。展开其中一个分析一下，可以看到这个 HTMLDivElement 有一个 ImageShower 里的 $imgContainers 指向它，所以导致它的内存空间不能被释放。具体看一下代码可以看到这时 DOM 已经删了，但是图片懒惰加载里面没有清掉引用。所以解决办法是当删掉 DOM 节点时，把那个 ImageShower 里面的变量置为 null，或者把整个实例对象置为 null。

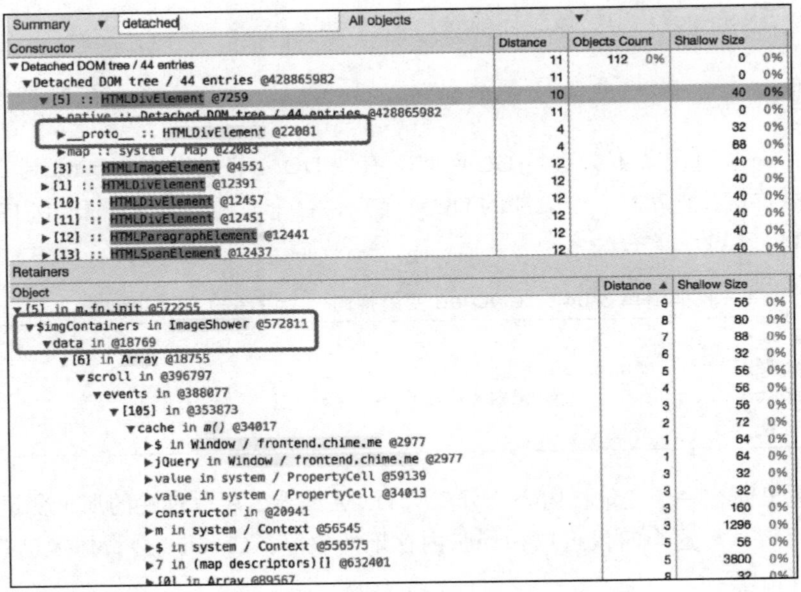

图 3-90 搜索 detached

查看内存消耗

为了查看某个操作的内存消耗情况,可以用 Record Allocation 的功能记录某个操作内存的分配情况,如图 3-91 所示。上文图 3-89 是当前的内存情况,而 record 功能可以记录一段时间内的内存变化情况。

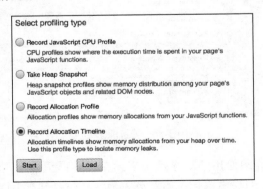

图 3-91 使用 record 的功能

单击 Start 按钮之后,进行一个操作,例如弹一个框,然后单击停止记录的图标,就会出来使用情况的分析,如图 3-92 所示。

点开最上面的 Object,可以看到这个 Object 数组开销了 553K 的内存,如图 3-93 所示(图倒数第二列第一行)。

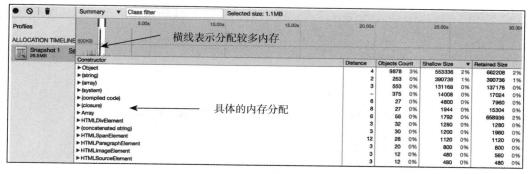

图 3-92　这个操作的内存时间线

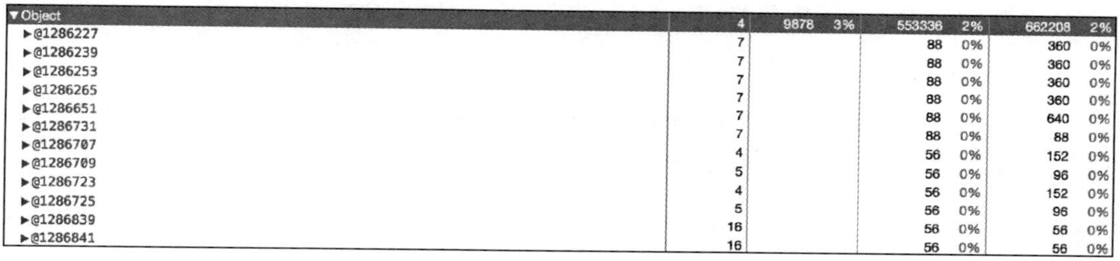

图 3-93　查看 Object 的内存占用

展开其中一个 Object，可以看到它是一个 jQuery 对象，每一个消耗了 88KB，如图 3-94 所示。

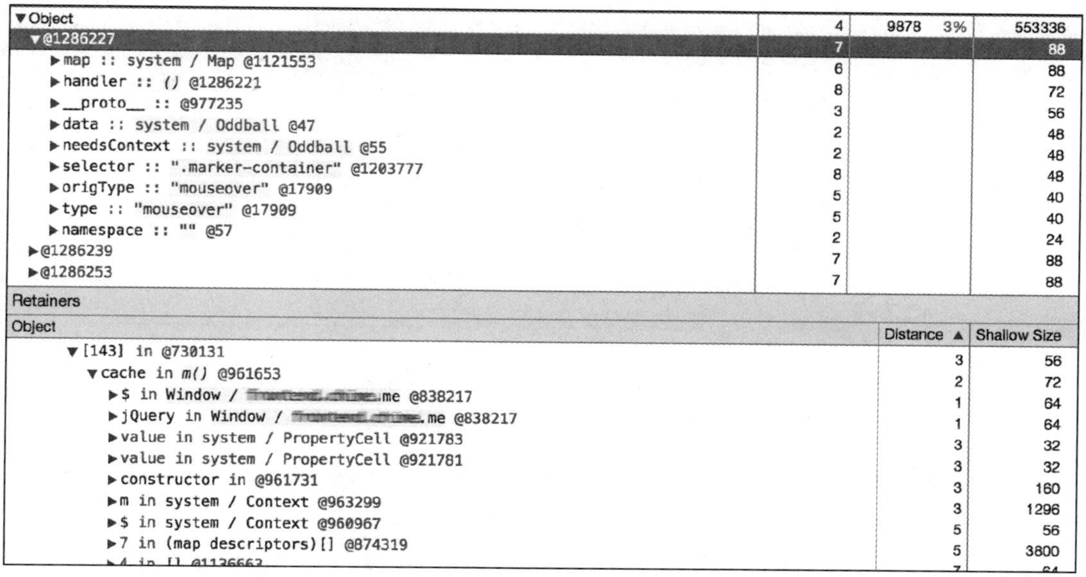

图 3-94　具体某个 Object 的内存使用情况

而总的内存可以用 Chrome 的任务管理器查看，如图 3-95 所示：

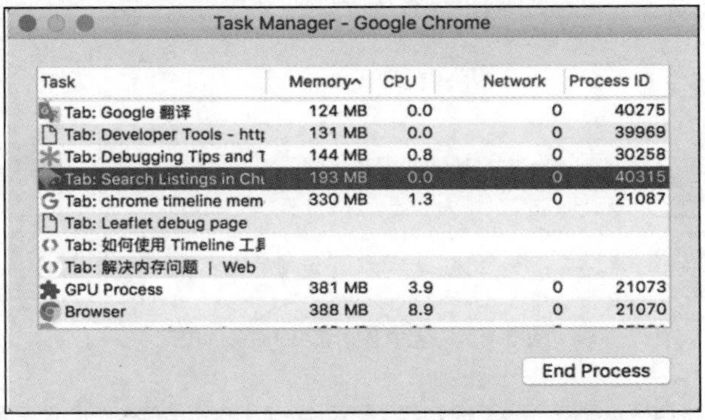

图 3-95　Chrome 的任务管理器查看内存和 CPU 消耗

可以看到当前页面消耗了 193Mb 的内存。所以如果当你觉得页面的内存占用比较大的时候，或者重复某个操作之后页面的内存不断增大，就可以用这种方法分析一下。

垃圾回收

垃圾回收可以在 timeline 里面查看，如图 3-96 所示。

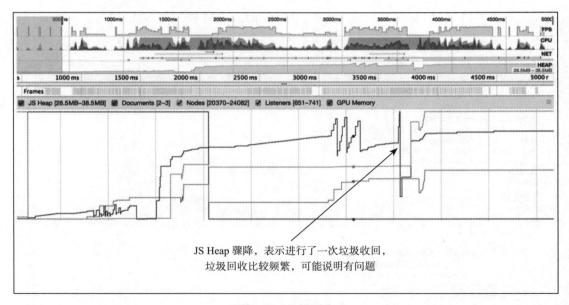

图 3-96　垃圾回收

蓝线那里 JS Heap 骤降，说明进行了一次垃圾回收，如果发生得比较频繁的话，可能会有问题。

查看连接时间

如图 3-97 所示，DNS 解析花了 254ms，建立 TCP 连接花了 1.98s，建立 HTTPS 连接花了 1.69s，从建立完连接到接收到第一个字节的数据（TTFB，Time To First Byte）等了 4.3s，下载时间花了 306ms（基于某次实验）。

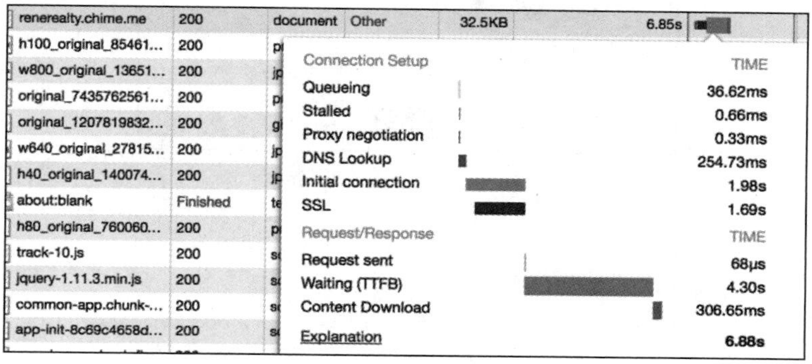

图 3-97　连接时间

另外图片的优先级会低于 CSS/JS 资源，并且同一个域最多只能同时加载 6 个资源，所以会有排队和堵塞时间，如图 3-98 所示。

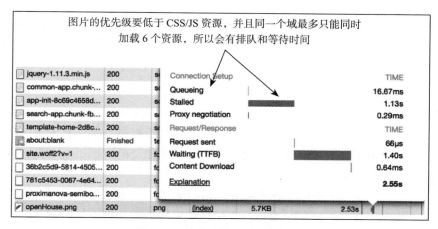

图 3-98　堵塞和排队时间的解释

这个我在前面"Effective 前端 8"里有详细讨论过，这里再补充说明一下。

页面性能评测

使用 Audits 栏提供的工具，可以对页面的性能、PWA、最佳实践做一些评测，如图 3-99 所示。

评完之后，Chrome 会给一些建议，如图 3-100 所示，它会提示你升级到 HTTP/2：

图 3-99　Audits 评测

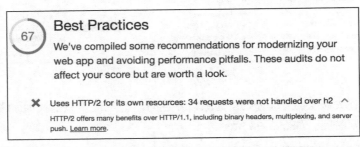

图 3-100　建议升级到 HTTP/2

　　本文分析了 devtools 的一些比较好用的功能，结合自己的项目经验做了些实际的例子说明，希望对读者有帮助。

本章小节

　　页面的优化是一个具有重要意义的话题，本章介绍了避免页面卡顿的方法、怎么加快打开速度、从一些小细节增强用户体验这三个方面的优化，最后提出了调试工具的很多使用技巧，提高开发页面的效率。

　　可以看到，要做好一个页面，确实需要许多技术活，绝不亚于其他技术工作。一方面是技术基础要扎实，更重要的是要用心做，要站在使用者的角度去思考问题，这样才能做出一个用户满意的页面。

　　下一章将介绍 HTML5 相关的实践经验，如何用 HTML5 提高用户体验等，是对本章或者说前三章内容的一个延续和提升。

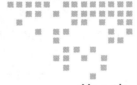

第 4 章 Chapter 4

HTML5 优化实践

前面三章分别介绍了 HTML/CSS、JS 和页面整体的优化，这一章将重点介绍使用 HTML5 做的优化实践。

要问现在什么比较火，前端比较火；前端里面什么比较火？那当然要论 HTML5，甚至还有专职的 HTML5 工程师。再问什么语言的发展比较活跃？前端无疑是其中之一，特别是不断地踊跃出新的 HTML5 技术。HTML5 的发展使得很多新功能或者在 APP 里面才有的功能也能用浏览器原生的 API 进行实现，而不用再借助第三方的插件如 Flash。

所以在这个 HTML5 的时代，如果老是想着兼容老浏览器，一点都不接触 HTML5 的新特性怎么行呢。

本章将介绍 HTML5 里面一些我觉得比较实用的东西。

Effective 前端 11：使用 H5 的 history 改善 AJAX 列表请求体验

信息比较丰富的网站通常会以分页显示，在点"下一页"时，很多网站都采用了动态请求的方式，避免页面刷新。虽然大家都是 AJAX，但是从一些小的细节还是可以区分优劣。一个小的细节是能否支持浏览器"后退"和"前进"键。本文将介绍如何使用 HTML5 的 history，让浏览器可以后退和前进，或者说让 AJAX 就像重定向到新页面一样，拥有能够返回到上一页或者前进到下一页的功能。

数据实现分页显示，最简单的做法是在网址后面加个 page 的参数，点"下一页"时，让网页重定向到 page+1 的新地址。例如新浪的新闻网⊖就是这么做的，通过改变网址实现：

⊖ http://roll.finance.sina.com.cn/finance/gjcj/mzjj/index_9.shtml

index_1、index_2、index_3……。但是如果这个列表并不是页面的主体部分，或者页面的其他部分有很多图片等丰富的元素，例如导航是一个很大的 slider，再使用这样的方式，整个页面会闪烁得厉害，并且很多资源得重新加载。所以经常使用 AJAX 请求，动态改变 DOM。

但是普通的动态请求不会使网址发生变化，用户点了下一页，或者点了第几页，想要返回到上一个页面时，可能会去点浏览器的返回键，这样就导致返回的时候不是返回到原先查看的页面了，而是上一个网址了，或者是想要刷新一下页面，发现又回到了第一页。例如央视的新闻网[⊖]就是这样的。下面从 AJAX 请求开始说起，以一个完整的案例进行分析。

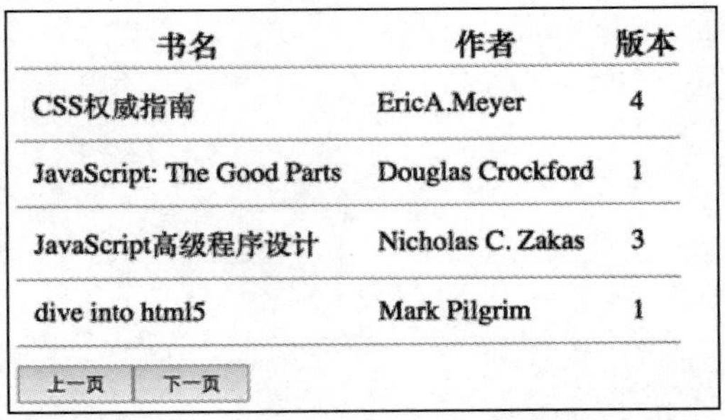

书名	作者	版本
CSS权威指南	EricA.Meyer	4
JavaScript: The Good Parts	Douglas Crockford	1
JavaScript高级程序设计	Nicholas C. Zakas	3
dive into html5	Mark Pilgrim	1

图 4-1　用来讲解的分页例子

做了一个 demo，如图 4-1 所示。

首先，写一个请求，这里用原生的写，因为大家都是用的其他的库，很少自己用原生的实现，所以这里不妨写一个完整的原生 AJAX 请求，如代码清单 4-1 所示。

代码清单 4-1　原生 ajax

```
//当前第几页
var pageIndex = 0;
//请求函数
function makeRequest(pageIndex){
    var request = new XMLHttpRequest();
    request.onreadystatechange = stateChange;
    //请求传两个参数，一个是当前第几页，另一个是每页的数据条数
    request.open("GET", "/getBook?page=" + pageIndex + "&limit=4", true);
    request.send(null);

    function stateChange(){
        //状态码为 4，表示 loaded，请求完成
        if(this.readyState !== 4 ){
            return;
        }
        //请求成功
        if(this.status >= 200 && this.status < 300 || this.status === 304){
            var books = JSON.parse(request.responseText);
            renderPage(books);
        }
    }
}
```

拿到数据后进行渲染，如代码清单 4-2 所示的 renderPage 函数：

⊖ http://news.cctv.com/special/china/

代码清单 4-2　渲染函数

```
function renderPage(books){
    var bookHtml =
        `<table>
            <tr>
                <th> 书名 </th>
                <th> 作者 </th>
                <th> 版本 </th>
            </tr>`;
    for(var i in books){
        bookHtml +=
            `<tr>
                <td>${books[i].book_name}</td>
                <td>${books[i].author}</td>
                <td>${books[i].edition}</td>
            </tr>`;
    }
    bookHtml += "</table>";
    bookHtml +=
        `<button> 上一页 </button>
        <button onclick='nextPage();'> 下一页 </button>`;
    var section = document.createElement("section");
    section.innerHTML = bookHtml;
    document.getElementById("book").appendChild(section);
}
```

这样一个基本的 AJAX 请求就搭起来了（注意上面的直接拼接 html，没有做转义可能会有 XSS 攻击的风险），然后再响应"下一页"按钮，如代码清单 4-3 所示：

代码清单 4-3　点下一页的时候调 nextPage

```
function nextPage(){
    // 将页面的 index 加 1
    pageIndex++;
    // 重新发请求和页面加载
    makeRequest(pageIndex);
}
```

到此，如果不做任何处理的话，就不能够发挥浏览器返回、前进按钮的作用。

如果能够检测用户点了后退、前进按钮的话，就可以做些文章。HTML5 就增加了这么一个事件 window.onpopstate，当用户单击前进后退按钮就会触发这个事件。但是光检测到这个事件是不够的，还得能够传些参数，也就是说返回到之前那个页面的时候得知道那个页面的 pageIndex。通过 history 的 pushState 函数可以达到这个目的，pushState（pageIndex）将当前页的 pageIndex 存起来，再返回到这个页面时就可以获取到这个 pageIndex。pushState 的参数如代码清单 4-4 所示：

代码清单 4-4　pushState

```
window.history.pushState(state, title, url);
```

其中 state 为一个 object，用来存放当前页面的数据，title 标题没有多大的作用，url 为当前页面的 url，一旦更改了这个 url，浏览器地址栏的地址也会跟着变化。

于是，在请求下一页数据的 nextPage 函数里面，多加一步操作，如代码清单 4-5 所示：

代码清单 4-5　添加 pushState

```
function nextPage(){
    pageIndex++;
    makeRequest(pageIndex);
    // 存放当前页面的数据
    window.history.pushState({page: pageIndex}, null, window.location.href);
}
```

然后监听 popstate 事件，如代码清单 4-6 所示：

代码清单 4-6　监听返回、前进的事件

```
// 如果用户单击返回或者前进按钮
window.addEventListener("popstate", function(event){
    var page = 0;
    // 由于第一页没有 pushState，所以返回到第一页的时候是没有数据的，因此得做下判断
    if(event.state !== null){
        page = event.state.page;
    }
    makeRequest(page);
    pageIndex = page;
});
```

state 数据通过 event 传进来，这样就可以得到 pageIndex。

然后当点下一页的时候，后退按钮就被激活了，如图 4-2 所示。

图 4-2　后退按钮可单击

再单击后退的时候返回到上一页，重新发一个上一页的分页请求，显示上一页的数据，同时可以看到下一页的按钮被激活了，如图 4-3 所示。

到这里就基本完成了，需要注意的是 popstate 事件只能监听自己调用 push 进去的，如果不是自己 push 的，那么不会触发 popstate 事件。另外可以看到这种 history 的缺点是点后退的时候需要发请求去获取，如果下一页是跳页的，那么点后退是不用发请求的，直接从

缓存取数据。所以可以想到一个改善的办法是手动把数据缓存起来。还有就是页面load事件未触发之前，点后退的时候也是不会触发popstate事件的。

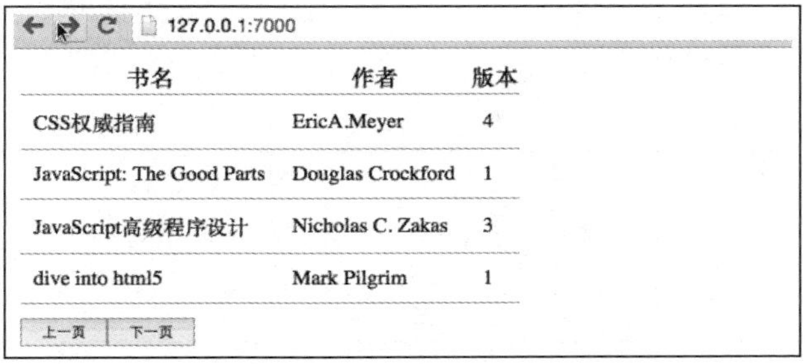

图4-3　返回到上一页

接着，这样实现还有问题，在第二页的时候如果刷新页面的话，会发生错乱——首先点下一页到第二页，然后刷新页面，出现第一页，再点下一页，出现第二页，点返回时出现了问题，显示还是第二页，不是期望的第一页，再次点返回时才是第一页，如图4-4所示。

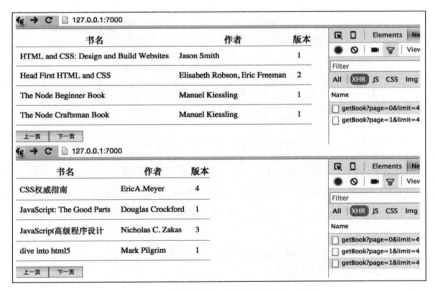

图4-4　单击后退时还停留在第二页

从图4-4右边的控制台可以发现，点第一次返回的时候获取到的pageIndex仍然是1，即第二页。对于这种情况，需要分析history模型，如图4-5所示。

可以理解为对history的操作，浏览器有一个队列，用来存放访问的记录，包括每个访问的网址还有state数据。一开始打开页面，队列的首指针指向page = 0的位置，点下一页时，执行了pushState，在这个队列插入了一个元素，队首指针移向了page = 1的位置。同时通过 pushState 操作记录了这个元素的 url 和 state 数据。在这里可以看出，pushState 最重要的作用还是给 history 队列插入元素，这样浏览器的后退按钮才不是置灰的状态，其次才是上面说的存放数据。当点后退的时候，队首指针后退一步指向 page = 0 的位置，点前进时又前进指向 page = 1 的位置。

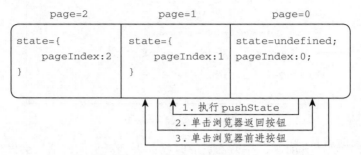

图 4-5　history 存储模型

如果在 page = 1 的位置刷新页面，模型是这个样子的，如图 4-6 所示。

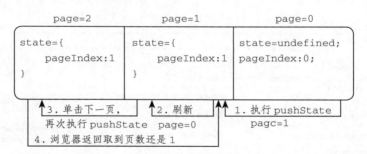

图 4-6　刷新页面时的 history 模型

在第 2 步刷新的时候，页面的 pageIndex 又恢复成默认值 0，所以显示第一页数据，但是 history 所用的队列并没有改变。然后再点下一页时，又给这个队列 push 了一个元素，这个队列就有两个 pageIndex 为 1 的元素，所以必须得两次返回才能回到 page = 0 的位置，也就是上面说的错乱的情况。

根据上面的分析，这样的实现是有问题的，一但用户不是在 page = 0 的位置刷新页面，就会出现需要点多次返回按钮才能够回到原先的页面。

所以得在刷新的时候，把当前页的 state 数据更新一下，用 replaceState，替换队列队首指针的数据，也就是当前页的数据。方法是页面初始化时 replace 一下，如代码清单 4-7 所示。

代码清单 4-7　一刷新页面就 replaceState

```
window.history.replaceState({page: pageIndex /*此处为 0*/}, null,
                            window.location.href);
```

这样模型就变成图 4-7 所示。

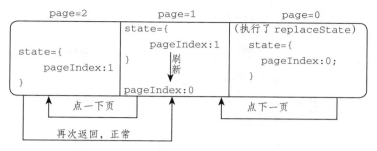

图 4-7 刷新页面时改变 history 的 state 数据

但其实用户刷新的时候更希望的是还是显示当前页，而不是回到第一页。一个解决办法是用当前页的 window.history.state 数据，这个属性浏览器支持得比较晚。在页面初始化时设置 pageIndex 时就从 history.state 取，如代码清单 4-8 所示：

代码清单 4-8　window.history.state

```
var pageIndex = window.history.state === null ? 0 : window.history.state.page;
```

注意这个 state 和上面的 state 区别在于，上面是 event.history.state，这里是 window.history.state。

由于 Safari 里面的 window.history.state 是最近执行 pushState 传入的数据，并不是给当前页的数据，因此这个办法在 Chrome/Firefox 里面行得通，但是 Safari 行不通。

第二种办法是借助 h5 的 localStorage 存放当前页数，具体如代码清单 4-9 所示。

代码清单 4-9　使用本地存储存放当前页的数据

```
// 页面初始化，取当前第几页先从 localStorage 取
var pageIndex = window.localStorage.pageIndex || 0;

function nextPage(){
    // 将页面的 index 加 1，同时存放在 localStorage
    window.localStorage.pageIndex = ++pageIndex;
    // 重新发请求和页面加载
    makeRequest(pageIndex);
    window.history.pushState({page: pageIndex}, null, window.location.href);
}

window.addEventListener("popstate", function(event){
    var page = 0;
    if(event.state !== null){
        page = event.state.page;
    }
    makeRequest(page);
    // 单击返回或前进时，需要将 page 放到 localStorage
    window.localStorage.pageIndex = page;
});
```

在改变 pageIndex 的同时，放到 localStorage 里面。这样刷新页面的时候就可以取到当前页的 pageIndex。

还有一种方法是把它放到第三个参数 url 里，也就是说通过改变当前页网址的办法。pageIndex 从网址里面取，如代码清单 4-10 所示。

代码清单 4-10　当前 url 加上 pageIndex 的参数

```
var pageData = window.location.search.match(/page=([^&#]+)/);
// 当前第几页
var pageIndex = pageData ? +pageData[1] : 0;
function nextPage(){
    // 将页面的 index 加 1
    ++pageIndex;
    // 重新发请求和页面加载
    makeRequest(pageIndex);
    window.history.pushState(null, null, "?page=" + pageIndex);
}
```

使用这种方法的好处在于，链接会跟着变，带上这个 pageIndex 参数的链接不管用前端渲染还是用服务端渲染都可以实现。用户还可以把这个带上页数的链接分享给别人，这样别人一打开看到的是同步的数据，或者可以从其他页面直接跳转到第几页的数据。

有一点需要注意的是，window.history.length 虽然返回是的当前队列的元素个数，但不代表 history 本身就是那个队列，通过不同浏览器的对 history[i] 的输出，如图 4-8 所示。

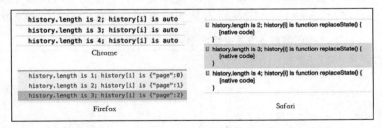

图 4-8　window.history 不同浏览器存储的内容不一样

可以看到 history 是一个数组，它的作用是让用户拿到 history.length 即当前的长度，但是填充的内容是不确定的。因为标准并没有说明 window.history 要存些什么东西，只规定了 history 的 API 应该是什么样的。

除了使用 history 之外，还有借助锚点 hash 的方法，网易新闻⊖就是使用了这样的方法，具体实现如代码清单 4-11 所示。

代码清单 4-11　使用锚点的办法

```
// 当前第几页
var pageIndex = window.location.hash.replace("#page=", "") || 0;
```

⊖　http://digi.163.com/nb/#page=2

```
function nextPage(){
    makeRequest(++pageIndex);
    //hash改变，前进后退会起作用
    window.location.hash = "#page=" + pageIndex;
}
// 单击前进后退的时候，会触发hash改变
window.addEventListener("hashchange", function(){
    var page = window.location.hash.replace("#page=", "") || 0;
    makeRequest(page);
});
```

锚点 hash 也可以达到和 history 一样的效果，并且兼容性好，可以兼容到 IE8，而 history 兼容到 IE10。谷歌搜索也是用的这种技术。那是不是说 hash 要比 history 好呢？如果是的话，那么 HTML5 就不用这么费尽心思地新加这么一个 API 了，因为锚点本身的作用是拿来做页面定位的，只是刚好被你投机取巧拿去这么用了。使用 hash 没有比使用 history 方便，并且 history 还可以传复杂的数据，用 hash 就没有那么好传了。并且 hash 被你拿去这么用，那我想做个锚点定位就不能兼得了。

History 除了可以做分页的 AJAX 之外，对其他的 AJAX 也是适用的。只是本文以分页为例做一个讨论，当你想要用动态请求的同时改变浏览器的地址，并且支持前进后退，就可以使用 history，对于不兼容的浏览器也没关系，相当于我们对使用较新浏览器的绝大多数用户做一个体验上的优化，而对于那些"执着"于使用老浏览器的用户，那就没办法了。

现在的单页面路由基本上也是按这两种方式实现的。

问答

1. 用 history 怎么兼容老的浏览器？

答：很简单，只要判断有没有 window.history 对象就好了，或者加个 try-catch，这样在老的浏览器上面执行就不会出错。

2. 使用 history 并没有比直接跳页的来得方便？

答：确实，直接跳页是最简单的，但是从用户体验的角度来说，不刷新页面应该才是比较好的。但是不跳页，就会有刷新页面又回到第一页的问题，所以才有了上文的讨论。使用 history 无疑增加了系统的复杂性，但是这种复杂性是有必要的，同时可以实践一些新的技术，不也挺好的。SPA 单页面应用通常也是使用了 history 的 API。

3. 为什么我不能监听普通的单击后退按钮，只能是自己 push 进去的？

答：是的，你无法监听正常的后退前进，如果你没有做任何处理。因为只有 push 了才会有上面说的队列模型，你不 push 这个队列就没有数据。我一开始也以为只要用户点了前进后退，就会触发 popstate，但实际上并不是这样的。HTML5 新增的 history 本意并不是如此，不然如果从其他网站的页面后退到你的页面，然后你又监听了 popstate，可能存在获取到其他网站数据的风险。

Effective 前端 12：使用图标替代雪碧图

雪碧图（sprite）是很多网站经常用到的一种技术，但是它有缺点：高清屏会模糊、无法动态变化如 hover 时候反色。而使用图标字体可以完美解决上述问题，同时具备兼容性好、生成的文件小等优点。

雪碧图

雪碧图就是将多张小图合并成一张大图，以减少浏览器请求次数。雪碧图实例：如图 4-9 淘宝 PC 端就使用了这种技术。

图 4-9　雪碧图实例

使用的时候，通过 background-position 调整显示的位置，如图 4-10 所示。

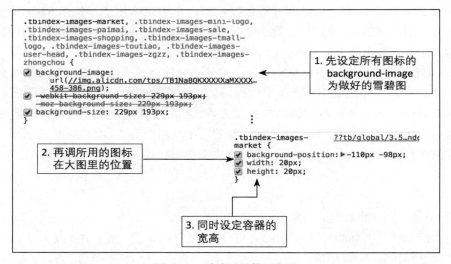

图 4-10　雪碧图的使用方法

使用雪碧图唯一的优点，可以说就是减少浏览器的请求次数。因为在 HTTP/1.1 里面浏览器同一时间能够加载的资源数是一定的，IE 8 是 6 个，Chrome 是 6 个，Firefox 是 8 个（而在 HTTP/2 里面是没有这个限制的，见第 3 章 "Effective 前端 8"）。为了验证，写了图 4-11 的 HTML 结构。

然后在 Chrome 的开发者工具里面的 Timeline 可以看到 Chrome 确实是 6 个 6 个加载的，每次最多加载 6 个，更准确地说每个域最多只能同时建立 6 个连接，如图 4-12 所示。

雪碧图的制作方法可以用 node 的一个的包 css-sprite，制作十分方便。只要将图标做好，放到相应的文件夹里面，写好配置文件运行，就能够生成相应的图片和 CSS，无需自己手动去调整位置等 CSS 属性。

然而，使用雪碧图存在不可避免的缺点。

```
<html>
<head>
</head>
<body>
    <img src="http://img11.cinccdn.com/201602/MLS/LIST/734/LIST-RESD-81550734-21.jpg">
    <img src="http://img11.cinccdn.com/201602/MLS/LIST/734/LIST-RESD-81550734-20.jpg">
    <img src="http://img11.cinccdn.com/201602/MLS/LIST/734/LIST-RESD-81550734-19.jpg">
    <img src="http://img11.cinccdn.com/201602/MLS/LIST/734/LIST-RESD-81550734-16.jpg">
    <img src="http://img11.cinccdn.com/201602/MLS/LIST/734/LIST-RESD-81550734-15.jpg">
    <img src="http://img11.cinccdn.com/201602/MLS/LIST/734/LIST-RESD-81550734-13.jpg">
    <img src="http://img11.cinccdn.com/201602/MLS/LIST/734/LIST-RESD-81550734-12.jpg">
    <img src="http://img11.cinccdn.com/201602/MLS/LIST/734/LIST-RESD-81550734-11.jpg">
    <img src="http://img11.cinccdn.com/201602/MLS/LIST/734/LIST-RESD-81550734-10.jpg">
    <img src="http://img11.cinccdn.com/201602/MLS/LIST/734/LIST-RESD-81550734-9.jpg">
    <img src="http://img11.cinccdn.com/201602/MLS/LIST/734/LIST-RESD-81550734-8.jpg">
    <img src="http://img11.cinccdn.com/201602/MLS/LIST/734/LIST-RESD-81550734-7.jpg">
    <img src="http://img11.cinccdn.com/201602/MLS/LIST/734/LIST-RESD-81550734-6.jpg">
    <img src="http://img11.cinccdn.com/201602/MLS/LIST/734/LIST-RESD-81550734-5.jpg">
    <img src="http://img11.cinccdn.com/201602/MLS/LIST/734/LIST-RESD-81550734-4.jpg">
    <img src="http://img11.cinccdn.com/201602/MLS/LIST/734/LIST-RESD-81550734-3.jpg">
    <img src="http://img11.cinccdn.com/201602/MLS/LIST/734/LIST-RESD-81550734-2.jpg">
</body>
</html>
```

图 4-11　验证 Chrome 同时加载个数的 html-- 很多张很大的图片

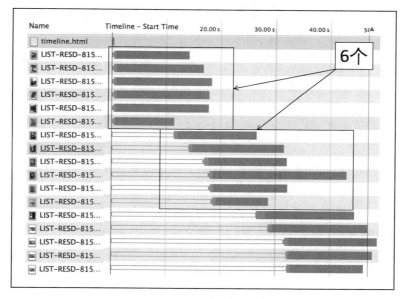

图 4-12　验证同时加载数为 6 个

1. 高清屏会失真

在 2x 的设备像素比的屏幕上例如 Mac，如果要达到和文字一样的清晰度，图片的宽度需要实际显示大小的两倍，否则看起来会比较模糊；读者可以对比图 4-13 左边文字和右边图片里文字的清晰度。

特别是现在手机绝大多数是高清屏了，例如 iPhone X 的分辨率达到了 1125 * 2436，所以为了高清屏，使用雪碧图可能要准备多种规格的图片。

图 4-13　左边的文字要比右边图片的文字清晰很多

2. 雪碧图不方便变化

雪碧图是一张静态的图片，当他生成的那天就注定了他要以什么样的方式展示，因此我不方便动态地改变他的颜色（使用 CSS3 的 filter 属性也不是很灵活），无法让他变大（可能会失真），无法像文字一样加一个阴影效果等等。例如图 4-14 所示的菜单，hover 或者选中的时候反色。

图 4-14　鼠标 hover 时，图标从黑变白

或者是某一天 UI 要换颜色，某一天为表哀悼，整个公司的网站都要换个灰色调。使用雪碧图时，所有的图标都得重新制作。

使用图标字体可以完美解决上面的问题。

图标字体 icon font

图标字体就是将图标作成一个字体，使用时与普通字体无异，可以设置字号大小、颜色、透明度等等，方便变化，最大优点是拥有字体的矢量无失真特点，同时甚至可以兼容到 IE 6。还有一个优点是生成的文件特别小，185 个图标的生成的 ttf 字体文件才 37KB，woff2 格式的才 19KB。一个图标字体里的图标示例，如图 4-15 所示。

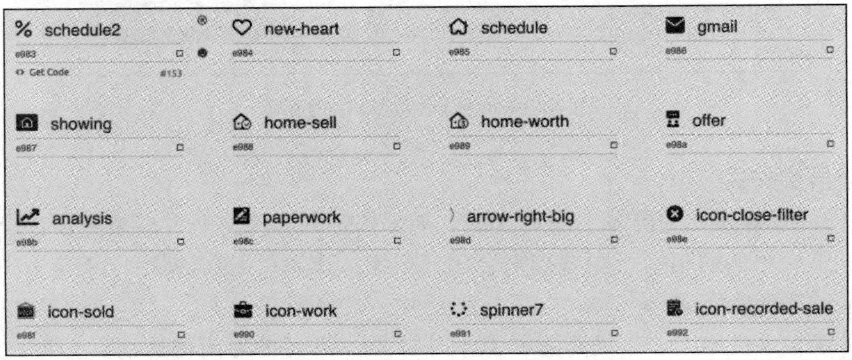

图 4-15　一个图标字体里的图标

下面介绍怎么制作图标字体。

1. 如何制作图标字体

需要准备 PS 和 AI，在 PS 中打开 UI 图，选中图标的图层，通常它是设计师画的一个形状，如图 4-16 所示。

图 4-16　选中放大镜图标的图层

然后执行：文件 -> 导出 ->Illustrator，如下 4-17 左图所示，将生成一个 AI 文件。用 AI 打开刚刚生成的文件，执行 File->Scripts->SaveDocsAsSVG，如 4-17 右图所示，将生成一个 SVG 文件。

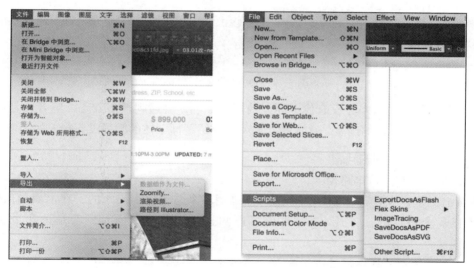

图 4-17　左图用 PS 导出 AI 文件，右图用 AI 导出 SVG

使用 PS CC，有一个直接导出 SVG 的功能，在图层的右键单击"导出来"，然后再选择 SVG，读者可以自行试一下。

接下来，借助一个第三方的网站 icomoon.io 制作图标，进入 app 页面，选择导入 icon，将刚刚生成的 svg 上传上去，如图 4-18 所示。

最后生成字体并下载，会生成几种格式如图 4-19 所示。

可以看到 woff2 的最省空间，大概是 ttf 格式的一半。Woff2 主流浏览器基本上都支持，如图 4-20 caniuse⊖ 的统计。

⊖　http://caniuse.com/#search=woff2

图 4-18　单击左上角的 import icons 导入

```
-rwxr-xr-x@ 1 yincheng  staff   19K May  3 17:28 icon-font.woff2
-rwxr-xr-x@ 1 yincheng  staff   37K May  3 17:28 icon-font.ttf
-rwxr-xr-x@ 1 yincheng  staff   37K May  3 17:28 icon-font.woff
-rwxr-xr-x@ 1 yincheng  staff   38K May  3 17:28 icon-font.eot
-rwxr-xr-x@ 1 yincheng  staff  144K May  3 17:28 icon-font.svg
```

图 4-19　生成几种格式的字体

IE	Edge *	Firefox	Chrome	Safari	Opera	iOS Safari *	Opera Mini *	Android Browser	Chrome for Android	UC Browser for Android	QQ Browser
			49								
			56			9.3		4.4			
	14	52	57	10		10.2		4.4.4			
11	15	53	58	10.1	44	10.3	all	56	57	11.4	1.2
		54	59	TP	45						
		55	60		46						
		56	61								

图 4-20　woff2 的支持情况

然而在实际的操作中并没有像上面说的那么顺利，会遇到很多阻碍，笔者也是摸索了很久才总结了一套实用的经验，这也是其他一些介绍图标字体的教程没有提及的。

2. 制作过程中遇到的问题

1）图标字体只支持单路径

通常情况下，设计师在制作图标的时候是用多个路径组合出来的，在上面导出的 svg 也是带有多个路径的，打开 svg 文件就可以知道，如图 4-21 所示，它是由几个 path 组成的。

```
<?xml version="1.0" encoding="iso-8859-1"?>
<!-- Generator: Adobe Illustrator 16.0.4, SVG Export Plug-In . SVG Version: 6.00 Build 0)  -->
<!DOCTYPE svg PUBLIC "-//W3C//DTD SVG 1.1//EN" "http://www.w3.org/Graphics/SVG/1.1/DTD/svg11.dtd">
<svg version="1.1" id="Layer_1" xmlns="http://www.w3.org/2000/svg" xmlns:xlink="http://www.w3.org/1999/xlink" x="0px" y="0px"
     width="1440px" height="2666px" viewBox="0 0 1440 2666" style="enable-background:new 0 0 1440 2666;" xml:space="preserve">
<path style="fill-rule:evenodd;clip-rule:evenodd;fill:none;" d="M345,381c4.971,0,9,4.03,9,9s-4.029,9-9,9s-9-4.03-9-9
     S340.029,381,345,381z"/>
<path style="fill-rule:evenodd;clip-rule:evenodd;fill:none;" d="M345,383c3.866,0,7,3.134,7,7s-3.134,7-7,7-7-3.134-7-7
     S341.134,383,345,383z"/>
<path style="fill-rule:evenodd;clip-rule:evenodd;fill:none;" d="M351.759,395.027l3.995,4.001c0.394,0.395,0.394,1.034,0,1.429
     s-1.033,0.395-1.427,0l-3.995-4.001c-0.394-0.395-0.394-1.035,0-1.43S351.365,394.632,351.759,395.027z"/>
</svg>
```

图 4-21　一个由 3 个 Path 组成的 svg

但是字体只支持单路径，一个解决办法是手动修改 svg 文件，把多个 path 合并成一个，这就要求对 svg 格式比较熟悉。但是这种方法吃力不讨好，只适用比较简单的情况，复杂的图标最后合并的效果很难做到和原先的一模一样。

有一个比较智能的办法，就是使用 PS 的合并形状组件的功能，如图 4-22 所示。

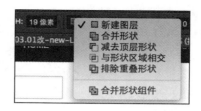

图 4-22　最后一个菜单项合并组件

这样子生成的 svg 就是单路径的，有时候会遇到"合并形状组件"的菜单项是置灰的，只要把图层的小眼睛点掉再打开就可以了（或者可能本身就是单路径的）。

2）有些图标是多个图层组成的

一开始不知道，使用了比较笨的方法，分别生成几个 svg 之后，再去手动合并 svg。其实 PS 有一个合并形状的功能，选中多个形状后，右键"合并形状"，如图 4-23 所示。

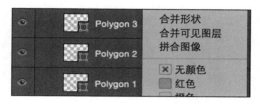

图 4-23　合并多个形状

就会变成一个形状了，然后再合并形状组件。有时候会遇到合并之后图标变形了，这个时候就要找设计师重新画一张。

3）生成的 SVG 填充可能被置为 none

有时候会遇到生成了 svg，但是上传上去是空的，检查一下 svg 文件发现是 fill 被置为 none 了，如图 4-24 所示。

```
<path style="fill-rule:evenodd;clip-rule:evenodd;fill:none" d="M449.004,102.554l-1.45,1.45l-4.327-4.327
    c-1.389,1.08-3.129,1.729-5.024,1.729c-4.531,0-8.203-3.673-8.203-8.203c0-4.531,3.673-8.203
    ,8.203-8.203s8.203,3.673,8.203,8.203
    c0,1.895-0.649,3.635-1.729,5.024L449.004,102.554z M438.202,87.051c-3.397,0-6.152,2.754-6.152,6.152
    c0,3.397,2.754,6.151,6.152,6.151c0.188,0,0.365-0.039,0.55-0.055c0.165-0.015,0.332-0.021,0.492-0.05
    c0.234-0.04,0.458-0.104,0.682-0.17c0.101-0.03,0.202-0.058,0.301-0.093c0.252-0.088,0.494-0.192,0.73-0.311
    c0.032-0.016,0.063-0.034,0.094-0.051c1.099-0.579,1.992-1.472,2.571-2.571c0.017-0.031,0.035-0.062,0.051-0.094
    c0.119-0.236,0.222-0.478,0.311-0.731c0.035-0.098,0.063-0.199,0.093-0.3c0.066-0.225,0.13-0.448,0.171-0.683
    c0.028-0.159,0.034-0.325,0.049-0.488c0.017-0.185,0.056-0.364,0.056-0.553C444.354,89.805,441.6,87.051,438.202,87.051z"/>
</svg>
```

图 4-24　style 是 fille:none

这个时候需要手动改一下 svg 文件，把 fill:none 改成随便一个色值即可，如 fill:#000000。

4）使用一个脚本自动导出 svg

在上面的操作中，都是要先执行 PS 导出再到 AI 里面执行导出，其实有一个脚本，能够自动执行这两步：PSD to SVG[⊖]，如图 4-25 所示，支持 PS CS6，不支持 CC，还可以把这个脚本设置一个快捷方式，用起来非常方便。使用这个脚本需要注意的是图层的命名不能带中文，不然会出错，所以通常把图层复制到一个新的文件里面进行操作。

图 4-25　PSD To SVG

它会自动去调用 AI 进行导出，相当于帮我们点了菜单生成 svg 文件。

现在重点说一下，图标字体的使用和一些注意事项。

图标字体的使用

通过 font-face 导入自定义字体，可以参考字体下载后的 demo。然后，把所有使用图标字体的 span/a 标签都加一个 .icon 的类，.icon 类设置 font-family 为 font-face 定义的字体名，如代码清单 4-12 所示。

代码清单 4-12　引入字体文件，定义 font-family 名字

```
@font-face {
    font-family: 'icon-font';
    src:url('fonts/icon-font.eot');
    src:url('fonts/icon-font.eot#iefix') format('embedded-opentype'),
        url('fonts/icon-font.woff2') format(woff2),
        url('fonts/icon-font.ttf') format('truetype'),
        url('fonts/icon-font.woff') format('woff'),
        url('fonts/icon-font.svg#icon-font') format('svg');
    font-weight: normal;
    font-style: normal;
}

.icon{
    font-family: "icon-font";
}
```

[⊖] http://hackingui.com/design/export-photoshop-layer-to-svg/

注意上面字体的顺序，把woff2写在ttf之前，这样如果浏览器支持woff2格式的字体，就会去加载woff2格式的，否则加载ttf，svg格式的字体基本上没什么用，没什么浏览器支持，但是它可以用来导入到另外一个icomoon的工程，或者用来恢复工程。

最后，每个图标使用它在相应的编码或者HTML实体，如图4-26所示。

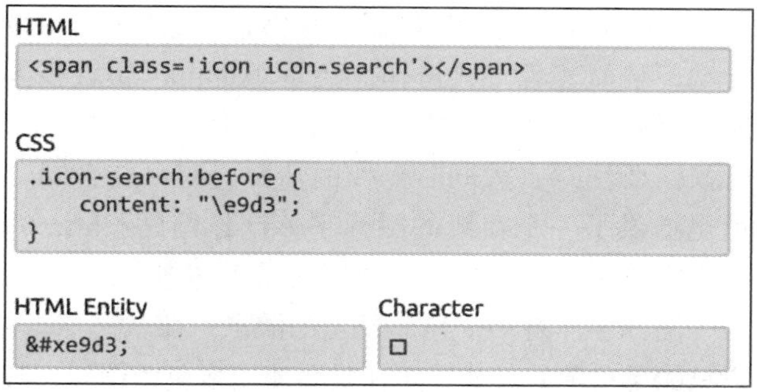

其中，e9d3是当前图标在这个字体里面的编码。在普通的英文或中文字体里，"0"的编码是0x30，即48，这个其实是"0"的ASCII或者Unicode编码。同样地图标字体也会给它的每个"字"定义一个编码，然后就可以用伪类的content加上反斜杆的转义，如普通字体content:"\48"和content:"0"效果一致。

图4-26 按编码使用图标字体

现在说一下使用过程中可能会遇到的问题。

1. webkit浏览器会在加缘加粗1个像素

如图4-27，读者可以找一下区别。

图4-27 左边的图标边缘多了一个像素，右边是正常的

这个问题在间距比较小的时候就会比较明显，例如图4-27第二个图标中间。解决方案是加一个font-smoothing的属性，如代码清单4-13所示。

代码清单4-13 让字体变细

```
.icon{
    -webkit-font-smoothing: antialiased;
    -moz-osx-font-smoothing: grayscale;
}
```

2. 注意缓存

后续加了新的图标字体，如果不做处理的话，已经加载过的浏览器可能会有缓存，导致新的图标字体不会重新下载，所以需要处理这个问题。最简单的就是在上面的@font-face导入的url里面添加一个版本号的参数：

```
src: url('fonts/icon-font.eot?hadf22');
```

或者更彻底的方法：改变文件名、路径名。

3. 多人协作

icomoon 免费版的数据是存储在浏览器的本地数据库的，商业版交点钱可以把数据放在云端，从而实现多人协作。免费版也可以实现多人协作，方法是将别人生成的字体 svg 导进去再添加，生成新的 svg 字体，同样别人要再上传的时候先上传这个 svg。商业版使用的时候需要注意多人同时操作的情况，有可能会同时生成相同的编码。与 icomoon 相比，阿里也提供了一个在线的图标字体制作网站（http://www.iconfont.cn）。另外 icomoon 还提供了在线编辑的功能、在线图标的搜索功能，商业版提供 woff2 字体下载。

图标字体有一个显而易见的缺点，那就是不支持多色图标。因为它是一个字体，决定了它只能是单色的。如果实在是要使用多色的图标，甚至带一些特殊效果的那就使用 SVG 吧。

结合使用 SVG

对于多色的图标，可以在页面插入一个 SVG，如图 4-28 所示。

图 4-28　左边的 location 的图标就是使用了 svg，效果比直接贴一张 PNG 好很多

SVG 的兼容性，除了 IE 8 不支持，其他的都还好。况且现在很多新项目都不再兼容 IE 8 了，不然连个 border-radius 都用不了。

有几种使用 SVG 的方法。

1. 直接 copy 到页面

就是把一个 svg 当成一个 HTML 标签直接嵌入页面，当成内联的，如代码清单 4-14 所示。

代码清单 4-14　内联 svg

```
<div>
    <svg>
        ....
    </svg>
    <p>Sanfrancisco ...</p>
</div>
```

这样做的缺点是导致 HTML 文件太大，浏览器一般不会缓存 HTML，同时会阻碍页面

的加载。优点是由于它是内联的，可以直接用 CSS 控制 svg 的样式。

2. 使用 embed/object/img

如代码清单 4-15 所示：

代码清单 4-15　使用 embed 引入 svg

```
<embed src="loc.svg" width="100" height="200"/>
<img src="loc.svg" width="100" height="200">
```

img 的兼容性要比 embed 稍差。这种方法的缺点是由于它是一个外链，没办法用 CSS 控制它的样式。

当小的 SVG 过多的时候，可能要考虑把多个小的 SVG 合并成一个 SVG，就像雪碧图那样。

3. 合并 SVG

如代码清单 4-16 所示：通过用一个个的 symbol，将多个 svg 合在一起，同时给每个 symbol svg 定义一个 id，使用的时候会用到。

代码清单 4-16　合并 svg 为一个文件

```
<svg>
    <symbol viewBox="0 0 101.5 57.9" id="active-triangle"><path fill="#15c0f1"
            d="M100.4.5L50.7 57.1 1.1.5h99.3z"/>
    <symbol viewBox="0 0 101.5 57.9" id="logo"><path fill="#15c0f1"
            d="M120.4.5L50.7 57.1 1.1.5h99.3z"/>
</svg>
```

使用的时候通过外链的办法将 svg 引入到页面上，如要用到上面定义的 logo，通过"文件名 #ID"的方式，如代码清单 4-17 所示。

代码清单 4-17　使用 svg 里的 symbol

```
<svg viewBox="0 0 100 100">
    <use xlink:href="icon.svg#logo"></use>
</svg>
```

然而 IE 不支持外链，但是有人写了个插件，可以让 IE 支持，原理是检测到浏览器不支持外链的时候就将其外链替换成相应的 svg 内容，详见 svg for everybody[①]。

使用 SVG 的还有 highCharts 和 d3.js 等插件。

至此，整个流程说明完毕。图标字体和 SVG 结合使用，可以提升网站的高清体验。

问题

1. 很多网站还在使用雪碧图，你是怎么发现图标字体的？

[①] https://css-tricks.com/examples/svg-for-everybody/

答：一个原因是因为我用雪碧图本身就觉得不太方便，你要控制显示区域刚好等于那个框，不然可能会显示出其他的图标。后来看了一篇博客，介绍了它是怎么用 CSS3 的 clip-path 画图标的，当时我就在想，既然还有这么展示图标的，那么肯定还有其他的方式。后来发现手机百度和手机淘宝就是用的图标字体，经过一番摸索和实践，总结了一套比较实用的经验。

2. 我对图标字体比较陌生，用这种方式会有什么坑吗？

答：有一个坑就是在安卓上，通过外链引入的图标字体的加载经常会慢于 HTML 的加载，字体没加载好，安卓上会先使用一个默认字体来替代无法显示的字体，而图标字体的编码可能刚好就是某一个繁体字的编码，导致了刷新页面的时候先图标变成了繁体字然后再变成正常图标的问题。后来笔者把图标字体转成 base64 然后用内联的方式就可以解决这个问题。因为这个字体本身就不大，再加上 gzip 压缩，不会给 HTML 增加很多的体积。而 iOS 和电脑的浏览器上是先显示一个方框，等字体加载好了，再变成正常图标，使用内联的方式也可以避免这种奇怪的显示方式，刷页面的时候图标就跟着出来了，这样显示得比较自然。

Effective 前端 13：理解和使用 CSS3 动画

我们在第 3 章 "Effective 前端 9" 里面介绍了很多动画效果，这一篇将分析怎么做。

本文先使用 CSS3 的 animation 画一个太阳系行星公转的动画，再加以改进，讨论如何画椭圆的运行轨迹。然后分析京东和人人网使用 animation 的实际案例，最后结合 CSS3 的 clip-path 做一些比较特别的动画。

太阳系最终的效果图如图 4-29 所示。

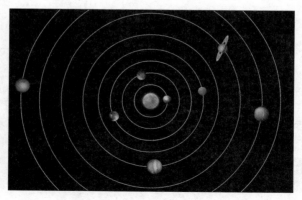

图 4-29　太阳系的公转效果

Animation 分析

CSS3 的 animation 是通过关键帧的形式做出来的，首先设定一个动画的运行时间，然后在这个时间轴上的若干位置处插入关键帧，浏览器根据关键帧设定的内容做过渡动画。animation 常结合 transform 属性进行制作。以一个简单的例子说明，一个 div，让其从左到右运动，如图 4-30 所示。

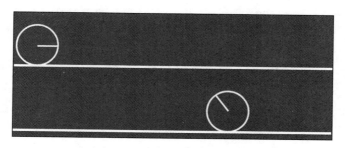

图 4-30　一个轮子的滚动动画

先用 CSS 画出静态的图，然后再加动画的属性。
HTML 结构如代码清单 4-18 所示，相关 CSS 省略。

代码清单 4-18　轮子滚动的 HTML 结构

```
<div class='space'>
    <div class='wheel'>
        <span class='line'></span>
    </div>
</div>
```

然后在轮子 wheel 加一个动画的属性，如代码清单 4-19 所示。

代码清单 4-19　添加 animation 属性

```
.wheel{
    animation: move 3s linear infinite;
}
```

这个的意思是动画的名字是 move，时间轴是 3s，速度是匀速，播放次数无限。然后定义 move 的关键帧 keyframes 如代码清单 4-20 所示：

代码清单 4-20　关键帧动画

```
@keyframes move{
    100%{
        transform: translateX(350px);
    }
}
```

即播放到末尾的时候，向 X 轴右移 350px。在 0% 的时候值为 0，100% 的时候值为 350px，时间为 3s。0% 时为 0 可以省略，写上去也可以。还有一个速度曲线的属性，根据这些信息做过渡动画。如果指定速度为线性 linear，则动画的过渡效果是匀速的，对于上面来说就是匀速右移。默认的速度曲线为 ease，就是渐进和渐出，在中间播放比较快。这样就实现了轮子从左往右移的动画。

然后再给轮子添加一个滚动的效果 rotate，用运行的距离除以轮子的周长得出需要滚动多少圈，即 375 / (25 * 3.1415926 * 2) * 360 = 859.4 度，也就是在这个区间向右移动的同时加上自转的效果，所以给 transform 多添加一个 rotate 的属性。如代码清单 4-21 所示。

代码清单 4-21　添加 rotate 转动

```
@keyframes move{
    100%{
        transform: translateX(350px) rotate(859.4deg);
    }
}
```

这样就大功告成了。这就是 CSS3 的 animation 动画，结合 transform 的缩放、旋转、位移、斜切，通过两三行代码，便可做出很多有趣的效果。

接下来讨论太阳系的制作。

太阳系动画

跟上面不同的地方是行星是围绕着太阳转的，而轮子是围绕着自己的圆心转的，也就是说他们转的基点不同。可以看出，transform 的基点默认是本身的中心 center，所以我们要改变行星进行转换的中心点 *transform-origin*。太阳系的 HTML 结构如代码清单 4-22 所示。

代码清单 4-22　太阳系的 HTML 结构

```
<div class="galaxy">
    <div class='sun'></div>
    <div class='mercury'></div>
    <div class='venus'></div>
    <div class='earth'></div>
</div>
```

太阳 sun 位于 div galaxy 的中间，开始时让其他行星位于太阳的右边排成一条线。设置 galaxy 的 width 和 height 都为 1300px，sun 图片的大小为 100px*100px，所以 sun 的 left 值和 top 值都为 (1300-100) / 2 = 600px，这样 sun 就位于中间位置。设置水星 mercury 的 left 值为 700px，top 为 625px，这样水星就位于太阳偏右的位置。然后再设置水星的 transform-origin，如代码清单 4-23 所示：

代码清单 4-23　水星的位置和原点

```
.mercury{
    width: 50px;
    height: 50px;
    left: 700px;
```

```
        top: 625px;
        transform-origin: -50px 25px;
    }
```

transform-origin 的原点默认是作用的元素左上角位置，所以往左移（700−1300 / 2）= 50px，往下移 50 / 2 = 25px（50 为水星高度），水星转换的基点就变成了太阳的中心，在此基础上进行旋转，如代码清单 4-24 所示，每隔 2.4 转一圈。

代码清单 4-24　水星的旋转动画

```
animation: rotation 2.4s linear infinite;
@keyframes rotation{
    to{
        transform: rotate(1turn);
    }
}
```

注意这里使用了同义的属性，0% 和 100% 分别换成 from 和 to，360deg 换成 1turn。

其他的行星，也按照这种方法进行设置，计算稍微繁琐。行星公转的周期以地球 10s 为基准，其他按比例换算。这样就可以做出一个太阳系公转的图，原理很简单，效果却很好。

椭圆效果实现

注意到行星运行的轨迹其实是椭圆形的，上面是用了正圆形。因此，下面讨论如何做一个椭圆的运行轨迹。效果如图 4-31 所示。

图 4-31　椭圆的运行轨迹

上面的椭圆在 Y 轴上被压扁了，可以考虑在 Y 轴上添加一个位移变换，原理如图 4-32 所示，首先将地球的初始位置放到椭圆和它的短轴的交点处，transform-origin 设置为半径为 400px 的圆心的位置。当运行时间为 50% 即到初始位置对面的时候，插入一个关键帧：做一个位移转换，向 y 轴负方向移动 200px，这样就可以形成一个半椭圆的轨迹，到了 100% 的时候逐渐恢复为初始值 0，跟前面的半椭圆相反，就可以完成一个完整的椭圆轨迹。

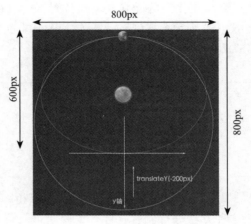

图 4-32　y 轴位移压缩

需要在 earth 的外面包一层 div，用来设置 translateY 的效果，因为这个效果的时间曲线需要设置为 ease-in-out 渐进渐出的效果，让椭圆运行起来更加的顺畅。HTML 的结构如代码清单 4-25 所示：

代码清单 4-25　椭圆轨道 HTML 结构

```
<div class='planet'>
    <div class='circle'></div>
    <div class='sun'></div>
    <div class='moveY'>
        <div class='earth'></div>
    </div>
</div>
```

给 moveY 添加一个 translateY 的动画，其他的和正圆公转的一样。如代码清单 4-26 所示。

代码清单 4-26　添加 Y 轴的动画

```
.moveY{
    animation: moveY 2s ease-in-out infinite alternate;
}
@keyframes moveY{
    to{
        transform: translateY(-200px);
    }
}
```

注意这里将 moveY 的周期设置为旋转的一半，同时使用了一个 transition-direction 为

alternate 的属性，alternate 意为交替，效果等同于代码清单 4-27：

代码清单 4-27 alternate 等同效果

```
@keyframes moveY{
    0%, 100%{
      transform: translateY(0px);
    }
    50%{
      transform: translateY(-200px);
    }
}
```

细心的读者会发现，这里的运行轨迹并不是严格的椭圆，旋转是匀速的，但是在 y 轴上的投影即在 y 轴上的速度是一条曲线，这条曲线理论上可以用贝赛尔曲线模拟出来，animation 的速度参数改成用 cubic-bezier 去模拟，ease-in-out 等同于 cubic-bezier(0.4,0,0.6,1)。通过一些数学换算，理论上是可以模拟的，这里不再深入讨论。

还可以继续优化，让地球自转，自转的方法，可以在地球的 div 外面再包多一个 div，让公转的动画由外层的 div 实现，而自转由地球的 div 完成。读者可以自行尝试。

接下来，讨论人人网、京东使用 animation 做动画的实例。

step 逐帧动画

打开人人网的公共主页，当鼠标放到四个图标上面和离开的时候会有波浪形的动画，如图 4-33 所示。

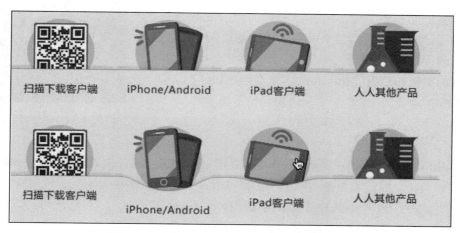

图 4-33 鼠标移进和移出有一个波浪形的动画

这个动画研究一下源代码，可以发现是用了一张长图，由很多张小图组成。每张小图就是这个动画的一帧。当鼠标 hover 时，添加一个 active 类，这个类的 CSS 里面使用 animation，改变这张长图的 translate 位移。如代码清单 4-28 所示。

代码清单 4-28　steps 动画

```
.active{
    animation: movedown 500ms steps(12) forwards;
}
@keyframes moveup{
    to{
        background-position: -1800px 0;
    }
}
```

上面设置动画的名称为 movedown，播放时间 500ms，***forwars*** 的意思是播放完成后，动画保持在最后一帧的样式，相反的是 backwards，播放完后返回第一帧，默认值是 none，不会保持动画的样式。这个动画的重点在于 ***steps***，steps(12) 的目的是设置播放 12 帧，这张长图用来播放 hover 动画是由 12 张小图组成的，对应 12 帧，因此每播放一帧，background-position 的位置刚好指向下张小图的位置，这样就连成了一个连贯的逐帧动画。

类似的动画可以见这个，一个招手的动画[⊖]，如图 4-34 所示。

图 4-34　招手逐帧动画

第二个案例是京东首页（老版）的时钟，demo 如图 4-35 所示。

这个案例的技术手段是用了 animation 结合 transform 的 rotate，跟上面的太阳系的技术手段一样，这里不再叙述，主要是位置的计算比较琐碎。

上面的案例都是用了 transform，下面使用 clip-path 做一些比较有趣的动画。

图 4-35　一个时钟动画

结合 clip-path 做动画

clip-path 是用来裁剪的，如对一个 div 应用 clip-path：circle（40% at 50% 50%）——裁剪的路径为一个圆，圆心在 div 的（50%，50%）的位置，半径为 40%，效果就是让这个 div 的可见区域为这个圆，圆外的像素浏览器都不会进行渲染。

使用 transform 可以做一些位移、大小、旋转的动画，而使用 clip-path 能够做一些形状变化的动画。效果如图 4-36，当鼠标放上去的时候，从一个圆沿半径方向逐渐外扩直至显示完整的照片。

⊖　http://jsfiddle.net/simurai/CGmCe/light/

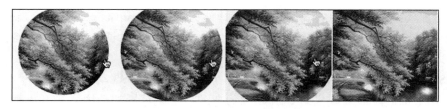

图 4-36　clip-path 的动画效果

它的 HTML 结构就是一张照片，如代码清单 4-29 所示：

代码清单 4-29　img 图片

```
<img src="scenery.png" alt=""/>
```

CSS 如代码清单 4-30 所示：

代码清单 4-30　使用 clip-path 做动画

```
img{
    clip-path: circle(40% at 50% 50%);
    transition: clip-path 400ms ease;
}
img:hover{
    clip-path: circle(75% at 50% 50%);
}
```

这里使用了 *transition* 动画，常和 hover 等伪类结合使用做过渡动画，或者用 JS 添加一个类触发状态变化。transition: clip-path 400ms ease 这句设置 transition 作用在该元素 clip-path 的 CSS 属性上，过渡时间为 400ms，使用 ease 渐入渐出的效果和 animation 一样。当 hover 的时候，就过渡到 clip-path: circle(75% at 50% 50%)，也就是显示的半径从 40% 到 75%，hover 结束时，再恢复成原先的 40%，因此就有了上面的效果。clip-path 还可以做很多有趣的变形动画，例如从四角变成五角，这里只是抛砖引玉，更多动画的效果读者可自行查找。

本节介绍了使用 animation 结合 transform 做动画的原理和语法，并且分析了几个关键的要点，包括 transform 的坐标轴、转换的原点，还有，可以通过嵌套几个动画做出复合的效果，接着展示了两个实际的生产案例，最后对 transition 和 clip-path 做了一个变形的动画。CSS3 的动画效果不限于此，读者可查找其他更有趣的案例。

通过给页面添加一些动画效果，可以让页面更加地生动活泼。

问答

1. 加上 translateZ(0)，可以触发 3D GPU 加速，让动画更流畅？

答：有些人想要通过类似于 hack 的方法，让 CSS 动画更加流畅，其实我觉得没多大必要，现在的浏览器越来越智能了，当需要 GPU 加速时，它会自动开启的，例如在 Chrome devtools 里面模拟低 CPU 的电脑做的动画，即使你没加上 translateZ，它也会启动 GPU 加速，可能通过 GPU 内存变大观察到。如果你的 translateZ 写太多的时候，反而会造成页面渲染错乱，特别是在 Safari 上面。

2. CSS 动画的性能怎么样，一个页面是不是不能写太多 CSS 动画？

答：我觉得性能不应该成为 CSS 动画的瓶颈，当浏览器的动画算法变得越来越好的时候，写 CSS 动画会越来越流畅，像上面八大行星有 8 个 transform 动画，在笔者的电脑上运行半天，也没见过 CPU 的风扇会呼呼地转起来。但是如果你在一个已经 transform 定位的容器里面再做一个 transform 动画，在低性能电脑上可能会有问题。另外，如果你用 position/width/height/margin 等需要重绘页面的属性做动画，性能肯定是不能保证的。

Effective 前端 14：实现前端裁剪压缩图片

由于前端是不能直接操作本地文件的，要么通过 <input type="file"> 用户单击选择文件或者拖拽的方式，要么使用 Flash 等第三方的控件，但 Flash 日渐衰落，所以使用 Flash 还是不提倡的。同时 HTML5 崛起，可以在前端使用原生的 API 实现图片的处理，这样可以减少后端服务器的压力，同时对用户也是友好的。

最后的裁剪的效果如图 4-37 所示。

这里面有几个功能，第一个是支持拖拽，第二个是压缩，第三个是裁剪编辑，第四个是上传和上传进度显示，下面依次介绍每个功能的实现：

图 4-37　裁剪效果

拖拽显示图片

拖拽读取的功能主要是要兼听 HTML5 的 drag 事件，这个没什么好说的，查查 API 就知道怎么做了，主要在于怎么读取用户拖过来的图片并把它转成 base64 以在本地显示。如代码清单 4-31 所示。

代码清单 4-31　监听 drag 事件

```
var handler = {
    init: function($container){
        // 需要把 dragover 的默认行为禁掉，不然会跳页
        $container.on("dragover", function(event){
            event.preventDefault();
        });
```

```
        $container.on("drop", function(event){
            event.preventDefault();
            // 这里获取拖过来的图片文件,为一个 File 对象
            var file = event.originalEvent.dataTransfer.files[0];
            handler.handleDrop($(this), file);
        });
    }
}
```

代码第 10 行获取图片文件,然后传给 11 行处理。

如果使用 input,则监听 input 的 change 事件,代码清单 4-32 代码第 3 行,获取 File 对象,同样传给 handleDrop 进行处理。

代码清单 4-32　监听 input 事件

```
$container.on("change", "input[type=file]", function(event){
    if(!this.value) return;
    var file = this.files[0];
    handler.handleDrop($(this).closest(".container"), file);
    this.value = "";
});
```

接下来如代码清单 4-33 所示在 handleDrop 函数里,读取 file 的内容,并把它转成 base64 的格式:

代码清单 4-33　handleDrop 函数

```
handleDrop: function($container, file){
    var $img = $container.find("img");
    handler.readImgFile(file, $img, $container);
},
```

我的代码里面又调了个 readImgFile 的函数,helper 的函数比较多,主要是为了拆解大模块和复用小模块。

在 readImgFile 里面读取图片文件内容,如代码清单 4-34 所示。

代码清单 4-34　使用 FileReader 读取文件内容

```
readImgFile: function(file, $img, $container){
    var reader = new FileReader(file);
    // 根据 mime type 检验用户是否选则是图片文件
    if(file.type.split("/")[0] !== "image"){
        util.toast("You should choose an image file");
        return;
    }
    reader.onload = function(event) {
        var base64 = event.target.result;
        handler.compressAndUpload($img, base64, file, $container);
    }
    // 读取为 base64 格式
```

```
    reader.readAsDataURL(file);
}
```

这里是通过 FileReader 读取文件内容，调的是 readAsDataURL，这个 API 能够把二进制图片内容转成 base64 的格式，读取完之后会触发 onload 事件，在 onload 里面进行显示和上传。onload 函数的完整如代码清单 4-35 所示。

代码清单 4-35　onload 回调函数

```
// 获取图片 base64 内容
var base64 = event.target.result;
// 如果图片大于 1MB，将 body 置半透明
if(file.size > ONE_MB){
    $("body").css("opacity", 0.5);
}
// 因为这里图片太大会被卡一下，整个页面会不可操作
$img.attr("src", baseUrl);
// 还原
if(file.size > ONE_MB){
    $("body").css("opacity", 1);
}
// 然后再调一个压缩和上传的函数
handler.compressAndUpload($img, file, $container);
```

如果图片有几个 MB 的，在代码 4-35 第 8 行展示的时候会被卡一下，笔者曾尝试使用 Web Worker 多线程解决，但是由于多线程没有 window 对象，更不能操作 DOM，所以不能解决这个问题。采取了一个补偿措施：通过把页面变虚的方式告诉用户现在正在处理之中，页面不可操作，请稍等一会。

这里还会有一个问题，就是 iOS 系统拍摄的照片，如果不是横着拍的，展示出来的照片旋转角度会有问题，如图 4-38 所示，一张竖着拍的照片，读出来是这样的。

图 4-38　竖着拍的图片拖进来的时候会变成横的

即不管你怎么拍，iOS 实际存的图片都是横着放的，因此需要用户自己手动去旋转。旋转的角度放在了 exif 的数据结构里面，把这个读出来就知道它的旋转角度了，用一个

EXIF[⊖]的库读取，如代码清单4-36所示：

代码清单4-36　图片的旋转判断

```
readImgFile: function(file, $img, $container){
    EXIF.getData(file, function(){
        var orientation = this.exifdata.Orientation,
            rotateDeg = 0;
        //如果不是ios拍的照片或者是横拍的，则不用处理，直接读取
        if(typeof orientation === "undefined" || orientation === 1){
            //原本的readImgFile，添加一个rotateDeg的参数
            handler.doReadImgFile(file, $img, $container, rotateDeg);
        }
        //否则用canvas旋转一下
        else{
            rotateDeg = orientation === 6 ? 90*Math.PI/180 :
                        orientation === 8 ? -90*Math.PI/180 :
                        orientation === 3 ? 180*Math.PI/180 : 0;
            handler.doReadImgFile(file, $img, $container, rotateDeg);
        }
    });
}
```

知道角度之后，就可以用canvas处理了，在下面的压缩图片再进行说明，因为压缩也要用到canvas。

压缩图片

压缩图片可以借助canvas，canvas可以很方便地实现压缩，其原理是把一张图片画到一个小的画布，然后再把这个画布的内容导出base64，就能够拿到一张被压小的图片了，如代码清单4-37在compress函数里面进行压缩。

代码清单4-37　调compress函数

```
//设定图片最大压缩宽度为1500px
var maxWidth = 1500;
var resultImg = handler.compress($img[0], maxWidth, file.type);
```

在compress这个函数里首先创建一个canvas对象，然后计算这个画布的大小，如代码清单4-38所示。

代码清单4-38　compress函数创建一个合适大小的canvas画布

```
compress: function(img, maxWidth, mimeType){
    //创建一个canvas对象
    var cvs = document.createElement('canvas');
    var width = img.naturalWidth,
        height = img.naturalHeight,
```

[⊖] https://github.com/exif-js/exif-js

```
        imgRatio = width / height;
    // 如果图片维度超过了给定的 maxWidth 1500,
    // 为了保持图片宽高比, 计算画布的大小
    if(width > maxWidth){
        width = maxWidth;
        height = width / imgRatio;
    }
    cvs.width = width;
    cvs.height = height;
}
```

接下来把大的图片画到一个小的画布上,再导出如代码清单 4-39 所示:

代码清单 4-39　compress 函数里面进行压缩

```
// 把大图片画到一个小画布
var ctx = cvs.getContext("2d");
ctx.drawImage(img, 0, 0, img.naturalWidth, img.naturalHeight, 0, 0, width, height);
// 图片质量进行适当压缩
var quality = width >= 1500 ? 0.5 :
              width > 600 ? 0.6 : 1;
// 导出图片为 base64
var newImageData = cvs.toDataURL(mimeType, quality);

var resultImg = new Image();
resultImg.src = newImageData;
return resultImg;
```

最后一行返回了一个被压缩过的小图片。这里有个问题需要注意一下,有的浏览器在把 base64 赋值给 new 出来的 Image 的 src 时,是异步的操作,特别是 Safari,所以要用监听 onload,才能对此图片进行下一步的处理,如代码清单 4-40 所示。

代码清单 4-40　监听 onload

```
var img = new Image();
img.onload = function(){
    canvas.draw(img, ...);
}
img.src = base64;
```

由于第二点提到 iOS 拍的照片需要旋转一下,在压缩的时候可以一起处理。也就是说,如果需要旋转的话,那么画在 canvas 上面的时候就把它旋转好了,如代码清单 4-41 所示:

代码清单 4-41　压缩前先旋转

```
var ctx = cvs.getContext("2d");
var destX = 0,
    destY = 0;
if(rotateDeg){
    ctx.translate(cvs.width / 2, cvs.height / 2);
```

```
        ctx.rotate(rotateDeg);
        destX = -width / 2,
        destY = -height / 2;
    }
    ctx.drawImage(img, 0, 0, img.naturalWidth, img.naturalHeight, destX, destY,
width, height);
```

需要先把 canvas 的原点移到画布的中心，然后再进行旋转，默认原点是在左上角，原理和 transform 类似。

这样就解决了 iOS 图片旋转的问题，得到一张旋转和压缩调节过的图片之后，再用它进行裁剪和编辑。

裁剪图片

裁剪图片，使用了一个 cropper[①] 插件，这个插件还是挺强大的，支持裁剪、旋转、翻转，但是它并没有对图片真正的处理，只是记录了用户做了哪些变换，然后你自己再去处理。可以把变换的数据传给后端，让后端去处理。这里我们在前端处理，因为我们不用去兼容 IE8。

如图 4-39 所示，我把一张图片，旋转了一下，同时左右翻转了一下。

它的输出是：

```
{
    height: 319.2000000000001,
    rotate: 45,
    scaleX: -1,
    scaleY: 1,
    width: 319.2000000000001
    x:193.2462838120872
    y:193.2462838120872
}
```

图 4-39 用 cropper 进行图片变换操作

通过这些信息就知道了：图片被左右翻转了一下，同时顺时针转了 45 度，还知道裁剪选框的位置和大小。使用这些完整的信息就可以相应地做一对一的处理。

插件使用的是 img 标签，设置它的 css transform 属性进行变换。真正的图片处理还是要借助 canvas，这里分三步说明：

1. 简单裁剪

假设用户没有进行旋转和翻转，只是简单地选了区域裁剪了一下，那就简单很多。最简单的办法就是创建一个 canvas，它的大小就是选框的大小，然后根据起点 x、y 和宽高把图片相应的位置画到这个画布，再导出图片就可以了。由于考虑到需要翻转，所以用第二

[①] https://github.com/fengyuanchen/cropper

种方法：创建一个和图片一样大小的 canvas，把图片原封不动地画上去，然后把选中区域的数据 imageData 存起来，重新设置画布的大小为选中框的大小，再把 imageData 画上去，最后再导出就可以了，如代码清单 4-42：

代码清单 4-42　裁剪处理

```
var cvs = document.createElement('canvas');
var img = $img[0];
var width = img.naturalWidth,
    height = img.naturalHeight;
cvs.width = width;
cvs.height = height;

var ctx = cvs.getContext("2d");
var destX = 0,
    destY = 0;
ctx.drawImage(img, destX, destY);

//把选中框里的图片内容存起来
var imageData = ctx.getImageData(cropOptions.x, cropOptions.y,
                                cropOptions.width, cropOptions.height);
cvs.width = cropOptions.width;
cvs.height = cropOptions.height;
//然后再画上去
ctx.putImageData(imageData, 0, 0);
```

代码清单 4-42 倒数第 5 行通过插件给的数据，保存选中区域的图片数据，最后一行再把它画上去。

2. 裁剪加翻转

如果用户做了翻转，用代码清单 4-42 的结构很容易可以实现，只需要在第 11 行 drawImage 之前对画布做一下翻转变化，如代码清单 4-43 所示：

代码清单 4-43　翻转处理

```
if(cropOptions.scaleX === -1 || cropOptions.scaleY === -1){
    //水平翻转
    destX = cropOptions.scaleX === -1 ? width * -1 : 0;
    //垂直翻转
    destY = cropOptions.scaleY === -1 ? height * -1 : 0;
    ctx.scale(cropOptions.scaleX, cropOptions.scaleY);
}
ctx.drawImage(img, destX, destY);
```

其他的都不用变，就可以实现上下左右翻转了，难点在于既要翻转又要旋转。

3. 旋转加翻转剪裁

两种变换叠加没办法直接通过变化 canvas 的坐标，一次性 drawImage 上去。还是有两种办法，第一种是用 imageData 进行数学变换，计算一遍得到 imageData 里面，从第一行到最后一行每个像素新的 rgba 值是多少，然后再画上去；第二种办法，就是创建第二个 canvas，第一个 canvas 做翻转，把它的结果画到第二个 canvas，第二个 canvas 进行旋转，最后导出。由于第二种办法相对比较简单，我们采取第二种办法。

同上，在第一个 canvas 画完之后，执行代码 4-44 进行旋转。

代码清单 4-44　创建第二个 canvas 进行旋转

```
ctx.drawImage(img, destX, destY);
//rotate
if(cropOptions.rotate !== 0){
    var newCanvas = document.createElement("canvas"),
        deg = cropOptions.rotate / 180 * Math.PI;
    //旋转之后，导致画布变大，需要计算一下
    newCanvas.width = Math.abs(width * Math.cos(deg)) + Math.abs(height * Math.
                      sin(deg));
    newCanvas.height = Math.abs(width * Math.sin(deg)) + Math.abs(height * Math.
                       cos(deg));
    var newContext = newCanvas.getContext("2d");
    newContext.save();
    newContext.translate(newCanvas.width / 2, newCanvas.height / 2);
    newContext.rotate(deg);
    destX = -width / 2;
    destY = -height / 2;
    //将第一个 canvas 的内容在经旋转后的坐标系画上来
    newContext.drawImage(cvs, destX, destY);
    newContext.restore();
}
```

将第二步的代码插入第一步，再将第三步的代码插入第二步，就是一个完整的处理过程了。

最后再介绍一下上传。

文件上传和上传进度

文件上传只能通过表单提交的形式，编码方式为 multipart/form-data,，可以通过写一个 form 标签进行提交，也可以用 AJAX 模拟表单提交的格式。

首先创建一个 AJAX 请求，并设置编码方式，如代码清单 4-45 所示。

代码清单 4-45　创建一个 POST 请求

```
var xhr = new XMLHttpRequest();
xhr.open('POST', upload_url, true);
var boundary = 'someboundary';
xhr.setRequestHeader('Content-Type', 'multipart/form-data; boundary=' + boundary);
```

然后拼表单格式的数据进行上传，如代码清单 4-46 所示：

代码清单 4-46　拼表单提交的数据形式

```
var data = img.src;
data = data.replace('data:' + file.type + ';base64,', '');
xhr.sendAsBinary([
    //name=data
    '--' + boundary,
        'Content-Disposition: form-data; name="data"; filename="' + file.name + '"',
        'Content-Type: ' + file.type, '',
        atob(data), '--' + boundary,
    //name=docName
    '--' + boundary,
        'Content-Disposition: form-data; name="docName"', '',
        file.name,
    '--' + boundary + '--'
].join('\r\n'));
```

上面的 atob 将 base64 解码为二进制的格式，符合表单提交的数据格式要求。

表单数据不同的字段是用 boundary 的随机字符串分隔的，拼好之后用 sendAsBinary 发出去。这个上传功能参考了一个 JIC⊖插件，但是由于这个 API 已经废弃了，所以新代码不推荐再使用这种方式，我们将在第 6 章"Effective 前端 25"中进一步说明。

在调这个函数之前先监听下它的事件，包括：

1. 上传的进度

如代码清单 4-47 所示：

代码清单 4-47　监听 onprogress 事件

```
xhr.upload.onprogress = function(event){
    if(event.lengthComputable) {
        duringCallback((event.loaded / event.total) * 100);
    }
};
```

这里调用 duringCallback 的回调函数，给这个回调函数传了当前进度的参数，用这个参数就可以设置进度条的过程了。进度条可以自己实现，或者直接上网找一个。

2. 成功和失败

需要对成功和失败做一些反馈处理，如代码清单 4-48 所示。

代码清单 4-48　添加反馈

```
xhr.onreadystatechange = function() {
    if (this.readyState === 4){
        if (this.status === 200) {
            successCallback(this.responseText);
        }else if (this.status >= 400) {
```

⊖ https://github.com/brunobar79/J-I-C

```
            if (errorCallback) {
                errorCallback(this.responseText);
            }
        }
    }
};
```

至此整个功能就拆解说明完了，上面的代码可以兼容到 IE10，FileReader 的 API 到 IE10 才兼容，问题应该不大，因为微软都已经放弃了 IE11 以下的浏览器，为啥我们还要去兼容呢。

这个东西一来减少了后端的压力，二来不用和后端来回交互，对用户体验来说还是比较好的，除了上面说的有一个地方会被卡一下之外。

问答

1. 我用上面的代码组装不出来，能否给一个完整的 demo？

答：由于核心代码已经在正文放出来了，理论上是可以组装起来的，如果还不行，那你多调试一下，看是在哪里出了问题，完整的 demo 就不提供了。

2. 你这篇文章好像没什么价值，因为核心代码不是你写的？

答：确实，这个功能主要用了两个插件，把它们修改和组合了一下，再用 canvas 处理把它们粘和了起来，canvas 那段就是我写的，能够使用别人的东西，站在别人的肩膀上开发也算是一种技能吧。不管怎样，它是一个完整图片裁剪压缩上传的模块，并且已经经历了很多次使用的考验。

Effective 前端 15：实现跨浏览器的 HTML5 表单验证

表单验证通常采用的方法是用策略模式的思想，把一个个验证规则封装成一个函数，如非空规则，最大长度规则等，不同的输入框选择某一个或者某几个规则进行验证。这样有它的好处，也有它的坏处。好处是每个规则是独立的，包括它的检验规则和出错提示信息，可以把它们封装在一起。坏处是当你写一个表单里面有 10 个 input，每个 input 都有 3～4 个验证规则，那你的 JS 至少得写 30 行代码用来添加验证规则，这样代码看起来就有点冗长了。

其实 HTML5 增加了很多种类型的 input，每个 input 还支持 pattern/minlength/maxlength 等规则的验证，可以说几乎不用自己去写验证规则。使用 HTML5 的表单验证能够更加的方便快捷。但是每个浏览器在某些行为不一致，再加上兼容性的原因，大家都不太想用。其实这两个缺点是可以克服的。

使用 HTML5 的 input 有一个很大的优点，就是手机上会根据不同的类型弹不同的键盘，方便用户输入，这一点你用什么策略模式都是无法做到的。如图 4-40 所示。

图 4-40　iPhone 根据不同的 type 弹不同的键盘

但是由于不同的浏览器对不合法输入提示文案不一致，样式也不一样，并且老的浏览器不兼容（IE9 及以下），在生产环境中比较少看到有人用。例如对于邮箱格式的检验，不同浏览器的效果如图 4-41 所示。

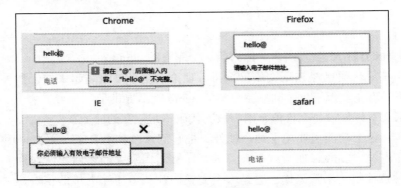

图 4-41　html5 表单跨浏览器的不同表现

具体来说存在三个问题：

- 输入框 blur 的时候不会触发检查，只有在点提交时才触发，但是有一种场景是希望用户一旦离开这个输入框就对其输入进行检查；
- 提示控件的 UI 差异很大，safari 还不会触发提示控件，一些浏览器如 IE 会给非法的输入框添加一个红色的边框；
- 文案是写死的，并且不同浏览器的文案不一致，其中应该以 Chrome 的提示最好。

实现跨浏览器插件

为解决这些问题，网上有一些插件，如 HTML5 Form[⊖]，做了跨浏览器的处理，但是使用起来效果并不是十分让人满意，HTML5 Form 在 Safari 下面就失效了。在多方查找和尝试未果之下，笔者自己写了一个跨浏览器的表单检测插件，效果如图 4-42 所示，并在本文做一个介绍。

[⊖] http://www.useragentman.com/blog/2010/07/27/creating-cross-browser-html5-forms-now-using-modernizr-webforms2-and-html5widgets-2/

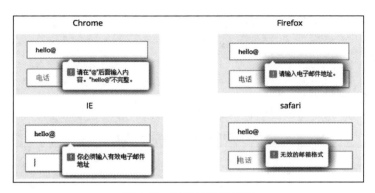

图 4-42　插件的效果示例

为了实现跨浏览器的一致性和使用的方便，达到了以下特点。

1. 统一 UI 和文案

首先是要统一 UI，模拟了 Chrome 的提示效果，UI 的样式和显示位置都是一致的，并且可以自定义，样式可以调整，例如可以把出错提示文案改成红色的字直接跟在输入框的下面。对于文案问题提供了是否使用浏览器默认文案的选项，因为考虑到有些浏览器如 Chrome 的提示比较智能，例如上面的邮箱文案，如果不使用则可以自定义文案。

2. 支持异步验证

一个十分方便的功能是支持异步验证，如验证用户名是否存在，如图 4-43 所示。

3. 支持多重类型规则验证

很方便地支持不同类型的规则验证，如必填 / 格式 / 自定义，例如对电话号码的验证有两个要求，一个是必填，另外一个是符合电话号码的格式，如图 4-44 所示。

图 4-43　异步检验

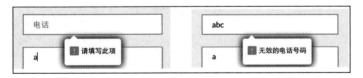
图 4-44　很方便地支持多重规则检验

4. 能够中英文切换

还考虑到了双语站中英文切换的问题如图 4-45 所示。

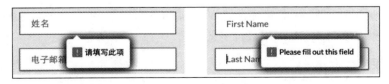

图 4-45　进行中英文切换

先来说一下怎么用这个插件，然后再分析怎么实现一个这样的插件。

插件使用方法

1. 最简单的使用方法

所有的 input 要写在 form 里面，form 的结构如代码清单 4-49 所示：

代码清单 4-49　表单 HTML

```
<form class="sign-up">
    <label> 邮箱地址 </label>
    <input type="email" name="account" data-t="email" required="">
    <label> 密码 </label>
    <input type="password" name="password" pattern=".{6,20}" data-pm="密码要在 6 到
           20 位之间" required="">
    <label> 确认密码 </label>
    <input type="password" name="confirm-pwd" maxlength="20" minlength="6">
    <input id="confirm-sign" type="submit" value=" 注册 ">
    <p></p>
</form>
```

代码清单 4-49 第 3 行，定义了 input 的 type="email"，还要再写多一个 data-t="email" 主要是因为 IE10 以下的浏览器会把不认识的 type 强制改成 text。

上面总共用到了类型、必填、正则、长度检验，出错信息放在了 data-pm 属性里面。这比你手动一个个去添加规则要方便多了。

无关的 CSS 略。有了上面的 HTML 结构之后，只需要初始化插件就可以了，如代码清单 4-50 所示。

代码清单 4-50　初始化插件传入成功回调函数

```
new Form(document.getElementById("sign-up-form"), {
    errorMsgClass: "error",          // 错误提示框的类名，用于自定义样式
    errorInputClass: "invalid",      //input 无效的类名，用于自定义样式
}, submit);

function submit(){
    console.log(" 表单验证成功,准备提交 ");
    // 提交操作
}
```

执行 new From 的时候传了 3 个参数，第一个是 form 的 DOM 元素，第二个参数是验证规则的一些配置，第三是验证成功的回调函数。第二个参数 checkOpt 有两个属性 errorMsgClass 和 errorInputClass 用来自定义样式。

2. 添加自定义检验

有时候有些检验无法用 HTML5 的属性检验，这个时候需要添加自定义检验，如上面

的密码需要保证两次的输入一致，可以在 checkOpt 里面添加自定义验证，如代码清单 4-51 所示。

代码清单 4-51　添加自定义验证

```
checkOpt.rule = {
    "confirm-pwd": {
        check: checkPwdIdentity,      // 自定义检验函数
        msg: "两次密码输入不一致"        // 出错提示信息
    }
}

function checkPwdIdentity(){
    return this.form["password"].value === this.form["confirm-pwd"].value);
}
```

如上代码清单 4-51 所示，添加了一个 rule 属性，key 值为 input 的 name 属性，value 值包含一个自定义的检验函数和出错信息。

3. 自定义异步检验

有些数据需要向服务请求检验，如检验账户是否存在，使用如下代码清单 4-52：

代码清单 4-52　添加异步检验规则

```
checkOpt.rule.account = {
    check: checkAccountExist,
    msg: "账户已存在！",
    async: true                      // 标志位，说明是异步的检验
};

function checkAccountExist(failCallback, successCallback){
    var input = this;
    util.ajax("/register/hasUser", {account: this.value}, function(data){
        // 如果用户存在则调用 failCallback,让插件添加一个错误提示
        if(data.isUser){
            failCallback();
        }
        // 成功则调用插件的成功回调函数
        else{
            successCallback();
        }
    });
}
```

在回调函数里面传进两个参数，如果检验失败则执行第一个参数，成功则执行第二个参数，为插件所用。

4. 添加自定义类型出错提示

不同类型的输入框给出不同类型的出错提示，如代码清单 4-53 所示：

代码清单 4-53　默认提示文案

```
Form.prototype.validationMessage_cn = {
    email: '无效的邮箱格式',
    number: '无效的数字格式',
    url: '无效的网址格式',
    password: '格式无效',
    text: '格式无效'
};
```

可以取消掉浏览器提供的文案，用上面的默认文案，如代码清单 4-54 所示，显示英文站的时候取消掉中文浏览器的中文提示：

代码清单 4-54　取消浏览器的默认提示文案

```
// 如果浏览器的语言不是中文的话，就不要使用英文的文案了，双语站时候适用
checkOpt.disableBrowserMsg = !(navigator.language ||
                    navigator.userLanguage).match(/cn/i)
```

还可以指定插件使用的语言，如代码清单 4-55 所示：

代码清单 4-55　指定语言

```
// 双语站切换时适用
checkOpt.lang = "cn";    // 或者 en
```

插件的实现

怎么实现这么一个方便快捷的表单验证插件呢？它的实现并不是很复杂，只是需要考虑很多细节。下面分析一些关键点和难点。

1. 为非 HTML5 浏览器添加 checkValidity 函数

如果没有 checkValidity 函数的话就给它添加一个，相当于自行实现一个 HTML5 的 checkValidity 函数。因为在后续的验证里面需要用到这个函数，如代码清单 4-56 所示。

代码清单 4-56　自行补充 checkValidity 函数

```
var input = document.createElement("input");
if(!input.checkValidity){
    HTMLInputElement.prototype.checkValidity = function(){
        // 这里根据不同的属性规则做检验，如 type/pattern/minlength，代码略
    }
}
```

2. 添加错误提示

重点是计算提示显示的位置，如代码清单 4-57 所示，读者可以尝试自行实现。

代码清单　4-57

```
Form.prototype.addErrorMsg = function(input, msg){
```

```
    // 根据 input 计算 msg 相对 input 的位置
}
```

3. 异步检验的实现

异步检验的难点在于，什么时候执行 submit 回调。解决方案是给每个 input 添加一个 hasCheck 属性，如果检查通过则设置为 true，一旦 focus 了就设为 false，blur 则触发检查。只有所有的 input 都有了属性 hasCheck 为 true 时才能执行 submit 回调。下面代码清单 4-58 中的 checkAsync 的第二个参数 needSubmit，点提交时设置成 true，而 blur 验证则为 false，用于控制检验成功后是否要提交表单。

代码清单 4-58　异步检验核心代码

```
Form.prototype.checkAsync = function(input, needSubmit){
    var name = input.name;
    var rule = input.form.Form.checkOpt.rule;
    rule[name]["check"].call(input,
    // 检验失败回调函数
    function(){
        var Form = input.form.Form;
        Form.addErrorMsg(input, Form.checkOpt.rule[name].msg);
    },
    // 检验成功回调函数
    function(){
        input.hasCheck = true;
        if(needSubmit){
            input.form.Form.tryCallSubmit(input);
        }
    });
};
```

代码清单 4-58 的倒数第 4 行 tryCallSubmit 函数检查除 submit 外所有的 input 是否为 hasCheck 是 true，如果有则执行 submit callback。

以上就是整个跨浏览器的 HTML5 表单验证插件的思想。表单验证的实现可能有多种方式，但是借助 HTML5 的特性做表单验证无疑会更简单，代码更少，用户体验更好。

Effective 前端 16：使用 Service Worker 做一个 PWA 离线网页应用

什么是 Service Worker

Service Worker 是谷歌发起的实现 PWA（Progressive Web App）的一个关键角色，而 PWA 是为了解决传统 Web APP 的缺点：

- 没有桌面入口
- 无法离线使用

❑ 没有 Push 推送

那 Service Worker 的具体表现是怎么样的呢？如图 4-46 所示。

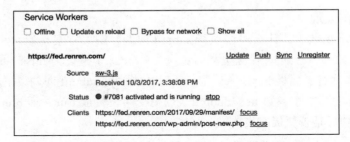

图 4-46　devtools 的 Application 标签页的 Service Worker

Service Worker 是在后台启动的一条服务 Worker 线程，图 4-46 中开了两个标签页，所以显示了两个 Client，但是不管开多少个页面都只有一个 Worker 在负责管理。这个 Worker 的工作是把一些资源缓存起来，然后拦截页面的请求，先看下缓存库里有没有，如果有就从缓存里取，响应 200，如果没有就走正常的请求。具体来说，Service Worker 结合 Web App Manifest 能完成以下工作（这也是 PWA 的检测标准），包括能够离线使用、断网时返回 200、能提示用户把网站添加一个图标到桌面上等，如图 4-47 所示。

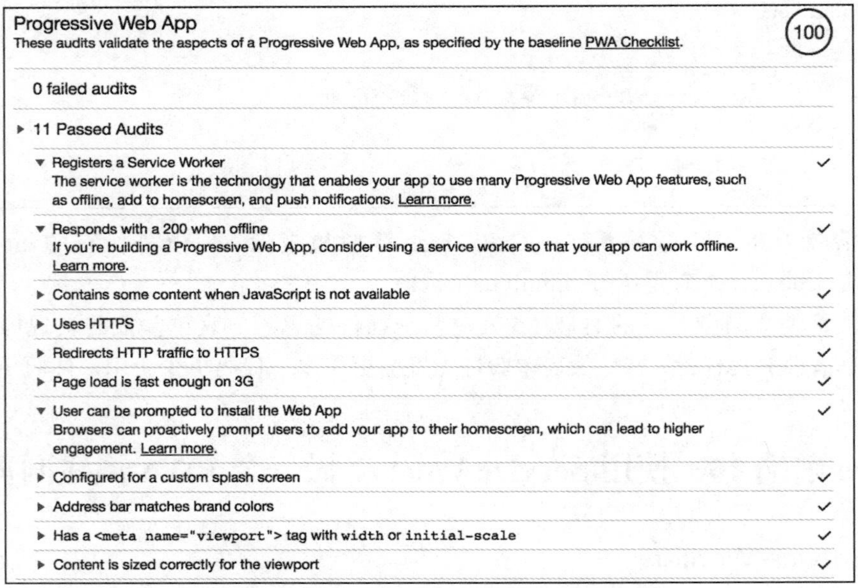

图 4-47　使用 Chrome devtools 的 Audits 做的 PWA 检测结果

Service Worker 的支持情况

目前 Chrome/Firfox/Opera 等都已经支持 Service Worker。由于 Service Worker 是谷歌主导

的一项标准，对于生态比较封闭的 Safari 来说也是迫于形势在 11.1（iOS 11.3）开始支持了。在 Safari 11.1 版本，可以看到，如图 4-48 所示。

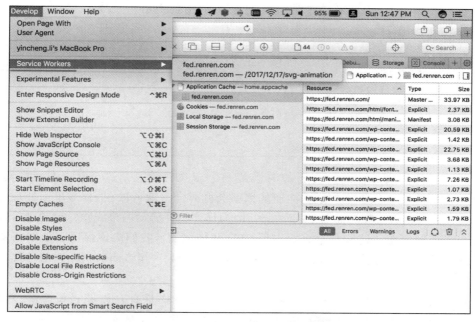

图 4-48　Safari 11.1 版本的 develop 菜单项

已经支持 Service Worker 的离线缓存 Application Cache，但是还不支持 Notification 推送，没有 window.pushManager，如图 4-49 所示。

图 4-49　Safari 不支持 Web Notification

Web Notification 毕竟要调谷歌的 FCM 服务，苹果还是有点见外。另外还可以看到在今年 2017 年 9 月发布的 Safari 11.0.1 版本已经支持 WebRTC 了，所以 Safari 还算是一个上进的"孩子"。

Edge 17 也已经支持了，所以 Service Worker 的前景十分光明。

使用 Service Worker

Service Worker 的使用套路是先注册一个 Worker，然后后台就会启动一条线程，可以在这条线程启动的时候去加载一些资源缓存起来，然后监听 fetch 事件，在这个事件里拦截页面的请求，先看下缓存里有没有，如果有直接返回，否则正常加载。或者是一开始不缓存，每个资源请求后再拷贝一份缓存起来，然后下一次请求的时候缓存里就有了。

1）注册一个 Service Worker

Service Worker 对象是在 window.navigator 里面，如代码清单 4-59 所示：

代码清单 4-59　注册 Service Worker

```
window.addEventListener("load", function() {
    console.log("Will the service worker register?");
    navigator.serviceWorker.register('/sw-3.js')
    .then(function(reg){
        console.log("Yes, it did.");
    }).catch(function(err) {
        console.log("No it didn't. This happened: ", err)
    });
});
```

在页面加载完之后注册，注册的时候传一个 js 文件给它，这个 js 文件就是 Service Worker 的运行环境，如果不能成功注册的话就会抛异常，就可以在 catch 里面处理。这里有个问题，为什么需要在 load 事件启动呢？因为你要额外启动一个线程，启动之后你可能还会让它去加载资源，这些都是需要占用 CPU 和带宽的，我们应该保证页面能正常加载完，然后再启动我们的后台线程，不能与正常的页面加载产生竞争，这个在低端移动设备意义比较大。

还有一点需要注意的是 Service Worker 和 Cookie 一样是有 Path 路径概念的，如果你设定一个 cookie 为 time 的 path=/page/A，在 /page/B 这个页面是不能够获取到这个 cookie 的，如果设置 cookie 的 path 为根目录 /，则所有页面都能获取到。类似地，如果注册的时候使用的 js 路径为 /page/sw.js，那么这个 Service Worker 只能管理 /page 路径下的页面和资源，而不能够处理 /api 路径下的，所以一般把 Service Worker 注册到顶级目录，如上面代码的 "/sw-3.js"，这样这个 Service Worker 就能接管页面的所有资源了。

2）Service Worker 安装和激活

注册完之后，Service Worker 就会进行安装，这个时候会触发 install 事件，在 install 事件里面可以缓存一些资源，如代码清单 4-60 所示：

代码清单 4-60　在 install 中缓存资源

```
const CACHE_NAME = "fed-cache";
this.addEventListener("install", function(event) {
    this.skipWaiting();
    console.log("install service worker");
    // 创建和打开一个缓存库
    caches.open(CACHE_NAME);
    // 首页
    let cacheResources = ["https://fed.renren.com/?launcher=true"];
    event.waitUntil(
        // 请求资源并添加到缓存里面去
        caches.open(CACHE_NAME).then(cache => {
            cache.addAll(cacheResources);
```

```
        })
    );
});
```

通过上面的操作,创建和添加了一个名为 fed-cache 的缓存库,如图 4-50 所示。

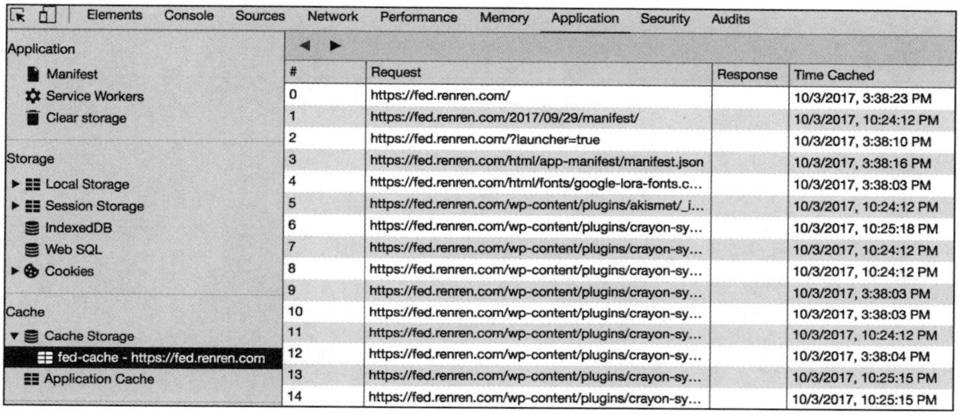

图 4-50　Service Worker 的存储内容

Service Worker 的 API 基本上都是返回 Promise 对象避免堵塞,所以要用 Promise 的写法。上面在安装 Service Worker 的时候就把首页的请求给缓存起来了。在 Service Worker 的运行环境里面它有一个 caches 的全局对象,这个是缓存的入口,还有一个常用的 clients 的全局对象,一个 client 对应一个标签页。

在 Service Worker 里面可以使用 fetch 等 API,它和 DOM 是隔离的,没有 windows/document 对象,无法直接操作 DOM,无法直接和页面交互,在 Service Worker 里面无法得知当前页面是否打开,当前页面的 url 是什么,因为一个 Service Worker 管理当前打开的几个标签页,可以通过 clients 知道所有页面的 url。还可以通过 postMessage 的方式和主页面互相传递消息和数据,进而做些控制。

install 完之后,就会触发 Service Worker 的 active 事件,如代码清单 4-61 所示:

代码清单 4-61　active 回调

```
this.addEventListener("active", function(event) {
    console.log("service worker is active");
});
```

Service Worker 激活之后就能够监听 fetch 事件了,我们希望每获取一个资源就把它缓存起来。

你可能会问,当我刷新页面的时候不是又重新注册安装和激活了一个 Service Worker?虽然又调了一次注册,但并不会重新注册,因为它发现 sw-3.js 已经注册后就不会再注册了,进而不会触发 install 和 active 事件,因为当前 Service Worker 已经是 active 状态了。

当需要更新 Service Worker 时，如变成 sw-4.js，或者改变 sw-3.js 的文本内容，就会重新注册，新的 Service Worker 会先 install 然后进入 waiting 状态，等到重启浏览器时，老的 Service Worker 就会被替换掉，新的 Service Worker 进入 active 状态，如果不想等待重新启动浏览器，可以像上面一样在 install 里面调 skipWaiting，如代码清单 4-62 所示：

代码清单 4-62

```
this.skipWaiting();
```

3）fetch 资源后 cache 起来

如代码清单 4-63 所示，监听 fetch 事件做些处理：

代码清单 4-63　资源缓存

```
this.addEventListener("fetch", function(event) {
    event.respondWith(
        caches.match(event.request).then(response => {
            // cache hit
            if (response) {
                return response;
            }

            return util.fetchPut(event.request.clone());
        })
    );
});
```

先调 caches.match 看一下缓存里面是否有了，如果有直接返回缓存里的 response，否则的话正常请求资源并把它放到 cache 里面。放在缓存里资源的 key 值是 Request 对象，在 match 的时候，需要请求的 url 和 header 都一致才是相同的资源，可以设定第二个参数 ignoreVary，如代码清单 4-64 所示，表示只要请求 url 相同就认为是同一个资源。

代码清单 4-64

```
caches.match(event.request, {ignoreVary: true})
```

代码 4-63 的 util.fetchPut 是这样实现的，如代码清单 4-65 所示：

代码清单 4-65　util.fetchPnt 实现

```
let util = {
    fetchPut: function (request, callback) {
        return fetch(request).then(response => {
            // 跨域的资源直接 return
            if (!response || response.status !== 200 || response.type !== "basic") {
                return response;
            }
            util.putCache(request, response.clone());
            typeof callback === "function" && callback();
            return response;
```

```
                });
            },
            putCache: function (request, resource) {
                // 后台不要缓存,preview 链接也不要缓存
                if (request.method === "GET" && request.url.indexOf("wp-admin") < 0
                    && request.url.indexOf("preview_id") < 0) {
                    caches.open(CACHE_NAME).then(cache => {
                        cache.put(request, resource);
                    });
                }
            }
        };
```

需要注意的是:跨域的资源不能缓存,response.status 会返回 0,如果跨域的资源支持 CORS,那么可以把 request 的 mod 改成 cors。如果请求失败了,如 404 或者是超时之类的,那么也直接返回 response 让主页面处理,否则的话说明加载成功,把这个 response 克隆一个放到 cache 里面,然后再返回 response 给主页面线程。注意能放缓存里的资源一般只能是 GET,通过 POST 获取的是不能缓存的,所以要做个判断(当然你也可以手动把 request 对象的 method 改成 get),对于一些个人不希望缓存的资源也可以提前做判断。

这样一旦用户打开过一次页面,Service Worker 就安装好了,当刷新页面或者打开第二个页面的时候就能够把请求的资源一一做缓存,包括图片、CSS、JS 等,只要缓存里有了,不管用户在线或者离线都能够正常访问。这样我们自然会有一个问题,这个缓存空间到底有多大?在 Chrome 61+ 版本可以看到本地存储的空间和使用情况,如图 4-51 所示。

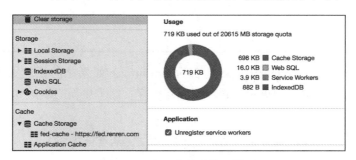

图 4-51 本地存储的使用情况

其中 Cache Storage 是指 Service Worker 和 Manifest 占用的空间大小和,从图 4-51 可以看到总的空间大小是 20GB,所以基本上不用担心缓存会不够用。

4) Cache HTML

上面第(3)步把图片、js、css 缓存起来了,但是如果把页面 HTML 也缓存了,例如把首页缓存了,就会有一个尴尬的问题——Service Worker 是在页面注册的,现在获取页面的时候是从缓存取的,每次都是一样的,所以就导致无法更新 Service Worker,如变成 sw-5.js,但是 PWA 又要求我们能缓存页面 HTML。那么怎么办呢?这里就要求我们要有一个

机制能知道 HTML 更新了，从而把缓存里的 HTML 替换掉。

  Manifest 更新缓存的机制是去看 Manifest 的文本内容有没有发生变化，如果发生变化了，则会去更新缓存，Service Worker 也是根据 sw.js 的文本内容有没有发生变化，从而决定是否更新。我们可以借鉴这个思想，如果请求的是 HTML 并从缓存里取出来后，再发个请求获取一个文件看 HTML 更新时间是否发生变化，如果发生变化了则说明发生更改了，进而删除缓存。所以可以在服务端通过控制这个文件去更新客户端的缓存。如代码清单 4-66 所示：

代码清单 4-66　实现 html 通知更新

```
this.addEventListener("fetch", function(event) {
    event.respondWith(
        caches.match(event.request).then(response => {
            // cache hit
            if (response) {
                // 如果取的是 html,则看发个请求看 html 是否更新了
                if (response.headers.get("Content-Type")
                                    .indexOf("text/html") >= 0) {
                    console.log("update html");
                    let url = new URL(event.request.url);
                    util.updateHtmlPage(url, event.request.clone(), event.clientId);
                }
                return response;
            }

            return util.fetchPut(event.request.clone());
        })
    );
});
```

  通过响应头 header 的 content-type 是否为 text/html，如果是的话就去发个请求获取一个文件，根据这个文件的内容决定是否需要删除缓存，这个更新的函数 util.updateHtmlPage 的实现过程如代码清单 4-67 所示：

代码清单 4-67　请求一个文件决定是否要更新 HTML

```
let pageUpdateTime = {
};
let util = {
    updateHtmlPage: function (url, htmlRequest) {
        let pageName = util.getPageName(url);
        let jsonRequest = new Request("/html/service-worker/cache-json/" +
                    pageName + ".sw.json");
        fetch(jsonRequest).then(response => {
            response.json().then(content => {
                if (pageUpdateTime[pageName] !== content.updateTime) {
                    console.log("update page html");
```

```
                // 如果有更新则重新获取 html
                util.fetchPut(htmlRequest);
                pageUpdateTime[pageName] = content.updateTime;
            }
        });
    });
    },
    delCache: function (url) {
        caches.open(CACHE_NAME).then(cache => {
            console.log("delete cache " + url);
            cache.delete(url, {ignoreVary: true});
        });
    }
};
```

代码先去获取一个 json 文件,一个页面会对应一个 json 文件,这个 json 的内容是这样的:

{updateTime:10/2/2017, 3:23:57 PM,resources: {img: [], css: []}}

这里主要有一个 updateTime 字段,如果本地内存没有这个页面的 updateTime 数据或者是和最新 updateTime 不一样,则重新去获取 html,然后放到缓存里。接着需要通知页面线程数据发生变化了,需要刷新页面,这样就不用等用户刷新页面才能生效了。所以当刷新完页面后用 postMessage 通知页面,如代码清单 4-68 所示:

代码清单 4-68　通知页面刷新

```
let util = {
    postMessage: async function (msg) {
        const allClients = await clients.matchAll();
        allClients.forEach(client => client.postMessage(msg));
    }
};
util.fetchPut(htmlRequest, false, function() {
    util.postMessage({type: 1, desc: "html found updated", url: url.href});
});
```

接着规定 type: 1 表示这是一个更新 html 的消息,然后在页面监听 message 事件,如代码清单 4-69 所示:

代码清单 4-69　页面收到消息后再行刷新

```
if("serviceWorker" in navigator) {
    navigator.serviceWorker.addEventListener("message", function(event) {
        let msg = event.data;
        if (msg.type === 1 && window.location.href === msg.url) {
            console.log("recv from service worker", event.data);
            window.location.reload();
        }
    });
}
```

然后当我们需要更新 html 的时候就更新 json 文件，这样用户就能看到最新的页面了。或者是当用户重新启动浏览器的时候会导致 Service Worker 的运行内存都被清空了，即存储页面更新时间的变量被清空了，这个时候也会重新请求页面。

需要注意的是，要把这个 json 文件的 HTTP cache 时间设置成 0，这样浏览器就不会缓存了，如代码清单 4-70 所示：

代码清单 4-70　HTTP 缓存时间设置为 0

```
location ~* .sw.json$ {
    expires 0;
}
```

因为这个文件是需要实时获取的，不能被缓存，（Chrome 不会，但 firefox 默认会缓存，加上 HTTP 缓存时间为 0，firefox 就不会缓存了）。

还有一种更新是用户更新的，例如用户发表了评论，需要在页面通知 Service Worker 把 HTML 缓存删了重新获取，这是一个反过来的消息通知，如代码清单 4-71 所示：

代码清单 4-71　页面向 Service Worker 发送消息

```
if ("serviceWorker" in navigator) {
    document.querySelector(".comment-form").addEventListener("submit", function() {
            navigator.serviceWorker.controller.postMessage({
                type: 1,
                desc: "remove html cache",
                url: window.location.href}
            );
        }
    });
}
```

Service Worker 也监听 message 事件，如代码清单 4-72 所示：

代码清单 4-72　Service Worker 收到消息后删掉 html 的 cache

```
const messageProcess = {
    // 删除 html index
    1: function (url) {
        util.delCache(url);
    }
};

let util = {
    delCache: function (url) {
        caches.open(CACHE_NAME).then(cache => {
            console.log("delete cache " + url);
            cache.delete(url, {ignoreVary: true});
        });
    }
```

```
};
this.addEventListener("message", function(event) {
    let msg = event.data;
    console.log(msg);
    if (typeof messageProcess[msg.type] === "function") {
        messageProcess[msg.type](msg.url);
    }
});
```

根据不同的消息类型调用不同的回调函数，如果是 1 的话就是删除 cache。用户发表完评论后会触发刷新页面，若刷新的时候缓存已经被删了就会重新去请求了。

这样就解决了实时更新的问题。

HTTP 缓存 /Manifest/Service Worker 三种 cache 的关系

要缓存可以使用三种手段，使用 HTTP Cache 设置缓存时间，也可以用 Manifest 的 Application Cache，还可以用 Service Worker 缓存，如果三者都用上了会怎么样呢？

三种缓存都用时会以 Service Worker 为优先，因为 Service Worker 把请求拦截了，它最先做处理，如果它缓存库里有的话会直接返回，没有的话则正常请求，这样就相当于没有 Service Worker。然后就到了 Manifest 层，Manifest 缓存里如果有的话就取这个缓存，如果没有的话就相当于没有 Manifest，接着就会从 HTTP 缓存里取了，如果 HTTP 缓存里也没有就会发请求去获取，服务端根据 HTTP 的 etag 或者 Modified Time 可能会返回 304 Not Modified，否则正常返回 200 和数据内容。这就是整个获取的过程。

所以如果既用了 Manifest 又用 Service Worker 的话会导致同一个资源存了两次。但是可以让支持 Service Worker 的浏览器使用 Service Worker，而不支持的使用 Manifest。

使用 Web App Manifest 添加桌面入口

注意这里说的是另外一个 Manifest，这个 Manifest 是一个 json 文件，用来放网站 icon 名称等信息以便在桌面添加一个图标，以及制造一种打开这个网页就像打开 App 一样的效果。上面一直说的 Manifest 是被废除的 Application Cache 的 Manifest。

这个 Manifest.json 文件可以如代码清单 4-73 所示：

代码清单 4-73　Manifest.json 文件内容

```
{
    "short_name": "人人 FED",
    "name": "人人网 FED，专注于前端技术",
    "icons": [
        {
            "src": "/html/app-manifest/logo_48.png",
            "type": "image/png",
            "sizes": "48x48"
```

```
        },
        {
            "src": "/html/app-manifest/logo_96.png",
            "type": "image/png",
            "sizes": "96x96"
        },
        {
            "src": "/html/app-manifest/logo_192.png",
            "type": "image/png",
            "sizes": "192x192"
        },
        {
            "src": "/html/app-manifest/logo_512.png",
            "type": "image/png",
            "sizes": "512x512"
        }
    ],
    "start_url": "/?launcher=true",
    "display": "standalone",
    "background_color": "#287fc5",
    "theme_color": "#fff"
}
```

icon 需要准备多种规格，最大需要 512px × 512px 的，这样 Chrome 会自动选取合适的图片。如果把 display 改成 standalone，从生成的图标打开就会像打开一个 App 一样，而没有浏览器地址栏了。start_url 指定打开之后的入口链接。

然后添加一个 link 标签指向这个 manifest 文件，如代码清单 4-74 所示：

代码清单 4-74　在页面引入 manifest.json

```
<link rel="manifest" href="/html/app-manifest/manifest.json">
```

这样结合 Service Worker 缓存，如图 4-52 Chrome 评测的提示。

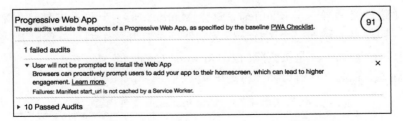

图 4-52　需要把 start_url 用 service worker 缓存起来

把 start_url 指向的页面用 Service Worker 缓存起来，当用户用 Chrome 浏览器打开这个网页的时候，Chrome 就会在底部弹一个提示，询问用户是否把这个网页添加到桌面，如果选择"添加"就会生成一个桌面图标，从这个图标点进去就像打开一个 App 一样。效果如图 4-53 所示。

图 4-53　一个完整的 PWA 离线 APP

比较尴尬的是目前只有 Chrome 支持 Manifest，并且只能在安卓系统上使用，iOS 的浏览器无法添加一个桌面图标，因为 iOS 没有开放这种 API，但是自家的 Safari 却是可以的。

综上，本文介绍了怎么用 Service Worker 结合 Manifest 做一个 PWA 离线 Web APP，主要是用 Service Worker 控制缓存，由于是写 JS，比较灵活，还可以与页面进行通信，另外通过请求页面的更新时间来判断是否需要更新 html 缓存。Service Worker 的兼容性不是特别好，但是前景比较光明，浏览器都在准备支持。现阶段可以结合 offline cache 的 Manifest 做离线应用。

本章小节

本章介绍了 5 个 HTML5 和 CSS3 的新特性，分别是用 history 动态地改变 url、使用图标字体替代雪碧图提高网站的高清体验、实现前端的裁剪压缩功能、理解和使用 CSS3 做动画、跨浏览器的 HTML5 表单验证。可以说这几个都具有很强的实用性，读者可以尝试引入到自己的项目里面。

本章又再一次体现了站在浏览器的高度上进行开发的思想，HTML5 新加了很多很强大的原生功能，可以做许多以前只能在原生应用才有的功能。

下一章将会结合其他 HTML5 的新特性深入分析一些与前端相关的计算机基础。

第 5 章

前端与计算机基础

本章将会是"叛逆"的一章,理论上它不应该出现在一本介绍前端的书里,更不应该出现在一本介绍前端优化的书里。但是请听我慢慢道来。

很多年前,一位年轻人向一位十分闻名的小提琴大师请教:如何才能成为一名伟大的小提琴家,大师跟他说:你先成为一名优秀的人,然后成为一名优秀的音乐家,再成为一名优秀的小提琴家。那怎么才能成为一名优秀的前端呢?首先你先成为一名优秀的人,再成为一名优秀的程序员,最后才能成为一名优秀的前端。

这段话好像很熟?是的,在第一章的时候已经提到过,只是这一次不会附得很牵强了。

作为一名前端你知道发请求,但是你不知道 TCP 连接是怎么回事;你知道 JS 语法,但是你不知道代码是怎么变成机器码运行的;你知道 1 加 2 等于 3,但是你不知道 0.1 加 0.2 不等于 0.3;你知道 JS 有 WebWorker 多线程,但是你不知道线程同步;你知道写 class,但是你不知道面向对象的思想。诸如此类,这些基础问题都没搞懂,那就不是一名合格的程序员,更不用提成为一名伟大的前端了。

当你写一段代码,你知道它的背后是怎么运行的时候,这个时候你就很特别了,你就会知道哪些可以优化,哪些不需要优化,如果有问题,问题出现在哪里。

所以本章将会介绍这些基础性地、并且不太可能会过时的知识。它虽然不能让你马上盖出一座高楼大厦,但是它会让你的地基更加的扎实。对你的影响可能比直接教你怎么用一个框架写出交互复杂的页面更加深远。

Effective 前端 17:理解 WebSocket 和 TCP/IP

在前面的一些章节已经提到,Chrome 对每个域最多只建立 6 个 TCP 连接,什么是

TCP 连接呢？学过计算机网络的应该都知道，本篇将研究一下 TCP/IP 的一些特性，帮助读者理解一个请求的背后发生了什么，当你知道背后是怎么运行的，对你写代码和优化代码是有帮助的。由于如果纯讲理论会比较枯燥，所以本篇通过 WebSocket/HTTP 来研究 TCP/IP，并借助一个抓包工具 Tcpdump。

Tcpdump

Linux 系的系统有一个很好用的抓包工具，叫 tcpdump，可以用来抓取网络上的 TCP 包，例如我要抓取 8080 端口的包，可以执行以下命令：

`sudo tcpdump port 8080 -n`

-n 的意思是端口号用数字表示，还可以加上 -v 或 -vv 显示更详细的信息：

`sudo tcpdump port 8080 -n -v`

再如我要抓取来自特定源 IP 和发往特定目的 IP 的包，可以用以下命令：

`sudo tcpdump src host 10.2.200.11 or dst host 10.2.200.11`

指定 src host 和 dst host，并用 or/and 做条件的并集和交集。

在建立一个网页的 WebSocket 之前先要建立一个 HTTP 连接，为此我们简单写一个小 demo。

hello, world 的 HTTP 连接

（1）首先写以下的 HTML 文件，如图 5-1 所示。

```
<!DOCType html>
<html>
<head>
    <meta charset="utf-8">
    <meta name="viewport" content="width=device-width">
</head>
<body>
    <p>hello, world</p>
</body>
</html>
```

图 5-1　一个 hello，world 的 http 文件

（2）然后再装一个 http-server 的 node 包，监听 8080 端口，如图 5-2 所示。

```
yinchenglis-MacBook-Pro:tcp yincheng$ http-server &
[1] 836
yinchenglis-MacBook-Pro:tcp yincheng$ Starting up http-server, serving ./
Available on:
  http://127.0.0.1:8080
  http://10.2.200.140:8080
Hit CTRL-C to stop the server
```

图 5-2　http server 监听 8080 端口

（3）电脑开 tcpdump 命令，抓取通过 8080 端口通信的包：

```
sudo tcpdump port 8080 -n
```

（4）用手机访问：http://10.2.200.140.8080，tcpdump 就会打印出所有传输的 tcp 包，如图 5-3 所示。

```
[yinchenglis-MacBook-Pro:tcp yincheng$ sudo tcpdump port 8080 -n
Password:
tcpdump: data link type PKTAP
tcpdump: verbose output suppressed, use -v or -vv for full protocol decode
listening on pktap, link-type PKTAP (Apple DLT_PKTAP), capture size 262144 bytes
10:11:06.151830 IP 10.2.200.11.63826 > 10.2.200.140.8080: Flags [S], seq 2153742604, win 65535, options [mss 1460,nop,wscale 5,nop,nop,TS val 298297187 ecr 0,sackOK,eol], length 0
10:11:06.151917 IP 10.2.200.140.8080 > 10.2.200.11.63826: Flags [S.], seq 1007874094, ack 2153742605, win 65535, options [mss 1460,nop,wscale 5,nop,nop,TS val 493556398 ecr 298297187,sackOK,eol], length 0
10:11:06.190376 IP 10.2.200.11.63826 > 10.2.200.140.8080: Flags [.], ack 1, win 4117, options [nop,nop,TS val 298297310 ecr 493556436], length 0
10:11:06.190422 IP 10.2.200.11.63826 > 10.2.200.140.8080: Flags [P.], seq 1:404, ack 1, win 4117, options [nop,nop,TS val 298297312 ecr 493556398], length 403: HTTP: GET / HTTP/1.1
10:11:06.193435 IP 10.2.200.11.63826 > 10.2.200.140.8080: Flags [.], ack 1, win 4355639 ecr 298297312], length 0
[Fri May 05 2017 10:11:06 GMT+0800 (CST)] "GET /" "Mozilla/5.0 (iPhone; CPU iPhone OS 10_3_1 like Mac OS X) AppleWebKit/603.1.30 (KHTML, like Gecko) Version/10.0 Mobile/14E304 Safari/602.1"
10:11:06.194840 IP 10.2.200.140.8080 > 10.2.200.11.63826: Flags [P.], seq 1:290, ack 404, win 4105, options [nop,nop,TS val 493556440 ecr 298297312], length 289: HTTP: HTTP/1.1 200 OK
10:11:06.200295 IP 10.2.200.11.63826 > 10.2.200.140.8080: Flags [.], ack 290, win 4108, options [nop,nop,TS val 298297318 ecr 493556440], length 0
10:11:06.200315 IP 10.2.200.140.8080 > 10.2.200.11.63826: Flags [P.], ack 1, win 4105, options [nop,nop,TS val 493556445 ecr 298297318], length 168: HTTP
10:11:06.204847 IP 10.2.200.11.63826 > 10.2.200.140.8080: Flags [.], ack 458, win 4103, options [nop,nop,TS val 298297321 ecr 493556445], length 0
10:11:36.359973 IP 10.2.200.11.63826 > 10.2.200.140.8080: Flags [F.], seq 404, ack 458, win 4103, options [nop,nop,TS val 298327416 ecr 493556445], length 0
10:11:36.360021 IP 10.2.200.140.8080 > 10.2.200.11.63826: Flags [.], ack 405, win 4105, options [nop,nop,TS val 493586567 ecr 298327416], length 0
10:11:36.360537 IP 10.2.200.140.8080 > 10.2.200.11.63826: Flags [F.], seq 458, ack 405, win 4105, options [nop,nop,TS val 493586567 ecr 298327416], length 0
10:11:36.368758 IP 10.2.200.11.63826 > 10.2.200.140.8080: Flags [.], ack 459, win 4103, options [nop,nop,TS val 298327458 ecr 493586567], length 0
```

图 5-3 一个 http 连接双方发送的包

我们拿它打印的这些 TCP 报文做一个研究。在建立一个 HTTP 连接之前，先要建立一个 TCP 连接，即上图的头 3 个报文。下面研究一下这个 HTTP 连接是怎么进行的。

一个完整的 HTTP 连接

1. TCP 三次握手

第一个报文（11 -> 140）：

```
10:11:06.151830 IP 10.2.200.11.63826 > 10.2.200.140.8080: Flags [S], seq 2153742604, win 65535, options [mss 1460,nop,wscale 5,nop,nop,TS val 298297187 ecr 0,sackOK,eol], length 0
```

在 10 点 11 分的时候，IP 为 10.2.200.11（以后简称 11）的 63 826 端口向 IP 为 10.2.200.140（以后简称 140）的 8080 端口发了一个 TCP 的包，带上了标志位 SYN，表示要建立一个连接，并指明包开始的序列号 seq（单位为字节），以后传送的字节编号都是以这个作为起点，并告知能接收的最大报文段长度 mss 为 1 460，一般 mss 都为 1 460。

第二个报文（140 -> 11）：

```
10:11:06.151917 IP 10.2.200.140.8080 > 10.2.200.11.63826: Flags [S.], seq 1007874094, ack 2153742605, win 65535, options [mss 1460,nop,wscale 5,nop,nop,TS val 493556398 ecr 298297187,sackOK,eol], length 0
```

在过了 87 微秒之后，140 进行了回复，发送了一个 SYN + ACK 的报文段，表示同意和 11 建立连接。

第三个报文（11 -> 140）：

```
10:11:06.190376 IP 10.2.200.11.63826 > 10.2.200.140.8080: Flags [.], ack 1, win
4117, options [nop,nop,TS val 298297310 ecr 493556398], length 0
```

11 收到 SYN 之后向 140 发送一个 ACK，同时改变接收窗口为 4 117 * 2 ^ 5 = 131KB，完成三次握手。

什么是接收窗口呢？

2. 接收窗口

第四个报文里面，140 也向 11 修改了它的接收窗口大小：

```
10:11:06.190422 IP 10.2.200.140.8080 > 10.2.200.11.63826: Flags [.], ack 1, win
4117, options [nop,nop,TS val 493556436 ecr 298297310], length 0
```

大小为 4 117*2^5 = 131KB，为什么接收窗口是这个数呢？因为如图 5-4 所示的 TCP 的报文（头），窗口大小只有 2 个字节 16 位，最大只能表示 2^16-1=65 535 个字节即 64KB，当初设计 TCP 的人并没有想到现在的网速会提升这么快，64KB 是不够用的，所以在可选项里面加了一个 wscale(window scale factor) 的指数字段，最大值为 14，所以最大的接收窗口大概为 1GB。

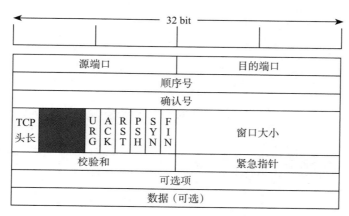

图 5-4　TCP 报文头

说了这么多，接收窗口是用来做什么的呢？它根据自身网络情况设置不同大小的值用来控制对方发送速度，避免对方发送太快，导致网络拥塞。下面讲到拥塞控制会更进一步地讨论。

3. 发送数据

建立好 TCP 连接后，11 向 140 发送了一个 HTTP 请求：

```
10:11:06.193435 IP 10.2.200.11.63826 > 10.2.200.140.8080: Flags [P.], seq 1:404,
ack 1, win 4117, options [nop,nop,TS val 298297312 ecr 493556398], length 403: HTTP:
GET / HTTP/1.1
```

这里，它带上了一个 PUSH 的标志位，表示它是一个比较紧急的报文，要求接收方立即把数据从缓存里面发送给应用程序，不能再继续缓存了。

它发送的字节号为 [1, 404)，这个数字是 tcpdump 显示的相对于握手初始序列号的偏移，它是一个左闭右开的表示方式，所以这个报文总共发送了 403 个字节的数据。同时它是一个 GET 请求。

接着，140 收到后给 11 回复了一个 ACK：

```
10:11:06.193467 IP 10.2.200.140.8080 > 10.2.200.11.63826: Flags [.], ack 404, win 4105, options [nop,nop,TS val 493556439 ecr 298297312], length 0
```

ACK 404 表示期待收到第 404 字节的数据，也就是说前面 403 个字节的数据已经都确认收到。

然后 140 进行了 HTTP 响应：

```
10:11:06.194840 IP 10.2.200.140.8080 > 10.2.200.11.63826: Flags [P.], seq 1:290, ack 404, win 4105, options [nop,nop,TS val 493556440 ecr 298297312], length 289: HTTP: HTTP/1.1 200 OK
10:11:06.200295 IP 10.2.200.11.63826 > 10.2.200.140.8080: Flags [.], ack 290, win 4108, options [nop,nop,TS val 298297318 ecr 493556440], length 0
10:11:06.200315 IP 10.2.200.140.8080 > 10.2.200.11.63826: Flags [P.], seq 290:458, ack 404, win 4105, options [nop,nop,TS val 493556445 ecr 298297318], length 168: HTTP
10:11:06.204847 IP 10.2.200.11.63826 > 10.2.200.140.8080: Flags [.], ack 458, win 4103, options [nop,nop,TS val 298297321 ecr 493556445], length 0
```

140 总共发送了 457 个字节的数据，分成了两个包发送。而本地的 HTML 文件大小为 168 字节，如图 5-5 所示。

```
yinchenglis-MacBook-Pro:tcp yincheng$ ls -lh index.html
-rw-r--r--  1 yincheng  staff   168B May  5 10:10 index.html
```

图 5-5　本地 html 文件为 168 字节

所以可以认为 HTTP 报文头占用了 457-168 = 289 字节。

4. 关闭连接

第一个报文：11 -> 140 FIN

```
10:11:36.359973 IP 10.2.200.11.63826 > 10.2.200.140.8080: Flags [F.], seq 404, ack 458, win 4103, options [nop,nop,TS val 298327416 ecr 493556445], length 0
```

11 等了 30s 后觉得不用再请求数据了，于是要把连接关闭了，它向 140 发送一个 FIN 的报文。为什么要等 30s 才关闭呢？这是 HTTP 请求的 Connection: keep-alive 字段影响的，因为同一个域可能要请求多个资源，不能一个请求完了就把连接关闭了。如果不关闭又占用端口号资源，我们知道端口号最多只有 65 535 个。

第二个报文：140 -> 11 ACK

```
10:11:36.360021 IP 10.2.200.140.8080 > 10.2.200.11.63826: Flags [.], ack 405, win
4105, options [nop,nop,TS val 493586567 ecr 298327416], length 0
```

140 收到这个包后向 11 发送一个 ACK，这个时候连接处于半关闭状态，即 11 不可再向 140 发送数据了，但 140 还可以向 11 发送。

第三个报文：140 -> 11 FIN

```
10:11:36.360537 IP 10.2.200.140.8080 > 10.2.200.11.63826: Flags [F.], seq 458,
ack 405, win 4105, options [nop,nop,TS val 493586567 ecr 298327416], length 0
```

140 也要把连接关闭了，于是它向 11 发送 FIN。

第四个报文：11 -> 140 ACK

```
10:11:36.368758 IP 10.2.200.11.63826 > 10.2.200.140.8080: Flags [.], ack 459, win
4103, options [nop,nop,TS val 298327458 ecr 493586567], length 0
```

11 收到后，向它发了一个 ACK，此时连接完全关闭。然后主动关闭方 11 将进入 TIME_WAIT 状态。

5. MSS 和 TIME_WAIT

TIME_WAIT 时间为 2MSL，MSL 的意思是 Maximum Segment Live-time，即报文段的最大生存时间，标准建议为 2 分钟，实际实现有的为 30s。在 TIME_WAIT 状态下，上一次建立连接的套接字（socket）将不可再重新启用，也就是同一个网卡 /IP 不可再建立同样端口号的连接，如上面是 10.2.200.11:63826，如果再重新创建系统将会报错。为什么要等待这个时间呢？主要是为了避免有些报文段在网络上滞留，被对方收到的时候恰好又启用了一个完全一样的套接字，那么就会被认为是这个连接的数据。因此为了让所有"迷路"的报文彻底消失后，才能启用相同的套接字。但是有时候你会觉得两分钟不能重新启动相同的 socket，有点麻烦，所以要把它禁了，可以在创建 socket 的时候，指定 SO_REUSEADDR 的选项，这样就不用等待 TIME_WAIT 的时间了。

另外还有一个时间叫 RTT（Round Trip Time），即一个报文段的往返时间，可以理解为我发一个数据给你，你再回我一个 ACK 这个往返过程的时间，这个时间是动态计算的，在下面讲拥塞控制的时候将会提及这个时间。

接下来讨论两个问题。

为什么 TCP 握手要三次？

为什么不是两次、四次呢？有人说三次是建立一个可靠连接最少的次数，那为什么不是两次呢？两次好像也可以啊，就像打电话：

甲：喂，你听得到吗？

乙：我听得到

然后甲就可以开始说话了。再举另外一个例子做说明，假设有三个山头：A、B、C，A山头想要联合 B 山头的人晚上六点去攻打 C 山头的人，因为如果只有一个山头的人去攻打C 的话会阵亡，所以 A 和 B 需要进行握手。如图 5-6 所示。

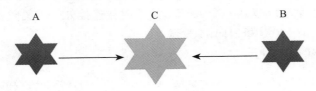

图 5-6 山头攻打的例子

于是：

（1）A 就派了只鸽子带上 SYN 的消息过去找 B；
（2）B 收到后又派了只鸽子带上 ACK + SYN 的消息回复 A；
（3）A 收到后又派了只鸽子带上 ACK 去回复 B。

这个就好像我们的三次握手，但是三次就够了吗？假设第三次 A 发的 ACK B 没有收到，这时候 B 就要犹豫了：会不会 A 不知道我同意了，如果 A 不知道我同意那么它可能不会去攻打了，然后我去了就得被灭了。由于 A 不知道它的回复有没有被收到，所以它可能会想到 B 可能会怕它不会出击，所以 A 也犹豫了。

因此三次握手并不能保证双方完全地信任对方，即使是四次、五次也是同样道理，至少有一方无法信任另一方，另外一方一想到对方可能不信它，它也会变得不信对方。

但是这个例子并不是说 TCP 连接建立是不可靠的，实际的场景往往是只要双方确认对方都在就好了，如下：

甲：你活着吗？我想和你通话

乙：我活着呢，我们开始通话吧

因此最少的握手次数应该是两次，三次可以提高可靠性，四次、五次就没必要了，就会陷入上面山头攻打无限循环确认的漩涡。如下：

甲：你活着吗？我想和你通话

乙：我活着呢，我们开始通话吧

甲：好的

最后的"好的"可能有点多余，但是它显得比较有"人情味"。

难道两个山头通信真的没有办法解决吗？有办法，我们将在下面的拥塞控制提到。

为什么挥手要四次

分析了握手次数的原因，很容易可以知道为什么挥手要四次了。前两次挥手让连接处于半关闭状态，此时主动关闭方不可再向被动关闭方发送数据，而被动关闭可继续向主动关闭方发送数据。如图 5-7 所示。

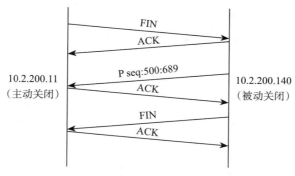

图 5-7　半关闭状态另一方可继续发送数据

所以四次的原因是可以有一个处于半关闭的状态。

接下来看一下四层网络协议。

四层网络协议

如图 5-8 所示，我们从发送数据的角度看四层网络协议。

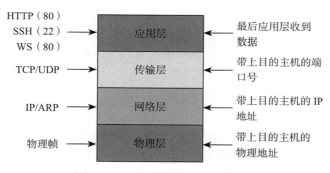

图 5-8　四层网络协议（发送数据）

假设我要用 HTTP 发送一个文本，那么它会最后会被层层包装成如图 5-9 所示的这样一个报文。

图 5-9　完整的报文

在广域网是用的 IP 地址进行报文转发，而到了局域网需要靠物理地址发送给对应的主机。IP 是点到点，负责发送给对应的主机，而 TCP 是端到端，即根据端口号，负责发送给对应的应用程序。

1. 物理地址

每个网卡都有全球唯一的物理地址，路由器向同一个局域网的所有主机发送收到的数据包，本机的网卡比较一下包里指明的物理地址和自己的物理地址是否一致，如果一致则接收，否则则丢弃。所以可以在局域网监听发给其他人的数据包，当然也有一些反监听的手段。

2. 网际层 ARP

ARP 是一个地址解析协议，当我访问 10.2.200.140 的时候我需要知道它的物理地址是多少，因为它已经是一个局域网的 IP 地址了。我怎么知道它的物理地址是多少呢？我就向局域网的机器广播一个 ARP 请求：

```
09:51:32.966852 ARP, Request who-has 10.2.200.140 tell 10.2.200.11, length 28
```

过了 33 微秒，一小会的功夫就有人告诉我了：

```
09:51:32.966885 ARP, Reply 10.2.200.140 is-at 98:5a:eb:89:a5:7e (oui Unknown), length 28
```

这个很可能是路由器告诉我的，上面的 tcpdump 输出没有打印源 IP。

可以通过 arp -an 的命令，查看电脑上的 arp 表，如图 5-10 所示。

```
yinchenglis-MacBook-Pro:tcp yinceng$ arp -an
? (10.2.200.1) at c4:ca:d9:df:3c:36 on en0 ifscope [ethernet]
? (10.2.200.5) at a4:71:74:54:1a:fa on en0 ifscope [ethernet]
? (10.2.200.6) at f0:db:e2:3e:3a:25 on en0 ifscope [ethernet]
? (10.2.200.8) at dc:c:5c:d2:e8:9c on en0 ifscope [ethernet]
? (10.2.200.9) at 54:e4:3a:b:db:d5 on en0 ifscope [ethernet]
```

图 5-10　arp 表

3. 网际层 traceroute

有一个很好用的命令叫 traceroute，它可以追踪路由路径，它的原理是向目的主机发送 ICMP 报文，发送第一个报文时，设置 TTL 为 0，TTL 即 Time to Live，是报文的生存时间，由于它是 0，所以下一个路由器收到这个报文后，不会再继续转发了，会给源主机发送 ICMP 出错的报文，就可以知道第一个路由的 IP 地址，同理，设置 TTL 为 1，就可以知道第二个路由的 IP 地址，依次类推。

如在北京 traceroute 广东电信，运行命令：

```
traceroute gd.189.cn
```

控制台将不断地打印经过的路由，traceroute 每次都会发三个报文，如图 5-11 所示。

可以看到为了到广东电信官网的服务器，经过了这么一个过程——首先发给了直接路由器进行转发，然后又在局域网的路由转发了几次，最后出来到了北京联通，中间又经过了北京电信和上海电信的路由器，最后到了广州电信的路由器。我们会发现每次走的路由可能会不一样，它是活的。这里又涉及路由转发，本文不继续探讨。

每个报文都有一个 TTL 最大跳数，每经过一个路由就会把它减 1，当减到 0 的时候，就不再继续转发了。避免某些报文被无限循环转发，造成网络资源的浪费。TTL 位于 IP 报文的第 9 个字节。

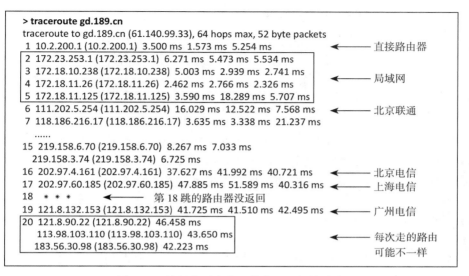

图 5-11　从北京到广东电信官网经过的路由

4. 网际层 Ping

另外一个很常用的命令是 Ping，如 Ping 一下 127.0.0.1 可以看一下本机的网络协议是否工作正常，Ping 一下某个服务器，看这个服务器有没有开，Ping 一下某个域名，看它的 IP 地址是多少。Ping 还可以这么用，例如 Ping 一下 baidu，如图 5-12 所示。

```
> ping baidu.com
PING baidu.com (123.125.114.144): 56 data bytes
64 bytes from 123.125.114.144: icmp_seq=0 ttl=49 time=7.360 ms
64 bytes from 123.125.114.144: icmp_seq=1 ttl=49 time=8.229 ms
64 bytes from 123.125.114.144: icmp_seq=2 ttl=49 time=17.513 ms
```

图 5-12　百度用的是 Linux 服务器

可以看到要到百度服务器中间经过了 64 − 49 = 15 跳，所以可推测百度用的是 Linux 服务器，为什么呢，因为 Linux 默认的最大 TTL = 64，而 49 和 64 最为接近。

Ping 一下美国亚马逊，如图 5-13 所示。

```
> ping amazon.com
PING amazon.com (54.239.17.7): 56 data bytes
64 bytes from 54.239.17.7: icmp_seq=0 ttl=217 time=296.408 ms
64 bytes from 54.239.17.7: icmp_seq=1 ttl=217 time=397.772 ms
64 bytes from 54.239.17.7: icmp_seq=2 ttl=217 time=311.563 ms
```

图 5-13　美国亚马逊用的是 Unix 服务器

到美国亚马逊，经过了 255 − 217 = 38（跳），所以推测亚马逊用的 Unix 服务器，Unix

服务器默认的最大 TTL 为 255。

再 Ping 一下中国版的 w3school，如图 5-14 所示。

```
> ping www.w3school.com.cn
PING www.w3school.com.cn (121.40.44.206): 56 data bytes
64 bytes from 121.40.44.206: icmp_seq=0 ttl=107 time=56.288 ms
64 bytes from 121.40.44.206: icmp_seq=1 ttl=107 time=37.004 ms
64 bytes from 121.40.44.206: icmp_seq=2 ttl=107 time=38.888 ms
```

图 5-14　w3school 用的是 Windows 服务器

到中国版的 w3school 用了 128−107=21 跳，Windows 的默认最大跳数为 128，所以 w3school 用的是 Windows 操作系统，因为它用的是 ASP，所以它必定是 Windows 系统。

继续回到 demo 实验的讨论，下面分析一些异常的情况。

Reset 报文

假设现在我把 8080 端口的 http-server 给杀了，然后再访问，会怎么样呢？会抓取到以下报文：

```
11:38:09.120488 IP 10.2.200.11.57049 > 10.2.200.140.8080: Flags [S], seq 1663158265, win 65535, options [mss 1460,nop,wscale 5,nop,nop,TS val 822068310 ecr 0,sackOK,eol], length 0
11:38:09.120524 IP 10.2.200.140.8080 > 10.2.200.11.57049: Flags [R.], seq 0, ack 1663158266, win 0, length 0
```

第一个报文还是 SYN 的报文，但是第二个报文服务器直接返回了 RST，告诉对方不可建立连接。服务返回异常 RST 报文可能有以原因：

- 服务器没开服务；
- 请求超时；
- 服务程序突然挂了；
- 在一个已关闭的 socket 上收到数据。

拥塞控制

现在我要上传一个文件，观察报文发送的情况，如图 5-15 所示。在 0.70s 的时间内，发送了 1 448 * 9 = 17KB 的数据（Mss 1 460）。

这个时候突然网络卡顿了，又会怎么样呢？如图 5-16 所示。在 1.45s 的时间内，总共发送了 9 个包，5KB 数据。

正常情况经常一次连续发送 1448 * 6 = 8KB 数据，网络卡顿即带宽下降的时候是如何控制发送速度的呢？先来看一下什么是接收窗口和拥塞窗口。

```
13:57:29.853251 IP 10.2.200.140.54922 > ec2-54-153-103-33.us-west-1.compute.amazonaws.com.https: Flags [.], seq 107108:108556, ack 4593, win 4096, options [nop,nop,TS val 5
98145572 ecr 954624419], length 1448
13:57:29.853262 IP 10.2.200.140.54922 > ec2-54-153-103-33.us-west-1.compute.amazonaws.com.https: Flags [.], seq 108556:110004, ack 4593, win 4096, options [nop,nop,TS val 5
98145572 ecr 954624419], length 1448
13:57:29.853270 IP 10.2.200.140.54922 > ec2-54-153-103-33.us-west-1.compute.amazonaws.com.https: Flags [.], seq 110004:111452, ack 4593, win 4096, options [nop,nop,TS val 5
98145572 ecr 954624419], length 1448
13:57:29.853277 IP 10.2.200.140.54922 > ec2-54-153-103-33.us-west-1.compute.amazonaws.com.https: Flags [.], seq 111452:112900, ack 4593, win 4096, options [nop,nop,TS val 5
98145572 ecr 954624420], length 1448
13:57:29.853283 IP 10.2.200.140.54922 > ec2-54-153-103-33.us-west-1.compute.amazonaws.com.https: Flags [.], seq 112900:114348, ack 4593, win 4096, options [nop,nop,TS val 5
98145572 ecr 954624420], length 1448
13:57:29.853290 IP 10.2.200.140.54922 > ec2-54-153-103-33.us-west-1.compute.amazonaws.com.https: Flags [.], seq 114348:115796, ack 4593, win 4096, options [nop,nop,TS val 5
98145572 ecr 954624420], length 1448
13:57:30.256876 IP ec2-54-153-103-33.us-west-1.compute.amazonaws.com.https > 10.2.200.140.54922: Flags [.], ack 110004, win 850, options [nop,nop,TS val 954624766 ecr 59814
5572], length 0
13:57:30.256883 IP ec2-54-153-103-33.us-west-1.compute.amazonaws.com.https > 10.2.200.140.54922: Flags [.], ack 112900, win 850, options [nop,nop,TS val 954624767 ecr 59814
5572], length 0
13:57:30.256884 IP ec2-54-153-103-33.us-west-1.compute.amazonaws.com.https > 10.2.200.140.54922: Flags [.], ack 114348, win 850, options [nop,nop,TS val 954624807 ecr 59814
5572], length 0
13:57:30.256931 IP 10.2.200.140.54922 > ec2-54-153-103-33.us-west-1.compute.amazonaws.com.https: Flags [.], seq 115796:117244, ack 4593, win 4096, options [nop,nop,TS val 5
98145975 ecr 954624766], length 1448
13:57:30.256949 IP 10.2.200.140.54922 > ec2-54-153-103-33.us-west-1.compute.amazonaws.com.https: Flags [.], seq 117244:118692, ack 4593, win 4096, options [nop,nop,TS val 5
98145975 ecr 954624766], length 1448
13:57:30.256958 IP 10.2.200.140.54922 > ec2-54-153-103-33.us-west-1.compute.amazonaws.com.https: Flags [.], seq 118692:120140, ack 4593, win 4096, options [nop,nop,TS val 5
98145975 ecr 954624766], length 1448
13:57:30.256970 IP 10.2.200.140.54922 > ec2-54-153-103-33.us-west-1.compute.amazonaws.com.https: Flags [.], seq 120140:121588, ack 4593, win 4096, options [nop,nop,TS val 5
98145975 ecr 954624767], length 1448
13:57:30.256978 IP 10.2.200.140.54922 > ec2-54-153-103-33.us-west-1.compute.amazonaws.com.https: Flags [.], seq 121588:123036, ack 4593, win 4096, options [nop,nop,TS val 5
98145975 ecr 954624767], length 1448
13:57:30.256989 IP 10.2.200.140.54922 > ec2-54-153-103-33.us-west-1.compute.amazonaws.com.https: Flags [.], seq 123036:124484, ack 4593, win 4096, options [nop,nop,TS val 5
98145975 ecr 954624807], length 1448
13:57:30.558008 IP ec2-54-153-103-33.us-west-1.compute.amazonaws.com.https > 10.2.200.140.54922: Flags [.], ack 114348, win 850, options [nop,nop,TS val 954625160 ecr 59814
5572,nop,nop,sack 1 {115796:117244}], length 0
13:57:30.558012 IP ec2-54-153-103-33.us-west-1.compute.amazonaws.com.https > 10.2.200.140.54922: Flags [.], ack 114348, win 850, options [nop,nop,TS val 954625160 ecr 59814
5572,nop,nop,sack 1 {115796:118692}], length 0
13:57:30.558013 IP ec2-54-153-103-33.us-west-1.compute.amazonaws.com.https > 10.2.200.140.54922: Flags [.], ack 114348, win 850, options [nop,nop,TS val 954625160 ecr 59814
5572,nop,nop,sack 1 {115796:120140}], length 0
13:57:30.558015 IP ec2-54-153-103-33.us-west-1.compute.amazonaws.com.https > 10.2.200.140.54922: Flags [.], ack 114348, win 850, options [nop,nop,TS val 954625161 ecr 59814
5572,nop,nop,sack 1 {115796:121588}], length 0
13:57:30.558016 IP ec2-54-153-103-33.us-west-1.compute.amazonaws.com.https > 10.2.200.140.54922: Flags [.], ack 114348, win 850, options [nop,nop,TS val 954625161 ecr 59814
5572,nop,nop,sack 1 {115796:123036}], length 0
13:57:30.558016 IP ec2-54-153-103-33.us-west-1.compute.amazonaws.com.https > 10.2.200.140.54922: Flags [.], ack 114348, win 850, options [nop,nop,TS val 954625161 ecr 59814
5572,nop,nop,sack 1 {115796:124484}], length 0
```

图 5-15　较正常上传

```
14:03:09.957453 IP 10.2.200.140.56342 > ec2-54-153-103-33.us-west-1.compute.amazonaws.com.https: Flags [P.], seq 1:518, ack 1, win 4117, options [nop,nop,TS val 598484641 e
cr 954963861], length 517
14:03:10.320845 IP ec2-54-153-103-33.us-west-1.compute.amazonaws.com.https > 10.2.200.140.56342: Flags [.], ack 518, win 219, options [nop,nop,TS val 954964847 ecr 5984846
1], length 0
14:03:10.324046 IP ec2-54-153-103-33.us-west-1.compute.amazonaws.com.https > 10.2.200.140.56342: Flags [.], seq 1:1449, ack 518, win 219, options [nop,nop,TS val 954964850
ecr 598484641], length 1448
14:03:10.329974 IP ec2-54-153-103-33.us-west-1.compute.amazonaws.com.https > 10.2.200.140.56342: Flags [.], seq 1449:2897, ack 518, win 219, options [nop,nop,TS val 9549648
50 ecr 598484641], length 1448
14:03:10.329981 IP ec2-54-153-103-33.us-west-1.compute.amazonaws.com.https > 10.2.200.140.56342: Flags [P.], seq 2897:4021, ack 518, win 219, options [nop,nop,TS val 95496
850 ecr 598484641], length 1124
14:03:10.330017 IP 10.2.200.140.56342 > ec2-54-153-103-33.us-west-1.compute.amazonaws.com.https: Flags [.], ack 2897, win 4050, options [nop,nop,TS val 598485012 ecr 95496
850], length 0
14:03:10.330035 IP 10.2.200.140.56342 > ec2-54-153-103-33.us-west-1.compute.amazonaws.com.https: Flags [.], ack 4021, win 4060, options [nop,nop,TS val 598485012 ecr 95496
850], length 0
14:03:10.331126 IP 10.2.200.140.56342 > ec2-54-153-103-33.us-west-1.compute.amazonaws.com.https: Flags [P.], seq 518:644, ack 4021, win 4096, options [nop,nop,TS val 59848
013 ecr 954964850], length 126
14:03:10.671306 IP ec2-54-153-103-33.us-west-1.compute.amazonaws.com.https > 10.2.200.140.56342: Flags [P.], seq 4021:4279, ack 644, win 219, options [nop,nop,TS val 95496
219 ecr 598485013], length 258
14:03:10.671359 IP 10.2.200.140.56342 > ec2-54-153-103-33.us-west-1.compute.amazonaws.com.https: Flags [.], ack 4279, win 4087, options [nop,nop,TS val 598485351 ecr 95496
219], length 0
14:03:10.674099 IP 10.2.200.140.56342 > ec2-54-153-103-33.us-west-1.compute.amazonaws.com.https: Flags [P.], seq 644:1166, ack 4279, win 4096, options [nop,nop,TS val 5984
5353 ecr 954965219], length 522
14:03:11.038618 IP ec2-54-153-103-33.us-west-1.compute.amazonaws.com.https > 10.2.200.140.56342: Flags [P.], seq 4279:4593, ack 1166, win 227, options [nop,nop,TS val 9549
5569 ecr 598485353], length 314
14:03:11.038669 IP 10.2.200.140.56342 > ec2-54-153-103-33.us-west-1.compute.amazonaws.com.https: Flags [.], ack 4593, win 4086, options [nop,nop,TS val 598485715 ecr 95496
569], length 0
14:03:11.367131 IP 10.2.200.140.56342 > ec2-54-153-103-33.us-west-1.compute.amazonaws.com.https: Flags [P.], seq 1166:1724, ack 4593, win 4096, options [nop,nop,TS val 598
86043 ecr 954965569], length 558
14:03:11.776106 IP ec2-54-153-103-33.us-west-1.compute.amazonaws.com.https > 10.2.200.140.56342: Flags [.], ack 1724, win 236, options [nop,nop,TS val 954966326 ecr 598486
43], length 0
```

图 5-16　较慢上传

1. 接收窗口和拥塞窗口

在上传的过程中，服务器可能会不断地调整它的接收窗口大小：

```
14:03:38.479417 IP ec2-54-153-103-33.us-west-1.compute.amazonaws.com.https >
10.2.200.140.56342: Flags [.], ack 59651, win 850, options [nop,nop,TS val 954992962
ecr 598512063,nop,nop,sack 1 {61099:62547}], length 0
```

如收到上面的 ACK 报文后，服务器的接收窗口 rwnd 为：

```
rwnd = 850 * 2 ^ 5 = 27 200 B
```

我本机自己有一个拥塞窗口 cwnd，这个窗口用来控制我的发送速度，避免网络拥塞，这个拥塞窗口是动态变化的，下面会提到。实际的发送窗口大小为：

发送窗口 = min(cwnd, rwnd)

当 cwnd > rwnd 的时候是对方的接收能力限制了我的发送速度，而当 rwnd > cwnd 的时候，是我的网络情况造成了发送比较慢。

发送窗口又是如何决定发送速度的呢？

2. 发送窗口

假设现在要发送 hello，world 这个文本，已经知道发送窗口为 5B，最大报文段 MSS 减掉报文头占用的空间之后还剩下 2B，那么发送如图 5-17 所示。

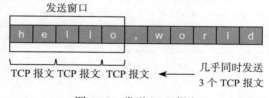

图 5-17　发送 TCP 报文

当我收到 ACK 报文之后，如 ACK:3，那么就可以将我的发送窗口向右移动两个字节，然后继续发送发送窗口里未发送的报文，如图 5-18 所示。

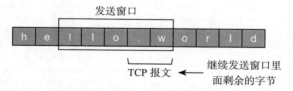

图 5-18　收到 ACK，发送窗口向右移动

如果没有收到对方的 ACK，那么发送窗口将不可向右移动，也就是说不会发送了，如果 ACK 回复得慢，或者发送窗口本身比较比小，那么发送的速度就没那么快了。这就是发送窗口控制发送速度的原理。当对方的带宽下降时，它减少它的接收窗口来控制我的发送速度，而当我的网络卡顿的时候我减少我的拥塞窗口控制发送速度。

但是怎么知道网络卡顿了呢？

3. 慢启动和拥塞避免

由于建立完连接后，发送方不知道当前的网络情况怎么样，所以它会非常地谨慎，先慢慢地发，如果对方的 ACK 回复很及时，那么说明可以继续加大发送的量，并且指数级地增加，这个就是慢启动。如图 5-19 所示，访问一个 Linux 服务器的网址：

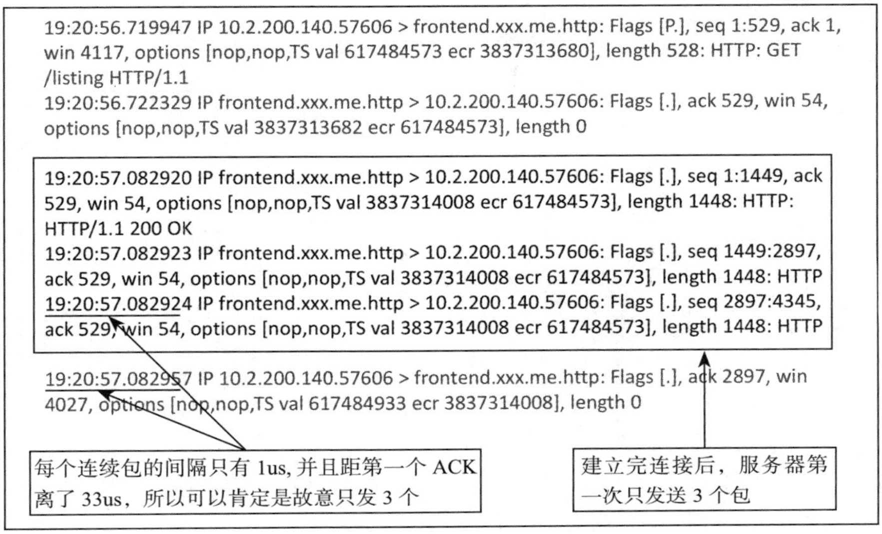

```
19:20:56.719947 IP 10.2.200.140.57606 > frontend.xxx.me.http: Flags [P.], seq 1:529, ack 1,
win 4117, options [nop,nop,TS val 617484573 ecr 3837313680], length 528: HTTP: GET
/listing HTTP/1.1
19:20:56.722329 IP frontend.xxx.me.http > 10.2.200.140.57606: Flags [.], ack 529, win 54,
options [nop,nop,TS val 3837313682 ecr 617484573], length 0

19:20:57.082920 IP frontend.xxx.me.http > 10.2.200.140.57606: Flags [.], seq 1:1449, ack
529, win 54, options [nop,nop,TS val 3837314008 ecr 617484573], length 1448: HTTP:
HTTP/1.1 200 OK
19:20:57.082923 IP frontend.xxx.me.http > 10.2.200.140.57606: Flags [.], seq 1449:2897,
ack 529, win 54, options [nop,nop,TS val 3837314008 ecr 617484573], length 1448: HTTP
19:20:57.082924 IP frontend.xxx.me.http > 10.2.200.140.57606: Flags [.], seq 2897:4345,
ack 529, win 54, options [nop,nop,TS val 3837314008 ecr 617484573], length 1448: HTTP

19:20:57.082957 IP 10.2.200.140.57606 > frontend.xxx.me.http: Flags [.], ack 2897, win
4027, options [nop,nop,TS val 617484933 ecr 3837314008], length 0
```

每个连续包的间隔只有 1us，并且距第一个 ACK 离了 33us，所以可以肯定是故意只发 3 个

建立完连接后，服务器第一次只发送 3 个包

图 5-19　慢启动的例子

可以看到，服务在收到一个 GET 请求后进行响应，第一次同时只发 3 个包，并且从时间间隔上我们可以肯定它是故意的。也就是说它是一个慢启动，为什么第一次是 3 个呢，因为 Linux 2 的系统的初始化拥塞窗口 initcwnd 为 3MSS，3MSS 说明第一次只能发 3 个包（每个包不能超过最大报文段的长度），不同操作系统的 initcwnd 值如图 5-20[⊖]所示。

Linux 2.6.32	3*MSS (usually 4,380)
Linux 3.0.0	10*MSS (usually 14,600)
Windows NT 5.1 (XP)	65,535 ^{2}
Windows NT 6.1 (Windows 7 or Server 2008 R2)	8,192 ^{2}
Mac OS X 10.5.8 (Leopard)	65,535 ^{2}
Mac OS X 10.6.8 (Snow Leopard)	65,535 ^{2}
Apple IOS 4.1	65,535 ^{2}
Apple IOS 5.1	65,535 ^{2}

图 5-20　不同操作系统的 initcwnd 值

Linux3 据说是因为接受了谷歌的建议，所以改成了 10MSS。

具体慢启动的过程如图 5-21 所示。

拥塞窗口会以指数倍增长，一直增长到拥塞阈值 ssthresh，假设这个值为 192。然后再以递增的方式增加拥塞窗口，这个阶段叫拥塞避免。也就说当 cwnd < ssthresh 时是慢启动的过程，而当 cwnd > ssthresh 时是拥塞避免。一直增长到合适的带宽大小。

⊖ https://www.cdnplanet.com/blog/tune-tcp-initcwnd-for-optimum-performance/

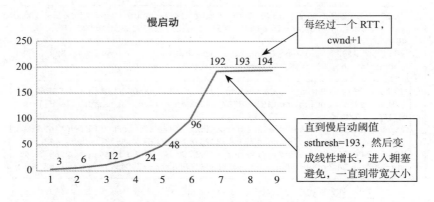

图 5-21　慢启动和拥塞避免

在慢启动和拥塞避免过程中，可能会遇到网络拥塞的情况，造成丢包的情况，具体表现为很长时间没有收到对方的 ACK，或者收到重复的 ACK。

4. 超时重传

假设很长时间没有收到对方发送的 ACK，这个时间超过了定时器的范围，导致进行重传，如图 5-22 所示。

```
18:40:43.763352 IP ec2-54-153-103-33.us-west-1.compute.amazonaws.com.https > 192.168.1.102.49827: Flags [.],
ack 88210, win 850, options [nop,nop,TS val 2008417200 ecr 890918504], length 0
18:40:43.763379 IP 192.168.1.102.49827 > ec2-54-153-103-33.us-west-1.compute.amazonaws.com.https: Flags [.],
seq 90586:91774, ack 452, win 4096, options [nop,nop,TS val 890918928 ecr 2008417200], length 1188
18:40:44.501226 IP 192.168.1.102.49827 > ec2-54-153-103-33.us-west-1.compute.amazonaws.com.https: Flags [.],
seq 88210:89398, ack 452, win 4096, options [nop,nop,TS val 890919665 ecr 2008417200], length 1188
18:40:45.780393 IP 192.168.1.102.49827 > ec2-54-153-103-33.us-west-1.compute.amazonaws.com.https: Flags [.],
seq 88210:89398, ack 452, win 4096, options [nop,nop,TS val 890920939 ecr 2008417200], length 1188
18:40:48.133603 IP 192.168.1.102.49827 > ec2-54-153-103-33.us-west-1.compute.amazonaws.com.https: Flags [.],
seq 88210:89398, ack 452, win 4096, options [nop,nop,TS val 890923287 ecr 2008417200], length 1188
18:40:52.640668 IP 192.168.1.102.49827 > ec2-54-153-103-33.us-west-1.compute.amazonaws.com.https: Flags [.],
seq 88210:89398, ack 452, win 4096, options [nop,nop,TS val 890927783 ecr 2008417200], length 1188
18:40:52.974628 IP ec2-54-153-103-33.us-west-1.compute.amazonaws.com.https > 192.168.1.102.49827: Flags [.],
ack 89398, win 850, options [nop,nop,TS val 2008426395 ecr 890927783], length 0
```

超时重传了三次

图 5-22　超时重传

图 5-22 中总共重传了三次，第一次重传隔了约 1.2s，第二次隔了 2.4s，第三次隔了 3.5s，我们观察到超时重传的时间间隔会增加，并且发生超时之后最多只会发送一个报文，这个时候它进入了慢启动的过程，如图 5-23 所示。

当本机收到上传服务器的 ACK 之后，又继续发了两个报文，如图 5-24 所示。

这个与上面的描述一致，即重新进入了慢启动。

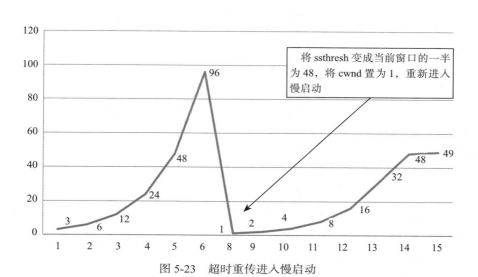

图 5-23　超时重传进入慢启动

```
18:40:52.974628 IP ec2-54-153-103-33.us-west-1.compute.amazonaws.com.https > 192.168.1.102.49827: Flags [.],
ack 89398, win 850, options [nop,nop,TS val 2008426395 ecr 890927783], length 0
18:40:52.974664 IP 192.168.1.102.49827 > ec2-54-153-103-33.us-west-1.compute.amazonaws.com.https: Flags [.],
seq 89398:90586, ack 452, win 4096, options [nop,nop,TS val 890928117 ecr 2008426395], length 1188
18:40:52.974673 IP 192.168.1.102.49827 > ec2-54-153-103-33.us-west-1.compute.amazonaws.com.https: Flags [.],
seq 90586:91774, ack 452, win 4096, options [nop,nop,TS val 890928117 ecr 2008426395], length 1188
18:40:53.256952 IP ec2-54-153-103-33.us-west-1.compute.amazonaws.com.https > 192.168.1.102.49827: Flags [.],
ack 89398, win 850, options [nop,nop,TS val 2008426727 ecr 890927783,nop,nop,sack 1 {90586:91774}], length 0
```

收到 ACK 之后又继续发了两个报文

图 5-24　收到 ACK，增大发送量

到这里我们就可以解决两个山头如何可靠地通信、保证同时去攻打另一个山头的问题了。很简单，A 派了只鸽子发一个消息给 B 之后，B 给他回了一个 ACK，假设一只鸽子从 A 飞到 B 需要 1 个小时，B 派出去鸽子之后如果过了两个小时，B 没有收到 A 发送的一个重复的消息给它，即没有进行超时重传，就可以认为 B 派出去的那只鸽子 A 已经收到了。那要是刚好不巧 A 派出去的第二只鸽子不见了呢，那 A 又再继续超时重传，如果需要重传很多次的话，那就放弃吧，就像 TCP 一样。客观条件不允许，没有办法。

有一种情况不用等超时，可以马上进行重传。

5. 快速重传和快速恢复

假设本机向服务器按顺序发了三个包，但是这三个包可能并没有按顺序到达，有可能第三个包先到了，这个时候服务器收到了乱序的数据，于是它马上产生一个重复的 ACK，要求重新获取从第一个包开始的数据。收到重复 ACK 时，不应该马上进行重传，因为可能很快乱序的另外两个又及时到了。但是当收到三个重复的 ACK 时就可以认为那个包已经丢了，需要进行重传，不用等到超时，这个就叫做快速重传。如图 5-25 所示。

```
18:40:52.974628 IP ec2-54-153-103-33.us-west-1.compute.amazonaws.com.https > 192.168.1.102.49827: Flags [.],
ack 89398, win 850, options [nop,nop,TS val 2008426395 ecr 890927783], length 0
18:40:52.974664 IP 192.168.1.102.49827 > ec2-54-153-103-33.us-west-1.compute.amazonaws.com.https: Flags [.],
seq 89398:90586, ack 452, win 4096, options [nop,nop,TS val 890928117 ecr 2008426395], length 1188
18:40:52.974673 IP 192.168.1.102.49827 > ec2-54-153-103-33.us-west-1.compute.amazonaws.com.https: Flags [.],
seq 90586:91774, ack 452, win 4096, options [nop,nop,TS val 890928117 ecr 2008426395], length 1188
18:40:53.256952 IP ec2-54-153-103-33.us-west-1.compute.amazonaws.com.https > 192.168.1.102.49827: Flags [.],
ack 89398, win 850, options [nop,nop,TS val 2008426727 ecr 890927783,nop,nop,sack 1 {90586:91774}], length 0
18:40:53.259989 IP 192.168.1.102.49827 > ec2-54-153-103-33.us-west-1.compute.amazonaws.com.https: Flags [.],
seq 91774:92962, ack 452, win 4096, options [nop,nop,TS val 890928398 ecr 2008426727], length 1188
18:40:53.803959 IP ec2-54-153-103-33.us-west-1.compute.amazonaws.com.https > 192.168.1.102.49827: Flags [.],
ack 89398, win 850, options [nop,nop,TS val 2008426727 ecr 890927783,nop,nop,sack 1 {90586:92962}], length 0
18:40:53.803995 IP 192.168.1.102.49827 > ec2-54-153-103-33.us-west-1.compute.amazonaws.com.https: Flags [.],
seq 92962:94150, ack 452, win 4096, options [nop,nop,TS val 890928943 ecr 2008427013], length 1188
18:40:54.100786 IP ec2-54-153-103-33.us-west-1.compute.amazonaws.com.https > 192.168.1.102.49827: Flags [.],
ack 89398, win 850, options [nop,nop,TS val 2008427571 ecr 890927783,nop,nop,sack 1 {90586:94150}], length 0
18:40:54.181957 IP 192.168.1.102.49827 > ec2-54-153-103-33.us-west-1.compute.amazonaws.com.https: Flags [.],
seq 89398:90586, ack 452, win 4096, options [nop,nop,TS val 890929320 ecr 2008427571], length 1188
18:40:54.509409 IP ec2-54-153-103-33.us-west-1.compute.amazonaws.com.https > 192.168.1.102.49827: Flags [.],
ack 94150, win 850, options [nop,nop,TS val 2008427938 ecr 890929320], length 0
```

（收到三个重复的 ACK）
（快速重传）

图 5-25　收到三个重复 ACK 进行快速重传

快速重传之后就进入了快速恢复的阶段。和超时重传不一样的地方是，超时重传认为当前的网络情况十分糟糕，所以一下子把拥塞窗口 cwnd 置成了 1，重新进入慢启动。而快速恢复认为当前网络并没有那么坏，它把拥塞窗口 cwnd 置成了当前拥塞窗口的一半加 3，ssthresh 置成之前拥塞窗口的一半，如图 5-26 所示。

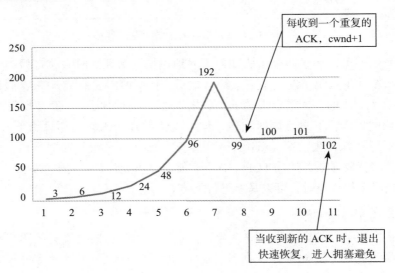

图 5-26　快速重传和快速恢复示意

这个过程就叫做快速恢复，当收到一个新数据的 ACK 时，将退出快速恢复，将 cwnd 置为 ssthresh，进入拥塞避免。

6. 慢启动的缺点

慢启动的优点是在比较拥塞的网络，慢启动可以避免拥塞进一步加剧，但是它的缺点也是明显的，对于正常的网络，慢启动将降低传输的效率，例如本来一个 RTT 就可以传完的数据，现在要分成几个 RTT（假设发送的数据量刚好是这样），特别是 Linux 2 的服务器 initcwnd 只有 3MSS，所以可以手动把它改大，如改成 10，可执行以下命令：

```
sudo ip route change default via 192.168.1.1 dev eth0 proto static initcwnd 10
```

快速恢复的引入也是考虑到了慢启动的缺点。
然后再讨论一个很出名的算法。

Nagle 算法

假设要通过 HTTP 发送 hello，world 这 12 个字节，但是实际上要发送多少个字节呢？如下：

```
12:12:57.091926 IP 10.2.200.140.http-alt > 10.2.200.11.60882: Flags [P.], seq 288:301, ack 378, win 4105, options [nop,nop,TS val 678005709 ecr 845655611], length 13: HTTP
```

HTTP 数据总共发送了 300 个字节，也就是说 HTTP 报文头就占用了 288 个字节，但是这还不包括其他报文头，如图 5-27 所示。

| 16 字节数据帧头 | 20 字节的 IP 头 | 20 字节的 TCP 头 | 288 字节 HTTP 头 | 12 字节文本 |

图 5-27　报文头占去较多空间

也就是说为了发送 12 个字节的数据，总共得发送 356 个字节，有效内容仅占了 4% 不到。因此在那个需要用电话线拨号上网的年代，这个代价就有点大了，所以 Nagle 算法的核心思想是：等数据积累多了再一起发出去，大概等待 200ms，这样可以提高网络的吞吐率。

但是在现在光纤的时代，带宽和速度已经不是太大的问题了，如果每个请求都要延迟 200ms，会造成实时性比较差。所以通常是要把 Nagle 算法禁掉，可以在创建套接字的时候设置 TCP_NODELAY 标志位。

HTTP 报文头大小限制

1. 请求头大小限制

标准并没有规定 HTTP 请求头的大小限制，但是在实际的实现上会有限制。如 Nginx 限制为 4K ~ 8K，Tomcat 最小支持 8K。

2. URL 长度限制

如图 5-28 中 HTTP 报文格式所示。

```
┌──────┬────┬─────┬────┬──────┬────┬────┐
│请求方法│空格│ URL │空格│协议版本│回车符│换行符│ 请求行
├──────┴─┬──┴─┬───┴──┬─┴──┬───┴────┴────┤
│头部字段名│ : │  值  │回车符│   换行符    │
├────────┴────┴──────┴────┴─────────────┤ 请求头
│                   ...                  │
├────────┬────┬──────┬────┬─────────────┤
│头部字段名│ : │  值  │回车符│   换行符    │
├────────┴────┴──────┴────┴─────────────┤
│                                        │
│                                        │ 请求数据
└────────────────────────────────────────┘
```

图 5-28 HTTP 报文格式

URL 是在请求行里面的,并不在请求头里,同样标准也没有规定 URL 有长度限制,但是实际的实现有限制,如图 5-29[⊖]所示。

```
Browser    Address bar    document.location
                          or anchor tag
-----------------------------------------
Chrome     32779          >64k
Android    8192           >64k
Firefox    >64k           >64k
Safari     >64k           >64k
```

图 5-29 不同浏览器对 URL 的长度限制

一个比较安全的值应该是 8K,这样兼容性最好。同时需要注意的是 GET 请求,参数是在 URL 里面,而 POST 请求参数是在请求数据里面,所以 GET 请求的数据不能太大。

3. Cookie 的长度限制

Cookie 是在请求头里以普通键值对的方式存在,一般一个 domain 的 cookie 不能超过 4KB,50 个 cookie,不然浏览器可能会不支持。服务可以通过 Set-Cookie 通知客户端设置 cookie,而客户端可以用 Cookie 字段告知服务现在的 cookie 数据是怎么样的,如图 5-30 所示。

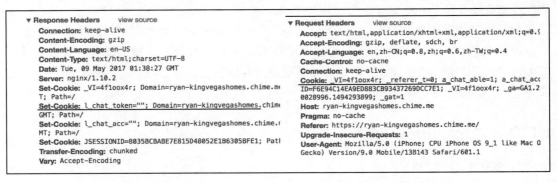

图 5-30 HTTP 的 cookie 字段

⊖ https://stackoverflow.com/questions/417142/what-is-the-maximum-length-of-a-url-in-different-browsers

上面的一些基础问题讨论完了，我们终于可以来分析 WebSocket 了。

WebSocket

1. 实现一个 Web 聊天

怎么实现一个 HTTP 的 Web 的实时聊天呢，怎么知道对方有没有发送消息给我呢？有几种方法。

第一种办法是使用轮询，例如每隔 2s 就发一个请求向服务端查询，但是这种方法会造成资源的浪费。

第二种办法是使用 Service Worker 实现浏览器的 Push，这种方法需要先注册 FCM 账号，获取到一个 App Id，用 Service Worker 监听，服务向 https://android.googleapis.com/gcm/send 发送消息，谷歌服务器就会向那个 App Id 发送一个推送，就实现了浏览器的 Push。但是这种办法兼容性还不是很好，并且大陆的小伙伴无法在正常网络环境收到谷歌服务器的消息。

所以就有了 WebSocket 建立长连接。为此建立一个 WebSocket 的 demo。

2. WebSocket 的 demo

为了实验，写一个 WebSocket 的 demo，先装一个 WebSocket 的 Node 包，然后监听 8080 端口，接着写客户端 HTML5 WebSocket 代码，如代码清单 5-1 所示：

代码清单 5-1　WebSocket 的浏览器 JS 代码

```
var socket = new WebSocket("ws://10.2.200.140:8080");
socket.onopen = function(){
    socket.send(" 长江长江，我是黄河 ");
}
socket.onmessage = function(event){
    document.write(" 收到来自黄河的消息： " + event.data);
}
```

打开这个页面，浏览器就会显示一个 WebSocket 的连接，如图 5-31 所示：

Name	Status	Type	Initiator	Size	Time
10.2.200.140	101	websocket	client.html:18	0B	Pending

图 5-31　WebSocket 连接

然后我们用 tcpdump 研究 WebSocket 连接建立的过程。

3. WebSocket 连接建立

首先还是要先建立 TCP 连接，完成后客户端发送一个 upgrade 的 HTTP 请求：

```
14:23:36.926775 IP 10.2.200.11.61205 > 10.2.200.140.8080: Flags [P.], seq 1:435,
ack 1, win 4117, options [nop,nop,TS val 848067548 ecr 685816156], length 434: HTTP:
GET / HTTP/1.1
```

这个报文的详细内容如图 5-32 所示。

```
GET / HTTP/1.1
Upgrade: websocket
Connection: Upgrade
Host: 10.2.200.140:8080
Origin: http://10.2.200.140:8081
Pragma: no-cache
Cache-Control: no-cache
Sec-WebSocket-Key: z7H1nWdd7kDGzFuIF7HOdA==
Sec-WebSocket-Version: 13
Sec-WebSocket-Extensions: x-webkit-deflate-frame
User-Agent: Mozilla/5.0 (iPhone; CPU iPhone OS 10_3_1
```

图 5-32　客户端升级请求

服务端收到后同意握手，返回 Switching Protocols，连接建立，如下报文：

```
14:23:36.929714 IP 10.2.200.140.8080 > 10.2.200.11.61205: Flags [P.], seq 1:164,
ack 435, win 4104, options [nop,nop,TS val 685816195 ecr 848067548], length 163:
HTTP: HTTP/1.1 101 Switching Protocols
```

详细内容如下图 5-33 所示：

```
HTTP/1.1 101 Switching Protocols
Upgrade: websocket
Connection: Upgrade
Sec-WebSocket-Accept: X0RKeFa0049HoyQdHZz4X8Jn+dw=
Origin: http://10.2.200.140:8081
```

图 5-33　服务端返回转换协议的报文

4. 传送数据

发送"hello，world"12 字节内容，用 WebSocket 只需要发送 18 字节，这比 HTTP 300 个字节要少了很多：

```
14:24:36.009503 IP 10.2.200.11.61205 > 10.2.200.140.8080: Flags [P.], seq
492:510, ack 168, win 4112, options [nop,nop,TS val 848126486 ecr 685863159], length
18: HTTP
14:24:36.009556 IP 10.2.200.140.8080 > 10.2.200.11.61205: Flags [.], ack 510, win
4101, options [nop,nop,TS val 685875098 ecr 848126486], length 0
```

具体可以定义消息的类型，例如 type = 1 表示心跳消息，type = 2 表示用户发送的消息，还可以再定义 subtype，并自定义消息内容的格式，再封装一些自定义的消息机制等等。

5. 关闭连接

30s 后，双方没有传送数据，WebSocket 连接关闭，进行四次挥手。

```
14:25:06.017016 IP 10.2.200.140.8080 > 10.2.200.11.61205: Flags [F.], seq 170,
ack 510, win 4101, options [nop,nop,TS val 685904974 ecr 848146558], length 0
```

所以如果要保持长连接的话，需要每隔 20s 左右就发送一个心跳消息。

这样就实现了一个实时的 Web 聊天，需要注意的是 WebSocket 是一套协议，任何人只要遵守这套协议就可以使用并和其他人互联，不管你是 JS 还 Android/IOS/C++/Java。WebSocket

默认监听 80 端口，wss 监听 443 端口，和 http/https 一样。

最后再比较一下 WebSocket 和 webRTC。

WebSocket 和 WebRTC

WebSocket 是为了解决实时传送消息的问题，当然也可以传送数据，但是不保证传送的效率和质量，而 WebRTC 可用于可靠地传输音视频数据、文件等。并且可以建立 P2P 连接，不需要服务端进行转发数据。虚拟电话、在线面试等现在很多都采用 WebRTC 实现。

最后做个总结。这篇文章介绍了很多通信协议的东西，分析了 TCP/IP 的三次握手和四次挥手，并讨论了为什么握手是三次，而挥手是四次，还讲了四层网络模型，分析了工作在不同层的协议和工具，后面又重点分析了 TCP 的拥塞控制，包括超时重传、慢启动和拥塞避免、快速重传和快速恢复，接着还讲了点 HTTP 的东西，最后简单分析了一下 WebSocket 连接的过程和它的特点以及和 WebRTC 的区别。上面可以说是 TCP/IP 协议的核心内容，本篇通过一两个 demo 把它给串了起来，对读者应该有一个启发作用，可以更深刻地理解网络协议，当你在写一个请求的时候，你知道它的背后发生了什么。

问答

1. 为什么被动关闭方不用进入 TIME_WAIT 状态？

答：因为一个完整的套接字包括四个因素，即互联双方的 IP + 端口号，只要有一方被破坏了就不能构成相同的套接字。限制主动关闭方应该比较合理，因为被动关闭方如服务可能还在继续监听那个端口。

2. 那个发送窗口是怎么算的？

答：wscale 是一个二进制的指数，wscale 为 5，即左移 5 位，那么就要乘以 2 的 5 次幂。

Effective 前端 18：理解 HTTPS 连接的前几毫秒发生了什么

在讨论这个话题之前，先提几个问题：

（1）为什么说 HTTPS 是安全的，安全在哪里？

（2）HTTPS 是使用了证书保证它的安全的么？

（3）为什么证书需要购买？

我们先来看 HTTPS 要解决什么问题

HTTPS 解决什么问题

HTTPS 要解决的问题就是中间人攻击，什么是中间人攻击（Man In The Middle Attack）呢？如图 5-34 所示。

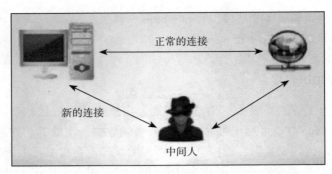

图 5-34　中间人攻击示意

你和服务器的连接会经过一个中间人，你以为你和服务器在正常地传输数据，其实这些数据都先经过了一个中间人，这个中间人可以窥探你的数据或者篡改你的数据后再发给服务器，相反也可以把服务器的数据修改了之后再发给你。而这个中间人对你是透明的，你不知道你的数据已经被人窃取或者修改了。

中间人攻击的方式

常见的有以下两种。

1. 域名污染

由于我们访问一个域名时需要先进行域名解析，即向 DNS 服务器请求某个域名的 IP 地址。例如 taobao.com 我这边解析的 IP 地址为图 5-35 所示。

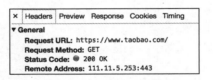

图 5-35　域名的 IP 地址

在经过 DNS 的中间链点可能会抢答，返回给你一个错误的 IP 地址，这个 IP 地址就指向中间人的机器。

2. APR 欺骗

上一篇 "Effective 17" 中已经提到，广域网的传输是用的 IP 地址，而在局域网里面是用的物理地址，例如路由器需要知道连接它的设备的物理地址它才可以把数据包发给你，它会通过一个 ARP 的广播，向所有设备查询某个 IP 地址的物理地址是多少，如图 5-36 所示。

Time	Source	Destination	Protocol	Length	Info
13.299408	Tp-LinkT_40:ce:b4	Broadcast	ARP	42	Who has 192.168.1.100? Tell 192.168.1.1
14.322657	Tp-LinkT_40:ce:b4	Broadcast	ARP	42	Who has 192.168.1.100? Tell 192.168.1.1
15.346119	Tp-LinkT_40:ce:b4	Broadcast	ARP	42	Who has 192.168.1.100? Tell 192.168.1.1

图 5-36　ARP 广播询问物理地址

路由器发了一个广播，询问 192.168.1.100 的物理地址是多少，由于没有人响应，所以它每隔 1 秒就重新发一个包。由于这个网络上的所有机器都会收到这个包，所以这个时候就可以欺骗路由器，如图 5-37 所示。

Time	Source	Destination	Protocol	Length	Info
7.982072	Tp-LinkT_40:ce:b4	Broadcast	ARP	42	Who has 192.168.1.102? Tell 192.168.1.1
7.982107	Apple_89:a5:7e	Tp-LinkT_40:ce:...	ARP	42	192.168.1.102 is at 98:5a:eb:89:a5:7e

图 5-37　ARP 响应

图 5-37 中的 192.168.1.102 就向路由器发了一个响应的包，告诉路由器它的物理地址。

HTTPS 是应对中间人攻击的唯一方式

在 SSL 的源码里面就有一段注释，如代码清单 5-2 所示：

代码清单 5-2　SSL 源码说明 SSL 是应对 MITM 攻击的唯一方式

```
/* cert is OK. This is the client side of an SSL connection.
 * Now check the name field in the cert against the desired hostname.
 * NB: This is our only defense against Man-In-The-Middle (MITM) attacks!
 */
```

最后一句的意思就是说使用 HTTPS，是应对中间人攻击的唯一方式。为什么这么说呢，这得从 HTTPS 连接的过程说起。

HTTPS 连接的过程

如果对于一个外行人，可以这么解释：

HTTPS 连接，服务器发送它的证书给浏览器（客户端），浏览器确认证书正确，并检查证书中对应的主机名是否正确，如果正确则双方加密数据后发给对方，对方再进行解密，保证数据是不透明的。

但是如果这个外行人比较聪明，他可能会问你浏览器是怎么检验证书正确的，证书又是什么东西，加密后不会被中间人破解么？

首先证书是个什么东西，可以在浏览器上面看到证书的内容。

例如我们访问谷歌，然后单击地址栏的小锁，如图 5-38 所示。

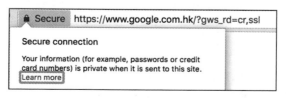

图 5-38　HTTPS 地址栏会显示一把锁

它会提示你密码和信用卡信息的传输是安全的，相反，在普通的 HTTP 连接有密码输入框的页面，Chrome 控制台会打印一个警告，如图 5-39 所示。

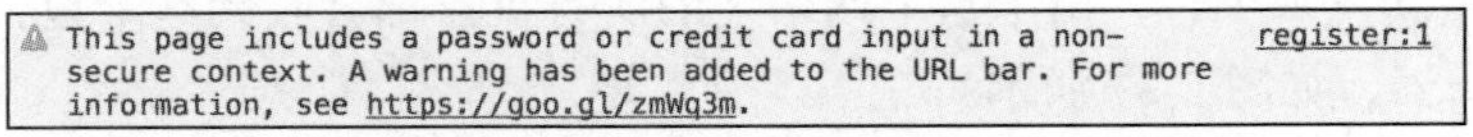

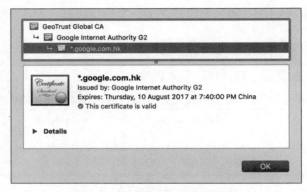

图 5-39　浏览器警告使用 HTTP 传输密码

然后切到控制台的 Security 面板，单击查看证书的按钮，就可以看到整个证书的完整内容，如图 5-40 所示。

图 5-40　谷歌使用的 HTTPS 证书

接下来再用一个 WireShark 的抓包工具，抓取整个 HTTPS 连接的包，并分析这些包的内容。上一节用的是 tcpdump，这一节用 WireShark 可视化工具，方便分析一些较复杂的连接。

下面以访问淘宝为例，打开淘宝，可以在 Chrome 里面看到淘宝的 IP，如图 5-41 所示。

图 5-41　先获取服务器的 IP

然后打开 WireShark，设定过滤条件为源 IP 和目的 IP 都为上面的 IP，就可以观察到整个连接建立的过程，如图 5-42 所示。

第一步是肯定是要先建立 TCP 连接，上一节"HTTPS 连接的过程"中已经分析过，这一节我们从 Client Hello 开始说起：

1. Client Hello

客户端会先发一个 Client Hello 给服务端，我们在 WireShark 里面观察，将 Client Hello 里面客户端发给服务器的一些重要信息罗列出来：

（1）使用的 TLS 版本是 1.2，TLS 有三个版本，1.0，1.1，1.2，1.2 是最新的版本，HTTPS 的加密就是靠的 TLS 安全传输层协议，如图 5-43 所示。

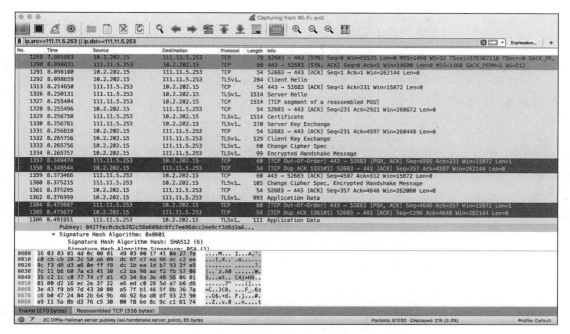

图 5-42　整个 HTTPS 连接建立的过程

```
▼ Handshake Protocol: Client Hello
    Handshake Type: Client Hello (1)
    Length: 221
    Version: TLS 1.2 (0x0303)
```

图 5-43　客户端告知使用的 TLS 版本

（2）客户端当前的时间和一个随机密码串，这个时间是距 Unix 元年（1970.1.1）的秒数，这里是 147895117，随机数的作用下面再提及。如图 5-44 所示。

```
▼ Random
    GMT Unix Time: Nov 12, 2016 19:46:10.000000000 CST
    Random Bytes: 363c5fbf4e1c73b47e29a5ad2ec63fc1f2c08a39563b143e...
```

图 5-44　客户端告知时间和随机数

（3）Session ID，会话 ID，第一次连接时为 0，如果有 Session ID，则可以恢复会话，而不用重复握手过程，如图 5-45 所示。

```
Session ID Length: 0
```

图 5-45　Session Id 为 0

服务端会告知 Session ID，在刷新页面的时候，客户端就会把这个 Session ID 带上，如图 5-46 所示。

```
Session ID Length: 32
Session ID: 2127f4725b9c11b9e4885f57612c3aa2c0a6b1c8f05f69b4...
```

图 5-46　Session ID

（4）浏览器支持的加密组合方式：可以看到，浏览器一共支持 22 种加密组合方式，发给服务器，让服务器选一个。具体的加密方式下文再介绍，如图 5-47 所示。

```
▼ Cipher Suites (22 suites)
    Cipher Suite: TLS_EMPTY_RENEGOTIATION_INFO_SCSV (0x00ff)
    Cipher Suite: TLS_ECDHE_ECDSA_WITH_AES_256_GCM_SHA384 (0xc02c)
    Cipher Suite: TLS_ECDHE_ECDSA_WITH_AES_128_GCM_SHA256 (0xc02b)
    Cipher Suite: TLS_ECDHE_ECDSA_WITH_AES_256_CBC_SHA384 (0xc024)
    Cipher Suite: TLS_ECDHE_ECDSA_WITH_AES_128_CBC_SHA256 (0xc023)
    Cipher Suite: TLS_ECDHE_ECDSA_WITH_AES_256_CBC_SHA (0xc00a)
    Cipher Suite: TLS_ECDHE_ECDSA_WITH_AES_128_CBC_SHA (0xc009)
    Cipher Suite: TLS_ECDHE_ECDSA_WITH_3DES_EDE_CBC_SHA (0xc008)
    Cipher Suite: TLS_ECDHE_RSA_WITH_AES_256_GCM_SHA384 (0xc030)
    Cipher Suite: TLS_ECDHE_RSA_WITH_AES_128_GCM_SHA256 (0xc02f)
    Cipher Suite: TLS_ECDHE_RSA_WITH_AES_256_CBC_SHA384 (0xc028)
    Cipher Suite: TLS_ECDHE_RSA_WITH_AES_128_CBC_SHA256 (0xc027)
    Cipher Suite: TLS_ECDHE_RSA_WITH_AES_256_CBC_SHA (0xc014)
    Cipher Suite: TLS_ECDHE_RSA_WITH_AES_128_CBC_SHA (0xc013)
    Cipher Suite: TLS_ECDHE_RSA_WITH_3DES_EDE_CBC_SHA (0xc012)
    Cipher Suite: TLS_RSA_WITH_AES_256_GCM_SHA384 (0x009d)
    Cipher Suite: TLS_RSA_WITH_AES_128_GCM_SHA256 (0x009c)
    Cipher Suite: TLS_RSA_WITH_AES_256_CBC_SHA256 (0x003d)
    Cipher Suite: TLS_RSA_WITH_AES_128_CBC_SHA256 (0x003c)
    Cipher Suite: TLS_RSA_WITH_AES_256_CBC_SHA (0x0035)
    Cipher Suite: TLS_RSA_WITH_AES_128_CBC_SHA (0x002f)
    Cipher Suite: TLS_RSA_WITH_3DES_EDE_CBC_SHA (0x000a)
```

图 5-47　浏览器支持的 22 种加密方式

（5）还有一个比较有趣的东西是域名，如图 5-48 所示。

```
▼ Extension: server_name
    Type: server_name (0x0000)
    Length: 19
  ▼ Server Name Indication extension
      Server Name list length: 17
      Server Name Type: host_name (0)
      Server Name length: 14
      Server Name: www.taobao.com
```

图 5-48　客户端握手带上访问的域名

为什么说这个比较特别呢，因为域名是工作在应用层 HTTP 里的，而握手是发生在 TLS 还在传输层。在传输层里面就把域名信息告诉服务器，好让服务根据域名发送相应的证书。

可以说，HTTPS = HTTP + TLS，如图 5-49 所示。

图 5-49　HTTPS = HTTP + TLS

数据传输还是用的 HTTP，加密用的 TLS。TLS 和 SSL 又是什么关系？SSL 是 TLS 的前身，SSL deprecated 之后，才开始有了 TLS 1.0、1.1、1.2。

2. Server Hello

服务器收到了 Client Hello 的信息后，就给浏览器发送了一个 Server Hello 的包，这个包里面有与 Client Hello 类似的消息：

（1）时间、随机数等，注意服务器还发送了一个 Session ID 给浏览器，如图 5-50 所示。

图 5-50　Server Hello 的内容

（2）服务器选中的加密方式：服务器在客户端提供的方式里面选择了如图 5-51 所示的这种，这种加密方式也是目前很流行的一种方式：

图 5-51　服务器选择的加密方式

3. Certificate 证书

接着服务器发送一个证书的包过来，如图 5-52 所示。

图 5-52　发送证书给浏览器

在 WireShark 里面展开证书，如图 5-53 所示。

图 5-53　服务器发来了 3 个证书

服务器总共是发了三个证书，第一个叫做 *.tmall.com，第二个证书叫做 GlobalSign Org.，第三个叫 GlobalSign Root 这三个证书是什么关系呢？这三个证书是相互依赖的关系，在浏览器里面可以看出，如图 5-54 所示。

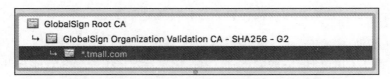

图 5-54　证书的依赖关系

tmall 的证书是依赖于 GlobalSign Org. 的证书，换句话说，GlobalSign Org. 的证书为 tmall 的证书做担保，而根证书 GlobalSign Root 为 GlobalSign Org. 做担保，形成一条依赖链。明白这点很重要，从技术的角度上来说，GlobalSign 为 tmall 的证书做签名，只要签名验证正确就说明 tmall 的证书是合法的。

在 tmall 的证书里面会指明它的上一级证书是什么，如图 5-55 所示。

```
▼ Certificate: 3082082930820711a003020102021211211ae006956b4344... (id-at-commonName=*.tmall.com
    ▼ signedCertificate
        version: v3 (2)
        serialNumber: 0x11211ae006956b4344702d2d1cc26882da08
      ▼ signature (sha256WithRSAEncryption)
            Algorithm Id: 1.2.840.113549.1.1.11 (sha256WithRSAEncryption)
      ▼ issuer: rdnSequence (0)
          ▼ rdnSequence: 3 items (id-at-commonName=GlobalSign Organization Validation CA - SHA256,:
              ▼ RDNSequence item: 1 item (id-at-countryName=BE)
                  ▼ RelativeDistinguishedName item (id-at-countryName=BE)
                      Id: 2.5.4.6 (id-at-countryName)
                      CountryName: BE
```

图 5-55　tmall 的证书里指明它的上一级证书

现在来看下一个证书里面具体有什么内容。

除了上面提到的**签名**外，每个证书还包含**签名的算法**，和**被签名的证书** tbsCertificate(to be signed Certificate) 三部分，如图 5-56 所示：

```
▼ Certificate: 3082082930820711a003020102021211211ae006956b4344... (id-at-commonName=*.tmall.com
    ▶ signedCertificate                                              ────── tbsCertificate
    ▶ algorithmIdentifier (sha256WithRSAEncryption) ◄──────────── 签名算法
        Padding: 0
        encrypted: 3ec0c71903a19be74dca101a01347ac1464c97e6e5be6d3c... ◄────── 签名
```

图 5-56　证书的三部分

这个 tbsCertificate 里面有什么东西呢？在 WireShark 里面展开可以看到，里面有申请证书时所填写的国家、省份、城市、组织名称，如图 5-57 所示。

还有证书的有效期，可以看到这个证书是一年的有效期，到期了需要再续才能正常使用，如图 5-58 所示。

还有**证书的公钥**，GlobalSign Org 的公钥为图 5-59 所示。

我们把证书的公钥拷贝出来，它是一串 270 个字节的数字，16 进制为 540 位，如代码清单 5-3 所示：

```
▼ rdnSequence: 5 items (id-at-commonName=*.tmall.com,id-at-organizationName=Alibaba (China) Technolo
    ▼ RDNSequence item: 1 item (id-at-countryName=CN)
        ▼ RelativeDistinguishedName item (id-at-countryName=CN)
            Id: 2.5.4.6 (id-at-countryName)
            CountryName: CN
    ▼ RDNSequence item: 1 item (id-at-stateOrProvinceName=ZheJiang)
        ▼ RelativeDistinguishedName item (id-at-stateOrProvinceName=ZheJiang)
            Id: 2.5.4.8 (id-at-stateOrProvinceName)
            ▼ DirectoryString: printableString (1)
                printableString: ZheJiang
    ▼ RDNSequence item: 1 item (id-at-localityName=HangZhou)
        ▼ RelativeDistinguishedName item (id-at-localityName=HangZhou)
            Id: 2.5.4.7 (id-at-localityName)
            ▼ DirectoryString: printableString (1)
                printableString: HangZhou
    ▼ RDNSequence item: 1 item (id-at-organizationName=Alibaba (China) Technology Co., Ltd.)
        ▼ RelativeDistinguishedName item (id-at-organizationName=Alibaba (China) Technology Co., Ltd.)
            Id: 2.5.4.10 (id-at-organizationName)
            ▼ DirectoryString: printableString (1)
                printableString: Alibaba (China) Technology Co., Ltd.
    ▼ RDNSequence item: 1 item (id-at-commonName=*.tmall.com)
        ▼ RelativeDistinguishedName item (id-at-commonName=*.tmall.com)
            Id: 2.5.4.3 (id-at-commonName)
            ▼ DirectoryString: uTF8String (4)
                uTF8String: *.tmall.com
```

图 5-57　tbsCertificate 的内容

```
▼ validity
    ▼ notBefore: utcTime (0)
        utcTime: 17-11-21 05:06:02 (UTC)
    ▼ notAfter: utcTime (0)
        utcTime: 18-11-22 05:06:02 (UTC)
```

图 5-58　证书有效期一年

```
▼ subjectPublicKeyInfo
    ▼ algorithm (rsaEncryption)
        Algorithm Id: 1.2.840.113549.1.1.1 (rsaEncryption)
        Padding: 0
        subjectPublicKey: 3082010a0282010100c70e6c3f23937fcc70a59d20c30e53...
```

图 5-59　证书的公钥

代码清单 5-3　证书的公钥是一串很长的数字

```
String publicKey = "3082010a0282010100c70e6c3f23937fcc70a59d20c30e533f7ec04ec2
9849ca47d523ef03348574c8a3022e465c0b7dc9889d4f8bf0f89c6c8c5535dbbff2b3eafbe356e74a4
6d91322ca36d59bc1a8e3964393f20cbce6f9e6e899c86348787f5736691a191d5ad1d47dc29cd47fe180
12ae7aea88ea57d8ca0a0a3a1249a262197a0d24f737ebb473927b05239b12b5ceeb29dfa41402b901a5d
4a69c436488def87efee3f51ee5fedca3a8e46631d94c25e918b9895909aee99d1c6d370f4a1e352028e2
afd4218b01c445ad6e2b63ab926b610a4d20ed73ba7ccefe16b5db9f80f0d68b6cd908794a4f7865da92b
cbe35f9b3c4f927804eff9652e60220e10773e95d2bbdb2f10203010001";
```

这个公钥是由什么组成的呢？它是由 N 和 e 组成的：

publicKey = (N, e)

其中 N 是一个大整数，由两个质数相乘得到：

N = p * q

e 是一个幂指数。这里涉及非对称加密算法，它是针对对称加密算法来说的。什么是对称加密算法呢？所谓对称加密算法是说：会话双方使用相同的加密解密方式，所以会话前需要先传递加密方式或者说是密钥，而这个密钥很可能会被中间人截取。所以后来才有了非对称加密算法：加密和解密的方式不一样，加密用的是密钥，而解密用的是公钥，公钥是公开的，密钥是不会传播的，很可能是保存在拥有视网膜扫描和荷枪实弹的警卫守护的机房当中。

第一个非对称加密算法叫 Diffie-Hellman 密钥交换算法，它是 Diffie 和 Hellman 发明的，后来 1977 年麻省理工的 Rivest、Shamir 和 Adleman 提出了一种新的非对称加密算法并以他们的名字命名叫 RSA。它的优点就在于：

（1）加密和解密的计算非常简单；

（2）破解十分难，只要密钥的位数够大，以目前的计算能力是无法破解出密钥的。

可以说，只要有计算机网络的地方，就会有 RSA。RSA 加密具体是怎么进行的呢？

4. RSA 加密和解密

假设发送的信息为 Hello，由于 Hello 的 ASCII 编码为：104 101 108 108 111，所以要发送的信息为：

```
M = 10410101108108111
```

即先把要发送的文本转成 ASCII 编码或者是 Unicode 编码，然后进行加密：

```
EM = M ^ e % N
```

就是把 M 作 e 次幂，然后除以 N 取余数，得到 EM，EM 即为加密后的信息。其中（N，e）就是上文提到的公钥。接下来将 EM 发送给对方，对方收到后用自己的密钥进行解密：

```
M = EM ^ d % N
```

将加密的信息作 d 次幂，再除以 N 取模，（N，d）就是对方的密钥，这样就能够将 EM 还原为 M，可以证明，只要密钥和公钥是一一配对的，上式一定成立。不知道密钥的人是无法破译的，上文已提到破解密钥是相当困难的。

接下来回到上文提到的证书的公钥，这是一串 270 个字节的数字，可以拆成两部分 N 和 e。如图 5-60 所示。

灰色的数字是用来作为标志的。N 是一个 16 进制为 512 位、二进制为 2 048 位的大数字。普通的证书是 1 024 位，2 048 位是一个很高的安全级别，换算成 10 进制是 617 位，如果你能够将这个 617 位的大整数拆成两个质数相乘，就可以推导出 GlobalSign 的密钥，也就是说你破解了 GlobalSign

图 5-60 公钥的 N 和 e

的证书（但这是不可能的）。

e 为 65 537，证书通常取的幂指数都为这个数字。

在证书里面知道证书使用的加密算法为 RSA + SHA256，SHA 是一种哈希算法，可用来检验证书是否被篡改过。

证书的签名如图 5-61 所示。

```
▼ Certificate: 3082082930820711a003020102021211211ae006956b4344...
    ▶ signedCertificate
    ▶ algorithmIdentifier (sha256WithRSAEncryption)
      Padding: 0
      encrypted: 3ec0c71903a19be74dca101a01347ac1464c97e6e5be6d3c...
```

图 5-61　证书的签名

我们将 encrypted 的值拷贝出来就是证书的签名，如代码清单 5-4 所示：

代码清单 5-4　证书的签名

```
String sinature ="3ec0c71903a19be74dca101a01347ac1464c97e6e5be6d3c6677d599938a13
b0db7faf2603660d4aec7056c53381b5d24c2bc0217eb78fb734874714025a0f99259c5b765c26cacff0b
3c20adc9b57ea7ca63ae6a2c990837473f72c19b1d29ec575f7d7f34041a2eb744ded2dff4a2e2181979d
c12f1e7511464d23d1a40b82a683df4a64d84599df0ac5999abb8946d36481cf3159b6f1e07155cf0e812
5b17aba962f642e0817a896fd6c83e9e7a9aeaebfcc4adaae4df834cfeebbc95342a731f7252caa2a9779
6b148fd35a336476b6c23feef94d012dbfe310da3ea372043d1a396580efa7201f0f405401dff00ecd86e
0dcd2f0d824b596175cb07b3d";
```

这个签名是一个 256 个字节的数字，它是 GlobalSign Org 用它的密钥对 tbsCertificate 做的签名，接下来用 GlobalSign Org 的公钥进行解密，如代码清单 5-5 所示：

代码清单 5-5　解密

```
String decode =
new BigInteger(signature, 16)         //先转成一个大数字
.pow(e)                                //再做 e 次幂
.mod(new BigInteger(N) )               //再模以 N
.toString();

System.out.println(decode);
```

注意在实际的计算中，不能直接 e 次幂，不然将是一个天文数字里的天文数字，计算量将会非常大，需要乘一次就取模一次，很快就算出来了。计算出来的结果如图 5-62 所示。

```
yinchenglis-MacBook-Pro:https yincheng$ javac Certificate.java && java Certificate
1fffffffffffffffffffffffffffffffffffffffffffffffffffffffffffffff
ffffffffffffffffffffffffffffffffffffffffffffffffffffffffffffffff
ffffffffffffffffffffffffffffffffffffffffffffffffffffffffffffffff
ffffffffffffffffffffffffffffffffffffffffffffffffffffffffffffffff
ffffffffffffffffffffffffffffffffffffffffff003031300d06096086480
16503040201050004200bedfc063c41b62e0438bc8c0fff669de1926b5accfb487bf3fa98b8ff216d650
```

图 5-62　对签名进行解密的结果

这个结果又可以拆成几部分来看，如图 5-63 所示。

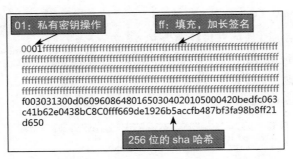

图 5-63　签名解密后的内容

第一个字节是 00，第一个字节要比其他字节都要小，第二个字节是 01，表示这是一个私有密钥操作，中间的 ff 是用来填充的，加大签名的长度，加大破解难度，最后面的 64 个字节就是 SHA 哈希的值，如果证书没有被篡改过，那么将 tbsCertificate 做一个 SHA 哈希，它的值应该是和签名里面是完全一样的。所以接下来我们手动计算一下 tbsCertificate 的哈希值和签名里面的哈希进行对比。

计算方式如下：

```
hash = SHA_256(DER(tbsCertificate))
```

注意不是将 tbsCertificate 直接哈希，是对它的 DER 编码值进行哈希，DER 是一种加密方式。DER 值可以在 WireShark 里面导出来，证书发过来的时候就已经被 DER 过了，如图 5-64 所示。

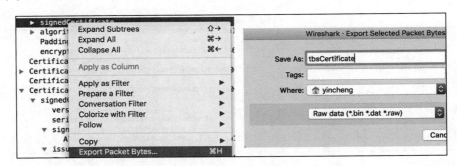

图 5-64　导出被 DER 过的 tbsCertificate

然后再用 openssl 计算它的哈希值，命令为：

```
openssl dgst -sha256 ~/tbsCertificate.bin
```

计算结果为图 5-65 所示。

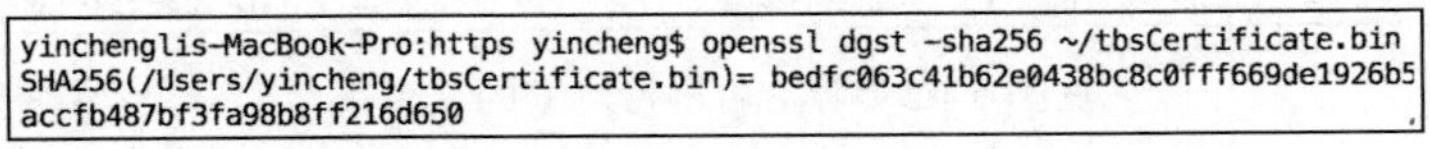

```
yinchenglis-MacBook-Pro:https yincheng$ openssl dgst -sha256 ~/tbsCertificate.bin
SHA256(/Users/yincheng/tbsCertificate.bin)= bedfc063c41b62e0438bc8c0fff669de1926b5
accfb487bf3fa98b8ff216d650
```

图 5-65　计算的哈希值

和上面签名里面的哈希值进行对比，即图 5-66 中"bedfc"开始的一串数字。

图 5-66　对比证书签名里的哈希值

可以发现：检验正确！这个证书没有被篡改过，确实是 tmall 的证书。那么这个时候问题来了，中间人有没有可能既篡改了证书，还能保证哈希值是对的？首先不同的字符串被 SHA256 哈希后的值是一样的概率比较小，同时由于密钥和公钥是一一配对的，所以中间人只能把公钥改成他自己的公钥，这个公钥是一个 p * q 的整数，所以他必须得满足两个条件，一个是要更改成一个有意义的公钥，另一个是整个证书的内容被哈希后的值和没改前是一样的，满足这两个条件就相当困难了。

所以我们有理由相信，只有知道了 GlobalSign Org 密钥的人，才能对这个证书正确地加密。也就是说，tmall 的证书确实是 GobalSign 颁发和签名的，我们可以用相同的方式验证 GlobalSign Org 是 GlobalSign Root 颁发和签名的。但是我们为什么要相信 GlobalSign Root 呢？

如果上面提到的中间人不篡改证书，而是把整个证书都换它自己的证书，假设叫 HackSign，证书里面要带上访问的域名，所以 HackSign 里面也会带上 *.taobao.com。这个 HackSign 和 GlobalSign 有什么区别呢？为什么我们要相信 GlobalSign，而不相信 HackSign 呢？

因为 GlobalSign Root 是浏览器或者操作系统自带的证书，在火狐浏览器的证书列表里面可以看到，如图 5-67 所示。

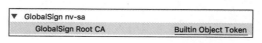

图 5-67　GlobalSign Root 是一个内置的根证书

GlobalSign Root 是 Builtin 的，即内置的。我们绝对相信 GlobalSign Root，同时验证了 GlobalSign Org 的签名是合法的，GlobalSign Org 给 tmall 的证书也是合法的。所以这就是我们的信任链，从 GlobalSign Root 一直相信到了 tmall。而 *.taobao.com 的域名已经被证书机构注册了，所以另外的人是不能再用 *.taobao.com 去注册它的证书的。

所以证书为什么会有有效期，证书为什么要购买，从这里就可以知道原因了。

到这里，你可能又会冒出来另外一个问题，既然我不能改证书，也不能换证书，那我难道不能直接克隆你的证书放到我的机器上去，因为证书是完全公开透明的，可以在浏览器或者 WireShark 里面看到证书的完整内容。然后我再用域名污染等技术将你访问的域名打到我的机器上，那么我跟你一模一样的证书不也是合法的？证书不就没用了？

这个问题之前也困扰我许久，为了回答这个问题，我们先继续讲解连接的过程。

上面已经说到浏览器已经验证了证书是合法的，接下来讲密钥交换。

5. 密钥交换 Key Exchange

上文提到服务器选择的加密组合方式为：

Cipher Suite: TLS_ECDHE_RSA_WITH_AES_128_GCM_SHA256 (0xc02f)

这一串加密方式可以分成四部分，如图 5-68 所示。

密钥交换	服务验证	数据加密	握手校验
ECDSA	ECDSA	CHACHA20	SHA256
RSA	RSA	AES 128 GCM	SHA384
/	/	AES 256 GCM	SHA1

图 5-68　加密的方式选择

服务器选中的密钥交换加密方式为 ECDHE，证书验证使用 RSA，数据传输加密方式为 AES，检验数据是否合法的算法为 SHA256。

什么叫 ECDHE 呢？

由于证书的密钥和公钥（2048 位）都比较大，使用 ECDH 算法最大的优势在于，在安全性强度相同的情况下，其所需的密钥长度较短。以 DH 算法密钥长度 2 048 位元为例，ECDH 算法的密钥长度仅需要 224 位元即可。

所以 RSA 是用来验证身份然后交换密钥的，并不是用来加密数据的，因为它太长了，计算量太大。加密数据是用的 ECDHE 生成的密钥和公钥。

在服务器发送了它的证书给浏览器之后，就进行了密钥交换 Server Key Exchange 和 Client Key Exchange，如图 5-69 所示。

Time	Source	Destination	Protocol	Length	Info
8.256758	111.11.5.253	10.2.202.15	TLSv1.2	1514	Certificate
8.256761	111.11.5.253	10.2.202.15	TLSv1.2	270	Server Key Exchange
8.256818	10.2.202.15	111.11.5.253	TCP	54	52683 → 443 [ACK] Seq=231 Ack=4597 Win=260448 Len=0
8.265756	10.2.202.15	111.11.5.253	TLSv1.2	129	Client Key Exchange

图 5-69　密钥交换

在 WireShark 里面展开，可以看到它发给客户端的公钥，如图 5-70 所示。

```
▼ Handshake Protocol: Server Key Exchange
    Handshake Type: Server Key Exchange (12)
    Length: 329
  ▼ EC Diffie-Hellman Server Params
      Curve Type: named_curve (0x03)
      Named Curve: secp256r1 (0x0017)
      Pubkey Length: 65
      Pubkey: 04846cf615c86b2eb81784038a76d1b9bc89d4d9ab40dd7e...
```

图 5-70　服务端发给客户端的公钥

这个公钥最长只有 65 个字节，260 位，和上面的 270 个字节的公钥相比，已经短了很多。这个公钥是用 RSA 对方的公钥签名过的，也就是说只有使用对方的密钥解密才能知道这个公钥是什么。

同样地，浏览器结合服务器发给它的随机密码（Server Hello），生成它自己的主密钥，然后发送公钥给服务器，如图 5-71 所示。

图 5-71　客户端的公钥

这个公钥也是只有 65 个字节。同样地也是被签名过的。

双方交换密钥之后，浏览器给服务器发了一个明文的 Change Cipher Spec 的包，告诉服务器我已经准备好了，可以开始传输数据了，如图 5-72 所示。

图 5-72　客户端的 Change Cipher Spec

同样地，服务器也会给浏览器发一个 Change Cipher Spec 的包，如图 5-73 所示。

图 5-73　服务端的 Change Cipher Spec

浏览器给服务器回了个 ACK，然后就开始传输数据，如图 5-74 所示。

图 5-74　开始传输加密的数据

上面已经提到服务器选择的数据传输加密方式为 AES，AES 是一种高效的加密方式，它会使用主密钥生成另外一把密钥，其加密过程可见维基百科。

到此，整个连接过程就讲解完了。这个时候就可以回答上文提出的证书被克隆的问题，其实答案很简单，因为这是没有意义的。双方采用 RSA 交换公钥，使用的公钥和密钥是一一配套的，所以只要证书是对的，即公钥是对的，对方没办法知道配套的密钥是多少，所以即使证书被克隆，对方收到的数据是无法解密的。所以没有人会去偷证书，因为是没有意义的，因为他不知道密钥，从这个角度来说证书可以验证身份的合法性是可以理解的。

这个连接的过程大概需要多久呢？

使用 HTTPS 的代价

在 WireShark 里面可以看到每个包的发送时间，如图 5-75 所示。

Time	Source	Destination	Protocol	Length	Info
4.992337	10.2.202.15	111.11.5.253	SSL	284	Client Hello
5.107045	111.11.5.253	10.2.202.15	TCP	54	443 → 52660 [ACK] Seq=1 Ack=231 Win=15872 Len=0
5.134933	111.11.5.253	10.2.202.15	TLSv1.2	1514	Server Hello
5.135729	111.11.5.253	10.2.202.15	TCP	1514	[TCP Previous segment not captured] [TCP segment of
5.135734	111.11.5.253	10.2.202.15	TLSv1.2	270	Server Key Exchange
5.135735	111.11.5.253	10.2.202.15	TCP	1514	[TCP Out-Of-Order] 443 → 52660 [ACK] Seq=1461 Ack=2
5.135824	10.2.202.15	111.11.5.253	TCP	66	52660 → 443 [ACK] Seq=231 Ack=1461 Win=262144 Len=0
5.135825	10.2.202.15	111.11.5.253	TCP	66	[TCP Dup ACK 167#1] 52660 → 443 [ACK] Seq=231 Ack=1
5.135825	10.2.202.15	111.11.5.253	TCP	54	52660 → 443 [ACK] Seq=231 Ack=4597 Win=259008 Len=0
5.135898	10.2.202.15	111.11.5.253	TCP	54	[TCP Window Update] 52660 → 443 [ACK] Seq=231 Ack=4
5.156819	10.2.202.15	111.11.5.253	TLSv1.2	129	Client Key Exchange
5.156820	10.2.202.15	111.11.5.253	TLSv1.2	60	Change Cipher Spec
5.156895	10.2.202.15	111.11.5.253	TLSv1.2	99	Encrypted Handshake Message
5.233845	111.11.5.253	10.2.202.15	TCP	60	[TCP Out-Of-Order] 443 → 52660 [PSH, ACK] Seq=4595
5.233916	10.2.202.15	111.11.5.253	TCP	54	[TCP Dup ACK 169#1] 52660 → 443 [ACK] Seq=357 Ack=4
5.277133	111.11.5.253	10.2.202.15	TCP	60	443 → 52660 [ACK] Seq=4597 Ack=312 Win=15872 Len=0
5.299625	111.11.5.253	10.2.202.15	TLSv1.2	105	Change Cipher Spec, Encrypted Handshake Message
5.299701	10.2.202.15	111.11.5.253	TCP	54	52660 → 443 [ACK] Seq=357 Ack=4648 Win=262080 Len=0

图 5-75　第一列是时间

从最开始的 Client Hello，到最后的 Change Cipher Spec 的包，即从 4.99s 到 5.299 秒，这个建立 HTTPS 连接的过程为 0.3s。所以使用 HTTPS 是需要付出代价：

（1）建立 HTTPS 需要花费时间（～ 0.3s）；

（2）数据需要加密和解密，占用更多的 CPU；

（3）数据加密后比原信息更大，占用更多的带宽。

怎样绕过 HTTPS

使用 ssltrip，这个工具它的实现原理是先使用 ARP 欺骗和用户建立连接，然后强制将用户访问的 HTTPS 替换成 HTTP。即中间人和用户之间是 HTTP，而和服务器还是用的 HTTPS。

怎样规避这个问题呢？

如果经常访问的网站是 HTTPS 的，某一天突然变成了 HTTP，那么很可能有问题，最直观的就是浏览器地址栏的小锁没有了，如图 5-76 所示。

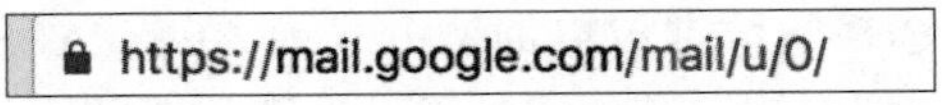

图 5-76　地址栏会有一把锁

怎样创建一个自签名的证书

证书要么买，要么自己创建一个，可以使用 openssl 生成一个证书，执行如下命令：

```
openssl req -x509 -nodes -sha256 -days 365 -newkey rsa:2048 -keyout test.com.key
-out test.com.crt
```

如上，使用 sha256 + rsa 2048 位，有效期为 365 天，输出为证书 test.com.crt 和密钥 test.com.key，在生成过程中它会让你填相关的信息，如图 5-77 所示。

```
yinchenglis-MacBook-Pro:https yincheng$ openssl req -x509 -nodes -sha256 -days 365
    -newkey rsa:2048 -keyout test.com.key -out test.com.crt
Generating a 2048 bit RSA private key
............+++
.............................+++
writing new private key to 'test.com.key'
-----
You are about to be asked to enter information that will be incorporated
into your certificate request.
What you are about to enter is what is called a Distinguished Name or a DN.
There are quite a few fields but you can leave some blank
For some fields there will be a default value,
If you enter '.', the field will be left blank.
-----
Country Name (2 letter code) [AU]:CN
State or Province Name (full name) [Some-State]:BEIJING
Locality Name (eg, city) []:BEIJING
Organization Name (eg, company) [Internet Widgits Pty Ltd]:TestCompany
Organizational Unit Name (eg, section) []:
Common Name (e.g. server FQDN or YOUR name) []:test.com
Email Address []:
```

图 5-77　生成一个自签名证书

最后会生成两个文件，一个是证书（未被签名），另一个是密钥，如图 5-78 所示。

test.com.crt

test.com.key

图 5-78　生成 tbsCertificate 和密钥文件

然后把这个证书添加到浏览器里面，设置为信任，浏览器就不会报 NET::ERR_CERT_AUTHORITY_INVALID 的错误，就可以正常使用这个证书了。

使用 letsencrypt 创建免费的证书

证书分为三种 dv（域名型）、ov（企业型）和 ev（增强型），dv 是最简单的只要有一个可以访问的域名就可以申请，而 ov 是给企业用的，申请比较严格需要提供企业的相关材料，ev 可以在地址栏上显示公司的名字，如 sitepoint.com。对于小博客网站搞一个 dv 型的就可以了。

有一个免费的 dv 型证书颁发机构叫 letsencrypt⊖，它可以提供三个月的免费使用，到期了再续一下就行，所以说它是免费的。而且安装和申请非常简单，使用 certbot⊖安装。具体安装过程可以参考网站的说明。

⊖ https://letsencrypt.org/

⊖ https://certbot.eff.org/

安装好之后，它会给 nginx 添加一个配置：

```
listen 443 ssl; # managed by Certbot
ssl_certificate /etc/letsencrypt/live/test.com/fullchain.pem;
ssl_certificate_key /etc/letsencrypt/live/test.com/privkey.pem;
include /etc/letsencrypt/options-ssl-nginx.conf;
```

nginx 监听 443 端口，使用指定证书处理 ssl 的加密和解密，把解密后的请求转发到业务服务，业务服务不需要处理加密和解密的过程。

还会添加一个 HTTP 重定向 HTTPS 的配置：

```
if ($scheme != "https") {
    return 301 https://$host$request_uri;
}
```

301 表示资源永久转移，浏览器收到 301 响应之后就会自动做重定向。

本文的思路是参考了另外一篇博客：HTTPS 连接的前几毫秒发生了什么[一]，这篇博客写于 2009 年，里面有些东西稍微比较老了，还有就是有些关键点说得不够透彻。经过笔者一番研究才有了上面的讲解。

当你的网站使用 HTTPS 时，你就对 HTTPS 不那么陌生了，双方进行通讯仍然使用 HTTP，只是传送的数据是用的 TLS 加密的。客户端是浏览器加的密，而服务端通常是 nginx 加的密。这种加密和解密的过程对于应用程序来说是透明的。

问答

1. 当我访问 HTTP 时，如 http://www.baidu.com，为什么会自动跳转到 HTTPS？

答：这是后端做的重定向，通常使用 Nginx 的 rewrite 或者 return 规则做的重定向，返回 3 开头的状态码让浏览器重定向，如图 5-79 所示。

Name	Status	Type	Initiator	Size
www.baidu.com	307		Other	0B
www.baidu.com	200	docu...	www.baidu...	44.5KB

图 5-79　HTTP 重定向到 HTTPS

2. RSA 和密钥交换是什么关系？

答：RSA 是非对称加密算法，而密钥交换用的是对称加密，在 WireShark 里可以看到它们用的是迪菲–赫尔曼密钥交换（Diffie–Hellman key exchange）。为了让交换不受中间人攻击，双方需要进行身份验证。即使用 RSA 对密钥加密，只有拥有正确 RSA 密钥的一方，才能知道交换的密钥是什么。

3. TLS 是传输层协议？

答：一般把 TLS 归为安全传输层协议。

㊀ http://www.moserware.com/2009/06/first-few-milliseconds-of-https.html

Effective 前端 19：弄懂为什么 0.1+ 0.2 不等于 0.3

0.1 + 0.2 不等于 0.3 这是一个普遍的问题，例如在 JS 控制台输入将得到 0.30000000000000004，如图 5-80 所示。

```
> 0.1 + 0.2
< 0.30000000000000004
```

图 5-80　JS 结果不是刚好等于 0.3

在 python 的控制台也是输出这个数，如图 5-81 所示。

```
yinchenglis-MacBook-Pro:~ yincheng$ python
Python 2.7.10 (default, Feb  6 2017, 23:53:20)
[GCC 4.2.1 Compatible Apple LLVM 8.0.0 (clang-800.0.34)] on darwin
Type "help", "copyright", "credits" or "license" for more information.
>>> 0.1 + 0.2
0.30000000000000004
>>>
```

图 5-81　使用 python 计算也是相同的结果

在 C 里面运行以下代码，指定输出小数位为 57 位，如代码清单 5-6 所示：

代码清单 5-6　打印 0.1 + 0.2 的准确结果

```
printf("%.57f", 0.1 + 0.2);
```

将得到：

0.300000000000000044408920985006261616945266723632812500000

那我们的问题来了，为什么计算机计算的 0.1 加 0.2 会不等于 0.3？

首先看一下 JS 能够表示最大数是多少，如图 5-82 所示，打印 Number.MAX_SAFE_INTEGER 和 Number.MAX_VALUE：

```
> Number.MAX_SAFE_INTEGER
< 9007199254740991
> Number.MAX_VALUE
< 1.7976931348623157e+308
```

图 5-82　JS 能表示的最大整数和最大数

JS 能表示的最大整数为 9 007 199 254 740 991，约为 9e16，能表示的最大正数为 1.79e308，这两个数是怎么得来的呢？先来看一下整数在计算机的存储方式。

我们知道计算机是使用二进制存储数据的，整数也是同样的道理，整数可以分成短整型、基本型和长整型，占用的存储空间分别为 16 位、32 位和 64 位，如果操作系统是 32 位的，那么使用长整型将会慢于短整型，因为一个数它需要分两次取，而在 64 位的操作系统，一次就可以取到 8 个字节或 64 位的数据，所以使用长整型不会有性能问题。另外，32 位的操作系统只能识别到 2 ^ 32 = 4G 的内存地址，而现在的电脑内存动不动就是 8G、

16G，所以现在的电脑基本都是 64 位的，不比前几年。

32 位有符号整型的存储方式如图 5-83 所示。

图 5-83　32 位有符号整型的存储

第一位 0 表示正数，1 表示负数，剩下的 31 位表示数值，所以 32 位有符号整数最大值为：

2 ^ 31 - 1 = 2 147 483 647

即 21 亿多，如果要表示全球人口，那么 32 位整型是不够的。同理，64 位有符号整型能表示的最大值为：

2 ^ 63 - 1 = 9 223 372 036 854 775 807

这是一个 19 位数，MYSQL 数据库的 id 字段就经常用长整型表示，那为什么 JS 能表示的最大整数只有 16 位，而不是 19 位呢？这个要先说一下浮点型在计算机的存储方式。

现在浮点型的存储实现基本按 IEEE754 标准，符点数分为单精度和双精度，单精度为 32 位，双精度为 64 位。

在十进制里面，一个小数如 0.75 可以表示成 7.5 * 10 ^ -1，同样地在二进制里面，0.75 可以表示成：

0.75 = 1.1 * 2 ^ -1

即：

0.75 = (1 * 2 ^ 0 + 1 * 2 ^ -1) * 2 ^ -1,

其中幂次方 -1 用阶码表示，而基数 1.1 由于二进制整数部分都是 1，所以去掉 1 留下 0.1 作为尾数部分（因为都是 1 点多的形式，所以这个 1 就没必要存了）。因此 0.75 在单精度浮点数是这样表示的，如图 5-84 所示。

图 5-84　0.75 在 32 位浮点数的表示

注意阶码要加上一个基数，这个基数为 2 ^ (n - 1) - 1，n 为阶码的位数，32 位的阶码为 8 位，所以这个基数为 127，8 位阶码能表示的最小整数为 0，最大整数为 255，所以能表示的指数范围为：(0 - 127) ~ (255 - 127) 即 -127 ~ 128，上面要表示指数为 -1，需要加上基数 127，就变成 126，如上图 5-84 所示。

而尾数为 0.1，所以尾数的最高位为 1，后面的值填充 0。

反过来，如果知道一个二进制的存储方式，同样地可以转换成 10 进制，如上图的计算结果应为：

(1 + 1 * 2 ^ - 1) * 2 ^ (126 - 127) = 1.5 * 2 ^ -1 = 0.75

那么 0.1 又该如何表示成一个二进制呢？

由于 0.75 = 1 * 2 ^ -1 + 1 * 2 ^ -2，刚好可以被二进制精确表示，那 0.1 呢？没办法了，0.1 无法被表示成这种形式，只能是用另外一个数尽可能地接近 0.1（同理 1/3 无法在 10 进制精确表示，但是可以在 3 进制精确表示，表示为 0.1，只是我们习惯了 10 进制）。

我们可以用一小段 C 代码㊀来研究一下十进制的 0.1 被存储成什么了，如代码清单 5-7 所示：

代码清单 5-7　打印小数在内存里面的二进制存储

```c
void printBits(size_t const size, void const * const ptr)
{
    unsigned char *b = (unsigned char*) ptr;
    unsigned char byte;
    int i, j;
    for (i=size-1;i>=0;i--)
    {
        for (j=7;j>=0;j--)
        {
            byte = (b[i] >> j) & 1;
            printf("%u", byte);
        }
    }
    puts("");
}
double a = 0.1;
double b = 0.1;
printBits(sizeof(a), &a);
printBits(sizeof(b), &b);
```

因为 C 可以读取到原始的内存内容，所以可以打印每位的数据是什么。如上代码打印的结果如图 5-85 所示。

```
0.1 =>
0011111110111001100110011001100110011001100110011001100110011010
0.2 =>
0011111111001001100110011001100110011001100110011001100110011010
```

图 5-85　0.1 和 0.2 的二进制存储

㊀ http://stackoverflow.com/questions/111928/is-there-a-printf-converter-to-print-in-binary-format

双精度浮点数用 11 位表示阶码，52 位表示尾数，如图 5-86 所示。

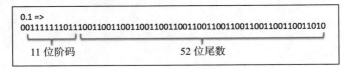

图 5-86　11 位阶码和 52 位尾数

所以双精度的阶码基数为 2 ^ 10 - 1 = 1023，0.1 的阶码为 01 111 111 011，等于二进制 1 019，所以它的指数为 -4，如图 5-87 所示。

```
> 0b01111111011 - 1023
< -4
```

图 5-87　计算指数

尾数约为 0.6，如图 5-88 所示。

```
> 0b1001100110011001100110011001100110011001100110011010
< 2702159776422298
> 2702159776422298 * Math.pow(2, -52)
< 0.6000000000000001
```

图 5-88　计算尾数

由于这个精度不够，我们要找一个高精度的计算器，如笔者找的这个[⊖]，如图 5-89 所示。

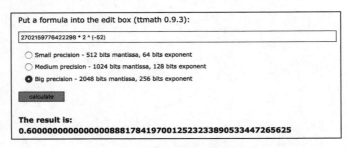

图 5-89　得到精确的尾数结果

有了这个尾数之后，再让它乘以指数，结果如图 5-90 所示。

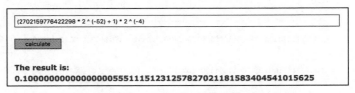

图 5-90　得到 0.1 的精确存储值

⊖　http://www.ttmath.org/online_calculator

也就是说 0.1 的实际存储要比 0.1 大，大概大了 5.5e–17。

注意到，0.2 和 0.1 的区别在于 0.2 比 0.1 的阶码大了 1，其他的完全一样。所以，0.2 也是偏大了，如图 5-91 所示。

图 5-91　0.2 的精确存储值

两个数相加的结果为图 5-92 所示：

图 5-92　0.1 加 0.2 的精确结果

但是注意到 0.1 + 0.2 并不是上面的结果，要比上面的大，如图 5-93 所示。

图 5-93　并不是直接相加

这又是为什么呢？因为浮点数相加，需要先比较阶码是否一致，如果一致则尾数直接相加，如果不一致，需要先对阶，小阶往大阶看齐，即把小阶的指数调成和大阶的一样大，然后把它的尾数向右移相应的位数。如上面的 0.1 是小阶，需要对它进行处理。如图 5-94 所示。

```
0.1 = 1.1011100110011001100110011001100110011001100110011010 * 2 ^ -4
0.2 = 1.1011100110011001100110011001100110011001100110011010 * 2 ^ -3
```

图 5-94　0.1 和 0.2 的二进制表示

需要把 0.1 的小数点向右移一位变成，如图 5-95 所示。

```
0.1 = 0.11011100110011001100110011001100110011001100110011010 * 2 ^ -3
```

图 5-95　0.1 尾数退一位，指数进一位

向右移一位导致尾数需要进行截断，由于最后一位刚好是 0，所以这里直接舍弃，如果

是 1，那么尾数加 1，类似于十进制的四舍五入，避免误差累积。现在 0.1 和 0.2 的阶码一样了，尾数可以进行相加减了，如下把它们俩的尾数相加，如图 5-96 所示。

```
 1100110011001100110011001100110011001100110011001101
+1001100110011001100110011001100110011001100110011010
 10110011001100110011001100110011001100110011001100111
```

图 5-96　把对好阶的尾数相加

可以看到，发生了进位，变成了 53 位，已经超过了尾数 52 位的范围，所以需要把阶码进一位，即指数加 1（乘以 2），两数和的尾数右移一位，即除以 2，由于尾数的最后一位是 1，进行"四舍五入"，舍弃最后一位后再加上 1，最后尾数变成了如图 5-97 所示。

```
10110011001100110011001100110011001100110011001100111
 1011001100110011001100110011001100110011001100110100
```

图 5-97　尾数进行 0 舍 1 入

而指数加 1，变成了 -2，所以最后的计算结果如图 5-98 所示。

```
((900719925474100) * 2^(-52) + 1) / 4
[calculate]
The result is:
0.30000000000000004440892098500626161694526672367236328125
```

图 5-98　0.1 加 0.2 的真正结果

这个就和控制台的输出一致了，并且和 C 的输出完全一致。到此，我们就回答了为什么 0.1 加 0.2 不等于 0.3 了。上面还提出了两个问题，其中一个是：为什么 JS 的最大正数是 1.79e308 呢？这个数其实就是双精度浮点数所能表示最大正值，如图 5-99 使用 python 的输出。

```
>>> pow(2, 11) - 1 - 1023
1024
>>> pow(2, 1024)
179769313486231590772930519078902473361797697894230657273430081157732675805500960
31327084773220407536021120113879871393357658789768814416622492847430639474124377
76789342486548527630222196012460941194530829520850057688381506823424628814739131
105408272371633505106845862982399472459384797163048353563296242242241372161L
```

图 5-99　计算 64 位浮点数的最大数

第二个问题是为什么 JS 的最大正整数不是正常的 64 位的长整型所能表示的 19 位呢？因为 JS 的正整数是用的尾数的长度表示的，由于尾数是 52 位，加上整数的一位，它所能表示的最大的整数为图 5-100 所示。

```
>>> pow(2, 53) - 1
9007199254740991
```

图 5-100　53 位数能表示的最大整数

为什么 JS 要用这种方式呢？因为 JS 的整型和浮点型在计算过程中可以随时自动切换，

整型在 JS 里面也是用浮点数的结构存储的，放在了尾数的部分。

由于后端的数据库的 ID 字段可能会大于这个值，如果传来了一个很大的数，在调 JSON.parse 的时候将会丢失精度，ID 就不对了，所以如果出现这种情况，应该让后端把 ID 当成字符串的方式传给你。

另外需要注意的是，双精度符点数的可靠位数为 15 位，也就是说从第 16 位开始可能是不对的，如 0.1 + 0.2 = 0.300 000 000 000 000 04，最后面的 04 这两位是不可靠的。因为从上文知道尾数最大值是一个 16 位的整数，因此前 15 位一定是可靠的。

但是会有一种情况精度要求很高，15 位精度会不够用，例如计算天体运算。那怎么办呢？有一种绝对精准的方式就是用分数表示，例如 0.1 + 0.2 = 3/10，计算的过程和最后的结果都用分数或者开根号表示，分数的结果，你需要精确到多少位都可以取到。这个在 matlab/maple 等科学计算软件都有实现。

最后怎么判断两个小数是否相等呢？用等号肯定是不行的了，判断两个小数是否相等要用它们的差值和一个很小的小数进行比较，如果小于这个小数，则认为两者相等，ES6 新增了一个 Math.EPSILON 属性，如比较 0.1 + 0.2 是否等 0.3 应该如图 5-101 这么操作。

```
> Number.EPSILON
< 2.220446049250313e-16
> 0.1 + 0.2 - 0.3 < Number.EPSILON
< true
```

图 5-101　比较两个小数是否相等

问答

1. 怎么比较小数的大小关系？

答：使用正常的比较即可，因为如果两个小数很接近，在误差范围内，那么应当认为这两个数是相等的，所以不管你用小于比较还是大于比较都是 false。

2. 因为 0.3 也是不能精确存储的，有没有可能两个小数的误差刚刚好一样？

答：这个概率太小，因为 0.1 的存储比实际值大了一点，0.2 的存储又再大了一点，所以两者相加会大得比较多。这些常量的数字在编译时就已经决定好它们在内存是怎么存储的了。

Effective 前端 20：明白 WebAssembly 与程序编译

WebAssembly（WASM）和 CSS 的 Grid 布局一样都是一个新东西，Chrome 从 57 开始支持。在讲 WASM 之前我们先看代码是怎么编译的成机器码的，因为计算机只认识机器码。

机器码

计算机只能运行机器码，机器码是一串二进制的数字，如下面 5-102 的可执行文件 a.out：

![图 5-102 一个进制的可执行文件]

图 5-102　一个进制的可执行文件

上面显示成 16 进制，是为了节省空间。

例如我用 C 写一个函数，如代码清单 5-8 所示：

代码清单 5-8　一段简单的 C 代码

```
int main(){
    int a = 5;
    int b = 6;
    int c = a + b;
    return 0;
}
```

然后把它编译成一个可执行文件，就变成了上面的 a.out。a.out 是一条条的指令组成的，如图 5-103 所示，研究一下为了做一个加法是怎么进行的：

图 5-103　指令和对对应的汇编

第一个字节表示它是哪条指令，每条指令的长度可能不一样。上面总共有四条指令，第一条指令的意思是把 0x5 即 5 这个数放到内存内置为 [rbp − 0x8] 的位置，第二条指令的意思是把 6 放到内存地址为 [rbp − 0xc] 的位置，为什么内存的位置是这样呢，因为我们定义了两个局部变量 a 和 b，局部变量是放在栈里面的，而 new 出来的是放在内存堆里面的。上面 main 函数的内存栈空间如图 5-104 所示。

rbp 是一个 base pointer，表示当前栈的基地址，这里应该为 main 函数入口地址，然后又定义了两个

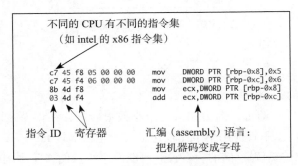

内存地址 address	存放值 value
rbp−12	6
rbp−8	5
rbp−4	?
rbp	?（main 函数入口地址）

图 5-104　内存栈存储

局部变量，它们依次入栈，栈由下往上增长，从高位向内存的低位增长，（堆是从内存的低位向上增长）。最后 return 返回的时候这个栈就会一直 pop 到入口地址位置，回到调它的那个函数的地址，这样你就知道函数栈调用是怎么回事了。

一个栈最大的空间为多少呢？可以执行 ulimit -s 或者 ulimit -a 命令，它会打印出当前操作系统的内存栈最大值，如下所示：

```
>   ulimit -a
    stack size                  (kbytes, -s) 8192
```

这里为 8MB，相对于一些 OS 默认的 64KB，已经是一个比较大的值了。一旦超出这个值，就会发生栈溢出 stack overflow。

理解了第一条指令和第二条指令的意思后就不难理解第三条和第四条了。第三条是把内存地址为 [rbp – 8] 放到 ecx 寄存器里面，第四条做一个加法，把 [rbp – 12] 加到 ecx 寄存器。就样就完成了 c = a + b 的加法。

更多汇编和机器码的运算读者有兴趣可以自行去查资料继续扩展，这里我提了一下，帮助读者理解这种比较陌生的机器码是怎么回事。

编译和解释

我们知道编程语言分为两种，一种是编译型的如 C/C++，另一种是解释型如 Java/Python/JS 等。

在编译型语言里面，代码需经过以下步骤转成机器码，如图 5-105 所示。

图 5-105　编译成机器码

先把代码文本进行词法分析、语法分析、语义分析，转成汇编语言，其实解释型语言也是需要经过这些步骤。通过词法分析识别单词，例如知道了 var 是一个关键词，people 这个单词是自定义的变量名字；语法分析把单词组成了短句，例如知道了定义了一个变量，写了一个赋值表达式，还有一个 for 循环；而语义分析是看逻辑合不合法，例如如果赋值给了 this 常量编译器将会报错。

然后再把汇编再翻译成机器码，汇编和机器码是两个比较接近的语言，只是汇编不需要去记住哪个数字代表哪个指令。

编译型语言需要在运行之前生成机器码，所以它的执行速度比较快，比解释型的要快若干倍，缺点是由于它生成的机器码是依赖于那个平台的，所以可执行的二进制文件无法在另一个平台运行，需要再重新编译。

相反，解释型为了达到一次书写，处处运行（write once, run everywhere）的目的，它不能先编译好，只能在运行的时候，根据不同的平台再一行行解释成机器码，导致运行速度要明显低于编译型语言。

如果你看 Chrome 源码的话，你会发现 V8 的解释器是一个很复杂的工程，有 200 多个文件，如图 5-106 所示。

```
[yinchenglis-MacBook-Pro:chrome yincheng$ ls src/v8/src/compiler | wc -l
     217
[yinchenglis-MacBook-Pro:chrome yincheng$ ls src/v8/src/compiler
OWNERS                              js-type-hint-lowering.h
STYLE                               js-typed-lowering.cc
access-builder.cc                   js-typed-lowering.h
access-builder.h                    jump-threading.cc
access-info.cc                      jump-threading.h
access-info.h                       linkage.cc
all-nodes.cc                        linkage.h
all-nodes.h                         live-range-separator.cc
arm                                 live-range-separator.h
arm64                               liveness-analyzer.cc
ast-graph-builder.cc                liveness-analyzer.h
ast-graph-builder.h                 load-elimination.cc
ast-loop-assignment-analyzer.cc     load-elimination.h
ast-loop-assignment-analyzer.h      loop-analysis.cc
```

图 5-106　Chrome 的 V8 解释器

WebAssembly 介绍

WASM 的意义在于它不需要 JS 解释器，可直接转成汇编代码（assembly code），所以运行速度明显提升，速度比较如图 5-107 所示。

	C++	JS	JS Wasm
factor(time)	1	8	2

图 5-107　速度比较

通过一些实验的数据[一]，JS 大概比 C++ 慢了 7 倍，ASM.js 官网认为它们的代码运行效率是用 clang 编译的代码的 1/2，所以就得到了上面比较粗糙的对比。

Mozilla 公司最开始开发 asm.js，后来受到 Chrome 等浏览器公司的支持，慢慢发展成 WASM，W3C 还有一个专门的社区，叫 WebAssembly Community Group。

一般认为 WASM 是 JS 的一个子集，它的特点是**强类型**，并且只支持整数、浮点数、函数调用、数组、算术计算，如代码清单 5-9 使用 asm 规范写的代码做两数的加法：

代码清单 5-9　asm 代码

```
function () {
    "use asm";
    function add(x, y) {
        x = x | 0;
        y = y | 0;
        return x | 0 + y | 0;
```

[一] https://benchmarksgame.alioth.debian.org/u64q/compare.php?lang=node&lang2=gpp

```
        }
        return {add: add};
}
```

正如 asm.js 官网提到的：

```
An extremely restricted subset of JavaScript that provides only strictly-typed
integers, floats, arithmetic, function calls, and heap accesses
```

WASM 的兼容性，如图 5-108 所示：

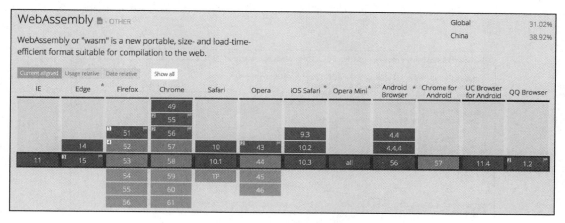

图 5-108　WASM 的兼容性

最新的主流浏览器基本上都已经支持。

WASM Demo

1. 准备

（1）Mac 电脑需要安装以下工具：

`cmake make Clang/XCode`

（2）Windows 需要安装：

`cmake make VS2015 以上`

（3）然后再装一个：

`WebAssembly binaryen (asm2Wasm)`

2. 开始

写一个 add.asm.js，按照 asm 规范，如图 5-109 所示。

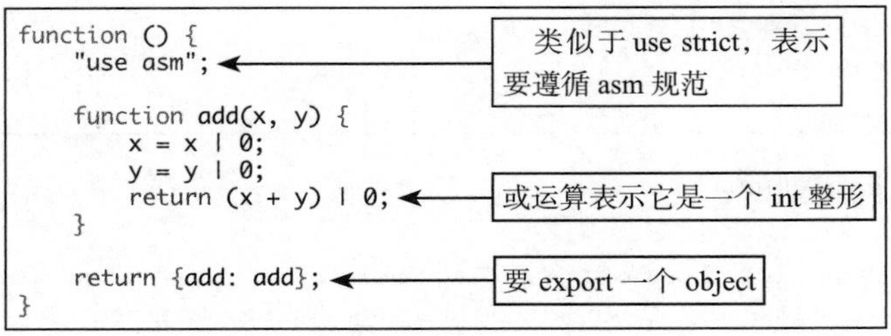

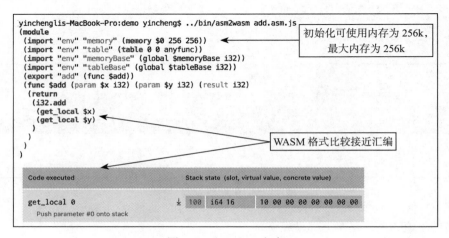

图 5-109　asm 书写特点

然后再运行刚刚装的工具 asm2Wasm，就可以得到生成的 WASM 格式的文本，如图 5-110 所示。

图 5-110　WASM 文本

可以看到 WASM 比较接近汇编格式，可以比较快捷地转成汇编。

如果不是在控制台输出，而是输出到一个文件，那么它是二进制的。运行以下命令：

../bin/asm2wasm add.asm.js -o add.wasm

打开生成的 add.wasm，可以看到它是一个二进制的，如图 5-111 所示。

图 5-111　生成一个二进制的 WASM 文件

有了这个文件之后怎么在浏览器上面使用呢，如代码清单 5-10 所示，使用 Promise，因为 WebAssembly 相关的对象本身就是 Promise 对象：

代码清单 5-10　在浏览器上使用 WASM

```
fetch("add.wasm").then(response =>
    response.arrayBuffer())
.then(buffer =>
    WebAssembly.compile(buffer))
.then(module => {
    var imports = {env: {}};
    Object.assign(imports.env, {
        memoryBase: 0,
        tableBase: 0,
        memory: new WebAssembly.Memory({ initial: 256, maximum: 256 }),
        table: new WebAssembly.Table({ initial: 0, maximum: 0, element: 'anyfunc' })
    })
    var instance =  new WebAssembly.Instance(module, imports)
    var add = instance.exports.add;
    console.log(add, add(5, 6));
})
```

先去加载 add.wasm 文件，接着把它编译成机器码，再 new 一个实例，然后就可以用 exports 的 add 函数了，如图 5-112 控制台的输出。

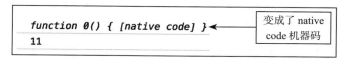

图 5-112　WASM 的函数是 native 的

可以看到 add 函数已经变成机器码了。

现在来写一个比较有用的函数，斐波那契函数，先写一个 asm.js 格式的，如代码清单 5-11 所示：

代码清单 5-11　斐波那契的 asm 实现

```
function fibonacci(fn, fn1, fn2, i, num) {
    num = num | 0;
    fn2 = fn2 | 0;
    fn = fn | 0;
    fn1 = fn1 | 0;
    i = i | 0;
    if(num < 0)   return 0;
    else if(num == 1) return 1;
    else if(num == 2) return 1;
    while(i <= num){
        fn = fn1;
        fn1 = fn2;
        fn2 = fn + fn1;
        i = i + 1;
    }
    return fn2 | 0;
}
```

这里笔者遇到一个问题，就是定义的局部变量无法使用，它的值始终是 0，所以先用传参的方式。

然后再把刚刚那个加载编译的函数封装成一个函数，如代码清单 5-12 所示：

代码清单 5-12　封装

```
loadWebAssembly("fibonacci.wasm").then(instance => {
    var fibonacci = instance.exports.fibonacci;
    var i = 4, fn = 1, fn1 = 1, fn2 = 2;
    console.log(i, fn, fn1, fn2, "f(5) = " + fibonacci(5));
});
```

最后观察控制台的输出，如图 5-113 所示。

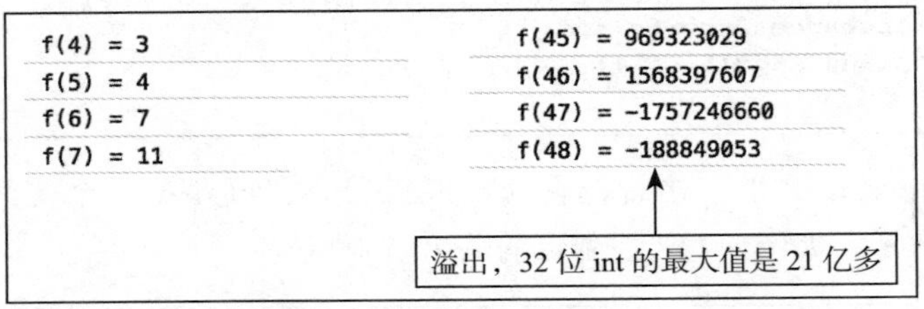

```
f(4) = 3                f(45) = 969323029
f(5) = 4                f(46) = 1568397607
f(6) = 7                f(47) = -1757246660
f(7) = 11               f(48) = -188849053
                                  ↑
                        溢出，32 位 int 的最大值是 21 亿多
```

图 5-113　运行 WASM 的函数

可以看到在 f(47) 的时候发生了溢出，在下一篇中将会提到 JS 溢出了会自动转成浮点数，但是 WASM 就不会了，所以可以看到 WASM/ASM 其实和 JS 没有直接的关系，只是说你可以用 JS 写 WASM，虽然官网的说法是 ASM 是 JS 的一个子集，但其实两者没有血肉关系，用 JS 写 ASM 你会发现非常地笨拙和不灵活，编译成 WASM 会有各种报错，提示信息非常简陋，总之很难写。但是不用沮丧，因为下面我们会提到还可以用 C 写。

然后我们可以做一个兼容，如果支持 WASM 就去加载 wasm 格式的，否则加载 JS 格式，如图 5-114 所示。

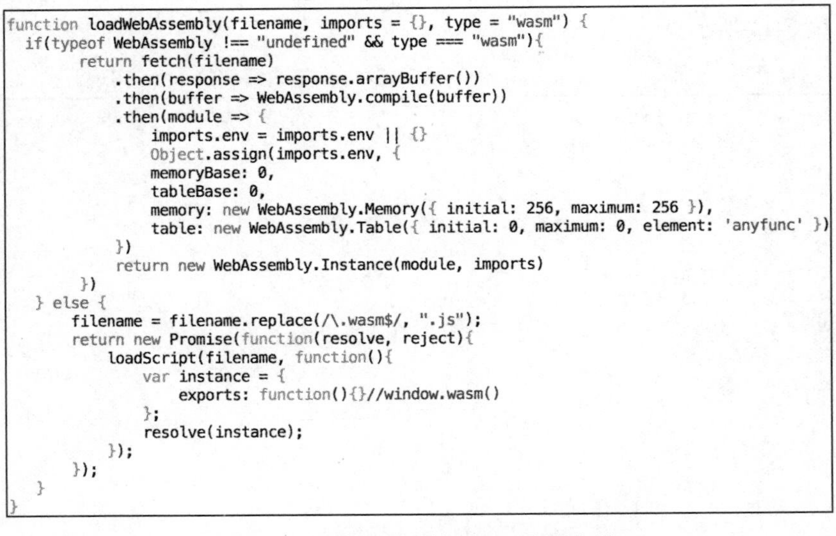

```
function loadWebAssembly(filename, imports = {}, type = "wasm") {
    if(typeof WebAssembly !== "undefined" && type === "wasm"){
        return fetch(filename)
            .then(response => response.arrayBuffer())
            .then(buffer => WebAssembly.compile(buffer))
            .then(module => {
                imports.env = imports.env || {};
                Object.assign(imports.env, {
                    memoryBase: 0,
                    tableBase: 0,
                    memory: new WebAssembly.Memory({ initial: 256, maximum: 256 }),
                    table: new WebAssembly.Table({ initial: 0, maximum: 0, element: 'anyfunc' })
                })
                return new WebAssembly.Instance(module, imports)
            })
    } else {
        filename = filename.replace(/\.wasm$/, ".js");
        return new Promise(function(resolve, reject){
            loadScript(filename, function(){
                var instance = {
                    exports: function(){}//window.wasm()
                };
                resolve(instance);
            });
        });
    }
}
```

图 5-114　兼容不支持 wasm 的浏览器

JS 和 WASM 的速度比较

如代码清单 5-13 所示，计算 1 到 46 的斐波那契值，然后重复一百万次，分别比较 WASM 和 JS 的时间：

代码清单 5-13　WASM 和 JS 的运行速度比较

```
//wasm 运行时间
loadWebAssembly("fib.wasm").then(instance => {
    var fibonacci = instance.exports._fibonacci;
    var num = 46;
    var count = 1000000;
    console.time("wasm fibonacci");
    for(var k = 0; k < count; k++){
        for(var j = 0; j < num; j++){
            var i = 4, fn = 1, fn1 = 1, fn2 = 2;
            fibonacci(fn, fn1, fn2, i, j);
        }
    }
    console.timeEnd("wasm fibonacci");
});

//js 运行时间
loadWebAssembly("fibonacci.js", {}, "js").then(instance => {
    var fibonacci = instance.exports.fibonacci;
    var num = 46;
    var count = 1000000;
    console.time("js fibonacci");
    for(var k = 0; k < count; k++){
        for(var j = 0; j < num; j++){
            var i = 4, fn = 1, fn1 = 1, fn2 = 2;
            fibonacci(fn, fn1, fn2, i, j);
        }
    }
    console.timeEnd("js fibonacci");
});
```

运行四次，比较如图 5-115 所示：

```
wasm fibonacci: 523ms        wasm fibonacci: 537ms
js fibonacci: 1.05e+3ms      js fibonacci: 1.14e+3ms

wasm fibonacci: 539ms        wasm fibonacci: 532ms
js fibonacci: 1.03e+3ms      js fibonacci: 1.04e+3ms
```

图 5-115　WASM 快了一倍

可以看到，在这个例子里面 WASM 要比 JS 快了一倍。

然后再比较解析的时间。

解析时间比较

如代码清单 5-14 所示：

代码清单 5-14　解析时间比较

```
console.time("wasm big content parse");
loadWebAssembly("big.wasm").then(instance => {
    var fibonacci = instance.exports._fibonacci;
    console.timeEnd("wasm big content parse");
    console.time("js big content parse");
    loadJs();
});

function loadJs(){
    loadWebAssembly("big.js", {}, "js").then(instance => {
        var fibonacci = instance.exports.fibonacci;
        console.timeEnd("js big content parse");
    });
}
```

分别比较解析 100、2000、20 000 行代码的时间，统计结果如图 5-116 所示。

	100	2000	20 000
js	4.69ms	11.9ms	27.3ms
wasm	59.4ms	63.7ms	80.7ms

图 5-116　解析时间 wasm 花的时间较长

WASM 的编译时间要高于 JS，因为 JS 定义的函数只有被执行的时候才去解析，而 WASM 需要一口气把它们都解析了。

上面表格的时间是一个什么概念呢，可以比较一下常用库的解析时间，如图 5-117 所示。

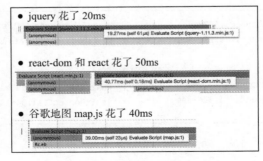

图 5-117　不同库的解析时间

文件大小比较

20 000 行代码，WASM 格式只有 3.4k，而压缩后的 JS 还有 165K，如图 5-118 所示：

```
-rw-r--r--  1 yincheng  staff  438K Apr 27 11:29 big.js
-rw-r--r--  1 yincheng  staff  165K Apr 27 11:31 big.min.js
-rw-r--r--  1 yincheng  staff  3.4K Apr 27 11:29 big.wasm
```

图 5-118　文件大小比较

所以 WASM 文件小，它的加载时间就会少，可以一定程度上弥补解析上的时间缺陷，另外可以做一些懒惰解析的策略。

WASM 的优缺点

WASM 适合于那种对计算性能要求特别高的，如图形计算方面的，缺点是它的类型检验比较严格，写 JS 编译经常会报错，不方便 debug。

WASM 官网提供的一个 WebGL + WebAssembly 坦克游戏如图 5-119 所示。

图 5-119　WASM 结合 WebGL 实现的一个坦克游戏

它的数据和函数都是用的 WASM 格式，如图 5-120 所示。

tanks.wasm.code.unityweb	200	xhr	UnityLoader.js:1	3.6MB
tanks.wasm.framework.unityweb	200	xhr	UnityLoader.js:1	137KB
tanks.data.unityweb	200	xhr	UnityLoader.js:1	3.8MB

图 5-120　加载的 WASM 文件

用 C/Rust 写前端

WASM 还支持用 C/Rust 写，需要安装一个 emsdk。然后用 C 函数写一个 fibonacci.c 文件如代码清单 5-15 所示：

代码清单 5-15　用 C 实现的斐波那契函数

```c
/* 不考虑溢出 */
int fibonacci(int num){
    if(num <= 0) return 0;
    if(num == 1 || num == 2) return 1;
    int fn = 1,
        fn1 = 1,
        fn2 = fn + fn1;
    for(int i = 4; i <= num; i++){
        fn = fn1;
        fn1 = fn2;
        fn2 = fn1 + fn;
    }
    return fn2;
}
```

运行以下命令编译成一个 WASM 文件：

`emcc fibonacci.c -Os -s WASM=1 -s SIDE_MODULE=1 -o fibonacci.wasm`

这个 WASM 和上面的是一样的格式，然后再用同样的方式在浏览器加载使用。

用 C 写比用 JS 写更加地流畅，定义一个变量不用在后面写一个看起来很累赘的"|0"，编译起来也非常顺畅，一次就过了，如果出错了，提示非常友好。这就可以把一些 C 库直接挪过来前端用。

WASM 对写 JS 的提示

WASM 为什么非得强类型的呢？因为它要转成汇编，汇编里面就得是强类型，这个对于 JS 解释器也是一样的，如果一个变量一下子是数字，一下子又变成字符串，那么解释器就得做额外的工作，例如把原本的变量销毁再创建一个新的变量，同时代码可读性也会变差。所以提倡：

（1）定义变量的时候告诉解释器变量的类型；
（2）不要随意改变变量的类型；
（3）函数返回值类型是要确定的。

这个我在第二章的《Effective 6：JS 书写优化》中已经提到。

到此，介绍完毕，通过本文读者应该对程序的编译有一个直观的了解，特别是代码是怎么变成机器码的，还有 WebAssembly 和 JS 的关系又是怎么样的，WebAssembly 是如何提高运行速度，为什么要提倡强类型风格的代码书写。对这些问题应该可以有一个理解。

另外一方面，Web 前端技术的发展真的是非常的活跃，在学这些新技术的同时，别忘了打好基本功。

问答

1. 你看好 WASM 么，它的发展前景怎么样，会火吗？

答：WASM 是对 JS 解释型语言运行相对较慢的一个加强，适用于计算性能要求比较高的场景，如做一个 Web 的 PS APP，WASM 应该会有很大的发挥余地。毫无疑问，Web 的跨终端优势已经越来越明显，与它相配套的各种 HTML5 的加强工具也在逐步发展。

2. 为什么可以用 C 写前端？

答：因为 WASM 是一种和平台无关的语言，它比较接近汇编。只要有合适的编译工具，不管什么语言都可以转换成 WASM。很明显 WASM 的开发者是先用 C 尝试的，然后再套到 JS 上，最后再弄到浏览器上运行。

Effective 前端 21：理解 JS 与多线程

多线程对前端开发人员来说既熟悉又陌生，一方面前端几乎很少写多线程，另一方面多线程又经常会碰到，如你买个电脑它会标明它是四核八线程、四核四线程之类的，它是多核多线程的。什么叫做多核呢？四核四线程和八线程又有什么区别？

先来看一下自己电脑的 CPU 配置。

查看 CPU 配置

1. 自己电脑的配置

如在 Mac 上可以通过查看系统偏好的方式，如图 5-121 所示，有一个 CPU，并且是四核的。

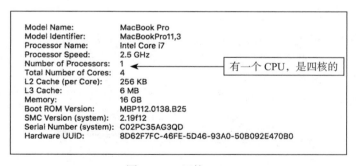

图 5-121　四核 CPU

那怎么看它是四线程还是八线程呢？可以运行以下命令：

```
> sysctl hw.logicalcpu
    hw.logicalcpu: 8
```

可以看到逻辑核数为 8，所以它是八线程的，再来看一下 CPU 的型号：

```
> sysctl -n machdep.cpu.brand_string
Intel(R) Core(TM) i7-4870HQ CPU @ 2.50GHz
```

2. 服务器配置

如在 Linux 服务器上面，可以运行以下命令：

```
> cat /proc/cpuinfo| grep "physical id"| sort| uniq
physical id: 0
physical id: 1
```

可以得知它有两个物理 CPU，也就是说这台服务器插了两个 CPU。然后再看下每个 CPU 的物理核数：

```
> cat /proc/cpuinfo| grep "cpu cores"| uniq
cpu cores: 6
```

物理核为数 6，总的逻辑核数为 12：

```
> cat /proc/cpuinfo | grep "processor" | wc -l
12
```

也就是说每个 CPU 为六核六线程，总共有两个 CPU，所以是 12 核 12 线程。我们还可以看下它的内存：

```
> cat /proc/meminfo
MemTotal:    16322520 kB MemFree: 1065508kB
```

总内存为 16G，当前可用内存为 1G，并且这个数据是实时，同理上面 CPU 的数据也是实时，虽然它是 cat 了一个文件。

什么是四核四线程？

一个 CPU 有几个核它就可以跑多少个线程，四核四线程就说明这个 CPU 同一时间最多能够运行 4 个线程，四核八线程是使用了超线程技术，使得单个核像有两个核一样，速度比四核四线程有所提升。但是当你看你电脑的任务管理器，你会发现实际上会运行几千个线程，如图 5-122 所示，当前 OS 运行了 1917 个线程，376 个进程（进程是线程的容器，每个进程至少有一个主线程）。

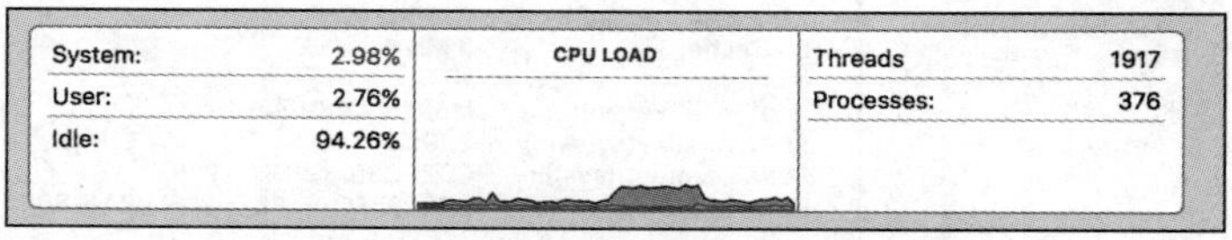

图 5-122 当前操作系统运行了 1900 多个线程

由于四核四线程的 CPU 同一时间只能运行四个线程，所以有些线程会处于运行状态，而大部分的线程会处于中断、堵塞、睡眠的状态，所以这里就涉及操作系统的任务调度。

OS 的任务调度

1. Linux 进程分类

可分为三种：

1）交互式进程

需要有大量的交互，如 vi 编辑器，大部分时间处于休眠状态，但是要求响应要快。

2）批处理进程

运行在后台，如编译程序，需要占用大量的系统资源，但是可以慢点。

3）实时进程

需要立即响应并执行，如视频播放器软件，它的优先级最高。

根据线程的优先级进行任务调度。

2. 任务调度方式

常用的有以下两种：

1）SCHED_FIFO

实时进程或者说它的实时线程的优先级最高，先来先运行，直到执行完了，才执行下一个实时进程。

2）SCHED_RR

对于普通线程使用时间片轮询，每个线程分配一个时间片，当前线程用完这个时间片还没执行完的，就排到当前优先级一样的线程队列的队尾。

虽然操作系统运行了这么多个线程，但是它的 CPU 使用率还是比较低的，如图 5-123 所示。

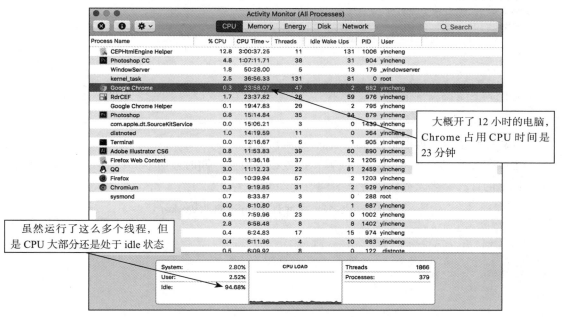

图 5-123　从任务管理器看 CPU 的使用情况

理解了多线程的概念后，我们可以来说 JS 的多线程 Web Workers 了。

Web Workers

HTML5 引入了 Web Workers，让 JS 支持线程。我们用 Web Workers 做一个斐波那契计算，首先写一个 fibonacci 函数，如代码清单 5-16 所示：

代码清单 5-16　斐波那契的 JS 实现

```
function fibonacci(num) {
    if(num <= 0) return 0;
    if(num === 1 || num === 2) return 1;
    var fn = 1,
        fn1 = 1,
        fn2 = fn + fn1;
    for(var i = 4; i <= num; i++){
        fn = fn1;
        fn1 = fn2;
        fn2 = fn + fn1;
    }
    return fn2;
}
```

把这个函数写到 worker.js 里面，Web Workers 有一个全局的函数叫 onmessage，在这个回调里面监听接收主线程的数据，如代码清单 5-17 所示：

代码清单 5-17　在 onmessage 里面进行计算

```
console.log("worker.js start");
onmessage = function(event){
    // 主线程的数据通过 event.data 传进来
    var num = event.data;
    var result = fibonacci(num);
    // 计算完结果，给主线程发送一个消息
    postMessage(result);
}
```

计算完结果后，再把结果 postMessage 给主线程。

主线程先启动一个 worker 子线程，把数据发给它，同时监听 onmessage，取到子线程给它传递的计算结果，如代码清单 5-18 中 main.js：

代码清单 5-18　主线程 main.js 启动 worker

```
console.log("main.js start");
var worker = new Worker("worker.js");

worker.onmessage = function(event){
    console.log(`recieve result: ${event.data}`);
};

var num = 1000;
worker.postMessage(num);
```

然后在页面引入这个 main.js 的 script 就行了，如代码清单 5-19 所示：

代码清单 5-19　index.html

```
<script src="main.js"></script>
```

运行结果如图 5-124 所示。

```
main.js start                                    main.js:1
worker.js start                                  worker.js:1
recieve result: 4.346655768693743e+208           main.js:5
>
```

图 5-124　Web Workers 运行结果

最后主线程打印出子线程计算的结果，可以看到 JS 如果发生了整型溢出会自动转换成双精度浮点数。

需要注意的是，JS 的多线程是系统级别的。

JS 的多线程是 OS 级别的

也就是说 JS 的多线程是真的多线程，如代码清单 5-20，一口气创建 500 个线程：

代码清单 5-20　创建 500 个线程

```
for(var i = 0; i < 500; i++){
    var worker = new Worker("worker.js");
}
```

然后观察操作系统的线程数变化，如图 5-125 所示。

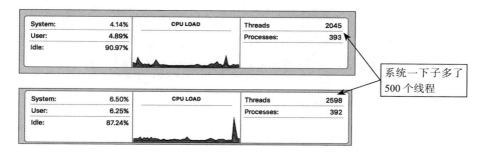

图 5-125　操作系统多了 500 个多线程

你会发现操作系统一下子多了 500 个线程，也就是说 JS 的多线程是调用系统 API 创建的多线程。还有一种多线程是用户级别的多线程，这种多线程并不会产生实际的系统线程，它是应用程序自己控制任务切换的，如 Ruby 的 Fiber。

我们一下子开了 500 个线程，有点任性，如果一下子开 5000 个呢？首先一个进程最多能有多少个线程，一般操作系统是有限制的，再者你开太多，Chrome 会把你这个页面杀了，如下图 5-126 所示，跑着跑着页面就挂了。

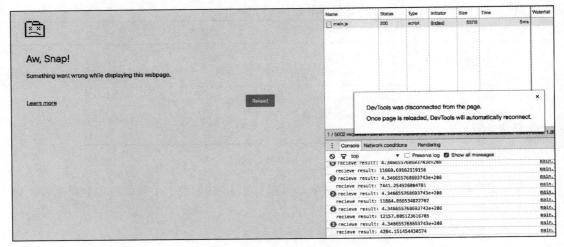

图 5-126　Chrome 检测到异常把页面杀了

现在假设 Web Workers 可以操作 DOM。

线程同步

由于 Web Workers 是不可以操作 DOM 的，那如果能够操作 DOM 会发生什么事情？必须要限制同一个 DOM 结点只能有一个线程操作，不允许同一个变量或者同一块内存被同时写入。

线程同步主要是靠锁来实现的，锁可以分成三种。

1. 互斥锁

如代码清单 5-21 所示，假设有一个互斥锁的类，叫 Mutex：

代码清单 5-21　互斥锁限制只能同时有一个线程进入执行

```
var mutext = new Mutext();
function changeHeight(height){
    mutext.lock();
    $("#my-div")[0].style.height = height + "px";
    mutext.unlock();
}

//worker1
changeHeight(500);

//worker2
changeHeight(600);
```

在改变某个 DOM 元素的高度时，先把这块代码的执行给锁住了，只有执行完了才能释放这把锁，其他线程运行到这里的时候也要去申请那把锁，但是由于这把锁没有被释放，所以它就堵塞在那里了，只有等到锁被释放了，它才能拿到这把锁再继续加锁。

互斥锁使用太多会导致性能下降，因为线程堵塞在那里它要不断地查那个锁能不能用了，所以要占用 CPU。

第二种锁叫读写锁。

2. 读写锁

如代码清单 5-22，假设读写锁用 ReadWriteRock 表示：

代码清单 5-22　读写锁限制可同时读，但不可同时写

```
var lock = new ReadWriteLock();
function changeHeight(height){
    lock.lockForWrite();
    $("#my-div")[0].style.height = height + "px";
    lock.unlock();
}

function getHeight(){
    // 允许多个线程同时读，但是不允许有一个线程进行写
    lock.lockForRead();
    var height = $("#my-div")[0].style.height;
    lock.unlock();
    return height;
}
```

在第二个函数 getHeight 获取高度的时候可以给它加一个读锁，这样其他线程如果想读是可以同时读的，但是不允许有一个线程进行写入，如调用第一个函数的线程将会堵塞。同理只要有一个线程在写，另外的线程就不能读。

第三种锁叫条件变量。

3. 条件变量

条件变量是为了解决生产者和消费者的问题，由于用互斥锁和读写锁会导致线程一直堵塞在那里占用 CPU，而使用信号通知的方式可以先让堵塞的线程进入睡眠方式，等生产者生产出东西后通知消费者，唤醒它进行消费。

不同编程语言锁的实现不一样，但是总体上可以分为上面那三种。

多线程操作 DOM 的问题

上面只是做到了不允许多个线程同时执行：

```
$("#my-div")[0].style.height = height + "px";
```

但是另外的函数也可以用选择器去获取那个 DOM 结点然后去设置它的高度，所以无法避免多线程同时写的问题。

如果真的发生了同时写的情况，那么不仅仅是页面崩溃了，而是整个浏览器都崩溃了。所以这就比较危险了，假设那边我有一个页面打了1万个字还没保存，但是因为不小心打开了你的页面，导致整个浏览器挂了就有点悲催了。为什么以前的Windows系统会蓝屏，因为它没有检测到应用程序的异常，任由应用程序胡作非为，结果为了保护硬件它启动了最后一道防线蓝屏，它一挂应用程序也得跟着挂。

所以JS不给程序员犯错的机会。

JS没有线程同步的概念

JS的多线程无法操作DOM，没有window对象，每个线程的数据都是独立的。主线程传给子线程的数据是通过拷贝复制，同样的子线程给主线程的数据也是通过拷贝复制，而不是共享同一块内存区域。

所以用Web Workers基本上出不了什么错。

然后我们再来看一下JS的单线程模型。

JS的单线程模型

如图5-127所示，应该可以很清楚地表示。

在主逻辑里面fun1和fun2的调用是连在一起的，它是一个执行单元，要么还没执行，要么得一口气执行完。执行完之后，再执行setTimout append到后面的。然后由于已经超过了setInterval定的20ms，所以又马上执行setInterval的函数。这里可以看出setTimeout的计时是从逻辑单元执行完了才开始计时，而setInterval是执行到这一行的时候就开时计时了。

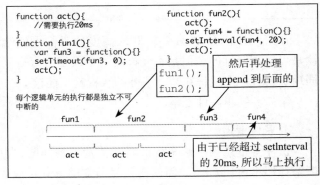

图5-127　JS单线程模型示例

单线程里面的特例如异步回调，异步回调是Chrome自己的IO线程处理的，每发一个请求必须要有一个线程跟着，Chrome限制了同一个域最多同时只能发6个请求。

再来看一下Chrome的多线程模型。

Chrome的多线程模型

每开一个tab，Chrome就会创建一个进程，进程是线程的容器，如图5-128显示的Chrome的任务管理器：

图 5-128　每一个标签页都是一个进程

我们从 click 事件来看一下 Chrome 的线程模式是怎么样的，如图 5-129 所示。

首先用户单击了鼠标，浏览器的 UI 线程收到之后，把这个消息数据封装成一个鼠标事件发送给 IO 线程，IO 线程再分配给具体页面的渲染线程。其中 IO 线程和 UI 线程是浏览器的线程，而渲染线程是每个页面自己的线程。

如果在执行一段很耗时的 JS 代码，渲染线程里的 render 线程将会被堵塞，而 main 线程继续接收 IO 线程发过来的消息并排队，等待 render 线程处理。也就是说当页面卡住的时候，不断地单击鼠标，等页面空闲了，单击的事件会再继续触发。

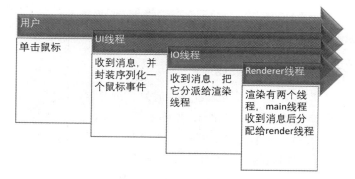

图 5-129　从浏览器到页面

这个是从浏览器线程到页面线程的过程，反过来从页面线程到浏览器线程的例子如图 5-130 所示的在代码里面改变光标形状。

这两个例子来自于 chromium 的文档介绍[⊖]。

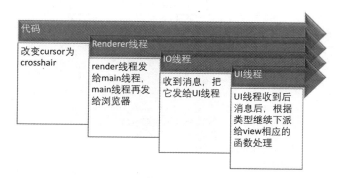

图 5-130　从页面到浏览器

看完 Chrome 的，再来看 Node.js 的线程模型。

⊖ https://www.chromium.org/developers/design-documents/displaying-a-web-page-in-chrome

Node.js 的单线程模型

我们知道 Node.js 也是单线程的,但是单线程如何处理高并发呢?传统的 Web 服务是多线程的,它们通常是先初始化一个线程池,来一个连接就从线程池里取出一个空闲的线程处理,而用 Node.js 如果有一个连接处理时间过长,那么其他请求将会被堵塞。

但是由于数据库连接本来是就是多线程,调用操作系统的 IO 文件读取也是多线程,所以 Node.js 的异步是借助于数据库和 IO 多线程。

这样的好处是不需要启动新的线程,不需要开辟新线程的空间,不需要进行线程的上下文切换,所以当服务应用不是计算类型的,使用 Node.js 可能反而会更快,同时由于是单线程的所以写代码更容易。缺点是不能够提供很耗 CPU 的服务,如图形渲染,复杂的算法计算等。

可以在同一台多核的服务器上开多几个 Node 服务弥补单线程的缺陷,然后用 Nginx 均匀地分发请求。

我们出来转了一圈之后,再回到 Web Workers。

内联 Web Workers

当 new 很多个 worker.js 的时候,浏览器会从缓存里面取 worker.js,如图 5-131 所示。

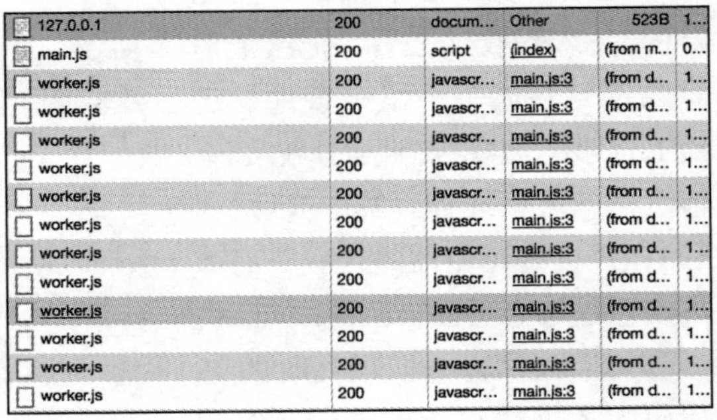

有时候并不想多管理一个 JS 文件,想要把它写成内联的。这个时候可以用 HTML5 的新的数据类型 Blob,如代码清单 5-23 所示:

图 5-131 多次取 worker.js 文件

代码清单 5-23 把 worker 的代码写成一个 blob 数据

```
var blobURL = URL.createObjectURL( new Blob([ '(',

    function(){
        function fibonacci(){}
        onmessage = function(event){
            var num = event.data;
            var result = fibonacci(num);
            postMessage(result);
        }
    }.toString(),

    ')()' ], { type: 'application/javascript' } )
);

var worker = new Worker(blobURL);

worker.onmessage = function (event) {
    console.log(`recieve result: ${event.data}`)
```

Blob 还经常被用于分割大文件。

最后，JS 的设计是单线程的，后来 HTML5 又引入 Web Workers，它只能用于计算，因为它不能改 DOM，所以无法形成视觉上的效果。而且它不能共享内存，没有线程同步的概念，所以可以认为 JS 还是单线程，可以把 Web Workers 当成另外的一种回调机制。

本文并不是要介绍 Web Workers 怎么用，重点还是介绍一下多线程的一些概念，例如什么叫多线程，它和 CPU 又有什么关系，什么叫线程同步，为什么要进行线程同步，还讨论了 JS/Chrome/Node 的线程模型，相信看了本文对多线程应该会有更好的理解。

问答

1. Web Workers 能否与 WASM 结合，进一步提高性能？

答：目前是不可以的，Web Workers 没有全局对象，无法编译 WASM，所以 JS 多线程不能使用 WASM。但是可以展望 WASM 支持多线程，甚至可以操作 DOM。

2. 为什么 JS 的多线程要叫 Web Workers？

答：多线程就是多线程，为啥还要起个名字呢？我觉得这个可以屏蔽技术术语，起一个通俗易记的名字，把多线程一下子从让人生畏的身份变成普通平民。

Effective 前端 22：学会 JS 与面向对象

什么是面向对象？

首先，面向对象并不是说你写一个 class 就是面向对象了。在 Java 里面 Everything is class，全部都是 class，还有 React 也需要写 class，所以很多人写 class 并不是他自己要写 class，而是编程语言或者框架要求他写 class。因此就会存在一个窘境，如图 5-132 所示。

虽然是写的 class，但是代码风格是面向结构的，只是套了一个 class 的外衣，真正面向对象的是所使用的框架。

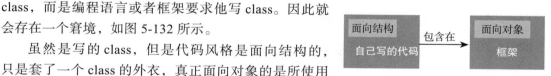

图 5-132　自己写的代码是面向结构的

所以**面向对象应该是一种思想，而不是你代码的组织形式**，甚至有时候你连一个 class 都没写。

面向对象的英文为 Object Oriented，它的准确翻译应该为"面向物件"，而不是"面向对象"，只不过不知道是谁翻译了这么一个看似"高大上"但是不符合实际的名词。

面向对象是对世界物件的抽象和封装，例如车子、房子和狗等。

面向对象的特点

面向对象有三个主要的特点：封装、继承和多态。

1. 封装

现在我要研究下狗,并且关注它的叫和咬人行为,所以我封装了一个狗的类,如图 5-133 所示。

这段代码封装两个行为(叫、咬人)和一个属性(年龄)。

2. 继承

然后我又要研究一下哈士奇,如图 5-134 所示。

```
class Dog{
    //狗会叫
    bark(){
        music.play("wang wang");
    }
    //狗还会咬人
    bite(man){
    }
    constructor(age){
        //每只狗有它的年龄
        this.age = age;
    }
}
```

图 5-133　狗的类

```
//哈士奇
class Husky extends Dog{
    constructor(age){
        super(age);
    }
    //显示出奇怪的表情
    showSpecialFace(){
        show(😲);
    }
}
```

图 5-134　哈士奇继承自狗

哈士奇是狗的一种,我让它继承了 Dog 这个类,于是它就继承了父类的行为,如图 5-135 所示,它可以咬你。

```
var aHusky = new Husky(3);
aHusky.bite("you");
```

图 5-135　哈士奇继承了狗咬的行为

同时,哈士奇它有自己的行为,例如它可能时不时就会露出奇怪的表情。

3. 多态

哈士奇也会叫,但是它不是"汪汪汪"地叫,它有时候会发出像狼嚎的声音,所以同样是叫的行为,但是哈士奇有自己的特点,这个就是多态,如图 5-136 所示。

```
//哈士奇
class Husky extends Dog{
    //有自己独特的叫声
    bark(){
        music.play("wolf wolf")
    }
    constructor(age){
        super(age);
    }
    //显示出奇怪的表情
    showSpecialFace(){
        show(😲);
    }
}
```

图 5-136　哈士奇会叫,但叫得不一样

当调用 Husky 的 bark 函数时就是 "wolf wolf" 而不是 "wang wang" 了，如图 5-137 所示。

```
var aHusky = new Husky(3);
aHusky.bark();

wolf wolf
```

图 5-137　wolf wolf 地叫

面向对象的实际例子

1. 上传进度条

一个页面会有多个上传图片的地方，每个上传的地方都会生成一个进度条，如图 5-138 所示。

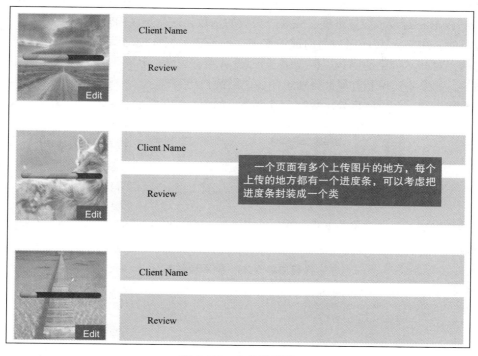

图 5-138　上传进度条

所以考虑把进度条封装成一个类 ProgressBar，如代码清单 5-24 所示：

代码清单 5-24　上传进度条的类

```
class ProgressBar{
    constructor($container){
        this.fullWidth = $container.width();
        this.$bar = null;
```

```
    }
    //设置进度
    setProgress(percentage){
        this.$bar.animate({width: this.fullWidth * percentage + "px"});
    }
    //完成
    finished(){
        this.$bar.hide();
    }
    //失败
    failed(){
        this.addFailedText();
    }
    addFailedText(){

    }
}
```

ProgressBar 封装了设置进度、完成、失败的函数,这就是面向对象的封装。

最后的 addFailedText 函数是内部的实现,不希望实例直接调用,也就是说它应该是一个私有的、对外不可见的函数。但是由于 JS 没有私有属性、私有函数的概念,所以还是可以调用的,如果要实现私有属性得通过闭包之类的技巧实现。

接着我想做一个带有百分比数字的进度条,如图 5-139 所示。

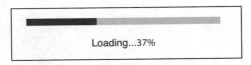

图 5-139 带有数字的进度条

于是我想到了面向对象的继承,写一个 ProgressBarWithNumber 的类,继承 ProgressBar,如代码清单 5-25 所示:

代码清单 5-25 继承和多态

```
class ProgressBarWithNumber extends ProgressBar{
    constructor($container){
        super($container);
    }
    //多态
    setProgress(percentage){
        //先借助继承的父类的函数
        super.setProgress(percentage);
        this.showPercentageText(percentage);
    }
    showPercentageText(percentage){

    }
}
```

子类继承了父类的函数，同时覆盖/实现了父类的某些行为。上面的 setProgress 函数既体现了多态又体现了继承。

再举一个例子，HTML 元素的继承关系。

2. HTML 元素的继承关系

如图 5-140 所示，P 标签是用一个 HTMParaphElement 的类表示，这个类的继承关系往上有好几层，最上层是 Node 类，Node 又组合 TreeScope，TreeScope 标明当前 Node 结点是属于哪个 document 的（一个页面可能会嵌入 iframe）。

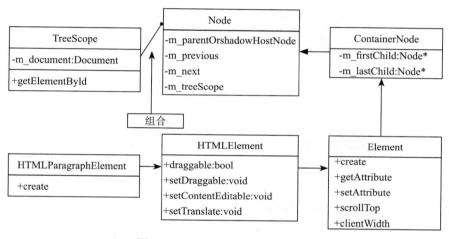

图 5-140　一个 P 标签元素的类图

继承和组合

继承是为了实现复用，组合其实也是为了实现复用。继承是 is-a 的关系，而组合是 has-a 的关系。可以把上面的 ProgressBar 改成组合的方式，如代码清单 5-26 所示：

代码清单 5-26　使用组合实现

```
class ProgressBarWithNumber{
    constructor($container){
        this.progressBar = new ProgressBar($container);
    }
    setProgress(percentage){
        this.progressBar.setProgress(percentage);
        this.showPercentageText(percentage);
    }
    showPercentageText(percentage){

    }
}
```

在构造函数里面组合了一个 progressBar 的实例，然后在 setProgress 函数里面利用这个实例去设置进度条的百分比。

也就是说带有数字的进度条里面有一条普通的进度条，这是组合，而当我们用继承的时候就变成了带数字的进度条是一种进度条。这两个都说得通，但是上面 HTML 元素的例子里面，可以说一个 Node 结点有一个 TreeScope，但是不能说 Node 结点是一个 TreeScope。

那么是继承好用一点，还是组合好用一点呢？

在《Effective Java》里面有一个条款：

Item 16 : Favor composition over inheritance

意思为**偏向于使用组合而非继承**，为什么说组合比较好呢？因为继承的耦合性要大于组合，组合更加灵活。继承是编译阶段就决定了关系，而组合是运行阶段才决定关系。组合可以组合多个，而如果要搞多重继承系统的复杂性无疑会大大增加。

就上面的进度条的例子来说，使用组合会比使用继承的方式好吗？假设某一天，带数字的进度条不想复用普通的进度条了，要复用另外一种类型的进度条，使用继承就得改它的继承关系，万一带数字的进度条还派生了另外一个类，这个孙子类如果刚好用了普通进度条的一个函数，那这条链就断了，导致孙子类也要改。所以可以看出组合的方式更加简易，继承相对比较复杂。

但是如果要我在这之上加一个条款的话我会这么加：

Item 0 : Favor Simple Ways over OOP

因为能用简单的方式解决问题就应该用简单的方式，而不是一着手就是各种面向对象的继承、多态的思想，带数字的 LoadingBar 其实不需要使用继承或者组合，只要带一个参数控制是否要显示数字就好了。笔者认为应该先使用简洁的方式解决问题，然后再考虑性能、代码组织优化等。为了 5% 的效果，增加了系统 50% 的复杂度，其实不值得，除非那个问题是瓶颈问题，能够提升一点是一点。为了写一个小需求，封装了几十个类，最后需求一变这几十个类就都没用了。

接着重点说一下设计模式和 OOP 的编程原则。

面向对象编程原则和设计模式

1. 单例模式

单例是一种比较简单也是比较常见的模式。例如现在要定义 Task 类，要实现它的单例，因为全局只能有一个数组存放 Task，如果有任务就都放到这个队列里面，按先进先出的顺序执行。

于是我先写一个 Task 类，如代码清单 5-27 所示：

代码清单 5-27 Task 类

```
class Task{
```

```
    constructor(){
        this.tasks = [];
    }
    //初始化
    draw(){
        var that = this;
        window.requestAnimationFrame(function(){
            if(that.tasks.length){
                var task = that.tasks.shift();
                task();
            }
        })
    }
    addTask(task){
        this.tasks.push(task);
    }
}
```

现在要实现它的单例，可以如代码清单 5-28 这么实现：

代码清单 5-28　实现一个单例的 Task

```
var mapTask = {
    get: function(){
        if(!mapTask.aTask){
            mapTask.aTask = new Task();
            mapTask.aTask.draw();
        }
        return this.aTask;
    },
    add: function(task){
        mapTask.get().addTask(task);
    }
};
```

每次 get 的时候先判断 mapTask 有没有 Task 的实例了，如果没有则为第一次，先去实例化一个，并做些初始化工作，如果有则直接返回。然后执行 mapTask.get() 的时候就能够保证获取到的是一个单例。

但是这种实现其实不太安全，任何人可通过如代码清单 5-29 的设置：

代码清单 5-29　破坏单例

```
mapTask.aTask = null;
```

去破坏你这个单例，那怎么办呢？一方面 JS 本身没有私有属性，另一方面要怎么解决留给读者去思考。

因为 JS 的 Object 本身就是单例的，所以可以把 Task 类改成一个 taskWorker，如代码清单 5-30 所示：

代码清单 5-30　使用 Object 实现单例

```
var taskWorker = {
    tasks: [],
    draw(){},
    addTask(task){
        Task.tasks.push(task);
    }
}

var mapTask = {
    add: function(task){
        taskWorker.addTask(task);
    }
};
```

显然第二种方式比较简单，但是它只能有一个全局的 task。而第一种办法可以拥有几种不同业务的 Task，不同业务互不影响。例如除了 mapTask 之外，还可以再写一个 searchTask 的业务。

2. 策略模式

这个例子在第 2 章 "Effective5" 中提过，这里再简单提一下。假设现在要弹几个注册的框，每个注册的框只是顶部的文案不一样，而其他地方包括逻辑等都一样，所以，我就把文案当作一个个的策略，使用的时候根据不同的类型，映射到不同的策略，如图 5-141 所示。

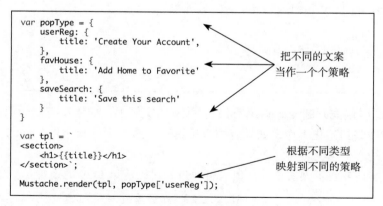

图 5-141　把文案当成策略

注册完成后需要去执行不同的操作，把这些操作也封装成一个个的策略，同样的根据不同的类型映射到不同的策略，如图 5-142 所示。

这样比写 if-else 或者 switch-case 的好处就在于：如果以后要增加或者删除某种类型的弹框，只需要去增删一个 type 就可以了，而不用去改动 if-else 的逻辑。这就叫做开闭原则——对修改是封闭的，而对扩展是开放的。

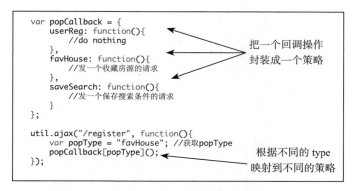

图 5-142　把回调操作当成策略

3. 观察者模式

这个在第 2 章 "Effective 5" 中也提过，怎么实现一个观察者模式呢，这里再简单提一下，如代码清单 5-31 所示：

代码清单 5-31　观察者模式的实现

```
class Input{
    constructor(inputDom){
        this.inputDom = inputDom;
        this.visitors = {
            "click": []
        };
    }
    //添加访问者
    on(eventType, visitor){
        this.visitors.push(visitor);
    }
    //收到消息，把消息分发给访问者
    trigger(type, event){
        if(this.visitors[type]){
            for(var i = 0; i < this.visitors[type]; i++){
                this.visitors[type]();
            }
        }
    }
}
```

观察者向消息的接收者订阅消息，一旦接收者收到消息后就把消息下发给它的观察者们。在一个地图绘制搜索的应用里面，单击最后一个点关闭路径，要触发搜索，如图 5-143 所示。

但其实不用再去手动调用搜索的接口了，因为地图本身就监听了 drag_end 事件，在这个事件里面会去搜索，所以在绘制完成之后只要执行如代码清单 5-32 所示：

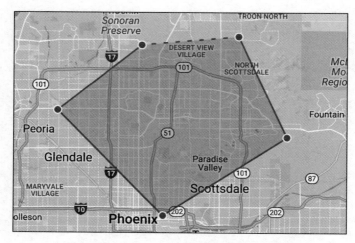

图 5-143　单击虚线右边那个点时要触发搜索

代码清单 5-32　发一个消息给接收者

```
map.trigger("drag_end")
```

消息的接收者给 drag_end 事件的观察者们下发一个消息，让它们去执行。

4. 适配器模式

在一个响应式的页面里面，假设小屏和大屏显示的分页样式不一样，小屏要这样显示，如图 5-144 所示。

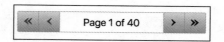

图 5-144　小屏的分页样式

而大屏要如图 5-145 这样显示。

图 5-145　大屏的分页样式

它们初始化和更新状态的函数都不一样，如代码清单 5-33 所示：

代码清单 5-33　大小屏使用的接口不一样

```
// 小屏
var pagination = new jqPagination({

});
pagination.showPage = function(curPage, totalPage){
    pagination.setPage(curPage, totalPage);
```

```
}

// 大屏
var pagination = new Pagination({

});
pagination.showPage = function(curPage, totalPage){
    pagination.showItem(curPage, totalPage);
};
```

如果我每次用的时候都得先判断一下不同的屏幕大小然后去调不同的函数就显得有点麻烦，所以可以考虑用一个适配器，对外提供统一的接口，如代码清单 5-34 所示：

代码清单 5-34　适配器 Adapter

```
var screen = $(window).width() < 800 ? "small" : "large";
var paginationAdapter = {
    init: function(){
        this.pagination = screen === "small" ? new jqPagination():
                            new Pagination();
        if(screen === "large"){
            this.pagination.showItem = this.pagination.setPage;
        }
    },
    showPage: function(curPage, totalPage){
        this.pagination.showItem(curPage, totalPage);
    }
}
```

使用者只要调一下 paginationAdapter.showPage 就可以更新分页状态，它不需要去关心当前是大屏还是小屏，由适配器去处理这些细节。

5. 工厂模式

工厂模式是把创建交给一个"工厂"，使用者无需要关心创建细节，如代码清单 5-35 所示：

代码清单 5-35　由工厂负责实例化对象

```
var taskCreator = {
    createTask: function(type){
        switch(type){
            case "map":
                return new MapTask();
            case "search":
                return new SearchTask();
        }
    }
}

var mapTask = taskCreator.createTask("map");
```

需要哪种类型的 Task 的时候就传一个类型或者产品名字给一个工厂，工厂根据名字去生产相应的产品给我，而我不需要关心它是怎么创建的，要不要单例之类的。

6. 外观/门面模式

在一个搜索逻辑里面，为了显示搜索结果需要执行如代码清单 5-36 所示这么多个操作：

代码清单 5-36　显示结果需要有很多步的操作

```
hideNoResult();         // 先隐藏没有结果的显示
removeOldResult();      // 删除老的结果
showNewResult();        // 显示新的结果
showPageItem();         // 更新分页
resizePhoto();          // 结果图片大小重置
```

于是考虑用一个模块把它包起来，如图 5-146 所示。

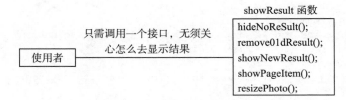

图 5-146　对外暴露一个接口

把那么多个操作封装成一个模块，对外只提供一个门面叫 showResult，使用者只要调一下这个 showResult 就可以了，它不需要知道究竟要怎么去显示结果。

7. 状态模式

现在要实现一个发推的消息框，要求是当字数为 0 或者超过 140 的时候，发推按钮不可单击，并且剩余字数会跟着变，如图 5-147 所示。

图 5-147　发推的消息框

我想用一个 state 来保存当前的状态，然后当用户输入的时候，这个 state 的数据会跟着变，同时更新发推按钮的状态，如代码清单 5-37 所示：

代码清单 5-37　发推的 object

```
var tweetBox{
    init(){
        // 初始化一个 state
```

```
        this.state = {};
        tweetBox.bindEvent();
    }
    setState(key, value){
        this.state[key] = value;
    }
    changeSubmit(){
        // 通过获取当前的 state
        $("#submit")[0].disabled = tweetBox.state.text.length === 0 ||
                                   tweetBox.state.text.length > 140;
    }
    showLeftTextCount(){
        $("#text-count").text(140 - this.state.text.length);
    }
    bindEvent(){
        $(".tweet-textarea").on("input", function(){
            // 改变当前的 state
            tweetBox.setState({"text", this.value});
            tweetBox.changeSubmit();
            tweetBox.showLeftTextCount();
        });
    }
};
```

用一个 state 保存当前的状态，通过获取当前 state 进行下一步的操作。

可以把它改得更加智能一点，即在上面 setState 的时候，自动去更新 DOM，如图 5-148 所示。

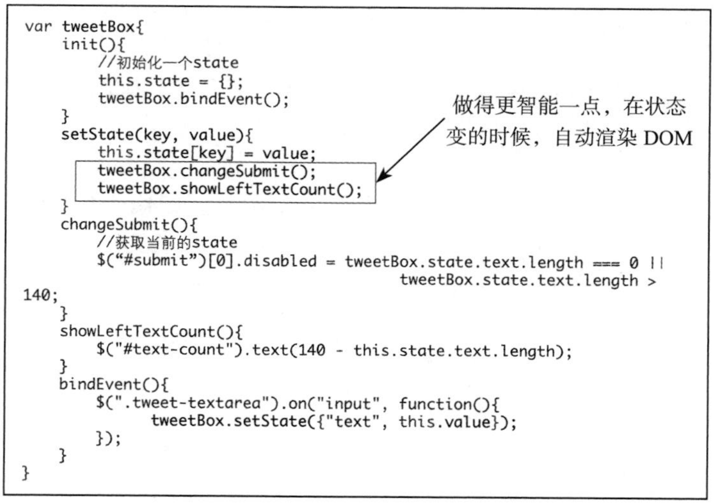

图 5-148　setState 的时候自动更新 DOM

然后还可以再做得更智能，状态变的时候自动去比较当前状态所渲染的虚拟 DOM 和真实 DOM 的区别，自动去改变真实 DOM，如代码清单 5-38 所示：

代码清单 5-38　状态变的时候自动比较修改的地方去更新 DOM

```
var tweetBox{
    setState(key, value){
        this.state[key] = value;
        renderDom($(".tweet"));
    }
    renderDom($currentDom){
        diffAndChange($currentDom,
                      renderVirtualDom(tweetBox.state));
    }
}

'<input type="submit" disabled={{this.state.text.length === 0 || this.state.text.length > 140}}>'
```

这个其实就是 React 的原型，不同的状态有不同的表现行为，所以可以认为是一个状态模式，并且通过状态去驱动 DOM 的更改。

8. 代理模式

如图 5-149 所示，使用 React 不直接操作 DOM，而是把数据给 State，然后委托给 State 和虚拟 DOM 去操作真实 DOM，所以它又是一个代理模式。

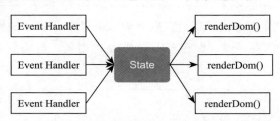

图 5-149　通过 State 和虚拟 DOM 去操作真实 DOM

9. 状态模式的另一个例子

React 的那个例子并不是很典型，这里再举一个例子，如代码清单 5-39 所示，改变一个房源的状态：

代码清单 5-39　改变状态前先要判断合法性

```
if(newState === "sold"){
    if(currentSate === "building" ||
        currentState === "sold"){
        return "error";
    } else if(currentSate === "ready"){
        currentSate = "sold";
        return "ok";
    }
} else if(newState === "ready"){
    if(currentState === "building"){
        currentState = "toBeSold";
```

```
        return "ok";
    }
}
```

改一个房源的状态之前先要判断一下当前的状态，如果当前状态不支持的话那么不允许修改，要是像上面那样写的话就得写好多个 if-else，我们可以用状态模式重构一下，如代码清单 5-40 所示：

代码清单 5-40　使用状态模式

```
var stateChange = {
    "ready": {
        "buidling": "error",
        "ready": "error",
        "sold": "ok"
    },
    "building": {
        "buidling": "error",
        "ready": "ok",
        "sold": "error"
    }
};

if(stateChange[currentState][newState] !== "error"){
    currentState = newState;
}
return stateChange[currentState][newState];
```

你会发现状态模式和策略模式是孪生兄弟，它们的形式相同，只是目的不同，一个是封装成策略，一个是封装成状态。这样的代码就比写很多个 if-else 强多了，特别是当状态切换关系比较复杂的时候。

10. 装饰者模式

要实现一个贷款的计算器，如图 5-150 所示。

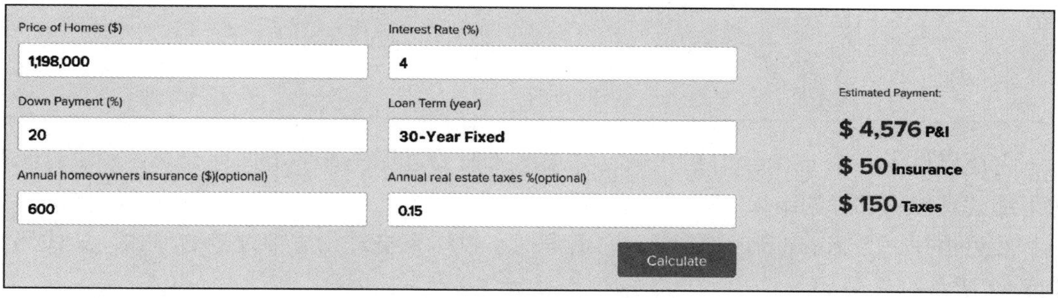

图 5-150　贷款计算器原型

点了计算的按钮之后，除了要计算结果，还要把结果发给后端做一个埋点，所以写了一个 calculateResult 的函数，如图 5-151 所示。

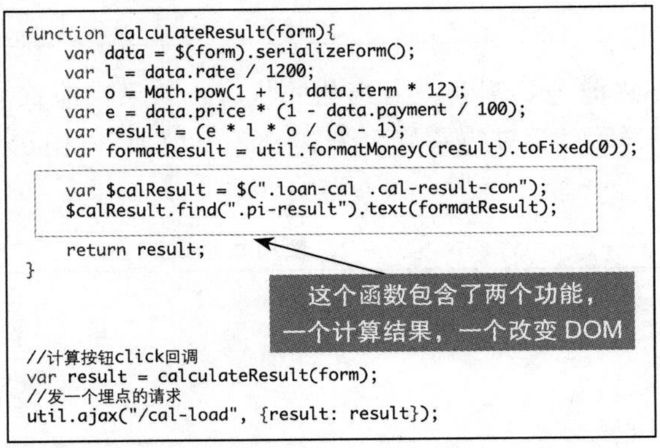

```
function calculateResult(form){
    var data = $(form).serializeForm();
    var l = data.rate / 1200;
    var o = Math.pow(1 + l, data.term * 12);
    var e = data.price * (1 - data.payment / 100);
    var result = (e * l * o / (o - 1);
    var formatResult = util.formatMoney((result).toFixed(0));

    var $calResult = $(".loan-cal .cal-result-con");
    $calResult.find(".pi-result").text(formatResult);

    return result;
}

//计算按钮click回调
var result = calculateResult(form);
//发一个埋点的请求
util.ajax("/cal-load", {result: result});
```

这个函数包含了两个功能，一个计算结果，一个改变 DOM

图 5-151　一个函数杂合了两个不同的功能

因为要把结果返回出来，所以这个函数有两个功能，一个是计算结果，第二个是改变 DOM，这样写在一起感觉不太好。那怎么办呢？

我们把这个函数拆了，首先有一个 LoanCalculator 的类专门负责计算小数的结果，如代码清单 5-41 所示：

代码清单 5-41　LoanCalculator 负责计算结果

```
// 计算结果
class LoanCalculator{
    constructor(form){
        this.form = form;
    }
    calResult(){
        var result = …;
        this.result = result;
        return result;
    }
    getResult(){
        if(!this.result) this.result = this.calResult();
        return this.result;
    }
}
```

它还提供了一个 getResult 的函数，如果结果没算过那先算一下保存起来，如果已经算过了那就直接用算好的结果。

然后再写一个 NumberFormater，它负责把小数结果格式化成带逗号的形式，如代码清单 5-42 所示：

代码清单 5-42　NumberFormater 负责格式化结果

```
// 格式化结果
```

```
class NumberFormator{
    constructor(calculator){
        this.calculator = calculator;
    }
    calResult(){
        var result = this.calculator.calResult();
        this.result = result;
        return util.formatMoney(result);
    }
}
```

在它的构造函数里面传一个 calculator 给它，这个 calculator 可以是上面的 LoanCalculator，获取到它的计算结果然后格式化。

接着写一个 DOMRenderer 的类，它负责把结果显示出来，如代码清单 5-43 所示：

代码清单 5-43　DOMRenderer 负责显示结果

```
//显示结果
class DOMRenderer{
    constructor(calculator){
        this.calculator = calculator;
    }
    calResult(){
        var result = this.calculator.calResult();
        $(".pi-result").text(result);
    }
}
```

最后可以如代码清单 5-44 这么用：

代码清单 5-44　驱动代码

```
var loadCalculator   = new LoanCalculator(form);
var numberFormator   = new NumberFormator(loadCalculator);
var domRenderer      = new DOMRenderer(numberFormator);
domRenderer.calResult();

util.ajax("/cal-loan", {result: loadCalculator.getResult()})
```

可以看到它就是一个装饰的过程，一层一层地装饰，如图 5-152 所示。

图 5-152　不断地装饰

下一个装饰者调用上一个的 calResult 函数，对它的结果进一步地装饰。如果这些装饰者的返回结果类型比较平行的时候，可以一层层地装饰下去。

使用装饰者模式，逻辑是清晰了，代码看起来高大上了，但是系统复杂性增加了，有时候能用简单的还是先用简单的方式实现。

总结一下本文提到的面向对象的编程原则：

（1）把共性和特性或者会变和不变的分离出来；

（2）少用继承，多用组合；

（3）低耦高聚；

（4）开闭原则；

（5）单一职责原则。

最后，如果遇到一个问题你先查一下有哪个设计模式或者有哪个原则可以指导和解决这个问题，那你就被套路套住了。功夫学到最后应该是忘掉所有的招数，做到心中无法，随心所欲，抬手就来。这才是最高境界。相反，你会发现那种整天高喊各种原则、各种理论的人，其实很多时候他自己也没实践过，只是在空喊口号。

问答

1. 设计模式真的有那么好用吗，为什么我以前都没听过？

答：设计模式是由 Cang of Four 提出来的，他们出了一本设计模式的书，此后程序员的江湖就有了设计模式一说，有时候甚至你已经在用设计模式了，只是你没意识到它还有一个名字。设计模式总共有 23 种，它的抽象级别是在框架之上，像 jQuery/React/Spring MVC 等通常会用到很多设计模式的思想。甚至有些人是反设计模式的，他们会觉得设计模式比较花哨，是 OOP 的一些把戏。我还是那句话，合适就好。

2. 说了这么多面向对象，面向结构就一定不好么？

答：本文已经说过，能用简单的方式就应该先用简单的方式解决，只是现在都提倡面向对象编程，因为它对扩展是比较有利的，面向结构的代码组织容易混乱。

Effective 前端 23：了解 SQL

本篇将介绍前端本地存储里的 Web SQL 和 IndexedDB，通过一个案例介绍 SQL 的一些概念。

地图报表的案例

现在要做一个地图报表，将所有的订单数据做一个图表展示，图 5-153 展示了最近 7 天的成单情况。由于后端的数据需要前端做一些解析，如向谷歌请求每个 city 的经纬度，所以后端给前端原始的订单数据，前端进行格式化和归类展示。另外把原始数据直接放在前端，前端处理起来可以比较灵活，想怎么展示就怎么展示，不用在每次展示方式改变的时候都需要找后端新加接口。

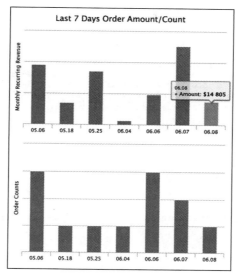

图 5-153　地图报表

但是数据放在前端管理，相应地就会引入一个问题——如何高效地存储和使用这些数据。最起码处理起来不要让页面卡住了。

cookie 和 localStorage

cookie 的数据量比较小，浏览器限制最大只能为 4K，而 localStorage 和 sessionStorage 适合于小数据量的存储，Firefox 和 Chrome 限制最大存储为 5MB，如图 5-154 所示。

图 5-154　本地存储限制最大 5MB

localStorage 是存放在一个本地文件里面，在笔者的 Mac 上是放在：

/Users/yincheng/Library/Application Support/Google/Chrome/Default/Local Storage/http_www.test.com.localstorage

用文本编辑器打开这个二进制文件，可以看到本地存储的内容如图 5-155 所示。

图 5-155　本地存储的内容，可以看到相关文本

可以参照控制台的输出，如图 5-156 所示。

```
> window.localStorage.invalidOrderIds
< "[101499,101812,101789,101726,100999,100921,100889]"
> window.localStorage.orderMap
< "{"100314":
    {"orderId":100314,"userId":379558604617762,"city":"ca","state
    ":"ca","zipcode":"91000","address":"11","price":2698},"100821
    ":{"orderId":100821,"userId":514694887070560,"city":"San
    Francisco","state":"CA","zipcode":"94103","address":"251
    Rhode Island St #105","price":2182},"100888":
```

图 5-156　localStorage 的内容

如果一个网站要用掉 5MB 的硬盘空间，那么打开过一百个网页就得花 500MB 的空间，所以本地存储 localStorage 的空间限制得比较小。

另外，可以看到 localStorage 是以字符串的方式存储的，存之前要先用 JSON.stringify 变成字符串，取的时候需要用 JSON.parse 恢复成相应的格式。localStorage 适合于比较简单的数据存放和管理。

现在回到正题。

管理复杂数据

后端给我这样的 JSON 数据：

```
[
{"orderId":100314,"userId":379558604617762,"city":"ca","state":"ca","zipcode":"91000", "address":"11","price":2698.00,"createTime":1477651308000},
{"orderId":100821,"userId":514694887070560,"city":"San Francisco","state":"CA","zipcode": "94103","address":"251 Rhode Island St #105","price":2182.00,"createTime":1481104358000}
]
```

我用这些数据去请求它们的经纬度。

这些数据的量比较大，有成百上千甚至几万条数据，数据需要复杂的查询，需要支持：

（1）订单按日期分类和排序；

（2）订单按照 city 分类。

如果自己管理 JSON 数据就会比较麻烦，所以这里尝试使用 Web SQL 来管理这些数据。

Web SQL

1. 什么是 SQL

SQL 作用在关系型数据库上面，什么是关系型数据库？关系型数据库是由一张张的二维表组成的，如图 5-157 所示。

那什么是 SQL 呢？SQL 是一种操作关系型 DB 的语言，支持创建表、插入表、修改和删除等等，还提供非常强大的查询功能。

order_id	user_id	price	address	city	zipcode	state	format_city	date	lat	lng
101131	357772916433422	18605	qwe	qwe	12312	Alaska	W E St, Nome, AK 99762, USA	2017-01-23	64.500589	-165.4163513
100974	343748938896900	27375	qwe	qwe	12345	Alaska	W E St, Nome, AK 99762, USA	2016-12-29	64.500589	-165.4163513
101803	465271691535323	2540	qwe	qwe	12345	Alaska	W E St, Nome, AK 99762, USA	2017-06-04	64.500589	-165.4163513
101806	342600910903434	131	qwe	qwe	12345	Alaska	W E St, Nome, AK 99762, USA	2017-06-06	64.500589	-165.4163513
101133	350939365693516	19225	qwe	qwe	12312	Alaska	W E St, Nome, AK 99762, USA	2017-01-24	64.500589	-165.4163513
100990	290322311398988	7525	fsafa	fsaf	12345	Alaska	600 University Ave, Fairbanks, AK 99709, USA	2017-01-07	64.8472807	-147.8138175
101668	479437617374720	6000	sss	ss	12345	Alaska	2450 Industrial Blvd # D, Juneau, AK 99801, USA	2017-05-06	58.3673037	-134.6041533
101500	410375627833766	24800	ssd	dasd	12345	dasd	Downingtown Area School District, PA, USA	2017-04-06	40.0526452	-75.737149
100314	379558064617762	2698	11	ca	91000	ca	California, USA	2016-10-28	36.778261	-119.4179324
101672	397537737593224	300	22	Los A…	44444	CA	Los Angeles, CA, USA	2017-05-06	34.0522342	-118.2436849
101328	325369822642776	12900	da	Los A…	13456	CA	Los Angeles, CA, USA	2017-02-21	34.0522342	-118.2436849
101728	409948684500500	13797	22	33	44443	Alaska	33 Alaska St, Staten Island, NY 10310, USA	2017-05-18	40.638288	-74.1210119
101482	422261974720805	2281	22	33	44456	Alaska	33 Alaska St, Staten Island, NY 10310, USA	2017-03-25	40.638288	-74.1210119
101794	359024399633705	34400	22	33	44445	Alaska	33 Alaska St, Staten Island, NY 10310, USA	2017-05-25	40.638288	-74.1210119
101808	386690702679749	2403	22	33	44444	Alaska	33 Alaska St, Staten Island, NY 10310, USA	2017-06-06	40.638288	-74.1210119
101670	291352645325701	31806	22	33	44445	Alaska	33 Alaska St, Staten Island, NY 10310, USA	2017-06-06	40.638288	-74.1210119
101416	306116332531288	5164	11	22	33334	Alaska	22 Alaska, Bloomfield, NM 87413, USA	2017-02-28	36.7375417	-107.9724487
101481	335328464636624	3958	22	33	44456	Alaska	33 Alaska St, Staten Island, NY 10310, USA	2017-03-25	40.638288	-74.1210119
101818	313343328396792	14805	qew	qe	11111	Alaska	Alaska St, Staten Island, NY 10310, USA	2017-06-08	40.6365817	-74.1206697

图 5-157　关系型数据库表

常见的关系型数据库厂商有 MySQL、SQLite、SQL Server、Oracle，由于 MySQL 是免费的，所以一般用 MySQL 的居多。

Web SQL 是前端的数据库，它也是本地存储的一种，使用 SQLite 实现，SQLite 是一种轻量级数据库，它占用的空间小，支持创建表，插入、修改、删除表格数据，但是不支持修改表结构，如删掉一纵列，修改表头字段名等，不过可以把整张表删了。同一个域可以创建多个 DB，每个 DB 有若干张表，如图 5-158 所示。

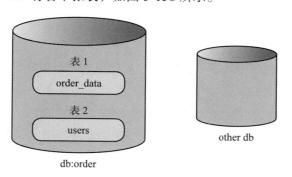

图 5-158　数据库与表

2. 创建一个 DB

如图 5-159 所示，使用 openDatabase，传 4 个参数，指定数据库大小，如果指定太大，浏览器会提示用户是否允许使用这么多空间，图 5-160 为 Safari 的提示。

```
var db = window.openDatabase(
    "order_test",     ← 数据库名称
    "1.0",            ← 数据库版本（用来升级表结构）
    "order map data", ← 数据库描述
    2 * 1024 * 1024); ← 数据库可用空间大小
```

图 5-159　创建一个 DB

图 5-160　数据如果占用太多空间需要经过用户同意

如果不允许，浏览器将会抛异常：

`QuotaExceededError (DOM Exception 22): The quota has been exceeded.`

这样就创建了一个数据库叫 order_test，返回了一个 db 对象，接下来使用这个 db 对象创建一张表。

3. 创建表

如代码清单 5-45 所示：

代码清单 5-45　创建表的 API 和 SQL

```
db.transaction(function(tx){
    tx.executeSql(
"create table if not exists order_data(order_id primary key, format_city, lat, lng, price, create_time)", [], null,
    function(tx, err){
        throw `execute sql failed: ${err.code} ${err.message}`;
    });
});
```

传一个回调给 db.transaction，它会传一个 SQLTransaction 的实例，表示一个事务，然后调用 executeSql 函数，传四个参数，第一个参数为要执行的 SQL 语句，第二个参数为选项，第三个为成功回调函数，第四个为失败回调函数，这里我们抛一个异常，打印失败的描述。我们执行的 SQL 语句为：

`create table if not exists order_data(order_id primary key, format_city, lat, lng, price, create_time)`

意思是创建一张 order_data 表，它的字段有 6 个，第一个 order_id 为主键，主键用来标志这一行，并且不允许有重复的值。

现在往这张表中插入数据。

4. 插入数据

准备好原始数据和对数据做一些处理，如代码清单 5-46 所示：

代码清单 5-46　准备好数据

```
var order = {
    orderId: 100314, format_city: "New York, NY, USA",
    lat: 40.7127837, lng: -74.0059413,
    price: 150, createTime: 1473884040000
};
// 把时间戳转成年月日 2017-06-08 类型的
var date = dataProcess.getDateStr(order.createTime);
```

然后执行插入，如代码清单 5-47 所示：

代码清单 5-47　SQL 插入

```
tx.executeSql(`
insert into order_data
values(${order.orderId}, '${order.format_city}',
       ${order.lat}, ${order.lng}, ${order.price}, '${date}')`);
```

就可以在浏览器控制台看到刚刚创建的数据库、表以及数据，如图 5-161 所示：

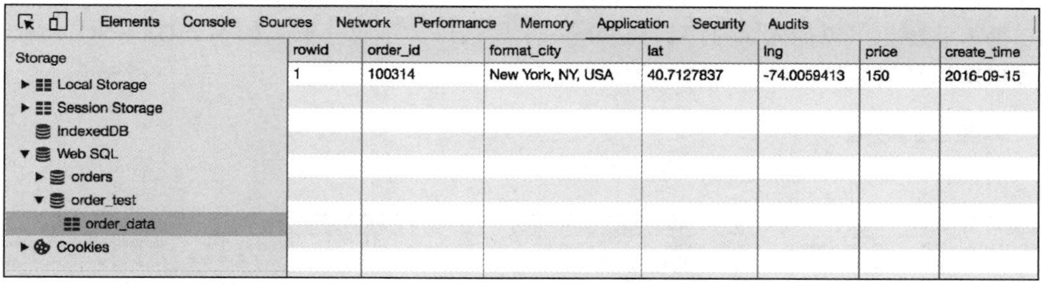

图 5-161　查看创建的 DB 和表

如果把刚刚的那条数据再插入一遍会怎么样呢？如刷新一下页面，它又重新执行。

5. 主键唯一约束

插入一个重复主键，这里为 id，executeSql 的失败函数将会执行，如图 5-162 所示：

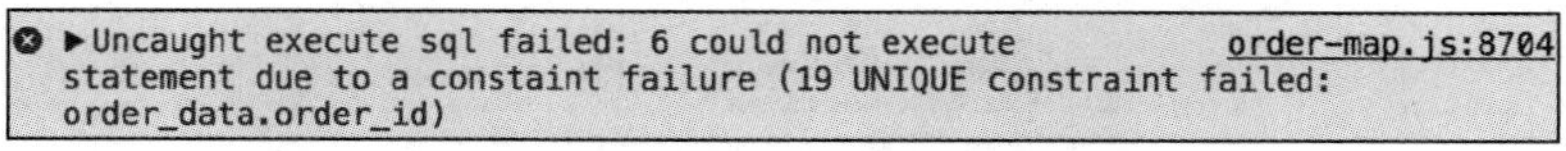

图 5-162　主键唯一异常

所以一般 id 是自动生成的，MySQL 可以指定某个整数字段为 auto_increment，而 Web SQL 对整数字段不指定也是 auto_increment，需要在创建的时候指定当前字段为 integer，如下语句：

```
create table student(id integer primary key auto_increment, age, score);
```

作用是创建一张 student 表，它的 id 是自动自增的，执行 insert 插入时会自动生成一个 id：

```
insert into student(grade, score) values(5, 88);
```

这样插入几次，得到如图 5-163 所示的表。

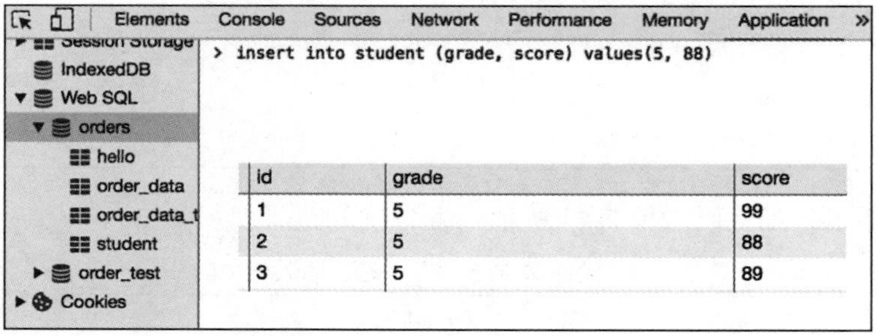

图 5-163　主键 id 自增

可以看到 id 由 1 开始自动增长。经常利用这种自增功能生成用户的 id、订单的 id 等等。

上面指定了 id 为整型，就不能插入一个字符串的数据，否则会报错。而如果没指定，可以插入数字也可以插入字符串，当然同一字段最好类型要一致。如 MySQL、SQL Server 等数据库都是强类型的。

6. 全部的数据

把所有的数据都插入之后，得到如图 5-164 所示的表。

order_id	user_id	price	address	city	zipcode	state	format_city	date	lat	lng
100821	51469...	2182	251 Rhode Island St ...	San Fr...	94103	CA	Anderson, IN, USA	2016-12-07	40.1053196	-85.6802541
100888	47308...	3000	251 Rhode Island St ...	San Fr...	94103	CA	Eagle, ID, USA	2016-12-13	43.6954424	-116.3540138
101140	33766...	14575	6220 Lucys Ct	Lincoln	68516	NE	Scottsdale, AZ, USA	2017-02-09	33.4941704	-111.9260519
101442	41531...	34088	chaoyang	beijing	94062	Alaska	Beijing Capital International Airport (PEK), Shunyi, Be...	2017-03-07	40.0798573	116.6031121
100981	31907...	103850	renren	beijng	12345	Alaska	Jin Xing Lu, Daxing Qu, Beijing Shi, China	2017-01-04	39.763614	116.270859
101808	38669...	2403	22	33	44444	Alaska	33 Alaska St, Staten Island, NY 10310, USA	2017-06-06	40.638288	-74.1210119
101537	53284...	180	dasd	dasd	12344	Alaska	Dad's Ave, Anchor Point, AK 99556, USA	2017-04-25	59.7987343	-151.7883674
101794	35902...	34400	22	33	44445	Alaska	33 Alaska St, Staten Island, NY 10310, USA	2017-05-25	40.638288	-74.1210119
101670	29135...	31806	22	33	44445	Alaska	33 Alaska St, Staten Island, NY 10310, USA	2017-05-06	40.638288	-74.1210119
101728	40994...	13797	22	33	44443	Alaska	33 Alaska St, Staten Island, NY 10310, USA	2017-05-18	40.638288	-74.1210119
101482	42226...	2281	22	33	44456	Alaska	33 Alaska St, Staten Island, NY 10310, USA	2017-03-25	40.638288	-74.1210119
101133	35093...	19225	qwe	qwe	12312	Alaska	W E St, Nome, AK 99762, USA	2017-01-24	64.500589	-165.4163513
101131	35777...	18605	qwe	qwe	12312	Alaska	W E St, Nome, AK 99762, USA	2017-01-23	64.500589	-165.4163513
101806	34260...	131	qwe	qwe	12345	Alaska	W E St, Nome, AK 99762, USA	2017-06-06	64.500589	-165.4163513
100974	34374...	27375	qwe	qwe	12345	Alaska	W E St, Nome, AK 99762, USA	2016-12-29	64.500589	-165.4163513
101803	46527...	2540	qwe	qwe	12345	Alaska	W E St, Nome, AK 99762, USA	2017-06-04	64.500589	-165.4163513
101135	32019...	427800	6220 Lucys Ct	Lincoln	68516	NE	Lincoln, NE, USA	2017-02-07	40.8257625	-96.6851982
101416	30611...	5164	11	22	33334	Alaska	22 Alaska, Bloomfield, NM 87413, USA	2017-02-28	36.7375417	-107.9724487
101328	32536...	12900	da	Los An...	13456	CA	Los Angeles, CA, USA	2017-02-21	34.0522342	-118.2436849

图 5-164　全部的数据

然后我们开始做查询。

7. Select 查询

（1）查出每个城市的单数和，按日期升序。便于地图按 city 展示，可以执行以下 SQL：

```
select format_city as city, count(order_id) as 'count', sum(price) as amount from
```

order_data group by format_city order by date

结果如图 5-165 所示。

```
> select date, format_city as city, count(order_id) as 'count', sum(price) as amount
  from order_data group by format_city order by date
```

date	city	count	amount
2016-10-28	California, USA	1	2698
2016-12-07	Anderson, IN, USA	1	2182
2016-12-13	Eagle, ID, USA	1	3000
2016-12-22	4408 Boundry Ave, Aniak, AK 99557, US...	1	3000
2016-12-22	Los Gatos, CA, USA	2	23200
2017-01-04	Jin Xing Lu, Daxing Qu, Beijing Shi, ...	1	103850
2017-01-07	600 University Ave, Fairbanks, AK 997...	1	7525
2017-01-24	W E St, Nome, AK 99762, USA	5	67876

图 5-165　按 city 分组查询

（2）然后再查一下最近 7 天每一天的单数，用于右边柱状图的展示，执行以下 SQL：

```sql
select date, count(order_id) as 'count', sum(price) as amount from order_data
group by date order by date desc limit 0, 7
```

得到结果如图 5-166 所示。

```
> select date, count(order_id) as 'count', sum(price) as amount from order_data group by date
  order by date desc limit 0, 7
```

date	count	amount
2017-06-08	1	14805
2017-06-07	2	50584
2017-06-06	3	19359
2017-06-04	1	2540
2017-05-25	1	34400
2017-05-18	1	13797
2017-05-06	3	38106

图 5-166　查询最近有数据的 7 天的单数

查询某个 orderId 是否存在，因为数据需要动态更新，例如每两个小时更新一次，如果有新数据需要去查询格式化的地址以及经纬度。而每次请求都是拉取全部数据，因此需要找出哪些是新数据。可以执行：

```sql
select order_id from order_data where order_id = ${order.orderId}
```

如果返回空的结果集，说明这个 orderId 不存在。

上面是在控制台执行，在代码里面怎么获取结果呢，如图 5-167 所示：

某些字段可能会被重复查询，如 order_id，format_city，如果对这些字段做一个索引，那么可以提高查询的效率。

8. 建立索引

由于 order_id 是主键，自动会有索引，其他字段需要手动创建一个索引，如对 format_city 添加一个索引可执行：

```sql
create index if not exists index_format_city on order_data(format_city)
```

```
var db = window.openDatabase("orders", "", "order map data", 2 * 1024 * 1024);
//把执行sql封装成一个函数
function executeSql(sql, successCallback){
    db.transaction(function(tx){
        tx.executeSql(sql, [], successCallback, function(tx, err){
            throw `execute sql failed(${err.code}): ${err.message} -- ${sql}`;
        });
    });
}

executeSql("select date, count(order_id) as 'count', sum(price) as amount from order_data group by date order by date desc limit 0, 7", function(tx, results){
    var count  = [],
        date   = [],
        amount = [];
    for(var i = results.rows.length - 1; i >= 0; i--){
        var row = results.rows.item(i);
        count.push(row.count);
        date.push(row.date);
        amount.push(row.amount);
    }
    chartDrawer.draw(count, amount, date);
});
```

查询结果在成功回调的 result.rows 参数里面

图 5-167　在代码里查询获取结果

为什么创建索引可以提高查询效率呢？因为如果没建索引要找到某个字段等于某个值的数据，需要遍历所有的数据条项，查找复杂度为 O（N），而建立索引一般是使用二叉查找树或者它的变种，查找复杂度变成 O（logN），MySQL 使用的是 B+ 树。有兴趣的可继续查找资料。

另外字符串可以使用哈希变成数字，字符串索引要比数字低效很多。

使用索引的代价是增加存储空间，降低插入修改的效率。所以索引不能建太多，如果查询的次数要明显高于修改，那么建立索引是好的，相反如果某个字段需要被频繁修改，那可能不太适合建立索引。

关系型数据库的优缺点

1. 优点

SQL 支持非常复杂的查询，可以联表查询、使用正则表达式查询、嵌套查询，还可以写一个独立的 SQL 脚本。

上面的案例，如果不使用 SQL，那两个查询自己写代码筛选数据也可以实现，但是会比较麻烦，特别是数据量比较大的时候，如果算法写得不好，就容易有性能问题。而使用 DB 数据的查询性能就交给了 DB。它还是异步的，不会有堵塞页面的情况。

2. 缺点

一般来说，存在以下缺点：

（1）不方便横向扩展，例如给数据库表添加一个字段，如果数据量达到亿级，那么这个操作的复杂性将会是非常可观的。

（2）海量数据用 SQL 联表查询，性能将会非常差。

（3）关系型数据库为了保持事务的一致性特点，难以应对高并发。

3. Web SQL 被 deprecated

在 w3c 的文档[⊖]上，可以看到：

This document was on the W3C Recommendation track but specification work has stopped. The specification reached an impasse: all interested implementors have used the same SQL backend (Sqlite), but we need multiple independent implementations to proceed along a standardisation path.

大意是说 WebSQL 现有的实现是基于现成的第三方 SQLite，但是我们需要独立的实现。火狐也不打算支持。也就是说主要原因是 Web SQL 太过于依赖 SQLite，或许 W3C 可能会在以后重新制订一套标准。

虽然已经不建议使用了，但是上面还是花了很多篇幅介绍 Web SQL，主要是因为 SQL 是通用的，我的主要目的并不是要向读者介绍 Web SQL 的 API，怎么使用 Web SQL，而是给读者介绍一些 SQL 的核心概念，如怎么建表，怎么插入数据，毕竟 SQL 是通用的，就算再过个几十年它也很难会过时。

接下来再介绍第二种数据库——非关系型数据库。

非关系型数据库

非关系型数据库根据它的存储特点，常用的有：

（1）key-value 型，如 Redis/IndexedDB，value 可以为任意数据类型，如图 5-168 所示。

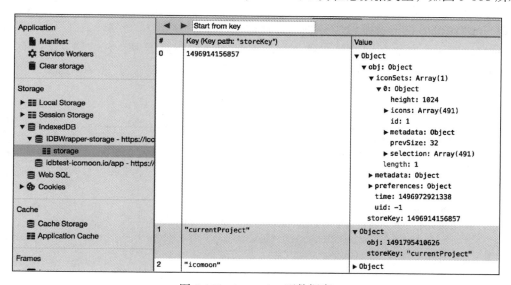

图 5-168　key-value 型数据库

⊖ https://www.w3.org/TR/webdatabase/

（2）JSON/document 型，如 MongoDB，value 按照一定的格式，可对 value 的字段做索引，IndexedDB 也支持，如图 5-169 所示。

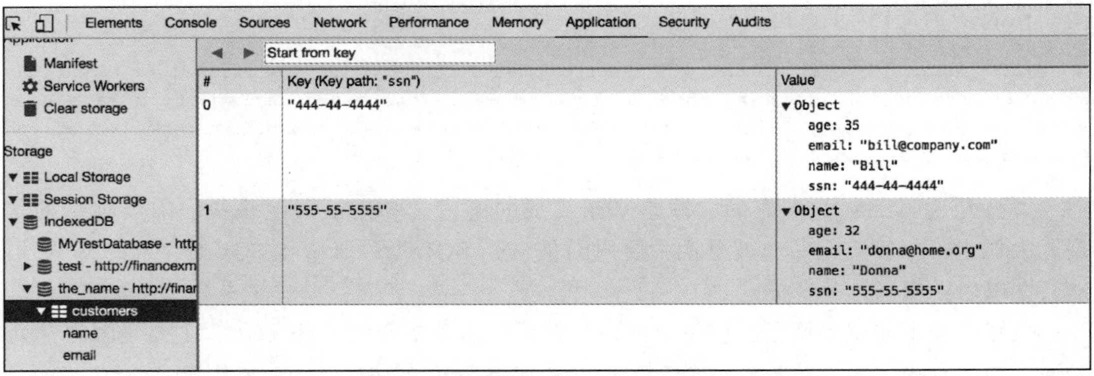

图 5-169　JSON 型

非关系型数据库也叫 NoSQL 数据库。

NoSQL 是 Not Only SQL 的简写，意思为不仅仅是 SQL，但其实它和 SQL 没什么关系，只是为了不让人觉得它太异类。它的特点是存储比较灵活，但是查找没有像关系型 SQL 一样好用。适用于数据量很大，只需要单表 key 查询，一致性不用很高的场景。

IndexedDB

1. IndexedDB 的一些概念

IndexedDB 是本地存储的第三种方式，它是非关系型数据库。它的建立数据库、建表、插入数据等操作如代码清单 5-48 所示，这里不进行拆分讲解，具体 API 细节读者可查 MDN 等相关文档。

代码清单 5-48　IndexedDB 的操作

```
//创建和打开一个数据库
var request = window.indexedDB.open("orders", 7);
var db = null;
request.onsuccess = function(event){
    db = event.target.result;
    //如果 order_data 表已经存在，则直接插入数据
    if(db.objectStoreNames.contains("order_data")){
        var orderStore = db.transaction("order_data", "readwrite").objectStore("order_data");
        //insertOrders(orderStore);
    }

};

request.onupgradeneeded = function(event){
```

```
        db = event.target.result;
        //如果 order_data 表不存在则创建, 并插入数据
        if(!db.objectStoreNames.contains("order_data")){
                var orderStore = db.createObjectStore("order_data", {keyPath:
"orderId"});
            insertOrders(orderStore);
        }
    };

    function insertOrders(orderStore){
        var orders = orderData.data;
        for(var i = 0; i < orders.length; i++){
            //add 是一个异步的操作, 返回一个 IDBRequest, 有 onsucess 的回调函数
            orderStore.add(orders[i]);
        }
    }
```

执行完之后就有了一张 order_data 的表，如图 5-170 所示。

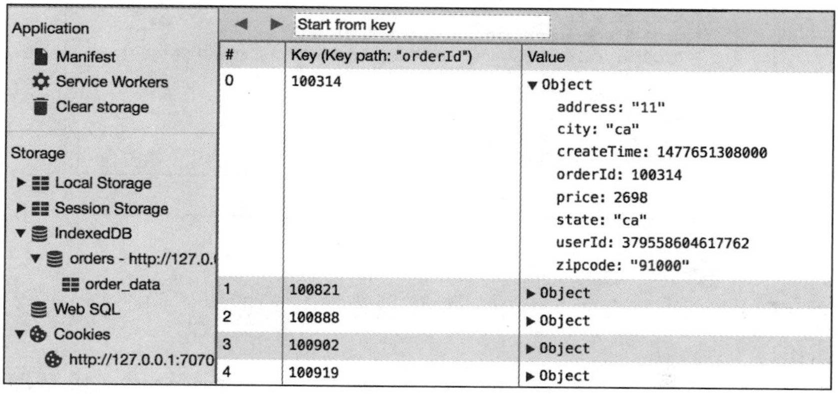

图 5-170　非关系型表

现在要查询某个 orderId 的数据，可执行代码清单 5-49：

代码清单 5-49　IndexedDB 的查询 key

```
function query(orderId){
    db.transaction("order_data", "readonly")      //返回 IDBTransaction 实例
        .objectStore("order_data")                //返回 IDBObjectStore 实例
        .get(orderId)                             //返回 IDBRequest 实例
        .onsuccess = function(event){
            var order = event.target.result;
            console.log(order)
        };
}
```

结果如图 5-171 所示。

```
▼ Object {orderId: 100314, userId: 3795586046l7762, city: "ca", state: "ca", zipcode: "91000"…}
    address: "11"
    city: "ca"
    createTime: 1477651308000
    orderId: 100314
    price: 2698
    state: "ca"
    userId: 3795586046l7762
    zipcode: "91000"
```

图 5-171　按 key 查找的结果

怎么查询 value 字段里面的数据呢？如要查询 state 为 CA 的订单，那么给 state 这个字段添加一个索引就可以查询了，如图 5-172 所示。

```
var request = window.indexedDB.open("orders", 11);       ← 先升级 DB
request.onupgradeneeded = function(event){                   Version
    queryState(event.target.transaction);
};
function queryState(transaction){
    var orderStore = transaction.objectStore("order_data");
    var keyName = keyPath = "state";
    if(!orderStore.indexNames.contains(keyName)){
        orderStore.createIndex(keyName, keyPath, {unique: false});
    }
    var index = orderStore.index("state");                   ← 创建索引，允许
    index.get("CA").onsuccess = function(event){                字段有重复值
        var order = event.target.result;
        console.log(order);
    };
};
```

图 5-172　创建索引查询

这里就可以知道，为什么要叫 IndexedDB 或者索引数据库了，因为它主要是通过创建索引进行查询的。

上面只返回了一个结果，但是一般需要获取全部的结果，就得使用游标 cursor，如图 5-173 中代码所示。

```
function queryAllState(){
    var orderStore = db.transaction("order_data", "readonly").objectStore("order_data");
    var index = orderStore.index("state");
    var keyRange = IDBKeyRange.only("CA"); //IDBKeyRange支持==、<、>、区间

    index.openCursor(keyRange).onsuccess = function(event){   ← index.openCursor,
        var cursor = event.target.result;                        并传入比较的条件
        if(cursor){
            console.log(`${cursor.key} ${cursor.value}`);
            cursor.continue();
        }
    };
};
```

图 5-173　使用游标进行查询

打印结果如图 5-174 所示。

```
CA ▶Object {orderId: 100821, userId: 514694887070560, city: "San Francisco", state: "CA", zipcode: "94103"…}
CA ▶Object {orderId: 100888, userId: 473085524488252, city: "San Francisco", state: "CA", zipcode: "94103"…}
CA ▶Object {orderId: 100919, userId: 459433973846510, city: "Los Gatos", state: "CA", zipcode: "95032"…}
CA ▶Object {orderId: 100935, userId: 551257536573495, city: "Los Gatos", state: "CA", zipcode: "95032"…}
CA ▶Object {orderId: 101328, userId: 325369822642776, city: "Los Angeles", state: "CA", zipcode: "13456"…}
CA ▶Object {orderId: 101672, userId: 397537737593224, city: "Los Angeles", state: "CA", zipcode: "44444"…}
```

图 5-174　使用游标的查询结果

IndexedDB 还支持插入 JSON 格式不一样的数据，如代码清单 5-50 所示：

代码清单 5-50　插入一个另类的数据

```
var specilaData = {
    orderId: 'hello, world',
    text: "goodbye, world"
};

var orderStore = db.transaction("order_data", "readwrite")
                   .objectStore("order_data");
orderStore.add(specilaData).onsuccess = function(event){
    orderStore.get('hello, world').onsuccess = function(event){
        console.log(event.target.result);
    };
};
```

结果如图 5-175 所示。

```
▼Object {orderId: "hello, world", text: "goodbye, world"}
  orderId: "hello, world"
  text: "goodbye, world"
```

图 5-175　查询结果

2. 非关系型数据库的横向扩展

上面说关系型数据库不利于横向扩展，而在一般的非关系型数据库里面，每个数据存储的类型都可以不一样，即每个 key 对应的 value 的 JSON 字段格式可以不一致，所以不存在添加字段的问题，而相同类型的字段可以创建索引，提高查询效率。

NoSQL 做不了复杂查询，如上面的案例要按照日期 /city 归类的话，需要自己打开一个游标循环做处理。所以我选择用 Web SQL 主要是这个原因。

3. 兼容性

WebSQL 兼容性如图 5-176 所示。

主要是 IE 和火狐不支持，而 IndexedDB 的兼容性会好很多，如图 5-177 所示。

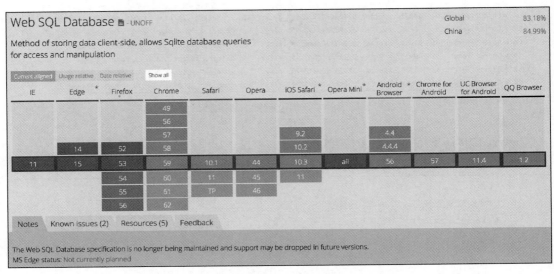

图 5-176　Web SQL 兼容性

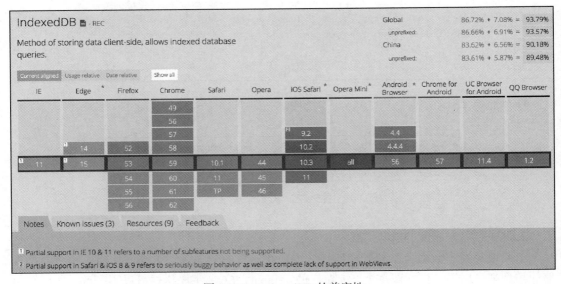

图 5-177　IndexedDB 的兼容性

数据库与 Promise

数据库的查找，添加等都是异步操作，有时候你可能需要先发个请求获取数据，然后插入数据，重复 N 次之后，再查询数据。例如我需要先一条条地向谷歌服务器解析地址，再插入数据库，然后再做查询。在查询数据之前需要保证数据已经都全部写到数据库里面了，可以用 Promise 解决，在保证效率的同时达到目的。如图 5-178 所示。

```
var promises = [];
for(let i = 0; i < orders.length; i++){
    var order = orders[i];
    var promise = new Promise(function(resolve){
        dataProcess.executeSql(`select order_id from order_data where order_id = ${order.orderId}`,
            function(tx, results){
                if(results.rows.length) {
                    resolve();
                    return;
                }
                //如果不存在，向谷歌查询地址
                var order = orders[i]; //闭包order已经变了，但是i没变，所以要把order重新赋值
                dataProcess.queryAddress(order, resolve);
            });
    });
    promises.push(promise);
}
Promise.all(promises).then(dataProcess.finished);
```

每个 Promise 的任务完成之后调一下 resolve

所有的 Promise 完成了则调 finished 函数

图 5-178　使用 Promise

SQL 注入

谈 SQL 一般都离不开 SQL 注入的话题，什么是 SQL 注入攻击呢？

假设有个表单，支持用户查询自己在某个地方的订单，如图 5-179 所示。

图 5-179　按 state 查询

所写的 SQL 语句是这样的：

```
select * from order_data where user_id = 514694887070560 and state = '${userData.state}'
```

userId 根据用户的登录信息可以知道，而 state 则使用用户传来的数据，那么就变成了一道填空题，如图 5-180 所示。

```
select * from order_data where user_id = 514694887070560 and state =
'         '
         ↑
    这里可以注入
```

图 5-180　可以进行注入的地方

正常的查询如图 5-181 所示。

```
> select * from order_data where user_id = 514694887070560 and state = 'CA';
```

orde…	use…	pr…	address	city	zip…	st…	format_city	date	lat	lng
1008…	514…	21…	251 Rhode Island St	San Franc…	941…	CA	Anderson, IN,…	2016-12-…	40…	-8…

图 5-181　期望的正常的查询

现在进行脚本注入，如我要查一下所有用户的订单情况，如下所示：

```
select * from order_data where user_id = 514694887070560 and state = 'CA' union
select * from order_data where ''='';
```

带下划线的字就是我在空格里面填入的东西，它就会拼成一句合法的 SQL 语句——查询 order_data 表的所有数据，结果如图 5-182 所示。

```
> select * from order_data where user_id = 514694887070560 and state = 'CA' union select * from order_data
  where ''='';
```

order_id	user_id	price	addre…	city	zipco…	state	format_city	dat…	lat	lng
100314	379558604617762	2698	11	ca	91000	ca	California, USA	201…	36.…	-11…
100821	514694887070560	2182	251 R…	San …	94103	CA	Anderson, IN, USA	201…	40.…	-85…
100888	473085524488252	3000	251 R…	San …	94103	CA	Eagle, ID, USA	201…	43.…	-11…
100902	300466408836842	3000	dasd	dad	12345	Alaska	4408 Boundry Ave, Aniak, …	201…	61.…	-15…

图 5-182　简单注入例子

由于数据库是放在远程服务器，我怎么知道你这张表叫做 order_data 呢？这就需要猜，根据一般的命名习惯，如果 order_data 不对，那么对方服务将会返回出错，那就再换一个，如 order/orders 等，不断地猜，一般可以在较少次数内猜中。

我还猜测有张用户表，存放着用户的密码，要查一下某个人的密码，执行以下 SQL 语句：

```
select * from order_data where user_id = 514694887070560 and state = 'CA' union
select order_id, order_data.user_id, price, address, user.password as city, zipcode,
state, format_city, date, lat, lng from order_data join user on user.user_id = order_
data.user_id and ''='';
```

结果如图 5-183 所示。

```
> select * from order_data where user_id = 514694887070560 and state = 'CA' union select order_id,
  order_data.user_id, price, address, user.password as city, zipcode, state, format_city, date, lat, lng
  from order_data join user on user.user_id = order_data.user_id and ''='';
```

order…	user_id	price	ad…	city	zipc…	sta…	format_city	date	lat	lng
100821	514694887070560	2182	25…	San Francisco	9410…	CA	Anderson, IN, U…	2016-12-…	40.…	-85…
100888	473085524488252	3000	25…	123456	9410…	CA	Eagle, ID, USA	2016-12-…	43.…	-11…

这个用户的密码

图 5-183　复杂注入的例子

第二个 city 就是那个用户的密码，如果数据库是明文存储密码，那就更便利了。

还可以再做一些增删改的操作，这个就比查询其他用户信息更危险了。那怎么防止 SQL 注入呢？

如果字段类型是数字，则没有注入的风险，而如果字段是字符串则存在。需要把字符串里面的引号进行转义把它变成查询的内容，在引号里面是使用连在一起的两个引号表示一个引号。

更常见的是底层框架先把 SQL 语句编译好，传进来的字符串只能作为内容查询，这种通常是最安全的，就是有时候不太灵活，特别是查询条件比较多样时，如果一个条件就写一句 SQL 还是挺麻烦的，并且条件还可以组合。

分布式数据库

如果网站日访问量太大,一个数据库服务很可能会扛不住,需要搞几台相同的数据库服务器分担压力,但是要保证这几个数据库数据一致性。这有很多解决方案,最简单的如 MySQL 的 replication,如图 5-184 所示。

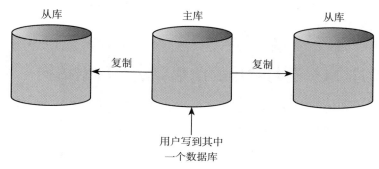

图 5-184 数据库同步

假设线上有 3 个数据库,用户的一个操作写到了其中的一个数据库里面,这个库就叫主库 master,其他两个库叫从库 slave,主库会把新数据远程复制到另外两个从库。

综合以上,本文谈到了本地存储的三种方式:

❑ localStorage/sessionStorage
❑ Web SQL
❑ IndexedDB

并比较了它们的特点。还谈了一下 DB 结合 Promise 做一些操作和 SQL 注入等。

最主要是分析了关系型数据库和非关系型数据库的特点,关系型数据库是一名老将,而非关系型数据库随着大数据的产生应运而生,但它又不局限于在大数据上使用。HTML5 也增加了这两种类型的数据库,为做 Web Application 做好准备。虽然 Web SQL 很早前被 deprecated,但是只要你不用支持 IE 和 Firefox 还是可以用的,它的好处是查询比较方便,而 IndexedDB 存储比较灵活,查询不方便。说不定在不久的将来会有一种全新的 Web 关系型数据库出现。现在很多网站都使用 IndexedDB 存储它们的数据。

所以可以尝试两者学习和使用一下,一方面为做那种数据驱动类型的网页提供便利,另一方面可以对数据库的概念有所了解,知道后端是如何建表如何查询数据返回给你的。

问答

1. 前端也要搞 SQL ? SQL 不是后端的吗?这对前端的要求太高了吧?

答:这个问题前文也回答过,如果你认为前端就是 HTML + CSS + JS,那你发展的道路就很窄了,很可能就是保持一个前端干活很熟练的身份。应该有开阔的胸怀去学习其他相关领域的知识,这样路才能越走越广。一个只会 Java 的 Java 程序员肯定不是一个好程序员,一个只会埋头切图和写逻辑的前端也不是一个好前端。

2. 我学了 SQL,但是我平时都没用到,很快就会忘记了,学了也没用?

答:确实,如果不用的话,很容易就会忘记。特别是初学者需要经常练手,才能真正转化为自己的知识,如果就看了一遍,连自己敲一下键盘都没有,那就真的作用不大。如果你之前练过,但是现在又忘了,那也没关系,因为你有印象了,现在只要花半个小时或者一个小时很快又可以拾掇起来。

Effective 前端 24:学习常用的前端算法与数据结构

前面我们已经讨论过了前端与计算机基础的很多话题,诸如 SQL、面向对象、多线程,本篇将讨论数据结构与算法,以我接触过的一些例子作为说明。

递归

递归就是自己调用自己,递归在前端里面算是一种比较常用的算法。假设现在有一堆数据要处理,要实现上一次请求完成了,才能去调用下一个请求。一个是可以用 Promise,就像前面"Effective 前端 23"里面提到的。但是有时候并不想引入 Promise,能简单处理先简单处理。这个时候就可以用递归,如代码清单 5-51 所示:

代码清单 5-51　使用递归实现不堵塞多串行请求

```
var ids = [34112, 98325, 68125];
(function sendRequest(){
    var id = ids.shift();
    if(id){
        $.ajax({url: "/get", data: {id}}).always(function(){
            //do sth.
            console.log("finished");
            sendRequest();
        });
    } else {
        console.log("All finished");
    }
})();
```

上面代码定义了一个 sendRequest 的函数,在请求完成之后再调一下自己。每次调之前先取一个数据,如果数组已经为空,则说明处理完了。这样就用简单的方式实现了串行请求不堵塞的功能。

再来讲另外一个场景:DOM 树。

由于 DOM 是一棵树,而树的定义本身就是用递归定义的,所以用递归的方法处理树,会非常的简单自然。例如用递归实现一个查 DOM 的功能 document.getElementById,如代码清单 5-52 所示。

代码清单 5-52　递归查 DOM

```
function getElementById(node, id){
    if(!node) return null;
    if(node.id === id) return node;
    for(var i = 0; i < node.childNodes.length; i++){
        var found = getElementById(node.childNodes[i], id);
        if(found) return found;
    }
    return null;
}
getElementById(document, "d-cal");
```

document 是 DOM 树的根结点，一般从 document 开始往下找。在 for 循环里面先找 document 的所有子结点，对所有子结点递归查找他们的子结点，一层一层地往下查找。如果已经到了叶子结点了还没有找到，则在第二行代码的判断里面返回 null，返回之后 for 循环的 i 加 1，继续下一个子结点。如果当前结点的 id 符合查找条件，则一层层地返回。所以这是一个深度优先的遍历，每次都先从根结点一直往下直到叶子结点，再从下往上返回。

最后在控制台验证一下，执行结果如图 5-185 所示。

```
> getElementById(document, "d-cal")
< ▶<button id="d-cal">…</button>
```

图 5-185　函数执行结果

使用递归的优点是代码简单易懂，缺点是效率比不上非递归的实现。Chrome 浏览器的查 DOM 是使用非递归实现的。非递归要怎么实现呢？

如代码清单 5-53 所示：

代码清单 5-53　查 DOM 的非递归实现

```
function getElementById(node, id){
    // 遍历所有的 Node
    while(node){
        if(node.id === id) return node;
        node = nextElement(node);
    }
    return null;
}
```

还是依次遍历所有的 DOM 结点，只是这一次改成一个 while 循环，函数 nextElement 负责找到下一个结点。所以关键在于这个 nextElement 如何非递归实现，如代码清单 5-54 所示：

代码清单 5-54　查找下一个结点

```
function nextElement(node){
    if(node.children.length) {
```

```
        return node.children[0];
    }
    if(node.nextElementSibling){
        return node.nextElementSibling;
    }
    while(node.parentNode){
        if(node.parentNode.nextElementSibling) {
            return node.parentNode.nextElementSibling;
        }
        node = node.parentNode;
    }
    return null;
}
```

还是用深度遍历，先找当前结点的子结点，如果它有子结点，则下一个元素就是它的第一个子结点，否则判断它是否有相邻元素，如果有则返回它的下一个相邻元素。如果它既没有子结点，也没有下一个相邻元素，则要往上返回它的父结点的下一个相邻元素，相当于上面递归实现里面的 for 循环的 i 加 1。

在控制台里面运行这段代码，同样也可以正确地输出结果。不管是非递归还是递归，它们都是深度优先遍历，这个过程如图 5-186 所示。

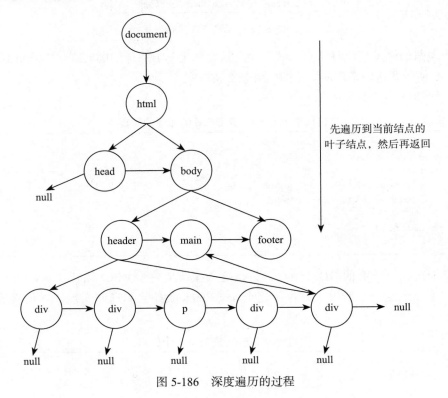

图 5-186　深度遍历的过程

实际上 getElementById 浏览器是用的一个哈希 map 存储的,根据 id 直接映射到 DOM 结点,而 getElementsByClassName 就是用的这样的非递归查找。

上面是单个选择器的查找,按 id,按 class 等,多个选择器应该如何查找呢?

复杂选择器的查 DOM

如实现一个 document.querySelector,如代码清单 5-55 所示:

代码清单 5-55　使用 querySelector

```
document.querySelector(".mls-info > div .copyright-content")
```

首先把复杂选择器做一个解析,序列为以下格式,如代码清单 5-56 所示:

代码清单 5-56　序列化选择器

```
// 把 selector 解析为
var selectors = [
{relation: "descendant", matchType: "class", value: "copyright-content"},
{relation: "child",      matchType: "tag",   value: "div"},
{relation: "subSelector", matchType: "class", value: "mls-info"}];
```

从右往左,第一个 selector 是 .copyright-content,它是一个类选择器,所以它的 matchType 是 class,它和第二个选择器是祖先和子孙关系,因此它的 relation 是 descendant;同理第二个选择器的 matchType 是 tag,而 relation 是 child,表示是第三个选择器的直接子结点;第三个选择器也是 class,但是它没有下一个选择器了,relation 用 subSelector 表示。

matchType 的作用就在于用来比较当前选择器是否 match,如代码清单 5-57 所示:

代码清单 5-57　判断某个结点是否匹配某个 selector

```
function match(node, selector){
    if(node === document) return false;
    switch(selector.matchType){
        //如果是类选择器
        case "class":
            return node.className.trim().split(/ +/)
                    .indexOf(selector.value) >= 0;
        //如果是标签选择器
        case "tag":
            return node.tagName.toLowerCase() === selector.value.toLowerCase();
        default:
            throw new Error("unknown selector match type");
    }
}
```

根据不同的 matchType 做不同的匹配。

在匹配的时候,从右往左,依次比较每个选择器是否 match。在比较下一个选择器的时候,需要找到相应的 DOM 结点,如果当前选择器是下一个选择器的子孙时,则需要比较当前选择器所有的祖先结点，一直往上直到 document；而如果是直接子元素的关系，则比较它的父结点即可。所以需要有一个找到下一个目标结点的函数，如代码清单 5-58 所示：

代码清单 5-58　为当前选择器找到下一个目标结点

```
function nextTarget(node, selector){
    if(!node || node === document) return {};
    //hasNext 表示当前选择器 relation 是否允许继续找下一个节点
    switch(selector.relation){
        case "descendant":
            return {node: node.parentNode, hasNext: true};
        case "child":
            return {node: node.parentNode, hasNext: false};
        case "sibling":
            return {node: node.previousSibling, hasNext: true};
        default:
            throw "unknown selector relation type";
    }
}
```

有了 nextTarge 和 match 这两个函数就可以开始遍历 DOM 了，如图 5-187 所示。

图 5-187　复杂选择器查 DOM 的主函数

最外层的 while 循环和简单选择器一样，都是要遍历所有 DOM 结点。对于每个结点，先判断第一个选择器是否 match，如果不 match 的话，则继续下一个结点，如果不是标签选择器，对于绝大多数结点将会在这里判断不通过。如果第一个选择器 match 了，则根据第一个选择器的 relation，找到下一个 target，判断下一个 targe 是否 match 下一个 selector，只要有一个 target 匹配上了，则退出里层的 while 循环，继续下一个选择器，如果所有的 selector 都能匹配上说明匹配成功。如果有一个 selector 的所有 target 都没有 match，则说明匹配失败，退出 selector 的 for 循环，直接从头开始对下一个 DOM 结点进行匹配。

这样就实现了一个复杂选择器的查 DOM。写这个的目的并不是要你自己写一个查 DOM 的函数拿去用，而是要明白查 DOM 的过程是怎么样的，可以怎么实现，浏览器又是怎么实现的。还有可以怎么遍历 DOM 树，当明白这个过程的时候，遇到类似的问题，就可以举一反三。

最后在浏览器上运行一下，如图 5-188 所示。

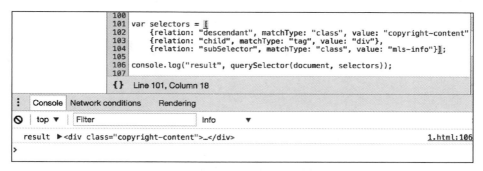

图 5-188 复杂选择器的运行结果

重复值处理

现在有个问题，如图 5-189 所示。

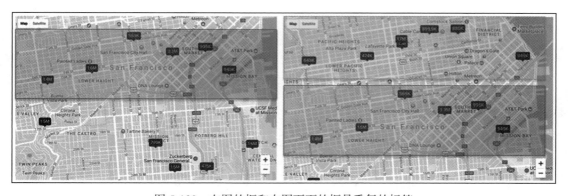

图 5-189 左图的框和右图下面的框是重复的标签

当地图往下拖的时候要更新地图上的房源标签数据，图 5-189 中绿框表示不变的标签，而黄框表示新加的房源。

后端每次都会把当前地图可见区域的房源返回给我，当用户拖动的时候需要知道哪些是原先已经有的房源，哪些是新加的。把新加的房源画上，而把超出区域的房源删掉，已有的房源保持不动。因此需要对比当前房源和新的结果哪些是重复的。因为如果不这样做的话，改成每次都是全部删掉再重新画，已有的房源标签就会闪一下。因此为了避免闪动做一个增量更新。

把这个问题抽象一下就变成：给两个数组，需要找出第一个数组里面的重复值和非重复值。即有一个数组保存上一次状态的房源，而另一个数组是当前状态的新房源数据。找到的重复值需要保留，找到非重复值是要删掉的。

最直观的方法是使用双重循环。

1. 双重循环

如代码清单 5-59 所示：

代码清单 5-59 双重循环找到两个数组里面的重复值

```javascript
var lastHouses = [];
filterHouse: function(houses){
    var remainsHouses = [],
        newHouses = [];

    for(var i = 0; i < houses.length; i++){
        var isNewHouse = true;
        for(var j = 0; j < lastHouses.length; j++){
            if(houses[i].id === lastHouses[j].id){
                isNewHouse = false;
                remainsHouses.push(lastHouses[j]);
                break;
            }
        }
        if(isNewHouse){
            newHouses.push(houses[i]);
        }
    }
    lastHouses = remainsHouses.concat(newHouses);
    return {
        remainsHouses: remainsHouses,
        newHouses: newHouses
    };
}
```

上面代码有一个双重 for 循环，对新数据的每个元素，判断老数据里面是否已经有了，如果有的话则说明是重复值，如果老数据循环了一遍都没找到，则说明是新数据。由于用到了双重循环，所以这个算法的时间复杂度为 $O(N^2)$，对于百级的数据还好，对于千级的数据可能会有压力，因为最坏情况下要比较 1000000 次。

2. 使用 Set

如代码清单 5-60 所示：

代码清单 5-60　使用 Set 做重复值处理

```
var lastHouses = new Set();
function filterHouse(houses){
    var remainsHouses = [],
        newHouses = [];
    for(var i = houses.length - 1; i >= 0; i--){
        if(lastHouses.has(houses[i].id)){
            remainsHouses.push(houses[i]);
        } else {
            newHouses.push(houses[i]);
        }
    }
    for(var i = 0; i < newHouses.length; i++){
        lastHouses.add(newHouses[i].id);
    }
    return {remainsHouses: remainsHouses,
            newHouses: newHouses};
}
```

老数据的存储 lastHouses 从数组改成 set，但如果一开始就是数组呢，就像问题抽象里面说的给两个数组？那就用这个数组的数据初始化一个 Set。

使用 Set 和使用 Array 的区别在于可以减少一重循环，调用 Set.prototype.has 的函数。Set 一般是使用红黑树实现的，红黑树是一种平衡查找二叉树，它的查找时间复杂度为 O（logN）。所以时间复杂度进行了改进，从 O（N）变成了 O（logN），而总体时间从 O（N²）变成了 O（NlogN）。实际上，Chrome V8 的 Set 是用哈希实现的，它是一个哈希 Set，查找时间复杂度为 O（1），所以总体的时间复杂度是 O（N）。

不管是 O（NlogN）还是 O（N），表面上看它们的时间要比 O（N²）的少。但实际上需要注意的是它们前面还有一个系数。使用 Set 在后面更新 lastHouses 的时候也是需要时间的，如代码清单 5-61 所示：

代码清单 5-61　更新 lastHouses

```
for(var i = 0; i < newHouses.length; i++){
    lastHouses.add(newHouses[i].id);
}
```

如果 Set 是用树的实现，这段代码是时间复杂度为 O（NlogN），所以总的时间为 O（2NlogN），但是由于大 O 是不考虑系数的，O（2NlogN）还是等于 O（NlogN），当数据量比较小的时候，这个系数会起到很大的作用，而数据量比较大的时候，指数级增长的 O(N²) 将会远远超过这个系数，哈希的实现也是同样的道理。所以当数据量比较小时，如只有一两百可直接使用双重循环处理。

上面的代码有点冗长，我们可以用 ES6 的新特性改写一下，变得更加的简洁，如代码清单 5-62 所示：

代码清单 5-62　使用 ES6 简洁代码

```
function filterHouse(houses){
    var remainsHouses = [],
        newHouses = [];
    houses.map(house => lastHouses.has(house.id) ? remainsHouses.push(house)
                        : newHouses.push(house));
    newHouses.map(house => lastHouses.add(house.id));
    return {remainsHouses, newHouses};
}
```

代码从 16 行变成了 8 行，减少了一半。

3. 使用 Map

使用 Map 也是类似的，如代码清单 5-63 所示：

代码清单 5-63　使用 Map 做重复值处理

```
var lastHouses = new Map();
function filterHouse(houses){
    var remainsHouses = [],
        newHouses = [];
    houses.map(house => lastHouses.has(house.id) ? remainsHouses.push(house)
                        : newHouses.push(house));
    newHouses.map(house => lastHouses.set(house.id, house));
    return {remainsHouses, newHouses};
}
```

哈希的查找复杂度为 O（1），因此总的时间复杂度为 O（N），Set/Map 都是这样，代价是哈希的存储空间通常为数据大小的两倍。

4. 时间比较

最后做一下时间比较，为此得先制造点数据，比较数据量分别为 N=100，1000，10000 的时间，有 N/2 的 id 是重复的，另外一半的 id 是不一样的，然后需要将重复的数据在数组里面随机分布，代码略。

分别重复 100 次，比较时间，使用 Chrome 59，当 N=100 时，时间为：for < Set < Map，如图 5-190 所示，执行三次：

```
for time: 1.05615234375ms     for time: 1.021240234375ms   for time: 1.02392578125ms
Set time: 1.301025390625ms    Set time: 1.314697265625ms   Set time: 1.319091796875ms
Map time: 1.2138671875ms      Map time: 1.179931640625ms   Map time: 1.223876953125ms
```

图 5-190　N=100 时 for < Set < Map

当 N=1000 时，时间为：Set = Map < for，如图 5-191 所示。

```
for time: 81.8388671875ms      for time: 84.0830078125ms      for time: 80.078125ms
Set time: 14.708984375ms       Set time: 14.0859375ms         Set time: 14.62890625ms
Map time: 14.941162109375ms    Map time: 15.011962890625ms    Map time: 14.260986328125ms
```

图 5-191　N = 1000 Set = Map < for

当 N=10000 时，时间为 Set = Map << for，如图 5-192 所示。

```
for time: 14067.343017578125ms  for time: 11048.724853515625ms  for time: 14571.531005859375ms
Set time: 150.600830078125ms    Set time: 161.98291015625ms     Set time: 174.516845703125ms
Map time: 151.918212890625ms    Map time: 158.296875ms          Map time: 169.633056640625ms
```

图 5-192　N = 10000 Set = Map << for

可以看出，Set 和 Map 的时间基本一致，当数据量小时，for 时间更少，但数据量多时 Set 和 Map 更有优势，因为指数级增长还是挺恐怖的。这样我们会有一个问题，究竟 Set/Map 是怎么实现的。

Set 和 Map 的 V8 哈希实现

我们来研究一下 Chrome V8 对 Set/Map 的实现，源码是在 chrome/src/v8/src/js/collection.js[⊖] 这个文件里面，由于 Chrome 一直在更新迭代，所以有可能以后 Set/Map 的实现会发生改变，我们来看一下现在是怎么实现的。

如代码清单 5-64 所示初始化一个 Set：

代码清单 5-64　初始化 Set 数据

```
var set = new Set();
// 数据为 20 个数
var data = [3, 62, 38, 42, 14, 4, 14, 33, 56, 20, 21, 63, 49, 41, 10, 14, 24, 59, 49, 29];
for(var i = 0; i < data.length; i++){
    set.add(data[i]);
}
```

这个 Set 的数据结构到底是怎么样的呢，是怎么进行哈希的呢？

哈希的一个关键的地方是哈希算法，即对一堆数或者字符串做哈希运算得到它们的随机值，V8 的数字哈希算法是如代码清单 5-65 这样的：

代码清单 5-65　数字的哈希算法

```
function ComputeIntegerHash(key, seed) {
    var hash = key;
    hash = hash ^ seed;      //seed = 505553720
    hash = ~hash + (hash << 15);   // hash = (hash << 15) - hash - 1;
```

⊖ https://cs.chromium.org/chromium/src/v8/src/js/collection.js

```
    hash = hash ^ (hash >>> 12);
    hash = hash + (hash << 2);
    hash = hash ^ (hash >>> 4);
    hash = (hash * 2057) | 0;  // hash = (hash + (hash << 3)) + (hash << 11);
    hash = hash ^ (hash >>> 16);
    return hash & 0x3fffffff;
}
```

把数字进行各种位运算，得到一个比较随机的数，然后对这个数进行散射，如下代码清单 5-66 所示：

代码清单 5-66　散射得到在数组的 index

```
var capacity = 64;
var indexes = [];
for(var i = 0; i < data.length; i++){
    indexes.push(ComputeIntegerHash(data[i], seed)
                 & (capacity - 1));  //去掉高位
}
console.log(indexes)
```

散射的目的是得到这个数放在数组的哪个 index。

由于有 20 个数，容量 capacity 从 16 开始增长，每次扩大一倍，到 64 的时候，可以保证 capacity > size * 2，因为只有容量是实际存储大小的两倍时，散射结果重复值才能比较低。

计算结果如图 5-193 所示。

(index)	data	hash	index
0	9	966578110	3
1	33	1040156529	62
2	68	555376181	38
3	57	960921035	42
4	56	517763097	14
5	15	984906997	4
6	72	216206785	14
7	91	846706203	33
8	31	268270873	56
9	52	337660910	20
10	32	449031721	21
11	97	846706203	63
12	0	858319754	49
13	48	984906997	41
14	39	178506403	10
15	46	137068084	14
16	49	846706203	24
17	12	1057677827	59
18	78	555376181	49
19	10	852843840	29

图 5-193　哈希和散射的结果

可以看到散射的结果还是比较均匀的，但是仍然会有重复值，如 14 重复了 3 次。

然后进行查找，例如现在要查找 key = 56 是否存在这个 Set 里面，先把 56 进行哈希，然后散射，按照存放的时候同样的过程，如代码清单 5-67 所示：

代码清单 5-67　进行哈希查找

```
function SetHas(key){
    var index = ComputeIntegerHash(56, seed) & this.capacity;
    // 可能会有重复值，所以需要验证命中的 index 所存放的 key 是相等的
    return setArray[index] !== null
            && setArray[index] === key;
}
```

上面是哈希存储结构的一个典型实现，但是 Chrome 的 V8 的 Set/Map 并不是这样实现的，略有不同。

哈希算法是一样的，但是散射的时候用来去掉高位的并不是用 capacity，而是用 capacity 的一半，叫做 buckets 的数量，用下面的 data 做说明：

```
var data = [9, 33, 68, 57];
```

由于初始化的 buckets = 2，计算的结果如图 5-194 所示。

(index)	data	hash	bucket
0	9	966578110	0
1	33	1040156529	1
2	68	555376181	1
3	57	960921035	1

图 5-194　bucket 散射结果

由于 buckets 很小，所以散射值有很多重复的，4 个数里面 1 重复了 3 次。

现在一个个的插入数据，观察 Set 数据结构的变化。

1. 插入过程

1）插入 9

如图 5-195 所示，Set 的存储结构分成三部分，第一部分有 3 个元素，分别表示有效元素个数、被删除的个数、buckets 的数量，前两个数相加就表示总的元素个数，插入 9 之后，元素个数加 1 变成 1，初始化的 buckets 数量为 2。第二部分对应 buckets，buckets[0] 表示第 1 个 bucket 所存放的原始数据的 index，源码里面叫做 entry，9 在 data 这个数组里面的 index 为 0，所以它在 bucket 的存放值为 0，并且 bucket 的散射值为 0，所以 bucket[0] = 0。第三部分是记录 key 值的空间，9 的 entry 为 0，所以它放在了 3 + buckets.length + entry * 2 = 5 的位置，每个 key 值都有两个元素空间，第一个存放 key 值，第二个是 keyChain，keyChain 是用来记录散射冲突时的查找链。

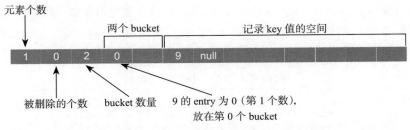

图 5-195 插入第一个元素后的 Set 结构

2）插入 33

现在要插入 33，由于 33 的 bucket = 1，entry = 1，所以插入后变成图 5-196 所示。

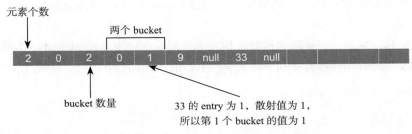

图 5-196 插入第二个元素后的 Set 结构

3）插入 68

68 的 bucket 值也为 1，和 33 重复了，因为 entry = buckets[1] = 1，不为空，说明之前已经存过了，entry 为 1 指向的数组的位置为 3 + buckets.length + entry * 2 = 7，也就是说之前的那个数是放在数组 7 的位置，所以 68 的相邻元素存放值 keyChain 为 7，同时 bucket[1] 变成 68 的 entry 为 2，如图 5-197 所示。

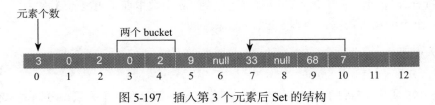

图 5-197 插入第 3 个元素后 Set 的结构

4）插入 57

插入 57 也是同样的道理，57 的 bucket 值为 1，而 bucket[1] = 2，因此 57 的相邻元素存放 3 + 2 + 2 * 2 = 9，指向 9 的位置，如图 5-198 所示。

2. 查找

现在要查找 33 这个数，通过同样的哈希散射，得到 33 的 bucket = 1，bucket[1] = 3，3 指向的 index 位置为 11，但是 11 放的是 57，不是要找的 33，于是查看相邻的元素为 9，非空，可继续查找，位置 9 存放的是 68，同样不等于 33，而相邻的 index = 10 指向位置 7，而 7 存放的就是 33 了，通过比较 key 值相等，所以这个 Set 里面有 33 这个数。如图 5-199 所示。

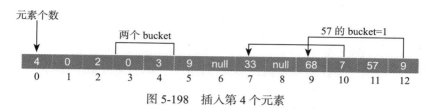

图 5-198 插入第 4 个元素

```
entry = bucket[1] = 3
index = 3 + bucketCount + 2 * entry = 11
candidateKey = array[11] = 57   ← 不等于要查找的 33

chainEntry[11 + 1] = 9   ← 9 不是一个 null，可继续往下找
array[9] = 68 同样不等于 33
array[9 + 1] = 7
array[7] = 33   ← 最后找到
```

图 5-199 查找过程

这里的数据总共是 4 个数，但是需要比较的次数比较多，key 值就比较了 3 次，key 值的相邻 keyChain 值比较了 2 次，总共是 5 次，比直接来个 for 循环还要多。所以数据量比较小时，使用哈希存储速度反而更慢，但是当数据量偏大时优势会比较明显。

3. 扩容

再继续插入第 5 个数的时候，发现容量不够了，需要继续扩容，会把容量提升为 2 倍，bucket 数量变成 4，再把所有元素再重新进行散射。

Set 的散射容量即 bucket 的值是实际元素的一半，会有大量的散射冲突，但是它的存储空间会比较小。假设元素个数为 N，需要用来存储的数组空间为：3 + N / 2 + 2 * N，所以占用的空间还是挺大的，它用空间换时间。

4. Map 的实现

和 Set 基本一致，不同的地方是，map 多了存储 value 的地方，如代码清单 5-68 所示：

代码清单 5-68 初始化一个 map

```
var map = new Map();
map.set(9, "hello");
```

生成的数据结构如图 5-200 所示。

当然它不是直接存放字符串 "hello"，而是存放 hello 的指针地址，指向实际存放 hello 的内存位置。

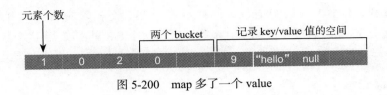

图 5-200 map 多了一个 value

5. 和 JS Object 的比较

JS Object 主要也是采用哈希存储，和 JS Map 不一样的地方是，JS Object 的容量是元素个数的两倍，就是上面说的哈希的典型实现。存储结构也不一样，有一个专门存放 key 和一个存放 value 的数组，如果能找到 key，则拿到这个 key 的 index 去另外一个数组取出 value 值。当发生散列值冲突时，根据当前的 index，直接计算下一个存储位置，如代码清单 5-69 所示：

代码清单 5-69　冲突时查找下一个 index 的算法

```
inline static uint32_t FirstProbe(uint32_t hash, uint32_t size) {
    return hash & (size - 1);
}

inline static uint32_t NextProbe(
    uint32_t last, uint32_t number, uint32_t size) {
    return (last + number) & (size - 1);
}
```

同样地，查找的时候在下一个位置也是需要比较 key 值是否相等。

上面讨论的都是数字的哈希，实符串如何做哈希计算呢？

6. 字符串的哈希计算

如代码清单 5-70 所示，依次对字符串的每个字符的 unicode 编码做处理：

代码清单 5-70　字符串的哈希

```
uint32_t AddCharacterCore(uint32_t running_hash, uint16_t c) {
    running_hash += c;
    running_hash += (running_hash << 10);
    running_hash ^= (running_hash >> 6);
    return running_hash;
}

uint32_t running_hash = seed;
char *key = "hello";
for(int i = 0; i < strlen(key); i++){
    running_hash = AddCharacterCore(running_hash, key[i]);
}
```

接着讨论一个经典话题，数组去重。

数组去重

如下,给一个数组,去掉里面的重复值:

var a = [3, 62, 3, 38, 20, 42, 14, 5, 38, 29, 42];

输出:

[3, 62, 38, 20, 42, 14, 5, 29];

1. 使用 Set + Array

如代码清单 5-71 所示:

代码清单 5-71　Set + Array 实现数组去重

```
function uniqueArray(arr){
    return Array.from(new Set(arr));
}
```

在控制台上运行,如图 5-201 所示。

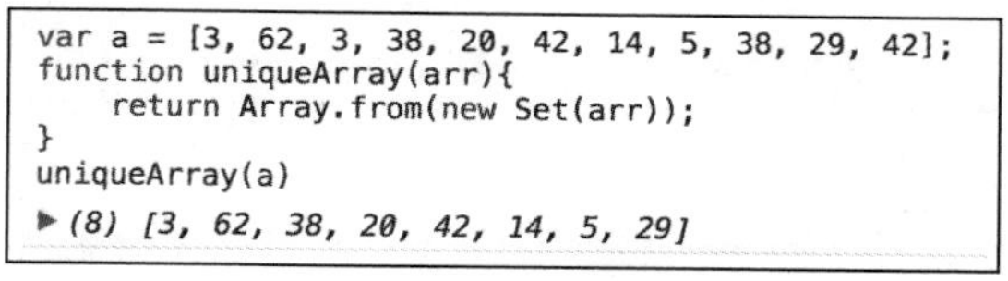

```
var a = [3, 62, 3, 38, 20, 42, 14, 5, 38, 29, 42];
function uniqueArray(arr){
    return Array.from(new Set(arr));
}
uniqueArray(a)
▶ (8) [3, 62, 38, 20, 42, 14, 5, 29]
```

图 5-201　方法 1 运行结果

优点:代码简洁,速度快,时间复杂度为 O(N);
缺点:需要一个额外的 Set 和 Array 的存储空间,空间复杂度为 O(N)。

2. 使用 splice

如代码清单 5-72 所示:

代码清单 5-72　使用 splice 实现数组去重

```
function uniqueArray(arr){
    for(var i = 0; i < arr.length - 1; i++){
        for(var j = i + 1; j < arr.length; j++){
            if(arr[j] === arr[i]){
                arr.splice(j--, 1);
            }
        }
    }
    return arr;
}
```

优点:不需要使用额外的存储空间,空间复杂度为 O(1);
缺点:需要频繁的内存移动,双重循环,时间复杂度为 O(N^2)。

注意 splice 删除元素的过程是这样的，如图 5-202 所示。

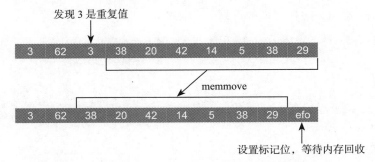

图 5-202 splice 删除元素用的是内存移动

它用的是内存移动，并不是写一个 for 循环一个个复制。内存移动的速度还是很快的，1s 可以达到几个 GB 的级别。

3. 只用 Array

如代码清单 5-73 所示：

代码清单 5-73　使用一个 Array 去重

```
function uniqueArray(arr){
    var retArray = [];
    for(var i = 0; i < arr.length; i++){
        if(retArray.indexOf(arr[i]) < 0){
            retArray.push(arr[i]);
        }
    }
    return retArray;
}
```

时间复杂度为 O（N^2），空间复杂度为 O（N）。

4. 使用 Object + Array

下面代码是 goog.array[一]的去重实现，如图 5-203 所示。

和方法三的区别在于，它不再是使用 Array.indexOf 判断是否已存在，而是使用 Object[key] 进行哈希查找，所以它的时间复杂度为 O（N），空间复杂为 O（N）。

最后做一个执行时间比较，对 N = 100/1000/10000，分别重复 1000 次，得到图 5-204 所示的表格。

Object + Array 最省时间，splice 的方式最耗时（它比较省空间），Set + Array 的简洁方式在数据量大的时候时间将明显少于需要 O（N^2）的 Array，同样是 O（N^2）的 splice 和 Array，Array 的时间要小于经常内存移动操作的 splice。

一 https://github.com/google/closure-library/blob/master/closure/goog/array/array.js

```
goog.array.removeDuplicates = function(arr, opt_rv, opt_hashFn) {
  var returnArray = opt_rv || arr;
  var defaultHashFn = function(item) {
    // Prefix each type with a single character representing the type to
    // prevent conflicting keys (e.g. true and 'true').
    return goog.isObject(item) ? 'o' + goog.getUid(item) :
                                 (typeof item).charAt(0) + item;
  };
  var hashFn = opt_hashFn || defaultHashFn;

  var seen = {}, cursorInsert = 0, cursorRead = 0;
  while (cursorRead < arr.length) {
    var current = arr[cursorRead++];
    var key = hashFn(current);
    if (!Object.prototype.hasOwnProperty.call(seen, key)) {
      seen[key] = true;
      returnArray[cursorInsert++] = current;
    }
  }
  returnArray.length = cursorInsert;
};
```

> true 的 key='btrue'
> 'true' 的 key='strue'

> 用一个 object 存储 key，如果 key 不存在，则放到结果 array

图 5-203　使用 Object + Array 的实现

	Set + Array	splice	Array	Obj + Array
N = 100	29ms	19ms	3ms	2ms
N = 1000	248ms	454ms	113ms	28ms
N = 10000	2477ms	38643ms	8829ms	294ms

图 5-204　4 种方法的时间比较

实际编码过程中 1、2、4 都是可取的：

方法 1 一行代码就可以搞定；

方法 2 可以用来添加一个 Array.prototype.unique 的函数；

方法 4 适用于数据量偏大的情况。

上面已经讨论了哈希的数据结构，再来讨论一下栈和堆。

栈和堆

1. 数据结构的栈

栈的特点是先进后出，只有 push 和 pop 两个函数可以操作栈，分别进行压栈和弹栈，还有 top 函数查看栈顶元素。栈的一个典型应用是做开闭符号的处理，如构建 DOM。有代码清单 5-74 所示 HTML：

代码清单 5-74　一个 html demo

```
<html>
<head></head>
<body>
    <div>hello, world</div>
    <p>goodbye, world</p>
</body>
</html>
```

将会构建这么一个 DOM，如图 5-205 所示。

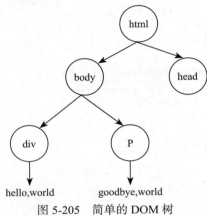

图 5-205　简单的 DOM 树

上图省略了 document 结点，并且这里我们只关心 DOM 父子结点关系，省略掉兄弟节点关系。首先把 HTML 序列化成一个个的标签，如下所示：

1 html (2 head (3 head) 4 body (5 div (6 text 7 div) 8 p (9 text 10 p) 11 body) 12 html)

其中左括号表示开标签，右括号表示闭标签。如图 5-206 所示，处理 html 和 head 标签时，它们都是开标签，所以把它们都压到栈里面去，并实例化一个 HTMLHtmlElement 和 HTMLHeadElement 对象。处理 head 标签时，由于栈顶元素是 html，所以 head 的父元素就是 html。

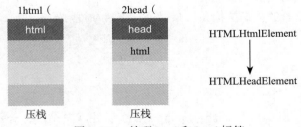

图 5-206　处理 html 和 head 标签

处理剩余其他元素如图 5-207 所示。

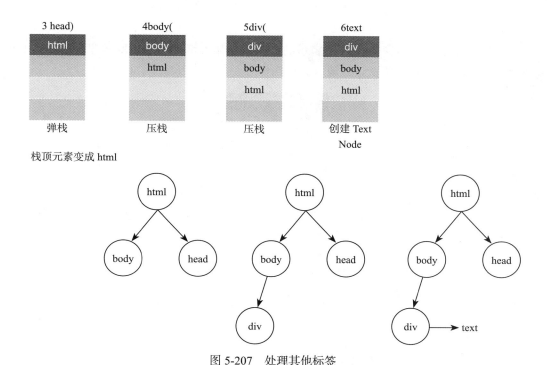

图 5-207　处理其他标签

遇到第三个标签是 head 的闭标签，于是进行弹栈，把 head 标签弹出来，栈顶元素变成了 html，所以在遇到下一个标签 body 的时候，html 元素就是 body 标签的父结点。其他节点类似处理。

2. 内存栈

函数执行的时候会把局部变量压到一个栈里面，如代码清单 5-75 所示的函数：

代码清单 5-75　一个有 3 个局部变量的函数

```
function foo(){
    var a = 5,
        b = 6,
        c = a + b;
}
foo();
```

a，b，c 三个变量在内存栈的结构如图 5-208 所示。

先遇到 a 把 a 压到栈里面，然后是 b 和 c，对函数里面的局部变量不断地压栈，内存向低位增长。栈空间大小 8MB（可使用 ulimit –a 查看），假设一个变量用了 8B，一个函数里面定义了 10 个变量，最多递归 8MB /（8B * 10）= 80 万次就会发生栈溢出 stackoverflow。

内存地址 address	存放值 value
rbp – 32	11
rbp – 24	6
rbp – 16	5
rbp – 8	?
rbp	?(foo 函数入口地址)

图 5-208　局部变量的存放位置

3. 堆

数据结构里的堆通常是指用数组表示的二叉树，如大堆排序和小堆排序。内存里的堆是指存放 new 出来动态创建变量的地方，和栈相对，如图 5-209 所示。

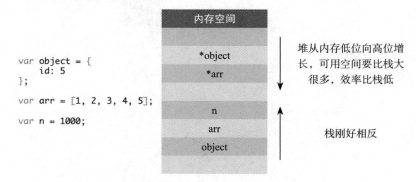

图 5-209　内存堆和栈的关系

讨论完了栈和堆，再分析一个比较实用的技巧。

节流

节流是前端经常会遇到的一个问题，就是不想让 resize/mousemove/scroll 等事件触发得太快，例如说最快每 100ms 执行一次回调就可以了。如代码清单 5-76 所示不进行节流，直接监听 resize 事件：

代码清单 5-76　不节流直接监听 resize 事件

```
$(window).on("resize", adjustSlider);
```

由于 adjustSlider 是一个非常耗时的操作，我并不想让它执行得那么快，最多 500ms 执行一次就好了。那应该怎么做呢？如图 5-210 所示，借助 setTimout 和一个 tId 的标志位。

```
$(window).on("resize", function(){
    throttling(adjustSlider);
});
function throttling(method, throttlingTime){
    if(typeof method.tId === "undefined"){
        method.tId = 0;
        method.call(context, data);
        return;
    }
    var tId = method.tId;
    if(!tId){
        method.tId = setTimeout(function(){
            method();
            method.tId = 0;
        }, throttlingTime || 500);
    }
}
```

第一次触发立刻执行

把 SetTimout 的 tId 做为回调函数的属性，throttling 触发得很快，得是由于 tId 非 0 所以不会执行回调

图 5-210　节流的实现

最后再讨论一下图像和图形处理相关的。

图像处理

假设要在前端做一个滤镜，如用户选择了本地的图片之后，单击某个按钮就可以把图片置成灰色的，如图 5-211 所示。

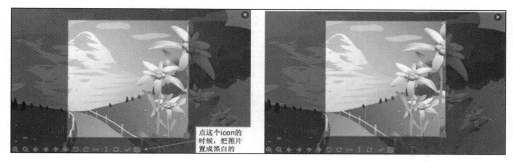

图 5-211　灰白效果

一个方法是使用 CSS 的 filter 属性，它支持把图片置成灰色的，如代码清单 5-77 所示：

代码清单 5-77　filter 属性

```
img{
    filter: grayscale(100%);
}
```

由于需要把真实的图片数据传给后端，因此需要对图片数据做处理。我们可以用 canvas 获取图片的数据，如代码清单 5-78 所示：

代码清单 5-78　创建 canvas

```
<canvas id="my-canvas"></canvas>
```

JS 处理如代码清单 5-79 所示：

代码清单 5-79　用 canvas 获取图片数据

```
var img = new Image();
img.src = "/test.jpg"; // 通过 FileReader 等
img.onload = function(){
    // 画到 canvas 上，位置为 x = 10, y = 10
    ctx.drawImage(this, 10, 10);
}

function blackWhite() {
    var imgData = ctx.getImageData(10, 10, 31, 30);
    ctx.putImageData(imgData, 50, 10);
    console.log(imgData, imgData.data);
}
```

效果是把某张图片原封不动的再画一个，如图 5-212 所示。

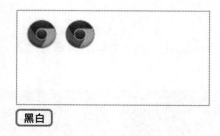

图 5-212 执行效果

现在对 imgData 做一个灰化处理，这个 imgData 是什么东西呢？它是一个一维数组，存放了从左到右，从上到下每个像素点的 rgba 值，如图 5-213 所示。

```
                                                                        VM3115:17
▼ ImageData {data: Uint8ClampedArray(3720), width: 31, height: 30, colorSpace:
  "legacy-srgb"}
    colorSpace: "legacy-srgb"
  ▶ data: Uint8ClampedArray(3720)
    height: 30
    width: 31
  ▶ __proto__: ImageData
  Uint8ClampedArray(3720) [0, 0, 0, 0, 0, 0, 0, 0, 0, 0, 0, 0, 0, 0, 0, 0, 0, 0, 0,
  0, 0, 0, 0, 0, 0, 0, 0, 0, 0, 0, 0, 0, 0, 0, 0, 0, 0, 0, 0, 0, 0, 0, 0, 0, 237,
▶ 237, 237, 255, 212, 214, 211, 255, 199, 193, 186, 255, 197, 163, 160, 255, 197,
  163, 160, 255, 197, 163, 160, 255, 199, 193, 186, 255, 212, 214, 211, 255, 237,
  237, 237, 255, 0, 0, 0, 0, 0, 0, 0, 0, 0, 0, 0, 0, 0, 0, 0, 0, 0, 0, 0, 0…]
```

图 5-213 图片的 rgba 数据

这张图片尺寸为 31 * 30，所以数组的大小为 31 * 30 * 4 = 3720，在四周是透明的，所以 a 为 0，而在中间的 logo 是不透明的，a 为 255。

常用的灰化算法有以下两种：

（1）平均值：

```
Gray = (Red + Green + Blue) / 3
```

（2）按人眼对三原色的感知度：绿 > 红 > 蓝：

```
Gray = (Red * 0.3 + Green * 0.59 + Blue * 0.11)
```

第二种方法更符合客观实际，我们采用第二种方法，如代码清单 5-80 所示：

代码清单 5-80 灰化处理

```
function blackWhite() {
    var imgData = ctx.getImageData(10, 10, 31, 30);
    var data = imgData.data;
    var length = data.length;
    for(var i = 0; i < length; i += 4){
        var grey = 0.3 * data[i] + 0.59 * data[i + 1] + 0.11 * data[i + 2];
```

```
            data[i] = data[i + 1] = data[i + 2] = grey;
        }
        ctx.putImageData(imgData, 50, 10);
    }
```

执行的效果如图 5-214 所示。

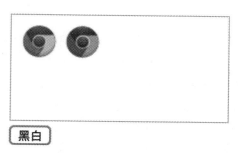

图 5-214　灰化结果

其他的滤镜效果，如模糊、锐化、去斑等，读者有兴趣可继续查找资料。
还有一种是图形算法。

图形算法

如图 5-215 所示需要计算两个多边形的交点：

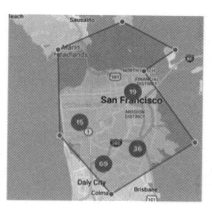 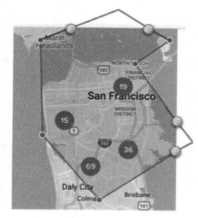

图 5-215　计算两个多边形的相交区域

这个就涉及图形算法，可以认为图形算法是对矢量图形的处理，和图像处理是对全部的 rgba 值处理相对。这个算法也多种多样，其中一个可参考《A new algorithm for computing Boolean operations on polygons⊖》

⊖　https://www.npmjs.com/package/martinez-polygon-clipping

综合以上，本篇讨论了几个话题：

（1）递归和查 DOM；

（2）Set/Map 的实现；

（3）数组去重的几种方法比较；

（4）栈和堆；

（5）节流；

（6）图像和图形处理。

本篇从前端的角度对一些算法做一些分析和总结，只列了一些我认为比较重要的，其他的还有很多没有提及。算法和数据结构是一个永恒的话题，它的目的是用最小的时间和最小的空间解决问题。但是有时候不用太拘泥于一定要最优的答案，能够合适地解决问题就是好方法，而且对于不同的应用场景可能要采取不同的策略。反之，如果你的代码里面动不动就是三四重循环，还有嵌套了很多 if-else，你可能要考虑一下采用合适的数据结构和算法去优化你的代码。

问答

1. 节流的实现为什么要让第一次立刻触发？

答：因为这会比较符合实际的场景，例如用户最大化了窗口，触发了一次 resize，这个时候不应该等 500ms 再执行，可以立刻执行回调。但是上面的实现还是有点小问题，就是只有全局的第一次才会，以后的都要等 500ms，读者可以想一下怎么改进。

2. 这篇文章感觉说得好杂，感觉实用性并不是很强？

答：确实有点杂，因为这是一篇偏综述性的文章，本篇甚至本章的目的是为了修炼内功，实用性会相对弱一点，但是如果功力深厚想要学什么，都能够很快地学起来。

3. 图 5-187 的复杂选择器实现有 bug，无法命中如下 html 结构？

```
<!--".mls-info > div .copyright-content" 无法命中 -->
<div class="mls-info">
    <div>
        <div>
            <p class="copyright-content">selected</p>
        </div>
        <div>
</div>
```

答：对的，细心的读者会发现那段代码其实是有 bug 的，它的问题在于如果对于上游的一个节点有一个选择器命中，但是下一个选择器没命中，那么应该回到当前节点的 nextTarget，而不是直接退出循环。就像上面代码 p 标签的父元素 div 命中了，但是 ".mls-info >" 这个选择器没有命中，导致 p 标签匹配失败，但实际上它是命中的。所以应该认为 div 匹配失败了，需要重新回到 div 的 nextTarget，可以用一个栈来记录当前成功匹配的选择器和节点以用来回退，模拟递归实现（实际上复杂选择器查 DOM Chrome 是使用递归实现的），如下面代码所示：

```javascript
function querySelector(node, selectors){
    while(node){
        var currentNode = node;
        // 用一个栈记录匹配的选择串和节点
        let matchStack = [];
        if(!match(node, selectors[0])){
            node = nextElement(currentNode);
            continue;
        }
        // 压栈
        matchStack.push({selectorIndex: 0, node: node});
        var next = null;
        for(var i = 0; i < selectors.length - 1; i++){
            var matchIt = false;
            do{
                next = nextTarget(node, selectors[i]);
                node = next.node;
                if(!node) break;
                if(match(node, selectors[i + 1])){
                    matchIt = true;
                    // 压栈
                    matchStack.push({selectorIndex: i, node: node});
                    break;
                }
            }while(next.hasNext);
            // 这里不能直接 break，需要返回上一个匹配节点的 nextTarget
            // if(!matchIt) break;
            if(!matchIt){
                // 上一次 match 的节点
                var lastMatch = matchStack.pop();
                if (!lastMatch) break;
                // 把 node 变成上一次匹配对的节点，i 也重置，重新找 nextTarget
                node = lastMatch.node;
                // for 循环又要加 1，所以这里要减掉 1
                i = lastMatch.selectorIndex - 1;
            }
        }
        // 已经把所有选择器匹配完，并且都是成功的，则说明匹配成功
        if(matchIt && i === selectors.length - 1){
            return currentNode;
        }
        node = nextElement(currentNode);
    }
    return null;
}
```

这样改造之后就能正确命中了。

本章小结

本章从 WebSocket、WebAssembly、WebWorker、WebSQL 等 HTML5 技术的出发点讨论了一些计算机的基础知识，包括网络协议、代码编译、多线程、面向对象、SQL 和算法的知识，特别是它们和前端的关系，对前端的影响。

相信看完本章，你已经走在成为优秀的程序员的路上了。读者可以根据本章的内容继续延伸阅读。

很多人都痴迷于各种新技术、新框架，但是在学这些东西的时候却忘了内功的修炼，搭了一个精美的屋子，但是地基不牢，很容易就被风刮倒了。就像很多人能做出精美的页面，但是一问基础的东西就不行了，这种人一旦碰到问题就容易不知所措，无计可施。

本章在本书占了比较大的篇幅，相信是值得的。下一章将会介绍前端的基础与优化。

第 6 章　掌握前端基础

在上一章分析了计算机基础和前端的联系，这一章将会介绍前端的基础。上一章是描述怎么成为一名优秀的程序员，这一章重点是怎么为成为一名优秀的前端打下基石。

本章将会从跨域、布局、上传文件等方面进行较为深入和全面的分析，掌握了这些前端的底层知识，才能够很灵活地写代码，遇到问题时有解决的思路，进而进行一些优化。

这一章将会比较"小清新"，因为我们又回到了"熟悉"的前端。

Effective 前端 25：掌握同源策略和跨域

跨域是一个会经常遇到的问题，特别是当服务有两个域名时，如你的页面是在 a.test.com，然后需要向 b.test.com 请求数据，这个时候就跨域了。如果直接请求，你会发现浏览器报错了，这个时候就要了解什么是同源策略。

同源策略

现在需要向另外的网站请求数据，例如抓取谷歌搜索的结果。然后写这么一个请求，搜索内容为"hello"，如代码清单 6-1 所示的 AJAX：

代码清单 6-1　跨域请求

```
var url = "https://www.google.com.hk/?gws_rd=cr,ssl#q=hello";
$.ajax({
    url: url,
    success: function(data){
        document.write(data);
    }
});
```

或者用原生的更直观，如代码清单 6-2 使用 XMLHttpRequest：

代码清单 6-2　使用原生代码

```
var req = new XMLHttpRequest();
req.open("GET", url);
req.send();
```

执行后，浏览器会报错，如图 6-1 所示。

```
XMLHttpRequest cannot load https://www.google.com.hk/?gws_rd=cr,ssl.    cro.html:1
No 'Access-Control-Allow-Origin' header is present on the requested resource.
Origin 'http://localhost:8000' is therefore not allowed access.
```

图 6-1　浏览器报不允许访问的错

大意是说 localhost 域名无法向 google.com 域名请求数据。

因为同源策略的限制，不同域名、协议（HTTP、HTTPS）或者端口无法直接进行 AJAX 请求。同源策略只针对于浏览器端，浏览器一旦检测到请求的结果的域名不一致后，会堵塞请求结果。这里注意，**跨域请求是可以发去的，但是请求响应 response 被浏览器堵塞了**。

为此，写了一个程序做验证——用 node 开了个服务，监听 9000 端口，然后在 8000 端口打开一个页面，向 9000 端口的服务发请求，如代码清单 6-3 所示：

代码清单 6-3　跨域发请求并带上数据

```
var url = "http://server.com:9000";
$.ajax({
    method: "POST",
    url: url,
    data: {
        account: "yin"
    },
    success: function(data){
        document.write(data);
    }
});
```

服务将收到的请求数据打印出来，如图 6-2 所示。

服务收到了请求，并正常返回数据，但是返回的数据被浏览器堵塞掉了，即使是返回码也无法得到。所以说同源策略是限制了不同源的读，但不限制不同源的写。那么我们的问题来了，为什么不直接限制写呢，只限制读有什么好处呢？在回答这个问题之前，先要了解同源策略的作用。

假设我打开了 A 网银 http://Abank.com，已经通过了登录验证，然后再打开了另外一个黑网站 http://evil.com，这个网站刚好是抓使用 Abank.com 的肉鸡。在 evil.com 的代码里会向 Abank.com 发请求，例如转账请求，将余额转到自己的账户。但是由于同源策略的限制，使得这种做法无法成功。这个怎么解释呢？

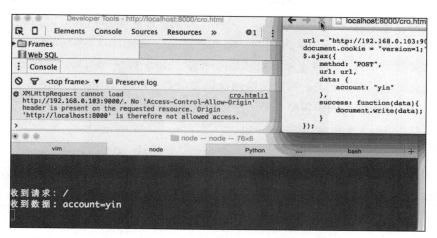

图 6-2　Node 服务收到了请求并正常返回，但返回结果被浏览器堵塞了

因为 evil.com 无法获取你在 Abank.com 的信息，包括验证身份的信息——通常是按照一定规则生成的无法猜到的随机 token 字符串。token 可能放在 cookie 里面，从 evil.com 向 Abank 发请求时，是不会带上 Abank 的 cookie 的，同时也不会带上 evil.com 的 cookie，虽然 cookie 是和域名绑定的。由于没有正确的 token 值，导致无法通过服务的身份验证。

为验证没带 cookie，在上面的例子，localhost 向 server.com 请求数据，服务将收到的 cookie 打印出来是 undefined，如图 6-3 所示。

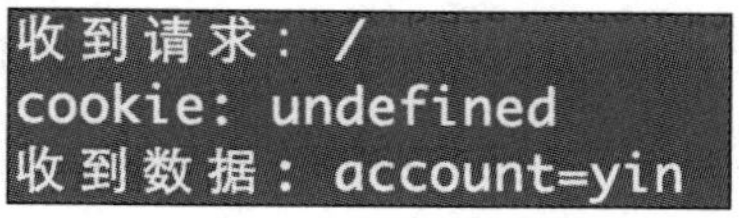

图 6-3　跨域请求不会带上本域的 cookie

但是 localhost 已经成功设置了 cookie，如图 6-4 所示。

Name ▲	Value	Domain
version	1	localhost

图 6-4　本域的 cookie

server.com 也有设置 cookie，如图 6-5 所示。

token	a3lklfiarfoaergki	server.com
uid	1972146	server.com

图 6-5　server 的 cookie

如果要带上 cookie 的话设置 xhr 的 withCredentials 属性为 true。

回到上面的问题，为什么不限制写呢？那是因为如果连请求也出不去，那在源头上就

限制死了，网站之间就无法共享资源了。另外，限制读即浏览器拦截请求结果，一般情况下就够了，一方面如果访问的是黑网站，那么网站无法根据请求结果继续下一步的操作，如不断地猜测密码，另一方面如果访问的是白网站，block 掉请求结果，应该是考虑到了请求结果可能会使得页面重定向，或者是给网页添加一个恶意的 iframe 之类的。

有什么办法可以绕过同源策略？有一个办法就是 CSRF 攻击。

CSRF 攻击

如上面的例子，由于同源策略的限制，默认跨域的 AJAX 请求不会带 cookie，然而 script/iframe/img 等标签却是支持跨域的，所以在请求的时候是会带上 cookie 的。还是上面的例子，如果登录了 Abank.com，那么 cookie 里面就有了 token，同时又打开了另外一个标签页访问了 evil.com，这个网页里面有一个 iframe，如代码清单 6-4 所示：

代码清单 6-4　使用 iframe 发带 cookie 的请求

```
<iframe src="http://Abank.com/app/transferFunds?amount=1500&dstAccount=..">
```

这个 iframe 的 src 是一个 Abank.com 的转账的请求，如果 Abank.com 的转账请求没有第二重加密措施的话，那么请求转账就成功了！

第二个例子是路由器的配置，假设我在网上找到了一个路由器配置教程的网站。这个网站里面偷偷地加一个 img 标签，如代码清单 6-5 所示：

代码清单 6-5　使用 img 发带 cookie 的请求

```
<img src= "http://192.168.1.1/admin/config?nexthop=123.45.67.89" style= "display: none">
```

其中 192.168.1.1 是很多路由器的配置地址。这个图片没显示出来被忽略了，但是它的请求却发出去了。这个请求给路由器添加了一个 vpn 代理，指向黑客的代理服务器。如果路由器也是把登录验证放在 cookie 里面，那么这个设置 vpn 的请求很可能就成功了，以后的连接路由器的每个请求都会先经过黑客的服务。

到这里，很明显一个防 CSRF 攻击的策略就是将 token 添加到请求的参数里面，也就是说每个需要验证身份的请求都要显式地带上 token 值，或者是写的请求不能支持 GET。

跨域攻击可以采取一些措施进行规避，但是跨域更多的还是一些实际的正常应用。

跨域请求

有时候在自己的网站需要去一些别人的网站请求数据，这个时候就需要跨域正常请求。方法有很多：

1. 跨域资源共享（CORS）

很多天气、IP 地址查询的网站就采用了这样的方法，允许其他网站对其请求数据，例如 IP location[⊖]，可以在自己网站的 js 里面向它发一个 get 请求，如代码清单 6-6 所示：

代码清单 6-6　向支持 CORS 的服务请求数据

```
var url = "https://ipinfo.io/54.169.237.109/json?token=iplocation.net";
$.ajax({ url: url })
```

它就会返回 IP 地址信息，同时不会被浏览器拦截，如图 6-6 所示。

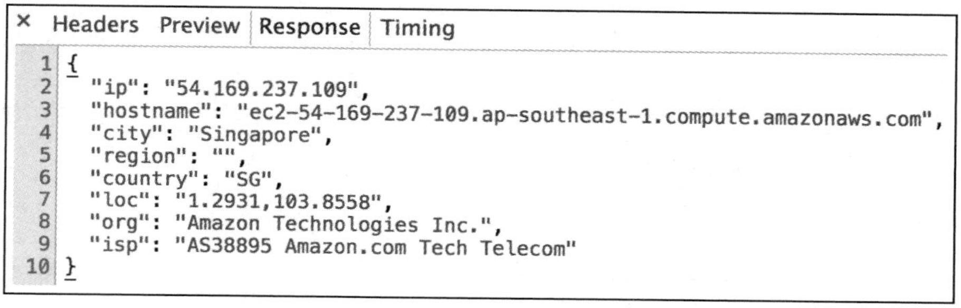

```
× Headers  Preview  Response  Timing
 1 {
 2   "ip": "54.169.237.109",
 3   "hostname": "ec2-54-169-237-109.ap-southeast-1.compute.amazonaws.com",
 4   "city": "Singapore",
 5   "region": "",
 6   "country": "SG",
 7   "loc": "1.2931,103.8558",
 8   "org": "Amazon Technologies Inc.",
 9   "isp": "AS38895 Amazon.com Tech Telecom"
10 }
```

图 6-6　第三方 IP 服务的响应结果

观察 response 的头部，可以发现添加了一个字段，如图 6-7 所示。

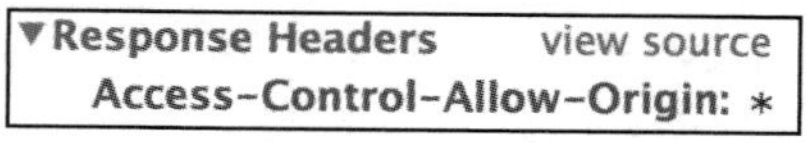

```
▼Response Headers              view source
 Access-Control-Allow-Origin: *
```

图 6-7　CORS 头

Access-Control-Allow-Origin 就是所谓的资源共享了，它的值 * 表示允许任意网站向这个接口请求数据，也可以设置成指定的域名，如代码清单 6-7 所示：

代码清单 6-7　添加指定域名的 CORS

```
response.writeHead(200, { "Access-Control-Allow-Origin": "http://yoursite.com"});
```

在 node.js 服务里面添加这个头，那么只有 http://yoursite.com 能够正常的进行跨域请求。更多的，还可以指定请求的方式、时间等。

2. JSONP

另外一个常用的办法是使用 JSONP，这个方法的原理是浏览器告诉服务一个回调函数的名称，服务在返回的 script 里面调用这个回调函数，同时传进客户端需要的数据，这样返回的代码就能在浏览器上执行了。

例如 8000 端口要向 9000 端口请求数据，在 8000 端口的页面文件定义一个回调函数

[⊖] https://www.iplocation.net/

writeDate，将 writeDate 写在 script 的 src 的参数里，这个 script 标签向 9000 端口发出请求，如代码清单 6-8 所示：

代码清单 6-8　约定一个 callback 名

```
<script>
    function writeDate(_date){
        document.write(_date);
    }
</script>
<script src="//192.168.0.103:9000/getDate?callback=writeDate"></script>
```

服务端返回一个脚本，在这个脚本里面执行 writeDate 函数，如代码清单 6-9 所示：

代码清单 6-9　服务将脚本注入约定的 callback

```
function getDate(response, callback){
    response.writeHead(200, {"Content-Type": "text/javascript"});
    var data = "2016-2-19";
    response.end(callback + "('" + data + "')");
}
```

浏览器就收到了这个 script 片段，如图 6-8 所示。

由于它是一个 script 标签返回的内容，所以它就执行服务返回的 script 文件了。

这样就实现了跨域的效果。jQuery 的 AJAX 里的 JSONP 类型，就是用了这样的办法，只是 jQuery 将它封装好了，使用起来形式跟普通的 get/post 一样，但是原理是不一样的。

图 6-8　浏览器收到的 script 片段

JSONP 和 CORS 相比较，缺点是只支持 get 类型，无法支持 post 等其他类型，必须完全信任提供服务的第三方，优点是兼容古董级别的浏览器。

3. 子域跨父域

子域跨父域是支持的，但是需要显式将子域的域名改成父域的，例如 mail.mysite.com 要访问 mysite.com 的 iframe 数据，那么在 mail.mysite.com 脚本里需要执行如代码清单 6-10 所示的代码：

代码清单 6-10　子域设置 domain 为父域的 domain

```
document.domain = "mysite.com";
```

这样就可以和父域进行交互，但是向父域发请求还是会跨域的，因为这种更改 domain 只是支持 client side，并不是 client to server 的。

4. iframe 跨父窗口

iframe 与父窗口也有同源策略的限制，父域无法直接读取不同源的 iframe 的 DOM 内容以及监听事件，但是 iframe 可以调用父窗口提供的 API。iframe 通过 window.parent 得到父窗口的 window 对象，然后父窗口定义一个全局对象供 iframe 调用。

例如在页面通过 iframe 的方式嵌入一个第三方的视频，如果需要手动播放视频、监听 iframe 的播放事件，页面需要引入这个第三方提供的视频播放控制 API，在这个 js 文件里面定义了一个全局对象 YT，如代码清单 6-11 所示。

代码清单 6-11　父域定义一个全局的 YT 对象

```
if (!window['YT']) {var YT = {loading: 0,loaded: 0};}
```

在视频 iframe 的脚本里通过 window.parent 获取得到父窗口即自己网站的页面，如代码清单 6-12 所示：

代码清单 6-12　通过 window.parent 获得到父域的 window

```
sr = new Cq(window.parent, d, b)
```

自己网站的页面也是在这个 YT 对象自定义一些东西，如添加播放事件监听，如代码清单 6-13 所示：

代码清单 6-13　在父域的全局 YT 对象添加事件回调

```
new YT.Player('video', { events:{ 'onStateChange': function(data){//do sth. } } });
```

这样一旦跨域的子域发生了相关的事件，就可以通过 window.parent.YT 去调用父域添加的回调函数。这样就解决了 iframe 跨父域的问题。

5. window.postMessage

在上面第 4 点，父窗口无法向不同源的 iframe 传递东西，通过 window.postMessage 可以做到，父窗口向 iframe 传递一个消息，而 iframe 监听消息事件。

例如在 8000 端口的页面嵌入了一个 9000 端口的 iframe，如代码清单 6-14 所示。

代码清单 6-14　嵌入一个跨域的 iframe

```
<iframe src="http://server.com:9000"></iframe>
```

然后 8000 端口即父窗口 post 一个 message，如代码清单 6-15 所示：

代码清单 6-15　向另外一个域 postMessage

```
window.onload = function(){
    window.frames[0].postMessage("hello, this is from http://localhost: 8000/",
"http://server.com:9000/");
}
```

postMessage 执行的上下文必须是接收信息的 window，传递两个参数，第一个是数据，第二个是目标窗口。

同时，iframe 即 9000 端口的页面监听 message 事件，如代码清单 6-16 所示：

代码清单 6-16　另外一个域监听 onmessage

```
window.addEventListener("message", receiveMessage);

function receiveMessage(event){
    var origin = event.origin || event.originalEvent.origin;
    // 身份验证
    if (origin !== "http://localhost:8000"){
        return;
    }
    console.log("receiveMessage: " + event.data);
}
```

这样子 iframe 就可收到父窗口的信息了，如图 6-9 所示。

```
receiveMessage: hello, this is from http://localhost:8000/
>
```

图 6-9　跨域的子域收到父域的消息

同理 iframe 也可以向父窗口发送消息，如代码清单 6-17 所示：

代码清单 6-17　向父域发送消息

```
window.parent.postMessage("hello, this is from http://server.com:9000", "http://localhost:8000");
```

父窗口收到如图 6-10 所示的消息：

```
receiveMessage: hello, this is from http://server.com:9000
```

图 6-10　父域收到子域的消息

window.postMessage 也适用于通过 window.open 打开的子窗口，方法类似。

补充一点，如果 iframe 与父窗口是同源的，则父窗口可以直接获取到 iframe 的内容，这个方法常用于无刷新上传文件，下一篇将会提及。

问答

1. 使用第三方授权登录是怎么做到的？

答：例如 FB 的第三方授权登录，先引入它的 sdk.js，然后监听单击事件调一下它的 FB.login 的 API，传一个回调函数给它。然后在里面它会调 window.open 弹出一个让用户授权的页面，用户点了同意之后，sdk 会执行你这个回调把用户的数据返回给你，如用户的 id 识别信息、email 等。然后拿到这些信息你就可以去自己的后端发登录或者注册的请求。关键就在于，使用 window.open 弹出的跨或的子页面里面它是如何把数据传给子页面的呢，根据它的源码可以看到它用的就是 postMessage，如代码清单 6-18 所示：

代码清单 6-18　使用 postMessage 向跨域的窗口传递消息

```
var ga = function ha() {
    ea.postMessage('_FB_' + fa + ca, da);
};
if (o.ie() == 8 || o.ieCompatibilityMode()) {
    setTimeout(ga, 0);
} else ga();
```

这种方法兼容性不是特别好，虽然 IE8/9 也支持，但是不是标准的 postMessage。所以它还提供了第二种方法，用重定向页面的方式。重定向到 FB 的授权页面时带上返回的参数，用户同意后再重定向到自己的页面，同样的它会把相关的数据也当作参数带到自己的页面。

在弹一个新窗口的同时，它会发一个请求，根据 cookie 的 token 查询用户是否已经授权过了，如果已经授权过了，则使用 JSONP 的方法，直接执行回调，如图 6-11 所示。

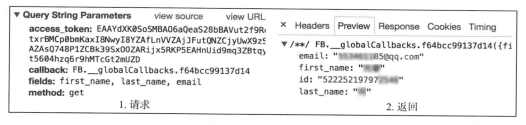

图 6-11　JSONP 跨域

2．除了以上跨域的方法外，还有其他方法吗？

答：还有一个比较万能的方法，让后端做个中转代理帮你去请求数据。因为跨域请求只有在浏览器才会限制，而其他的运行环境是不会有这个限制的。所以可以让同域的后端帮你去完成请求。但是那种需要用户单击授权的如用 window.open 的方法可能就没办法了。

Effective 前端 26：掌握前端本地文件操作与上传

前端无法像原生 APP 一样直接操作本地文件，否则打开个网页就能把用户电脑上的文件偷光，所以需要通过用户触发，用户可通过以下三种方式操作触发：

❑ 通过 input type="file" 选择本地文件
❑ 通过拖拽的方式把文件拖过来
❑ 在编辑框里面复制粘贴

第一种是最常用的手段，通常还会自定义一个按钮，然后盖在它上面，因为 type="file" 的 input 不容易改变样式。代码清单 6-19 写了一个选择控件，并放在 form 里面：

代码清单 6-19　选择控件

```html
<form>
    <input type="file" id="file-input" name="fileContent">
</form>
```

然后就可以用 FormData 获取整个表单的内容，如代码清单 6-20 所示：

代码清单 6-20　用 FormData 获取表单内容

```javascript
$("#file-input").on("change", function() {
    console.log(`file name is ${this.value}`);
    let formData = new FormData(this.form);
    formData.append("fileName", this.value);
    console.log(formData);
});
```

把 input 的 value 和 formData 打印出来是这样的，如图 6-12 所示。

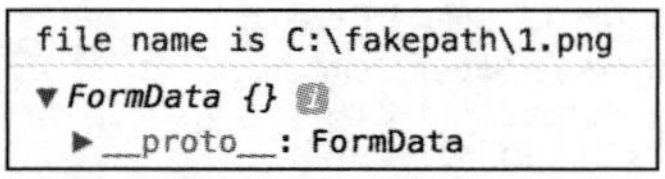

```
file name is C:\fakepath\1.png
▼FormData {}
  ▶__proto__: FormData
```

图 6-12　打印效果

可以看到文件的路径是一个假的路径，也就是说在浏览器无法获取到文件的真实存放位置。同时 FormData 打印出来是一个空的 Objet，但并不是说它的内容是空的，只是它对前端开发人员是透明的，无法查看、修改、删除里面的内容，只能 append 添加字段。

FormData 无法得到文件的内容，而使用 FileReader 可以读取整个文件的内容。用户选择文件之后，input.files 就可以得到用户选中的文件，如代码清单 6-21 所示：

代码清单 6-21　用 FileReader 读取 Fle 内容

```javascript
$("#file-input").on("change", function() {
    let fileReader = new FileReader();
        fileType = this.files[0].type;
    fileReader.onload = function() {
        if (/^image/.test(file.type)) {
            // 读取结果在 fileReader.result 里面
            $(`<img src="${this.result}">`).appendTo("body");
        }
    }
    // 打印原始 File 对象
    console.log(this.files[0]);
    // base64 方式读取
    fileReader.readAsDataURL(this.files[0]);
});
```

把原始的 File 对象打印出来是这样的，如图 6-13 所示。

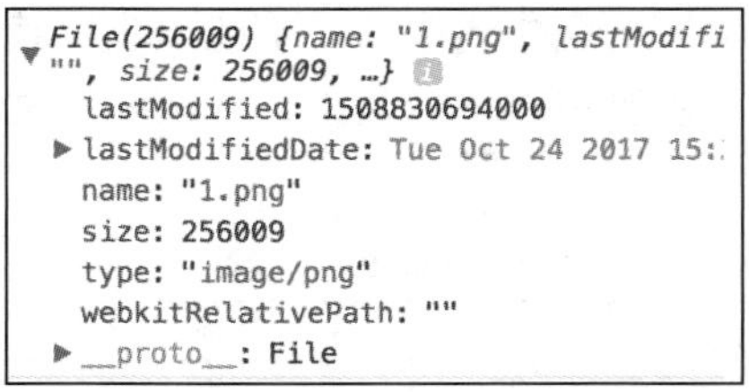

```
File(256009) {name: "1.png", lastModifi
"", size: 256009, …}
    lastModified: 1508830694000
  ▶ lastModifiedDate: Tue Oct 24 2017 15:
    name: "1.png"
    size: 256009
    type: "image/png"
    webkitRelativePath: ""
  ▶ __proto__: File
```

图 6-13 Fiile 对象内容

它是一个 window.File 的实例，包含了文件修改时间、文件名、文件大小、文件的 mime 类型等。如果需要限制上传文件的大小就可以通过判断 size 属性是否超出范围，单位是字节，而要判断是否为图片文件就可以通过 type 类型是否以 image 开头。通过判断文件名的后缀可能会不准，而通过这种判断会比较准。上面的代码使用了一个正则判断，如果是一张图片的话就把它赋值给 img 的 src，并添加到 dom 里面，但其实这段代码有点问题，就是 Web 不是所有的图片都能通过 img 标签展示出来，通常是 jpg/png/gif 这三种，所以你需要再判断一下图片格式，如可以把判断改成代码清单 6-22 所示：

代码清单 6-22　检查是否为能支持的图片

```
/^image\/[jpeg|png|gif]/.test(this.type)
```

然后实例化一个 FileReader，调用它的 readAsDataURL 并把 File 对象传给它，监听它的 onload 事件，load 完读取的结果就在它的 result 属性里了。它是一个 base64 格式的，可直接赋值给一个 img 的 src。

使用 FileReader 除了可读取为 base64 之外，还能读取为以下格式，如代码清单 6-23 所示：

代码清单 6-23　FileReader 的读取格式

```
// 按 base64 的方式读取，结果是 base64，任何文件都可转成 base64 的形式
fileReader.readAsDataURL(this.files[0]);

// 以二进制字符串方式读取，结果是二进制内容的 utf-8 形式，已被废弃了
fileReader.readAsBinaryString(this.files[0]);

// 以原始二进制方式读取，读取结果可直接转成整数数组
fileReader.readAsArrayBuffer(this.files[0]);
```

其他的主要是能读取为 ArrayBuffer，它是一个原始二进制格式的结果。把 ArrayBuffer 打印出来是这样的，如图 6-14 所示。

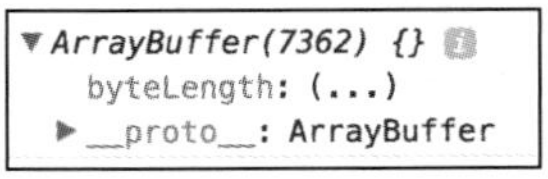

```
▼ ArrayBuffer(7362) {}
    byteLength: (...)
  ▶ __proto__: ArrayBuffer
```

图 6-14　ArrayBuffer 内容不可见

可以看到，它对前端开发人员也是透明的，不能够直接读取里面的内容，但可以通过 ArrayBuffer.length 得到长度，还能转成整型数组，从而知道文件的原始二进制内容，如代码清单 6-24 所示：

代码清单 6-24

```
let buffer = this.result;
// 依次每字节 8 位读取，放到一个整数数组
let view = new Uint8Array(buffer);
console.log(view);
```

如果是通过第二种**拖拽的方式**，应该怎么读取文件呢？如代码清单 6-25 所示：

代码清单 6-25　一个供拖放的容器

```
<div class="img-container">
    drop your image here
</div>
```

这将在页面显示一个框，如图 6-15 所示。

图 6-15　供拖放的容器

然后监听它的拖拽事件，如代码清单 6-26 所示：

代码清单 6-26　拖拽交互代码

```
$(".img-container").on("dragover", function (event) {
    event.preventDefault();
})

.on("drop", function(event) {
    event.preventDefault();
    // 数据在 event 的 dataTransfer 对象里
    let file = event.originalEvent.dataTransfer.files[0];

    // 然后就可以使用 FileReader 进行操作
    fileReader.readAsDataURL(file);

    // 或者是添加到一个 FormData
    let formData = new FormData();
```

```
    formData.append("fileContent", file);
});
```

数据在 drop 事件的 event.dataTransfer.files 里面，拿到这个 File 对象之后就可以和输入框进行一样的操作了，即使用 FileReader 读取，或者是新建一个空的 formData，然后把它 append 到 formData 里面。

第三种粘贴的方式，通常是在一个编辑框里操作，如把 div 的 contenteditable 设置为 true，如代码清单 6-27 所示：

代码清单 6-27　一个编辑框

```
<div contenteditable="true">
    hello, paste your image here
</div>
```

粘贴的数据是在 event.clipboardData.files 里面，如代码清单 6-28 所示：

代码清单　6-28

```
$("#editor").on("paste", function(event) {
    let file = event.originalEvent.clipboardData.files[0];
});
```

但是 Safari 的粘贴不是通过 event 传递的，而是直接在输入框里面添加一张图片，如图 6-16 所示。

图 6-16　Safarii 粘贴图片后添加了一个 img 标签

它新建了一个 img 标签，并把 img 的 src 指向一个 blob 的本地数据。什么是 blob 呢，如何读取 blob 的内容呢？

blob 是一种类文件的存储格式（Blob 派生了 File），它可以存储几乎任何格式的内容，如代码清单 6-29 所示：

代码清单 6-29　blob 存储 json

```
let data = {hello: "world"};
let blob = new Blob([JSON.stringify(data)],
    {type : 'application/json'});
```

我们在第 5 章 "Effective 前端 21" 中用它来存储 js 内容，以实现内联 webworker.

为了获取本地的 blob 数据，我们可以用 ajax 发个本地的请求，如代码清单 6-30 所示：

代码清单 6-30

```javascript
$("#editor").on("paste", function(event) {
    // 需要 setTimeout 0 等图片出来了再处理
    setTimeout(() => {
        let img = $(this).find("img[src^='blob']")[0];
        console.log(img.src);
        // 用一个 xhr 获取 blob 数据
        let xhr = new XMLHttpRequest();
        xhr.open("GET", img.src);
        // 改变 mime 类型
        xhr.responseType = "blob";
        xhr.onload = function () {
            // response 就是一个 Blob 对象
            console.log(this.response);
        };
        xhr.send();
    }, 0);
});
```

上面代码把 blob 打印出来是这样的，如图 6-17 所示。

```
blob:http://10.2.202.104:8080/5d096301-b22c-456e-9c85-6353c32b35d4
▼ Blob
    N size: 50730
    S type: "image/tiff"
  ▶ Blob Prototype
```

图 6-17 blob 内容不可见

这样能得到它的大小和类型，但是具体内容也是不可见的，它有一个 slice 的方法，可用于切割大文件。和 File 一样，可以使用 FileReader 读取它的内容，如代码清单 6-31 所示：

代码清单 6-31 使用 xhr 获取 blob 对象

```javascript
function readBlob(blobImg) {
    let fileReader = new FileReader();
    fileReader.onload = function() {
        console.log(this.result);
    }
    fileReader.onerror = function(err) {
        console.log(err);
    }
    fileReader.readAsDataURL(blobImg);
}

readBlob(this.response);
```

除此，还能使用 window.URL 读取，这是一个新的 API，经常和 Service Worker 配套使用，因为 SW 里面常常要解析 url。如代码清单 6-32 所示：

代码清单 6-32　使用 URL 创建 blob

```
function readBlob(blobImg) {
    let urlCreator = window.URL || window.webkitURL;
    // 得到 base64 结果
    let imageUrl = urlCreator.createObjectURL(this.response);
    return imageUrl;
}

readBlob(this.response);
```

关于 src 使用的是 blob 链接的，除了上面提到的 img 之外，另外一个很常见的是 video 标签，如 youtobe 的视频就是使用的 blob，如图 6-18 所示。

```
▼<div class="html5-video-container" data-layer="0">
    <video tabindex="-1" class="video-stream html5-main-video" controlslist="nodownload" style="width: 426px;
    height: 240px; left: 0px; top: 0px; opacity: 1;" src="blob:https://www.youtube.com/923064e2-76a5-4d72-
    8c71-3005bcdfeee5"></video> == $0
</div>
```

图 6-18　video 的 src 是 blob

这种数据不是直接在本地的，而是通过持续请求视频数据，然后再通过 blob 这个容器媒介添加到 video 里面，它也是通过 URL 的 API 创建的，如代码清单 6-33 所示：

代码清单　6-33

```
let mediaSource = new MediaSource();
video.src = URL.createObjectURL(mediaSource);
let sourceBuffer = mediaSource.addSourceBuffer('video/mp4; codecs="avc1.42E01E,
                mp4a.40.2"');
sourceBuffer.appendBuffer(buf);
```

具体我也没实践过，不再展开讨论。

上面，我们使用了三种方式获取文件内容，最后得到：

❑ FormData 格式

❑ FileReader 读取得到的 base64 或者 ArrayBuffer 二进制格式

如果直接就是一个 FormData 了，那么直接用 AJAX 发出去就行了，不用做任何处理，如代码清单 6-34 所示：

代码清单 6-34　直接用 xhr 发送 FormData 数据

```
let form = document.querySelector("form"),
    formData = new FormData(form);
formData.append("fileName", "photo.png");

let xhr = new XMLHttpRequest();
// 假设上传文件的接口叫 upload
```

```
xhr.open("POST", "/upload");
xhr.send(formData);
```

如果用 jQuery 的话，要设置两个属性为 false，如代码清单 6-35 所示：

代码清单 6-35　用 jq 发送请求

```
$.ajax({
    url: "/upload",
    type: "POST",
    data: formData,
    processData: false,    // 不处理数据
    contentType: false     // 不设置内容类型
});
```

因为 jQuery 会自动对内容进行转义，并且根据 data 自动设置请求 mime 类型，这里告诉 jQuery 直接用 xhr.send 发出去就行了。

观察控制台发请求的数据，如图 6-19 所示。

```
▼ Request Payload
     ------WebKitFormBoundary72yvM25iSPYZ4a3F
     Content-Disposition: form-data; name="fileContent"; filename="1.png"
     Content-Type: image/png

     ------WebKitFormBoundary72yvM25iSPYZ4a3F
     Content-Disposition: form-data; name="fileName"

     photo.png
     ------WebKitFormBoundary72yvM25iSPYZ4a3F--
```

图 6-19　FormData 的数据格式

可以看到这是一种区别于用 & 连接参数的方式，它的编码格式是 multipart/form-data，就是上传文件 form 表单写的 enctype，如代码清单 6-36 所示：

代码清单 6-36　上传文件的 form 表单

```
<form enctype="multipart/form-data" method="post">
    <input type="file" name="fileContent">
</form>
```

如果 xhr.send 是 FormData 类型，它会自动设置 enctype，如果你用默认表单提交上传文件的话就得在 form 上面设置这个属性，因为上传文件只能使用 POST 的这种编码。常用的 POST 编码是 application/x-www-form-urlencoded，它和 GET 一样，发送的数据里面，参数和参数之间使用 & 连接，如：

```
key1=value1&key2=value2
```

特殊字符做转义，这个数据 POST 是放在请求 body 里的，而 GET 是拼在 url 上面的，如果用 jq 的话，jq 会帮你拼并做转义。

而上传文件用的这种 multipart/form-data，参数和参数之间是且一个相同的字符串隔开的，上面的是使用：

——WebKitFormBoundary72yvM25iSPYZ4a3F

这个字符通常会取得比较长、比较随机，因为要保证正常的内容里面不会出现这个字符串，这样内容的特殊字符就不用做转义了。

请求的 contentType 被浏览器设置成：

Content-Type: multipart/form-data; boundary=——WebKitFormBoundary72yvM25iSPYZ4a3F

后端服务通过这个就知道怎么解析这么一段数据了（通常是使用框架处理，而具体的接口不需要关心应该怎么解析）。

如果读取结果是 ArrayBuffer 的话，也是可以直接用 xhr.send 发送出去，但是一般我们不会直接把一个文件的内容发出去，而是用某个字段名等于文件内容的方式。如果你读取为 ArrayBuffer 再上传的话其实作用不是很大，还不如直接用 formData 添加一个 File 对象的内容，因为上面三种方式都可以拿到 File 对象。如果一开始就是一个 ArrayBuffer 了，那么可以转成 blob 然后再 append 到 FormData 里面。

使用比较多的应该是 base64，因为前端经常要处理图片，读取为 base64 之后就可以把它画到一个 canvas 里面，然后就可以做一些处理，如压缩、裁剪、旋转等。最后再用 canvas 导出一个 base64 格式的图片，那怎么上传 base64 格式的呢？

第一种是拼一个表单上传的 multipart/form-data 的格式，再用 xhr.sendAsBinary 发出去，如代码清单 6-37 所示：

代码清单 6-37　自己拼一个表单上传的数据格式

```
let base64Data = base64Data.replace(/^data:image\/[^;]+;base64,/, "");
let boundary = "----------boundaryasoifvlkasldvavoadv";
xhr.sendAsBinary([
    // name=data
    boundary,
        'Content-Disposition: form-data; name="data"; filename="' + fileName + '"',
        'Content-Type: ' + "image/" + fileType, '',
        atob(base64Data), boundary,
    //name=imageType
    boundary,
        'Content-Disposition: form-data; name="imageType"', '',
        fileType,
    boundary + '--'
].join('\r\n'));
```

上面代码使用了 window.atob 的 api，它可以把 base64 还原成原始内容的字符串表示，如图 6-20 所示。

btoa 是把内容转化成 base64 编码，而 atob 是把 base64 还原。在调 atob 之前，需要把表示内容格式的不属于 base64 内容的字符串去掉，即上面代码第一行的 replace 处理。

这样就和使用 formData 类似了，在第 4 章 "Effective 前端 14" 中就使用了这种方式，但是由于 sendAsBinary 已经被 deprecated 了，所以新代码不建议再使用这种方式。那怎么办呢？

图 6-20　btoa 和 atob

可以把 base64 转化成 blob，然后再 append 到一个 formData 里面，下面的函数（来自 b64-to-blob⊖）可以把 base64 转成 blob，如代码清单 6-38 所示：

代码清单 6-38　base64 转化为 blob

```
function b64toBlob(b64Data, contentType, sliceSize) {
    contentType = contentType || '';
    sliceSize = sliceSize || 512;

    var byteCharacters = atob(b64Data);
    var byteArrays = [];

    for (var offset = 0; offset < byteCharacters.length; offset += sliceSize) {
        var slice = byteCharacters.slice(offset, offset + sliceSize);

        var byteNumbers = new Array(slice.length);
        for (var i = 0; i < slice.length; i++) {
            byteNumbers[i] = slice.charCodeAt(i);
        }

        var byteArray = new Uint8Array(byteNumbers);

        byteArrays.push(byteArray);
    }

    var blob = new Blob(byteArrays, {type: contentType});
    return blob;
}
```

然后就可以 append 到 formData 里面，如代码清单 6-39 所示：

代码清单 6-39　添加到 formData

```
let blob = b64toBlob(b64Data, "image/png"),
    formData = new FormData();
formData.append("fileContent", blob);
```

这样就不用自己去拼一个 multipart/form-data 的格式数据了。

上面处理和上传文件的 API 可以兼容到 IE10+，如果要兼容老的浏览器应该怎么办呢？

⊖ https://github.com/jeremybanks/b64-to-blob

可以借助一个 iframe，原理是默认的 form 表单提交会刷新页面，或者跳到 target 指定的那个 url，但是如果把 iframe 的 target 指向一个 iframe，那么刷新的就是 iframe，返回结果也会显示在 iframe，然后获取这个 iframe 的内容就可得到上传接口返回的结果。如代码清单 6-40 所示：

代码清单 6-40　指向 iframe

```
let iframe = document.createElement("iframe");
iframe.display = "none";
iframe.name = "form-iframe";
document.body.appendChild(iframe);
// 改变 form 的 target
form.target = "form-iframe";

iframe.onload = function() {
    // 获取 iframe 的内容，即服务返回的数据
    let responseText = this.contentDocument.body.textContent
        || this.contentWindow.document.body.textContent;
};

form.submit();
```

form.submit 会触发表单提交，当请求完成（成功或者失败）之后就会触发 iframe 的 onload 事件，然后在 onload 事件获取返回的数据，如果请求失败，则 iframe 里的内容就为空（可以用这个判断请求有没有成功）。

使用 iframe 没有办法获取上传进度，使用 xhr 可以获取当前上传的进度，这个是在 XMLHttpRequest 2.0 引入的，如代码清单 6-41 所示：

代码清单 6-41　获取上传进度

```
xhr.upload.onprogress = function (event) {
    if (event.lengthComputable) {
        // 当前上传进度的百分比
        duringCallback ((event.loaded / event.total)*100);
    }
};
```

本文讨论了 3 种交互方式的读取方式，通过 input 控件在 input.files 可以得到 File 文件对象，通过拖拽的是在 drop 事件的 event.dataTransfer.files 里面，而通过粘贴的 paste 事件在 event.clipboardData.files 里面，Safari 是在编辑器里面插入一个 src 指向本地的 img 标签，可以通过发送一个请求加载本地的 blob 数据，然后再通过 FileReader 读取，或者直接 append 到 formData 里面。得到的 File 对象就可以直接添加到 FormData 里面，如果需要先读取 base64 格式做处理的，可以把处理后的 base64 转化为 blob 数据再 append 到 formData 里面。对于老浏览器，可以使用一个 iframe 解决表单提交刷新页面或者跳页的问题。

总之，前端处理和上传本地文件应该差不多就是这些内容了，但是在实际生产环境中，

还有很多细节需要注意,读者可通过本文列的方向自行实践。

问答

1. 上面的例子都是单个文件的,怎么实现上传多个文件呢?

答:只要给 input 加一个 multiple 的属性即可。

2. 网盘的断点续传是怎么实现的?

答:有一种方法是使用 blob 分割大文件上传,如代码清单 6-42 所示:

代码清单 6-42　分段上传文件

```
let fileReader = new FileReader(),
    file = this.files[0];
console.log(`总共发送 ${file.size} 字节`);
const ONE_MB = 1024 * 1024;
let sendedBytes = 0;
fileReader.onload = function(){
    // 发送分割的片段
    xhr.open(), xhr.send(this.result);
    sendedBytes += ONE_MB;
    if(sendedBytes < file.size){
        // File 的 slice 方法继承于 Blob
        let blob = file.slice(sendedBytes, sendedBytes + ONE_MB);
        fileReader.readAsArrayBuffer(blob);
    }
}
let blob = file.slice(0, ONE_MB);
console.log(blob instanceof Blob); //true
fileReader.readAsArrayBuffer(blob);
```

这段代码把一个文件分割成 1MB 的 blob 片段依次上传,如果上传一半突然断了的话下次再重新上传的时候,服务端会告知上一次已经接收的数据量,我们可以根据后端告知的这些字节数去换算一下需要从哪个 blob 片段开始上传。这样就实现断点续传了。还有一个问题就是怎么知道用户又选了同一个文件呢?或者怎么知道这个文件有没有被它修改过了?可以通过计算文件内容的哈希值作为一个文件的标志。

Effective 前端 27:学会常用的 CSS 居中方式

居中无疑是切图经常遇到的问题,一方面根据不同的场景使用合适的居中方式,另一方面能使用简单的居中方式就先使用简单的兼容性好的,而不是动不动就用 JS 算一下。

先来看一个常见的案例,把一张图片和下方文字进行居中,如图 6-21 所示。

首先处理左右居中,考虑到 img 是一个行内元素,下方

图 6-21　实现图片和文字的居中

的文字内容也是行内元素，因此**直接用 text-align** 即可，如代码清单 6-43 所示。

代码清单 6-43　text-align: center

```
<style>
    .my-container{
        text-align: center;
    }
</style>
<div class="my-container">
    <img src="Mars.png">
    <p>火星</p>
</div>
```

第一步的效果如图 6-22 所示。

这样做的问题是，直接在最外层的 container 设置一个 text-align 属性，导致所有子元素都会继承，假设图片标题下方还有文字描述，那么这个文字描述也会被居中，如图 6-23 所示。

图 6-22　text-align: center 实现行内元素的左右居中

但实际上是希望文字描述向左对齐，这样就不得不在文字描述中添加一个 text-align:left 属性，覆盖父元素的属性，并且如果还有更多的子元素也需要这样做，覆盖属性本身就是下策，因此这里采用其他的办法。由于显示的图片可能是变化的，宽高是不定的，但显示区域是固定的，所以一般会显式地给图片设置一个宽高。这个时候知道宽度就可以用 **margin: 0 auto 的方法**，左右的 margin 值设置为 auto，浏览器就会自动设置左右的 margin 值为容器剩余宽度的一半，效果如图 6-24 所示。

图 6-23　导致所有行内子元素都左右居中了

图 6-24　使用 margin: 0 auto 居中

实现方法如代码清单 6-44 所示。

代码清单 6-44　固定宽度用 margin: 0 auto 居中

```
<style>
    figure{
```

```
            width: 100px;
            margin: 0 auto;
        }
        figcaption{
            text-align: center;
        }
</style>
<div class="my-container">
    <figure>
        <img src="Mars.png">
        <figcaption>火星</figcaption>
    </figure>
    <p class="desc">火星（Mars）是太阳系八大行星之一，天文符号是♂</p>
</div>
```

需要注意的是，这个办法对上下居中不适用，即使容器和内容的高度是确定的。

使用 margin: 0 auto 可以说是最常见的左右居中方法，不仅适用于块元素也适用于行内元素。很多网页的布局都是主体内容固定宽度同时居中显示，例如淘宝 PC 端。如图 6-25 所示。

图 6-25　主体内容使用 margin: 0 auto 居中

查看最外层的容器的样式就可以发现使用了 margin: 0 auto，如图 6-26 所示。

图 6-26　检查代码

接下来讨论垂直居中，麻烦的是垂直居中。不过垂直居中有一个比较通用的办法，那就是**借助 table-cell 的垂直居中**。方法是给父容器添加如代码清单 6-45 所示的属性。

代码清单 6-45　借助表格属性进行居中

```
.my-container{
    display: table-cell;
    vertical-align: middle;
}
```

效果如图 6-27 所示。

火星

图 6-27　table-cell 垂直居中

使用 table-cell 的缺点是容器的 magin 属性失效了，因为 margin 不适用于表格布局。所以如果要把 container 左右居中的话，使用 margin: 0 auto 就不起作用了。解决的办法是在 container 外层再多套一个 div 容器，然后让这个 display 为 block 的容器 margin: 0 auto 就可以了。

另外一个缺点是 table-cell 的元素设置宽高为百分比的时候将不起作用，常见的场景是要将宽度设置为外层容器宽度的 100%，解决办法是将 container 的宽度设置成一个很大的值，例如 3000px，这样就达到 100% 的目的。table-cell 的方法可以兼容到 IE8。

这种方法有失效的时候，那就是 container 需要设置 position 为 absolute 时。因为**设置 position: absolute 就会把（非 flex）元素的 display 强制设置成 block 类型的**。解决办法还是模仿上面的，外层再多套一个容器，将 absolute 作用于这个容器，这种方法的副作用是设置内层 container 的 height 和 width 为百分比时会失效。由于这个原因，导致有一种情况不能使用 display: table-cell 垂直居中。

这种场景就是需要在页面弹个框，这个框的位置需要在当前屏幕中左右上下居中，如图 6-28 所示。

图 6-28　在页面弹一个上下左右居中的框

通常需要将这个框的 position 设置成 absolute，这个时候 table-cell 就不能发挥作用了，即使你在外面再多套两层，最外层为 absolute，里层为 table-cell，但由于无法设置里层容器的 height 为外层的 100%，也就是说高度无法刚好占满整个屏幕，所以不能起作用。

解决办法是**使用 relative 定位，设置 top 为 50%，再设置 margin-top 为元素高度的负的一半**。一开始设置 top 50%，将弹框的起始位置放到页面中间，然后再设置 margin-top 为弹框高度的一半取负，这样使得弹框在页面中间位置再往上移一半自身的高度，这样就刚好在正中间了，左右居中也可类似处理，如代码清单 6-46 所示。

代码清单 6-46　margin 负值法居中

```
<style>
    .mask{
        position: absolute; width: 100%; height: 100%;
    }
    .outer{
        position: relative;
        top: 50%;
        left: 50%;
        margin-top: -100px;
        margin-left: -100px;
    }
    .my-container{
        width: 200px;
        height: 200px;
        display: table-cell;
        vertical-align: middle;
    }
</style>
<div class="mask">
    <div class="outer">
        <div class="my-container">

        </div>
    </div>
</div>
```

效果如图 6-29 所示。

火星

图 6-29　使用 margin 负值法居中

这种办法的缺点是需要知道高度，无法根据内容长短自适应。所以就有了 **transform 的方法**，将 margin-top 一个具体像素的负值改成 transform: translate（0，-50%），由于 translate 里面的百分比是根据元素本身的高度计算的，于是就可以达到自适应的效果。将上面 outer 样式改为如代码清单 6-47 所示。

代码清单 6-47　使用 translate 自适应居中

```
.outer{
    position: relative;
    top: 50%;
    left: 50%;
    width: 200px;
    transform: translate(-50%, -50%);
}
```

这个办法十分方便，为了提高兼容性，需要添加 -webkit- 前缀，可以兼容到 IE9。

上面的两种办法：margin-top 一个负值和 translate -50% 都有一个潜在的弊端，就是如果设置 left 为 50% 是借助 position 为 absolute 的话，可能会导致换行，如代码清单 6-48 所示。

代码清单 6-48　translate 导致文字换行

```
<style>
    .container{
        position: relative;
    }
    .nav{
        position:absolute;
        left: 50%;
        transform: translate(-50%, 0);
        bottom: 0;
    }
</style>
<div class="container">
    <figure>
        <img src="Mars.png">
    </figure>
    <p class="nav"><span>地形 </span><span> 气候 </span><span> 运动 </span></p>
</div>
```

效果如图 6-30 所示。

图 6-30　p 标签换行了

可以看到，本来应该在一行显示的 p 元素却换行了，这是因为在一个 relative 元素里面 absolute 定位的子元素会通过把行内元素换行的方式，尽可能不超过容器的边界。由于设置 left 为 50%，导致 p 元素超了边界，所以就换行了，即使再 translate: -50% 但已经晚了。即使是交换一下两者的位置也是一样的效果，看得出浏览器计算的顺序始终是以 absolute 的定位优先。所以这种方法还是有不适合的场景，主要是用于左右居中定位为 absolute 的情况。

另外一个 CSS3 居中的办法是**使用 flex 布局**，flex 布局居中十分容易和方便，只需要在父容器添加三行代码，例如上面的居中情况，可将 .nav 的样式改为如代码清单 6-49 所示。

代码清单 6-49　使用 flex 居中

```css
.nav{
    position:absolute;
    bottom: 0;
    display: flex;
    align-items: center;
    justify-content: center;
    width: 100%;
}
```

效果如图 6-31 所示。

但是 flex 的痛点是 IE 不支持，即使是 IE11。

上面讨论的都是一些复合元素的居中，接下来分析单纯的行内元素的垂直居中。

主要是要借助 vertical-align: middle。如代码清单 6-50 所示，有一张图片和文字：

图 6-31　使用 flex 居中的效果

代码清单 6-50　垂直居中

```html
<div class="my-container" style="border:1px solid #ccc;width:232px; line-height:0">
    <img src="mars.png">
    <span>photo</span>
</div>
```

如果不做任何处理，那么默认的垂直居中是以 baseline 为基准，如图 6-32 所示。

图 6-32　行内元素默认以 baseline 垂直居中

为了让它们能够垂直居中，需要改变它们的居中方式，如代码清单 6-51 所示。

代码清单 6-51　改变居中方式

```
.my-container img,
.my-container span{
    vertical-align: middle;
}
```

注意每个元素都需要设置，效果如图 6-33 所示。

如果 container 的高度比图片还要高，将会是如图 6-34 的效果。

图 6-33　行内元素垂直居中　　　　图 6-34　下方留空

为了让中间的内容能够在 container 里上下居中，可以设置文字的 line-height 为 container 的高度，那么文字就上下居中了，由于照片和文字是垂直居中的，所以照片在 container 里也上下居中了，如代码清单 6-52 所示。

代码清单 6-52　改变文字的 line-height

```
.my-container span{
    vertical-align: middle;
    line-height: 150px;
}
```

效果如图 6-35 所示。

图 6-35　在容器上下居中

这也就给了一个启示，如果需要垂直居中一个 div 里的比 div 高度小的照片，可以添加一个元素，让它的 line-height 等于 div 的高度，如代码清单 6-53 所示。

代码清单 6-53　借助伪元素进行图片的垂直居中

```
<style>
    .my-container{
```

```
        width: 150px;
        height: 150px;
        text-align: center;
    }
    .my-container:before{
        content: "";
        vertical-align: middle;
        line-height: 150px;
    }
</style>
<div class="my-container">
    <img style="vertical-align:middle;" src="Mars.png">
</div>
```

或者是弄一个 inline-block 元素,设置 height 为 100%,这种方法的兼容性更好,如代码清单 6-54 所示。

代码清单 6-54　使用行内块级元素

```
.my-container:before{
    content: "";
    display: inline-block;
    vertical-align: middle;
    height: 100%;
}
```

上下居中效果,如图 6-36 所示。

图 6-36　借助伪元素 vertical-align 进行图片上下居中

这种方法能够兼容老浏览器,缺点是图片宽度刚好和容器一样时无法使用。还有一种更简单的方法是设置容器的 line-height 和 height 一样,然后把图片的 vertical-align 设为 middle 即可,这种方法的缺点是需要改变容器的行高。

除了行高还可以借助 absolute 定位和 margin: auto,如代码清单 6-55 所示。

代码清单 6-55　借助 absolute 定位

```
.my-container{
    position: relative;
}
.my-container img{
    position: absolute;
    left: 0;
    top: 0;
```

```
        right: 0;
        bottom: 0;
        margin: auto;
}
```

如果图片比 container 大，这种方法就不适用了。因为有一种比较常见的场景：照片有一边和 container 一样高，另外一边按照片的比例缩放，照片居中显示，超出的截断，这种应该叫占满（occupy）布局。这种情况，只需要把 left/right/top/bottom/ 设成一个很大的负值即可，如代码清单 6-56 所示。

代码清单 6-56　图片比容器还要大的居中的例子

```
.my-container img{
    position: absolute;
    left: -9999px;
    top: -9999px;
    right: -9999px;
    bottom: -9999px;
    margin: auto;
}
.my-container{
    overflow: hidden;
}
```

效果如图 6-37 所示。

我们再讨论下文字的居中，很多人都知道把一个容器的 height 和 line-height 设置成相同值时，能够实现单行的上下居中，但是用这个方式怎么实现多行文本的上下居中呢？方法是在文字外面套一个 span 标签，让这个 span 的盒模型变成 inline-block，并且恢复行高为 normal，同时设置 span vertical-align 为 middle，

图 6-37　占满居中

而外面的容器 height 和 line-height 还是设置成一样。这样就能实现多行文本的上下居中，原理是 span 的 inline-block 重新创造了一个新的盒模型环境。读者可以自己动手试一下。

综合上面的讨论，左右居中常用 text-align 和 margin: 0 auto，上下居中一种办法是借助 table-cell，另外一种是设置 top: 50% 和 margin-top/translate（0，-50%）负值的办法，还有就是使用 flex 布局。还可以对行内元素设置 vertical-align: middle，同时借助一个高度为 100% 的元素达到垂直居中的效果。最后是 position: absolute 和 margin: auto 结合使用的办法。可以说没有一个方法可以 100% 适用，可以根据不同的情况合理结合使用。最后实在不行，可能就得用 JS 计算位置。

问答

代码清单 6-50 为什么要设置 line-height 为 0 ？

答：如果不设置容器的 line-height 为 0，下方将会有空白，如图 6-38 所示。

图 6-38　图片下方有空白

这个空白的大小受到容器的 line-height 影响，如图 6-39 所示。

图 6-39　div 的行高造成了底部的空白

需要注意的是，即使是没有右边的文字，在正常文档模式下，图片下方也会有空白。读者有兴趣可以继续研究一下，行高不一样时，这个空白到底有多大。

Effective 前端 28：学会常用的 CSS 布局技术

居中是一个常见的话题，布局也是一个很常见的话题。并且布局这个话题比较大，我们从三栏布局的实现切入，讨论常用的布局技术。

什么是三栏布局？三栏自适应布局即左右栏各 100px，中间随着浏览器宽度自适应。怎么实现呢？

第一个想到的是使用 **table** 布局，设置 table 的宽度为 100%，三个 td，第 1 个和第 3 个固定宽度为 100px，那么中间那个就会自适应了，如图 6-40 所示。

图 6-40　table 布局

但是 table 布局是不推荐的，table 布局是 CSS 流行之前使用的布局，有很多缺点：当 table 加载完之前，整个 table 都是空白的，table 将数据和排版掺和在一起，使得页面混乱，并且 table 布局修改排版十分麻烦和困难。

如果不用 table 布局，那么第二个想到的办法是**采用 float**，让左边的 div float left，右边的 div float right，如图 6-41 所示。

图 6-41　使用浮动

中间还有一个 div，如果将中间的 div 排在第二，如代码清单 6-57 所示。

代码清单 6-57　让左右 div 浮动
```
<div style="float:left;">left</div>
<div>middle</div>
<div style="float:right;">right</div>
```

那么效果是这样的，如图 6-42 所示。

图 6-42　右边的 div 浮动到了第二行

因为 div 默认的 display 为 block，如果不设置 width 的话，块级元素会尽可能多地占用水平空间。如果设置了 width: 200px，效果如图 6-43 所示。

图 6-43　右边的 div 仍然浮动到了第二行

第三个 div 仍然会换行，因为 float right 会排到当前行尽可能右边的位置，即它的容器盒的边缘或者挨着的上一个 float 的元素，如果当前行没有空间的话，会不断地往下移，直到有足够的空间。由于 middle 是一个块盒，即使设置了 width，当前行的空间也会被占用，所以 right 只能到下一行才有空间。

同时注意到 middle 虽然设置了 200px，但是看起来和 left 一样是 100px 宽。这是因为 float 的元素虽然在正常的文档流之内，但是它让相邻非 float 的元素的内容围绕着它排列，它仍然占据相邻元素的 background 和 border 空间。如果给 middle 添加一个白色的 border，那么看起来是如图 6-44 这样的。

图 6-44　浮动的元素占据了它挨着的 div 的空间

假设 middle 里面有个 p 标签，而 p 标签的内容比较长，那么围绕的效果是这样的，如图 6-45 所示。

图 6-45　浮动的环绕效果

正如上面的注释一样，在 float 元素的那一行，相邻元素的内容的宽度将会缩短，以适应 float 元素占去的宽度，而一旦超过 float 元素的区域，相邻元素的内容显示宽度就会正常。

由于默认的 div 会占一行，所以不能将 middle 放在第二个 div，得放到第三个 div。把第二个 div 和第三个 div 换一下顺序，如代码清单 6-58 所示。

代码清单 6-58　让中间栏位于最后

```
<div style="float:left;">left</div>
<div style="float:right;">right</div>
<div>middle</div>
```

先让 float right 的 div 渲染，再渲染 middle 的 div。因为渲染 left 之后，left 的那一行仍然有空间，这是由于 float left 之后，只会占据当前行的 background 和 border，而当前行还有很大的空间，于是第二步渲染 right 时就和 left 同一行了，效果如图 6-46 所示。

图 6-46　先渲染左右两个 div，再渲染中间的 div

如果不设置 middle 的 width，那么 middle 将围绕着 left 和 right 环绕，和 left 一样，right 也会占用 middle 的空间。如图 6-47 所示。

图 6-47　中间的 div 围绕着左右的 div 环绕

为了让 middle 和 left/right 中间有一个空白间距，设置 middle 的左右 margin 各为 110px，这样左右和中间就各有 10px 的间距，如图 6-48 所示。

图 6-48　设置中间 div 的 margin 值为 100px + 10px

这样就达到三栏布局的目的了，这种办法的优点是实现简单，支持性好。

这种实现自适应宽度的原理是利用了 float 的围绕特性，占据自然文档流的 background/border 位置。需要注意的是这个围绕特性不仅会影响当前行的内容，还会影响下一行的内容，如代码清单 6-59 所示：

代码清单 6-59　浮动会影响下一行

```
<p> 第一段内容，略 <img src="" style="float:left;"></img></p>
<p> 第二段内容，略 </p>
```

效果如图 6-49 所示。

图 6-49　浮动的元素占据了下一行的空间

还有一点要注意的是，设置了 float 的元素并不是把 display 改成了 inline-block，大部分 display 的 CSS 计算值都变成了 block，同时对原本是 display: flex 的没有改变，如图 6-50⊖所示。

指定值	计算值
inline	block
inline-block	block
inline-table	table
table-row	block
table-row-group	block
table-column	block
table-column-group	block
table-cell	block
table-caption	block
table-header-group	block
table-footer-group	block
flex	flex, but float has no effect on such elements
inline-flex	inline-flex, but float has no effect on such elements
other	unchanged

图 6-50　float 改变了元素的 display

由上图可以看出，一个 span 设置了 float: left/right 之后，就不需要再设置成 display:

⊖ https://developer.mozilla.org/zh-CN/docs/CSS/float

block/inline-block 了，直接设置宽高即可。

下面讨论第三种方法，**使用 display: table-cell**。

由于 table 的展示拥有自适应的特点，因此把需要自适应宽度的 middle 的 display 属性设置为 table-cell。如代码清单 6-60 所示：

代码清单 6-60　使用 table-cell

```
<div style="float:left;">left</div>
<div style="float:right;">right</div>
<div style="display:table-cell;">middle</div>
```

效果如图 6-51 所示。

图 6-51　将 middle 作为一个 td 元素

发现 table-cell 的宽度是根据内容自适应的，这里是要根据浏览器窗口自适应，因此给 middle 添加一个很大的 width 就可以了，例如 width:2000px，效果如图 6-52 所示。

图 6-52　给 middle 设置一个很大的宽度

接下来，继续介绍第四种方法，**使用 flex 布局**，十分简单：只需要将容器设置为 display: flex，然后再设置 middle 的 flex-grow 为 1 即可，如代码清单 6-61 所示。

代码清单 6-61　使用 flex

```
<div style="display:flex;">
    <div style="width:100px">left</div>
    <div style="flex-grow:1">middle</div>
    <div style="width:100px">right</div>
</div>
```

效果如图 6-53 所示。

图 6-53　设置 flex: 1

flex-grow: 1 的作用是把 middle 的宽度置为 flex 容器的剩余宽度，就达到了自适应的目的。

使用 flex 十分容易，而**使用 grid 网格**就更容易了，只要设置两行 CSS 就搞定了，如代码清单 6-62 所示。

代码清单 6-62   使用新布局方式 grid

```
<div style="display:gird; grid-template-columns: 100px auto 100px">
    <div>left</div>
    <div>middle</div>
    <div>right</div>
</div>
```

效果和 flex 的一模一样。但是 flex 是一维的，而 grid 可以做二维的布局。

最后再分析另外一个自适应的例子，应用上面布局的技术。

某个元素的宽度要根据其他元素的宽度自适应。如图 6-54 所示，排名的位数变化可能会很大，导致最右边的文字要自适应。

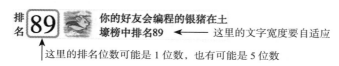

图   6-54

根据上面的一番讨论，这个例子就不难实现了——如图 6-55 的分析，p 标签里的文字宽度就能自适应了。

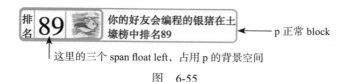

图   6-55

具体实现如代码清单 6-63 所示。

代码清单 6-63   使用浮动让 P 宽度自适应

```
<div style="width:320px;">
    <span style="width:14px;float:left;">排名</span>
    <span style="font-size:40px;float:left;">89</span>
    <img style="width:44px;height:44px;float:left;" src="..."></img>
    <p>你的好友会编程的银猪在土壤榜中排名 89</p>
</div>
```

实际效果如图 6-56 所示。

图 6-56   使用 float 让右边的文字宽度自适应

使用 float 是最简单的，还可以尝试使用 flex 布局，主要用到 flex-shrink 属性，flex-shrink 的作用是定义收缩比例，容器内的子元素的宽度和若超出容器的宽度时，将按比例收缩子元素的宽度，使得宽度和等于容器的宽度。如代码清单 6-64 所示，将前面三个 span/img 的 flex-shrink 设置为 0，而 p 的 flex-shrink 设置为 1，这样子使得溢出的宽度都在 p 标签减去，就能够达到 p 标签宽度自适应的效果。

代码清单 6-64　使用 flex 让 P 宽度自适应

```
<style>
    span,img{ flex-shrink: 0; }
    p{ flex-shrink: 1; }
</style>
<div style="display:flex;width:320px;">
    <span style="width:14px;"> 排名 </span>
    <span style="font-size:40px;line-height:45px;">89</span>
    <img style="width:44px;height:44px;" src="..."></img>
    <p>你的好友会编程的银猪在土壕榜中排名 89</p>
</div>
```

实际的效果如图 6-57 所示。

图 6-57　使用 flex 让右边文字宽度自适应

同样的，使用 grid 布局也很简单，读者可以自己尝试一下。在性能方面，float 的计算量比较大，重绘也比较耗时，但是它的兼容性好，而 flex 和 grid 性能较好，特别是做动画的时候，使用新型的布局帧率比较高。

上文综合分析了最原始的 table 布局，然后就是 float 布局，table-cell，以及 flex 和 grid 布局自适应宽度的实现和原理，相信看完本篇你对 CSS 的布局技术会有一个比较好的理解，你可以继续查阅相关资料继续扩展，如 flex 和 grid。

问答

flex 不兼容 IE，而 grid 太新了，不能够愉快地使用，怎么办？

答：flex 至少在移动端兼容性还是挺好的，如果你要兼容 IE，你可以做两套方案，一个 flex 的，另一个常规的。可以写这么一个 script，如代码清单 6-65 所示。

代码清单 6-65　使用 flex 兼容 IE

```
var div = document.createElement("div");
div.style.display = "flex";
if(div.style.display !== "flex" && div.style.display = "-webkit-flex"){
    document.getElementsByTagName("body")[0].className += " no-flex";
}
```

即创建一个 div，设置它的 display 为 flex，然后再检查设置是否生效，如果生效，则说明浏览器支持 flex 布局，不生效，则给 body 添加一个 no-flex 的类，然后 CSS 根据这个类做第二套方案。

如果你不需要兼容 IE，但是你要用 grid，考虑到浏览器可能不支持 grid，那么你可以用 @supports，如代码清单 6-66 所示。

代码清单 6-66　使用 @supports

```
@supports (display: grid){
    div{display: grid}
}

@supports not(display: grid){
    div{float: left}
}
```

通过 @supports 多写一套不兼容的备选布局。

这样你可能会问，要维护两套布局岂不是很麻烦？确实有点麻烦，但是因为这两者往往不是等价的，使用 grid/flex 它们能做一些传统布局技术无法实现或者得借助 JS 才能实现的效果，下文"Effective 前端 29"中将会提到一个例子。这样对于大部分会自动升级到新浏览器的用户来说体验是好的，然后再对使用老浏览器的用户做一个兼容，至少不会一打开页面是乱的。

Effective 前端 29：理解字号与行高

什么是字号与行高

什么是字号大小？字号大小就是字体的高度，例如设置字号为 50px，那么它的高度如图 6-58 所示。

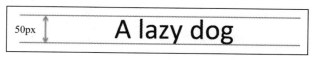

图 6-58　字号

什么是行距呢？如图 6-59 所示。
其中：

半行距 =(lineHeight - fontSize) / 2

但是实际上，font-size 经常不等于渲染的高度，如图 6-60 所示。
对于笔者用的 ProximaNova 这个字体，设置 font-size 为 30px，实际上高度为 42px。

为什么文字的高度不等于字号的高度？这得从字体设计说起。为此装一个 FontForge 和 RoboFont 软件设计一款自己的字体。

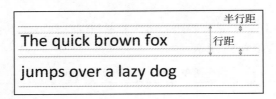

图 6-59　行高

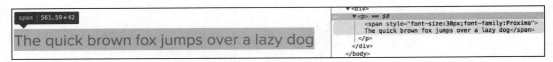

图 6-60　文字高度大于 font-size

设计字体

打开 RoboFont，如图 6-61 所示（这个软件经常闪退，需要注意保存）。

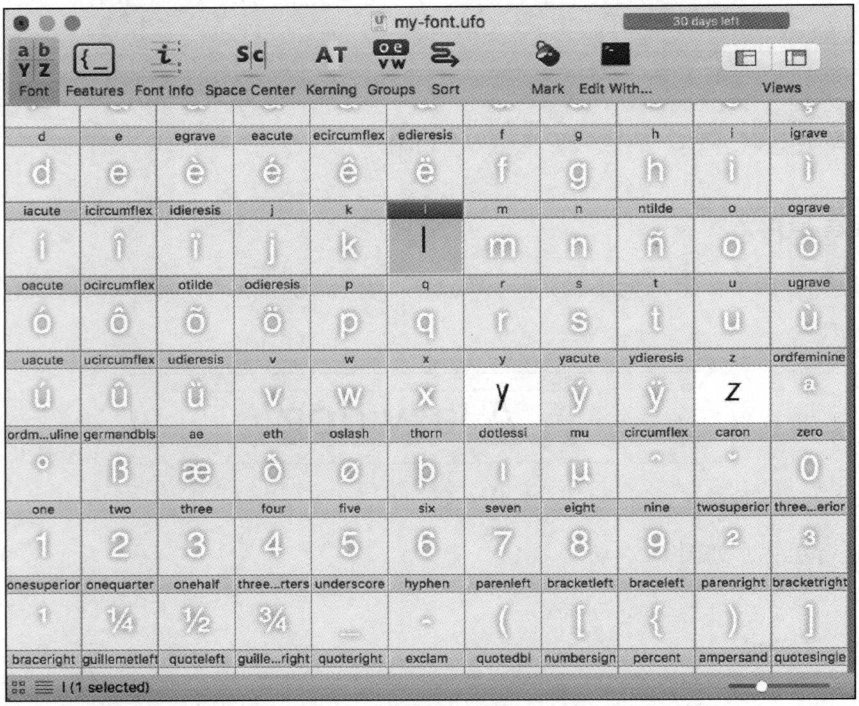

图 6-61　字体界面

双击 l 和 y 两个字母，用钢笔工具勾勒形状，如图 6-62 所示。

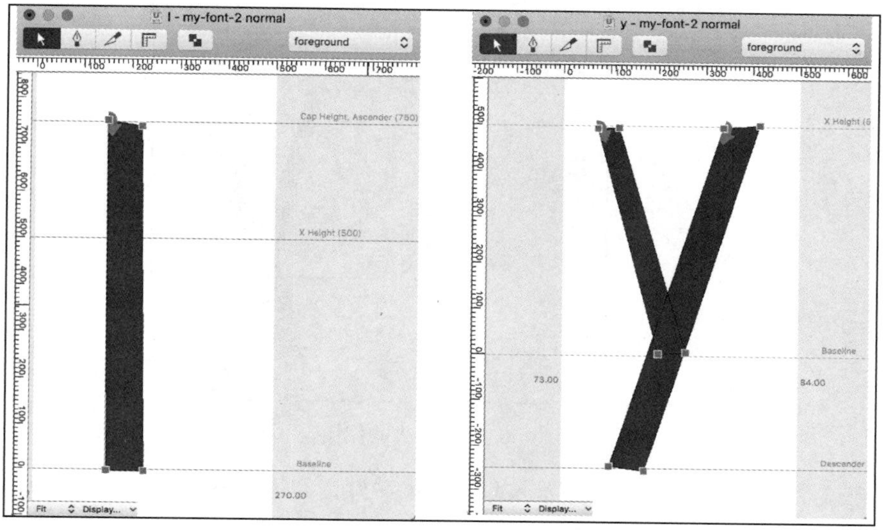

图 6-62 设计字母

从图 6-62 中可以看到它有一些刻度和度量线，画一个示意图如图 6-63 所示。

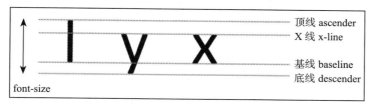

图 6-63 字体的度量线

这些度量线的位置可以自己设置，如图 6-64 所示。

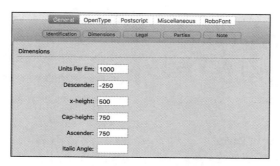

图 6-64 设置度量线的位置

Units Per Em 表示一个字的高度有 1000 个单位，baseline 的坐标为 0，其他线的坐标相对于 baseline，如图 6-65 所示。

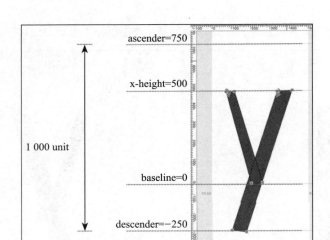

图 6-65　度量线的作用

然后把这个设计好的字体导出为 my-font.ttf 文件，在网页通过 @font-face 引入，如代码清单 6-67 所示。

代码清单 6-67　引入自定义字体

```
@font-face {
    font-family: 'my-font';
    src:url('/Users/yincheng/Desktop/my-font.ttf');
    font-weight: normal;
    font-style: normal;
}
```

然后使用这个 font-family，你会发现，这个字体的 font-size 和 height 几乎完全一致，如图 6-66 所示，分别设置 font-size 为 35px、45px、55px。

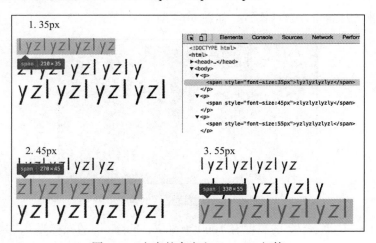

图 6-66　文字的高度和 font-size 相等

为什么我们设计的字体会如此"完美"，而其他人的字体高度总是要大一点呢？

为什么字体高度大于字体大小

为此我们用 FontForge 打开 ProximaNova.ttf，因为这个软件可以查看字体的更多信息[⊖]，就是界面粗糙了点，如图 6-67 所示。

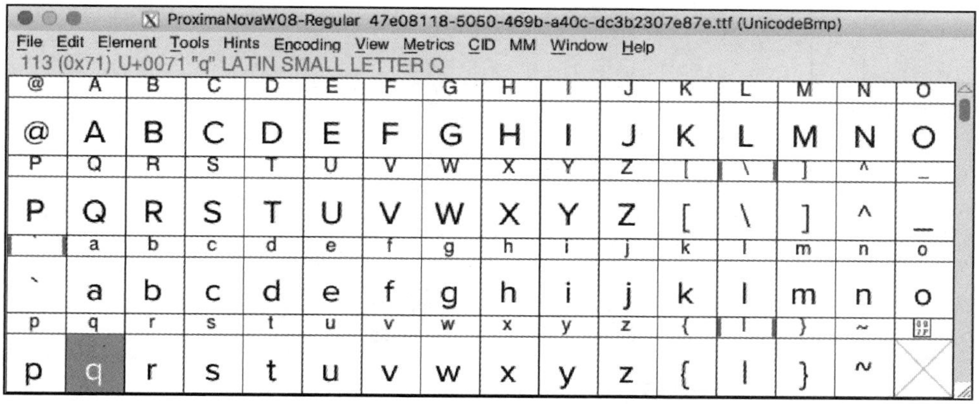

图 6-67　字体界面

然后单击 Element -> FontInfo，切到 OS/2 的 Metric 标签，如图 6-68 所示。

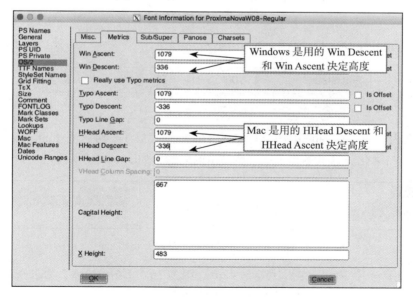

图 6-68　度量线和意义

⊖　https://www.w3cplus.com/css/css-font-metrics-line-height-and-vertical-align.html

把鼠标放到相应的输入框，FontForge 会提示你 Windows 系统是使用 Win Descent 和 Ascent 决定字体内容高度，而 Mac 是用的 HHead Descent 和 Ascent。上面字体在 Mac 下的 Ascent 为 1079，Ascent 为 −336，如图 6-69 所示。

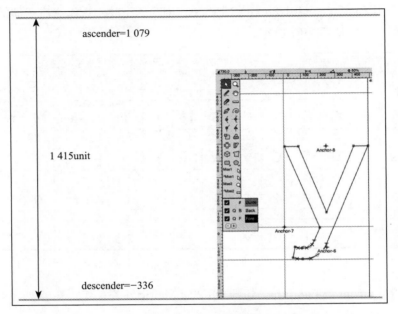

图 6-69　度量线的位置

同时它的 units of em 仍然是 1000，如图 6-70 所示。

图 6-70　Em Size

而它的内容区域 content-area 大小为 1079−（−336）= 1415 是 font-size 1000 unit 的 1415 / 1000 ≈ 1.4 倍，这就解释了一开始提出的问题，如图 6-71 所示。

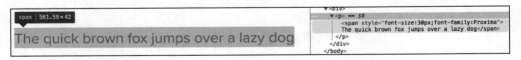

图 6-71　为什么文字高度要大于 font-size

设置 font-size 为 30px，实际上显示 42px，因为 30 * 1.4 = 42px，为进一步验证，把我们设计的字体 my-font 改一下它的 Ascent，如图 6-72 所示。

这样它的内容区域高度就变成了 1250unit，是字号大小的 1.25 倍，导出为一个新的字体，在网页上使用，如图 6-73 所示。

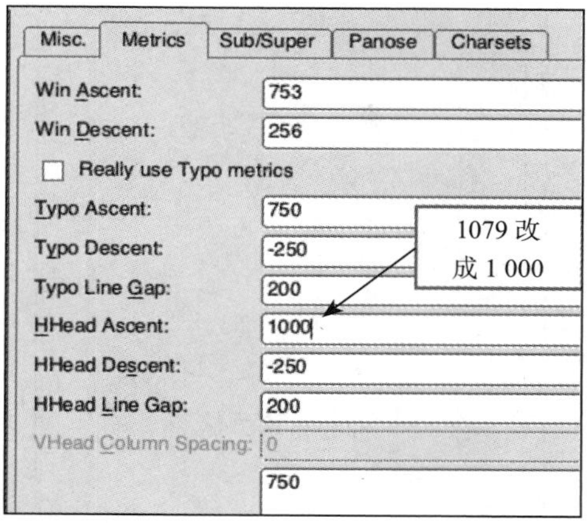

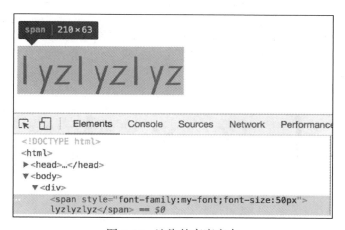

图 6-72 把 Ascent 改大一点

图 6-73 渲染的高度变大

设置 font-size 为 50px，它的 content-area 高度为 50 * 1.25 = 62.5px。这就证明了上面的分析是对的。

那么为什么设计师们要这样做呢，为什么不控制在 1000 个 unit 的范围内？首先因为常用的 unit per em 有以下几个值，如图 6-74 所示。

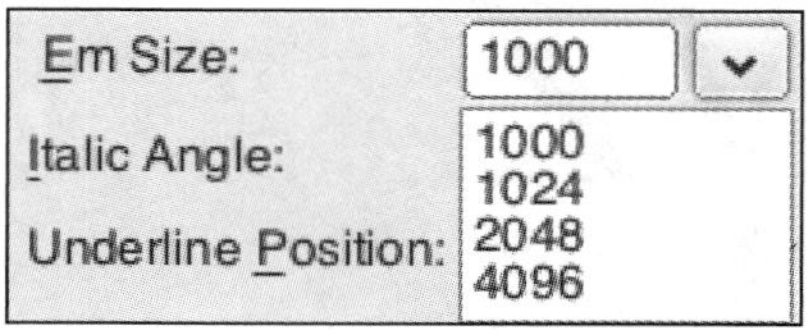

图 6-74 Em Size 下拉选择

如果你的 unit 选得越大，那么曲线的光滑粒度可控制得更细，如图 6-75 所示。

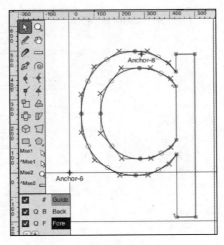

图 6-75　控制曲线的光滑度

但是如果选 1000 的话，因为它是一个整千，比例什么的应该会比较好控制。

其次，大于 1000 可以让可控制的区域更大，一般不会让字刚好撑到底线和顶线，如图 6-76 所示。

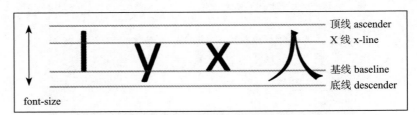

图 6-76　一般上下会留点空白

字体的宽度

可以在 RoboFont 里面设置每个字的宽度，例如 y 这个字母我要让它比 z 占的空间小一点，如图 6-77 所示。

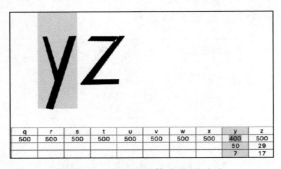

图 6-77　把 y 的字体宽度改小点

y 为 400，z 为 500，也就是说 y 的宽度为高度的 0.4 倍，z 的宽度为高度的 0.5 倍，因为高度是 1000。font-size 为 50px 的时候，4 个 yz 的宽度为 180px，如图 6-78 所示。

图 6-78　文字宽度为 180px

因为：(50 * 0.4 + 50 * 0.5) * 4 = 180px。

再讨论一个经典的问题。

图片底部的空白

有以下 HTML，如代码清单 6-68 所示。

代码清单　6-68

```
<div style="border:1px solid #ccc"><img src="test.png"></div>
```

在浏览器上显示为图 6-79 所示。

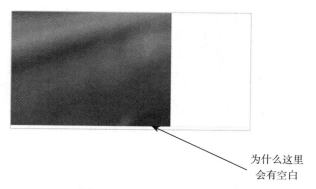

为什么这里会有空白

图 6-79　div 的底部有个白边

为什么图片不是和 div 底部贴在一起，而会有一点空白呢？

先来看一下这个空白有多大，设置 div 的 font-size 为 40px，line-height 为 60px，如图 6-80 所示。div 的高度为 174，图片的高度为 154，因此这里空白的高度为 174−154 = 20px。

为了辅助说明，在 img 的后面跟上几个字母，如代码清单 6-69 所示。

这段空白的距离就是基线 baseline 到 div 底边的距离。由于基线的坐标是 0，底线的坐标为 −250，所以基线到底线的距离为：

```
250 / 1000 * 40 = 10px
```

由于行高为 60px，font-size 为 40px，所以底线到 div 的距离即半行距为：

```
（60-40）/ 2 = 10px
```

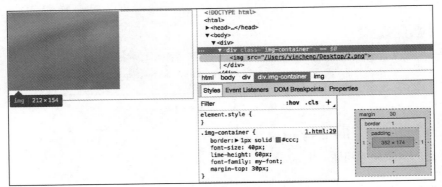

图 6-80　把空白调大一点

代码清单　6-69

```
<div class="img-container"><img src="test.png">lyz</div>
```

画上辅助线，如图 6-81 所示。

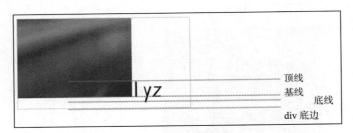

图 6-81　度量线

因此基线到 div 底边的距离就为：

```
10px + 10px = 20px
```

到这里就解释了为什么会有空白，以及空白的大小怎么计算。

那怎么去掉这段空白呢，可以设置 div 的行高为 0。并且需要注意的是在怪异模式（Quirks Mode）和有限怪异模式下，为了计算行内子元素的最小高度，一个块级元素的行高必须被忽略，所以即使不设置 div 的行高为 0，图片也是和 div 贴在一起的。

Effective 前端 30：使用响应式开发

什么是响应式？响应式的页面在不同的屏幕有不同的布局，换句话说，使用相同的 HTML 在不同的分辨率有不同的排版，如图 6-82 所示。

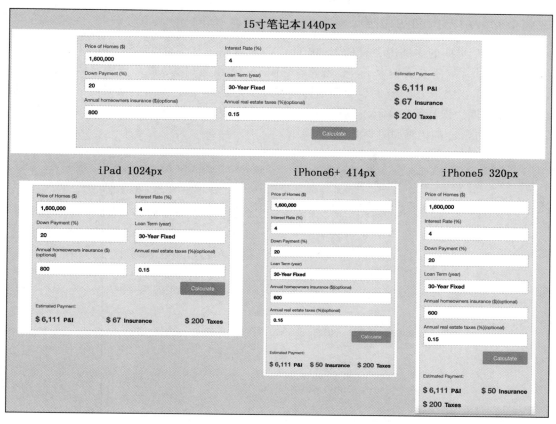

图 6-82　响应式在不同大小的屏幕布局不一样

响应式布局是为了解决适配的问题，传统的开发方式是 PC 端开发一套，手机端再开发一套，而使用响应式布局只要开发一套就好了。因为它用的是同样的 HTML，所以它的 JS 逻辑交互也只需写一套就好了，缺点是 CSS 比较重。

传统的手机端适配常见的有三种解决方案，第一种是 bootstrap 的 columns 布局；第二种是使用全局的 rem，先根据屏幕换算 1rem 等于多少个 px，然后设置 HTML 标签的 font-size 为多少个 rem，屏幕越大，则 font-size 越大，然后页面所有的元素的宽高和字体大小都用 rem 等比例缩放；第三种是阿里的 flex box，这种方案和第二种类似，不同点是页面内容的字体大小用的是 px，而不是比例缩放的 rem。第一种需要额外引入一个框架。第三种相对第二种来说应该更合理点，因为正文的字体常用的为 14px 或者 16px，如果一个页面在这个手机字号是 15.5px，在另外一个手机又变成了 14.9px，这样可能会有点奇怪。

而使用响应式布局就不需要进行 rem 的换算，下面通过图 6-82 的那个例子一步一步地分析怎么做响应式布局。

设置不同分辨率页面两边留白

首先一个页面的主体内容有最大的宽度，当屏幕超过这个宽度时这个中间的主体内容最大就这么大了，不会再变大了，也就是说它固定一个最大宽度，然后居中显示，如最大为 1080px。然后当大于 1024px 时，页面主体内容最小宽为 960px，两边自动留白；在 500px 到 1024px 之间两边保持留白 40px；而当小于 500px 时就认为是手机，两边留白 20px。所以计算一下，container 的代码如图 6-83 所示。

```
@media (min-width: 1401px){
    .container{
        width: 1080px;
        margin-left: auto;
        margin-right: auto;
    }
}

@media (max-width: 1400px){
    .container{
        margin-left: 160px;
        margin-right: 160px;
    }
}

@media (min-width: 1025px) and
(max-width: 1280px){
    .container{
        width: 960px;
        margin-left: auto;
        margin-right: auto;
    }
}

@media (max-width: 1024px){
    .container{
        margin-left: 40px;
        margin-right: 40px;
    }
}

@media (max-width: 500px){
    .container{
        margin-left: 20px;
        margin-right: 20px;
    }
}
```

图 6-83　不同屏幕设置不同大小的留白

总体的思想是留白要合适，既不能留太多，导致中间内容太窄，也不能让中间的内容显得太大。这个其实和 bootstrap 的 container 思想一致，只是你可能要根据你自己的业务特点、用户人群等做不同的留白策略。

屏幕变小时，一头变窄，另一头不变

当屏幕变小或者浏览器窗口拉小时，中间内容的宽度就不能保持在 1080px，它得跟着变小，而在变小的过程中，往往要保持一边不变，另一边随页面变窄，如图 6-84 所示。

右边的结果栏宽度保持不变，左边的表单栏宽度缩小。因为右边一旦窄就不好看了，如果右边变窄，那么字体也要相应缩小，字号一缩小，右边上下留白就变得太大，这样就不美观了，所以只能采取右边保持不动的策略去缩小左边的内容。这种场景比较常见，右边如果是一个头像的话，它也不能跟着缩小，它一缩小高度也要跟着缩小，导致上下太空，所以这种情况下也不能动。

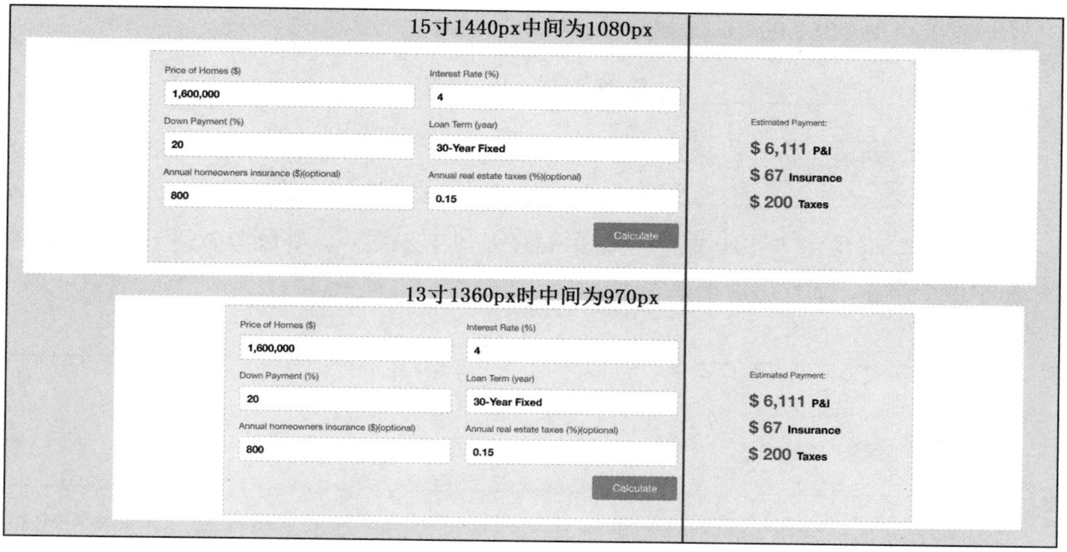

图 6-84　页面拉小时，保持右边的区域不变

保持中间留白固定，缩小内容宽度

左栏的宽度变小应该怎么变呢？有一个原则，就是要保持中间的间距固定，而两边的内容宽度相应缩小，如图 6-85 所示。

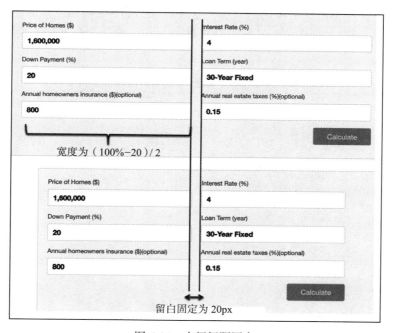

图 6-85　中间间距固定

所以就要借助 CSS3 的 calc，如代码清单 6-70 所示。

代码清单 6-70　calc

```
input{
    width: calc((100% - 20px) / 2)
}
```

calc 的兼容性 IE10 及以上支持，Android 4 及以下不支持，所以考虑到不支持的设备，可以简单做个兼容，如代码清单 6-71 所示。

代码清单 6-71　兼容 calc

```
input{
    width: 48%;
    width: calc((100% - 20px) / 2);
}
```

如果不支持 calc 就用 48%，这样差别其实不是很大，只是不是很精确。真的需要的话，你可以多写几个媒体查询使其变得更精确。

左右布局变成上下布局

当屏幕拉得很小的时候，左栏已经缩得很小了，再变小就不协调了，所以这个时候要把左右布局改成上下布局，把右边的内容往下面放。因为右栏在大屏的时候是 float: right，所以在中屏的时候覆盖掉这个浮动的属性，变成 float: none 就可以了。原本右栏的内容有四行，都比较短，可以考虑把它下面的三行排成一行，即让它们浮动。如代码清单 6-72 所示。

代码清单 6-72　小于等于 800px 时改成上下布局

```
.cal-result{
    float: right;
    width: 330px;
}

@media(max-width: 800px){
    .cal-result{
        float: none;
        width: 100%;
    }
    .cal-result .result{
        float: left;
        width: 33%;
    }
}
```

让每一个 result 占 1/3，然后浮动，效果如图 6-86 所示。

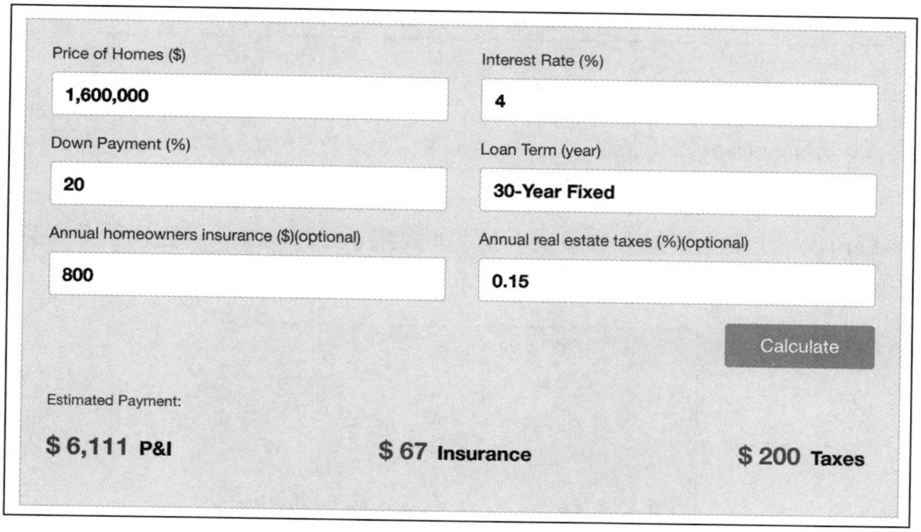

图 6-86　上下布局的效果

宽度太小时，自动换行

特别是当内容是列表 ul 形式的时候，排不下的 li 应当自动换到下一行。当然也可以手动控制，如代码清单 6-73 所示。

代码清单 6-73　小屏时从三列变成两列

```
@media (max-width: 800px){
    .result{
        width: 33%;
    }
}

@media (max-width: 400px){
    .result{
        width: 50%;
    }
}
```

在屏幕宽度小于 400 的时候，每个结果就占 50%，这样就排成两行了。这也是一种常用的办法，但是在我们这个例子里，如果数字比较小，在 iPhone 6 宽为 375px 的屏幕上还是排得下的，如果能保持在一行相对比较美观。而且固定 50%，如果当数字比较大时也有可能会有重叠的危险，这也有办法解决，就是别写死宽度，而是写 min-width 为 50%，这样当内容比较长时，float 的元素同一行排不下就会自动换行。但是最好还是要有个办法让它能根据内容长度自动换行，当然可以用 JS 计算，但是有点麻烦。

这个时候 flex 就派上用场了，很简单，只要设置两个属性，如代码清单 6-74 所示。

代码清单 6-74　使用 flex 自适应宽度

```
.result-container{
    display: flex;
    justify-content: space-between;
    flex-wrap: wrap;
}
```

space-between 让子元素挨着容器的两边等间距排列，而 wrap 属性让子元素自动换行，当容器宽度不够的时候，就有了如图 6-87 所示的效果。

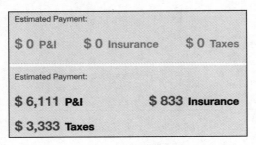

图 6-87　使用 flex 自动换行

这样还有一个小问题，就是当内容如果刚刚好占满时，两个项之间就没有间距了，如图 6-88 所示。

图 6-88　各项之间没有留白

这样贴在一起不好看，由于 flex 的 space-between 不能指定最小的 space，所以只能通过 margin 或者 padding 的方法，如代码清单 6-75 所示给元素添加 margin-right。

代码清单 6-75　添加外间距

```
.result:not(:last-child) {
    margin-right: 10px;
}
```

效果如图 6-89 所示。

图 6-89　加上间距自动换行

这样比贴在一起显示的效果好。

还有从大屏变成成小屏的时候有些字号主要是标题的字号和间距要相应调小，这种变小是阶梯变化的，而不是像 rem 一样连续变化，而且这种阶梯一般只要有两个就够了，一个大屏的，一个小屏的。如果你需要做很多阶梯的话，那你的排版很可能会有问题。

使用响应式图片

如相同的头图，在电脑上需要使用大图，但是手机上面使用小图就好了，不然会造成手机上加载慢、浪费流量等问题，一个办法是使用 background-image 结合媒体查询，如代码清单 6-76 所示。

代码清单 6-76　使用背景图做媒体查询

```
.banner{
    background-image: url(/static/large.jpg);
}

@media (max-width: 500px){
    background-image: url(/static/small.jpg);
}
```

这种方法的缺点是对 SEO 不太友好，因为如果使用 img 标签还可以写个 alt 属性。

第二种常用的办法是使用 img 的 srcset 或者 picture 标签做响应式图片，这个方法我在第三章 Effective 8 中已经提到，这里不再重复。

这种响应式图片除了大小屏之外，还可以兼顾视网膜屏即 dpr 为 2 及以上的和普通屏 dpr 为 1 的屏幕，即在高 dpr 的屏幕使用 2 倍图，而普通屏幕使用 1 倍图。

其他问题处理

有些地方大小屏的排版差异比较大，例如有些内容大屏的时候是挨在一起，而小屏离得比较远，这个时候你可能得重复 HTML，写两份标签，大屏的时候隐藏掉小屏的 HTML 标签，小屏的时候隐藏掉大屏的 HTML 标签。并且这种情况不应该是常例，如果你经常要写两套，那说明你这个页面可能不太适合写响应式，还不如直接写两套呢。

还有个问题，有时候你可能要借助 rem/transform: scale 做大小缩放，但这一定是下策，我们的原则还是要保持字号和间距不变，当屏幕的跨度不是很大的时候。使用 transform 的后果是屏幕拉小的时候，内容跟着变小了，但是由于 transform 不会造成重排，它占据的高度还是那么大，下面的内容不会跟上来。这样就得手动计算内容的高度。另外如果使用 rem，就和响应式的思想冲突了。如果页面的一部分字号使用了 rem，另一部分字号使用了 px，这样就不协调了，如果你全部写 rem 那就不需要使用响应式开发了。这个时候你可能要想一想，是不是 UI 出得有问题。让 UI 重新调整。

还有，有时候可能会用到高度的媒体查询，例如在高度小于多少的时候，不能让弹框超出页面的高度；在高度大于多少的时候，让 footer 的定位 fixed 在底部，不然 footer 的下面可能会留白。

最后，本文总结了响应式开发的一些思想，它的好处是不用大屏写一套，小屏写一套，方便维护，缩短开发时间；缺点是兼容性不是特别好，并且效果没有专门出一个小屏的 UI 和交互来得好。但是总体来说，使用响应式还是很有优势的，只要设计得好，小屏上也是挺好看的。现在响应式开发已经越来越流行，它可以兼容 PC/Pad/ 手机三端的屏幕，这个优点是无法超越的，你只需写一套 HTML 和一套 JS 逻辑，不管多大的屏幕都能适用。

问答

1. 为什么国内不流行响应式布局？

答：我觉得一个原因是要兼容低版本的 IE，大家都在争相兼容老浏览器，就算是 5% 的用户也不能放弃。我觉得这种氛围不是很好，还不如把时间花在改善 95% 的用户的体验上。

2. 安卓和 iOS 是怎么做适配的？

答：iOS 有一个 autoLayout 的技术，它的思想跟上文提到的响应式布局很像，如图 6-90 所示。

它也是保持间距不变去调整内容的宽度。

安卓可以根据不同的屏幕大小加载不同的配置文件，类似于 CSS 的媒体查询，它可以使用 layout_weight 决定某个控件占父控件的比例，类似于 flex-grow 或者是 calc，如图 6-91 所示。

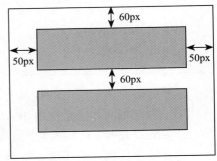

图 6-90　autoLayout 保持间距不变

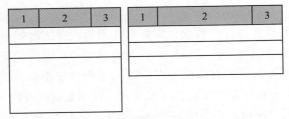

图 6-91　安卓的 layout_weight

它也是固定某些栏的宽度，剩下的一栏随屏幕适应，如图 6-91 中的 2 栏。

Effective 前端 31：明白移动端 click 及自定义事件

以前听到前辈们说移动端尽量不要使用 click，因为 click 会比较迟钝，能用 touchstart 还是用 touchstart。但是用 touchstart 会有一个问题，用户在滑动页面的时候要是不小心碰到了相关元素也会触发 touchstart，所以两者都有缺点。那怎么办呢？

首先为什么移动端的 click 会迟钝呢？从谷歌的开发者文档《300ms tap delay, gone away》[1] 可以找到答案：

For many years, mobile browsers applied a 300-350ms delay between touchend and click while they waited to see if this was going to be a double-tap or not, since double-tap was a gesture to zoom into text.

大意是说因为移动端要判断是否是双击，所以单击之后不能够立刻触发 click，要等 300ms，直到确认不是双击了才触发 click。所以就导致了 click 有延迟。

更为重要的是，文档里面还提到在 2014 年的 Chrome 32 版本已经把这个延迟去掉了，如果有一个 meta 标签，如代码清单 6-77 所示。

代码清单 6-77　设置 viewport

```
<meta name="viewport" content="width=device-width">
```

即把 viewport 设置成设备的实际像素，那么就不会有这 300ms 的延迟，并且这个举动受到了 IE/Firefox/Safari（iOS 9.3）的支持，也就是说现在的移动端开发可以不用顾虑 click 会比较迟钝的问题了。

如果设置 initial-scale=1.0，在 Chrome 上是可以生效的，但是 Safari 不会，如代码清单 6-78 所示。

代码清单　6-78

```
<meta name="viewport" content="initial-scale=1.0">
```

还有第三种办法就是设置 CSS，如代码清单 6-79 所示。

代码清单　6-79

```
html{
    touch-action: manipulation;
}
```

这样也可以取消掉 300ms 的延迟，Chrome 和 Safari 都可以生效。

click 是在什么时候触发的呢？来研究一下 click/touch 事件触发的先后顺序。

click/touch 触发顺序

用代码清单 6-80 所示的 HTML 代码来实验。

代码清单 6-80　click 和 touch 事件先后顺序研究 demo

```
<!DOCType html>
<html>
```

---

[1] https://developers.google.com/web/updates/2013/12/300ms-tap-delay-gone-away

```
<head>
    <meta charset="utf-8">
    <meta name="viewport" content="initial-scale=1.0">
</head>
<body>
    <div id="target" style="height:200px;background-color:#ccc">hello, world</div>
    <script>
!function(){
    var target = document.getElementById("target");
    var body = document.querySelector("body");
    var touchstartBeginTime = 0;
    function log(event){
        if(event.type === "touchstart") touchstartBeginTime = Date.now();
        console.log(event.type, Date.now() - touchstartBeginTime);
    }
    target.onclick = log;
    target.ontouchstart = log;
    target.ontouchend = log;
    target.ontouchmove = log;
    target.onmouseover = log;
    target.onmousedown = log;
    target.onmouseup = log;
}();
    </script>
</body>
</html>
```

用一台iPhone（iOS 10）的手机连接电脑的Safari做实验，如图6-92所示。

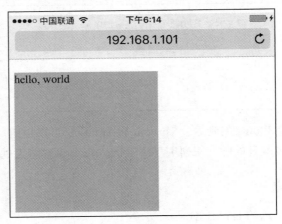

图6-92　用一台真机进行实验

然后单击灰色的target区域，用电脑的Safari进行检查，可以看到输出结果，如图6-93所示。

可以看到click事件是在最后触发的，并且还看到300ms的延迟，实际的执行延迟要比这个大，因为浏览器的内核运行也需要消耗时间。现在加上 viewport 的 meta 标签，再观察结果，如图 6-94 所示。

```
touchstart – 0                          log — 192.168.1.101:15
touchend – 50                           log — 192.168.1.101:15
mouseover – 413                         log — 192.168.1.101:15
mousedown – 414                         log — 192.168.1.101:15
mouseup – 415                           log — 192.168.1.101:15
click – 416                             log — 192.168.1.101:15
```

图 6-93　触发的时间

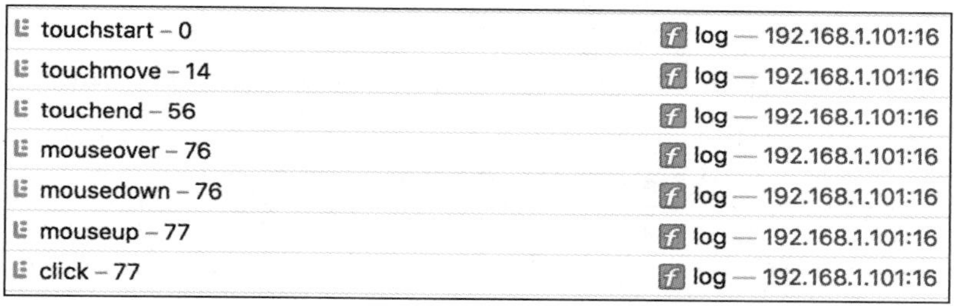

```
touchstart – 0                          log — 192.168.1.101:16
touchmove – 14                          log — 192.168.1.101:16
touchend – 56                           log — 192.168.1.101:16
mouseover – 76                          log — 192.168.1.101:16
mousedown – 76                          log — 192.168.1.101:16
mouseup – 77                            log — 192.168.1.101:16
click – 77                              log — 192.168.1.101:16
```

图 6-94　没有了 300ms 的延迟

可以看到，300ms 的延迟没有了。

知道了 click 是在 touchend 之后触发的，现在我们来尝试一下实现一个 tap 事件。

tap 事件的实现

虽然已经没有太大的必要自行实现一个 tap 事件，但是我们还是很好奇可以怎么实现一个能够快速触发的 tap 的事件？有两个库，一个是 zepto，另一个是 fastclick，它们都可以解决单击延迟的问题。其中，zepto 有一个自定义事件 tap，它是一个没有延迟的 click 事件。而 fastclick 是在 touchend 之后生成一个 click 事件，并立即触发这个 click，再取消原本的 click 事件。这两者的原理都是一样的，都是在 touchend 之后触发，一个是触发它自己定义的 tap 事件，一个是触发原生的 click。

这里有一个关键的问题，就是 touchend 之后不能够每次都触发 tap，因为有可能用户是在上下滑并不是在单击，不然的话直接监听 touchstart 就好了。所以怎么判定用户是单击还是在上下滑呢？Zepto 用的是位移偏差，即记录下 touchstart 的时候的初始位移，然后用 touchend 的时候的位移减掉初始位移的偏差，如果这个差值在 30 以内，则认为用户是单击，大于 30 则认为是滑动。而 fastclick 是用的时间偏差，分别记录 touchstart 和 touchend 的时间戳，如果它们的时间差大于 700 毫秒，则认为是滑动操作，否则是单击操作。

Chrome 又是怎么判断用户是单击还是滑动的呢？笔者没有去看安卓或者 iOS Chrome

的源码，找了一下 Chromium 的源码，它里面有一个 resources 的目录，是 Chrome 自己页面的代码，如 chrome://setting 页，它是用 HTML 写的。在这个里面有一个 touch_handler. js①，它里面封装了一些移动端的手势实现如 tap，tap 是根据时间位移判断是否要触发 tap，如代码清单 6-81 所示。

代码清单 6-81　如果按了 500ms 就认为是长按即滑动

```
/**
 * The time, in milliseconds, that a touch must be held to be considered
 * 'long'.
 * @type {number}
 * @private
 */
TouchHandler.TIME_FOR_LONG_PRESS_ = 500;
```

定义的时间为长时间按压 long press 的时间阈值 500ms，在 touchstart 里面启动一个计时器，如代码清单 6-82 所示：

代码清单 6-82　使用计时器改变 flag

```
this.longPressTimeout_ = window.setTimeout(
    this.onLongPress_.bind(this), TouchHandler.TIME_FOR_LONG_PRESS_);

onLongPress_: function() {
    this.disableTap_ = true;
}
```

如果超过了阈值 500ms，就把一个标志位 disableTap_ 设置为 true，然后在 touchend 里面，这个 flag 为 true 就不会触发 tap，如代码清单 6-83 所示：

代码清单 6-83　根据 flag 决定是否触发 click

```
if (!this.disableTap_)
    this.dispatchEvent_(TouchHandler.EventType.TAP, touch);
```

相对于 fastclick 用两个时间戳的方式，我感觉源码的实现更为复杂，因为要启动一个计时器。

现在我们来实现一个按位移偏差判断的 tap。

要实现一个自定义事件，有两种方式，第一种是像 jQuery/Zepto 一样，自己封装一个事件机制，第二种是调用原生的 document.createEvent，然后再执行 div.dispatchEvent（event），这里我们使用第一种。

为此先写一个选择器。如代码清单 6-84 所示。

代码清单 6-84　一个简单选择器的实现

```
var $ = function(selector){
```

---

① https://cs.chromium.org/chromium/src/ui/webui/resources/js/cr/ui/touch_handler.js

```
        var dom = null;
        if(typeof selector === "string"){
            dom = document.querySelectorAll(selector);
        } else if(selector instanceof HTMLElement){
            dom = selector;
        }
        return new $Element(dom);
    }
    window.$ = $;
```

选择器的名称用 $，它是一个函数，传进来的参数为选择器或者 DOM 元素，如果是字符串的选择器，则调用 querySelectorAll 去获取 DOM 元素，如果它已经是一个 DOM 则不用处理，最后返回一个 $Element 封装的实例，类似于 jQuery 对象。

现在来实现这个 $Element 的类，如代码清单 6-85 所示。

代码清单 6-85　$Element 的实现

```
class $Element{
    constructor(_doms){
        var doms = _doms.constructor === Array ||
                _doms.constructor === NodeList ? _doms : [_doms];
        this.doms = doms;
        this.init();
        for(var i = 0; i < doms.length; i++){
            this[i] = doms[i];
            if(!doms[i].listeners){
                doms[i].listeners = {};
            }
        }
    }
}
```

$Element 的构造函数里面，先判断参数的类型，如果它不是一个数组或者是用 querySelectorAll 返回的 NodeList 类型，则构造一个 DOM 数组。然后给这些 DOM 对象添加一个 listeners 的属性，用来存放事件的回调函数。注意这不是一个好的实践，因为一般不推荐给原生对象添加东西。但是从简单考虑，这里先用这样的方法。

第 8 行代码比较有趣，把 this 当作一个数组，DOM 元素当作这个数组的元素。这样就可以通过索引获取 DOM 元素，如代码清单 6-86 所示。

代码清单　6-86

```
var value = $("input")[0].value;
```

但是它又不是一个数组，它没有数组的 sort/indexOf 等函数，它是一个 $Element 实例，另一方面它又有 length，可以通过 index 获取元素，所以它是一个伪数组，这样你就知道了 arguments 实例、jQuery 对象这种伪数组是怎么来的。

上面代码还调用了一个 init，这个 init 函数用来添加 tap 事件，如代码清单 6-87 所示。

代码清单 6-87　init 函数

```
init(){
    for(var i = 0; i < this.doms.length; i++){
        if(!this.doms[i].listeners){
            this.initTapEvent(this.doms[i]);
        }
    }
}
```

在说 tap 事件之前，需要提供事件绑定和触发的 API，如代码清单 6-88 所示。

代码清单 6-88　使用 on 函数进行事件绑定

```
on(eventType, callback){
    for(var i = 0; i < this.doms.length; i++){
        var dom = this.doms[i];
        if(!dom.listeners[eventType]){
            dom.listeners[eventType] = [];
        }
        dom.listeners[eventType].push(callback);
    }
}
```

上面的 on 函数会给 DOM 的 listeners 属性添加相应事件的回调，每种事件类型都用一个数组存储。而触发的代码如代码清单 6-89 所示。

代码清单 6-89　事件触发函数

```
trigger(eventType, event){
    for(var i = 0; i < this.doms.length; i++){
        $Element.dispatchEvent(this.doms[i], eventType, event);
    }
}
static dispatchEvent(dom, eventType, event){
    var listeners = dom.listeners[eventType];
    if(listeners){
        for(var i = 0; i < listeners.length; i++){
            listeners[i].call(dom, event);
        }
    }
}
```

这段代码也好理解，根据不同的事件类型去取回调函数的数组，依次执行。

现在重点来说一下怎么添加一个 tap 事件，即上面的 initTapEvent 函数，如代码清单 6-90 所示。

代码清单 6-90　tap 事件实现的基本模型

```
initTapEvent(dom){
```

```
    var x1 = 0, x2 = 0, y1 = 0, y2 = 0;
    dom.addEventListener("touchstart", function(event){

    });
    dom.addEventListener("touchmove", function(event){

    });
    dom.addEventListener("touchend", function(event){

    });
}
```

实现的思路是这样的，在 touchstart 的时候记录 x1 和 y1 的位置，如代码清单 6-91 所示。

代码清单 6-91　touchstart

```
dom.addEventListener("touchstart", function(event){
    var touch = event.touches[0];
    x1 = x2 = touch.pageX;
    y1 = y2 = touch.pageY;
});
```

如果你用两根手指的话，那么 event.touches.length 就是 2，如果是 3 根则为 3，进而分别获得到每根手指的位置，由于我们是单点，所以就获取第一个手指的位置即可。pageX/pageY 是相当于当前 HTML 页面的位置，而 clientX 和 clientY 是相对于视图窗口的位置。

然后在 touchmove 的时候获取到最新的移动位置，如代码清单 6-92 所示。

代码清单 6-92　touchmove

```
dom.addEventListener("touchmove", function(event){
    var touch = event.touches[0];
    x2 = touch.pageX;
    y2 = touch.pageY;
});
```

最后 touchend 的时候，比较位移偏差，如代码清单 6-93 所示。

代码清单 6-93　touchend

```
dom.addEventListener("touchend", function(event){
    if(Math.abs(x2 - x1) < 10 && Math.abs(y2 - y1) < 10){
        $Element.dispatchEvent(dom, "tap", new $Event(x1, y1));
    }
    y2 = x2 = 0;
});
```

如果两者的位移差小于 10，则认为是 tap 事件，并触发这个事件。这里封装了一个自定义事件，如代码清单 6-94 所示。

代码清单 6-94

```
class $Event{
    constructor(pageX, pageY){
        this.pageX = pageX;
        this.pageY = pageY;
    }
}
```

然后就可以使用这个 tap 事件了，如代码清单 6-95 所示。

代码清单 6-95　驱动代码

```
$("#target").on("tap", function(event){
    console.log("tap", event.pageX, event.pageY);
});
```

接着在手机浏览器上运行，当单击目标区域的时候就会执行 tap 回调，而上下滑动的时候则不会触发，如图 6-95 所示。

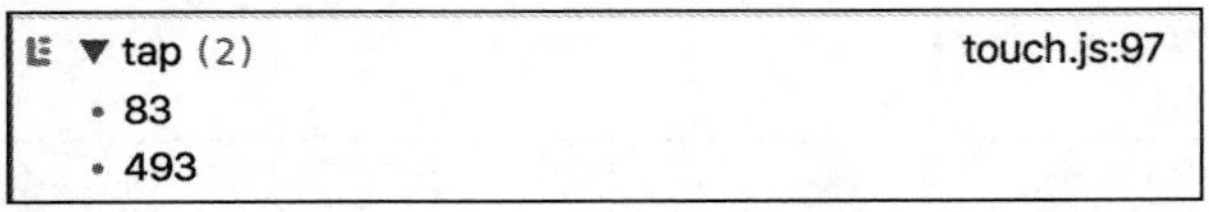

```
▼ tap (2)                          touch.js:97
  • 83
  • 493
```

图 6-95　tap 事件触发

再比较一下 tap 和原生 click 的触发时间的差别，需要给自定义事件添加一个 click，如代码清单 6-96 所示。

代码清单 6-96

```
dom.addEventListener("click", function(event){
    $Element.dispatchEvent(dom, "click", new $Event(event.pageX, event.pageY));
});
```

接着用一个 tapTime 记录一下时间，如代码清单 6-97 的所示。

代码清单 6-97　tap 和 click 时间比较代码

```
var tapTime = 0;
$("div").on("tap", function(event){
    console.log("tap", event.pageX, event.pageY);
    tapTime = Date.now();
});

$("div").on("click", function(event){
    console.log("time diff", Date.now() - tapTime);
});
```

单击后，观察控制台的输出，如图 6-96 所示。

图 6-96 click 比 tap 慢了 20ms

click 会大概慢 20ms，可能是因为它前面还要触发 mouse 的事件。

这样我们就实现了一个自定义 tap 事件，是自己封装了一个事件机制，fastclick 是使用原生的 Event，如代码清单 6-98 是 fastclick 的源码，在 touchend 的回调函数里面执行。

代码清单 6-98 fastclick 在认为是 tap 之后手动触发原生 click 事件

```
touch = event.changedTouches[0];

// Synthesise a click event, with an extra attribute so it can be tracked
clickEvent = document.createEvent('MouseEvents');
clickEvent.initMouseEvent(this.determineEventType(targetElement), true, true, window, 1, touch.screenX, touch.screenY, touch.clientX, touch.clientY, false, false, false, false, 0, null);
clickEvent.forwardedTouchEvent = true;
targetElement.dispatchEvent(clickEvent);
```

然后再调用 event.preventDefault 禁掉原本的 click 事件的触发。它里面还做了其他一些兼容性的处理。

这个时候如果要做一个放大的事件，你应该不难想到实现的方法。可以在 touchstart 里面获取 event.touches 两根手指的初始位置，保存初始化手指的距离，然后在 touchmove 里面再次获取新位置，计算新的距离减掉老的距离，如果是正数则说明是放大，反之缩小，放大和缩小的尺度也是可以取一个相对值。手机 Safari 有一个 gesturestart/gesturechange/gestureend 事件，在 gesturechange 的 event 里面有一个放大比例 scale 的属性。读者可以自己尝试实现一个放大和缩小的手势事件。

当知道了怎么实现一个自定义事件之后，现在来实现一个更为复杂的 "摇一摇" 事件。

摇一摇事件

HTML5 新增了一个 devicemotion 的事件，可以使用手机的重力感应，如代码清单 6-99 所示。

代码清单 6-99

```
window.ondevicemotion = function(event){
    var gravity = event.accelerationIncludingGravity;
    console.log(gravity.x, gravity.y, gravity.z);
}
```

x，y，z 表示三个方向的重力加速度，如图 6-97 所示。

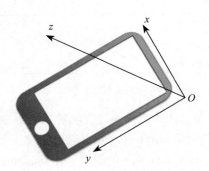

图 6-97　三个方向的重力加速度

x 是手机短边，y 是长边，z 是和手机屏幕垂直的方向，当把手机平着放的时候，由于 x、y 和地平线平行，所以 $g(x) = g(y) = 0$，而 z 和地平线垂直，所以 $g(z) = 9.8$ 左右，同理当把手机竖着放的时候，$g(x) = g(z) = 0$，而 $g(y) = -9.8$。

devicemotion 事件会不断地触发，而且触发得很快。

当我们把手机拿起来摇一摇的时候，这个场景应该是这样的，如图 6-98 所示。

图 6-98　摇一摇的模型

y 轴和 x 轴的变化范围从 $-45°$ 到 $+45°$，即这个区间是：

```
delta = 9.8 * sin(45°) * 2 = 13.8
```

即只要 x 轴和 y 轴的 g 值变化超过 13.8，我们就认为发生了摇一摇事件。

根据上面的分析，不难写出如图 6-100 所示的代码。

代码清单 6-100　摇一摇的实现

```
const EMPTY_VALUE = 100;
const THREAD_HOLD = 13.8;
var minX = EMPTY_VALUE,
    minY = EMPTY_VALUE;
window.ondevicemotion = function(event){
    var gravity = event.accelerationIncludingGravity,
        x = gravity.x,
        y = gravity.y;
    if(x < minX) minX = x;
    if(y < minY) minY = y;
    if(Math.abs(x - minX) > THREAD_HOLD &&
```

```
            Math.abs(y - minY) > THREAD_HOLD){
        console.log("shake");
        var event = new CustomEvent("shake");
        window.dispatchEvent(event);
        minX = minY = EMPTY_VALUE;
    }
}

window.addEventListener("shake", function(){
    console.log("window shake callback was called");
});
```

用一个 minX 和 minY 记录最小的值，每次 devicemotion 触发的时候就判断当前的 g 值与最小值的差值是否超过了阈值，如果是的话就创建一个 CustomEvent 的实例，然后 disatch 给 window，window 上兼听的 onshake 事件就会触发了。

现在拿起手机摇一摇，控制台就会输出如图 6-99 所示。

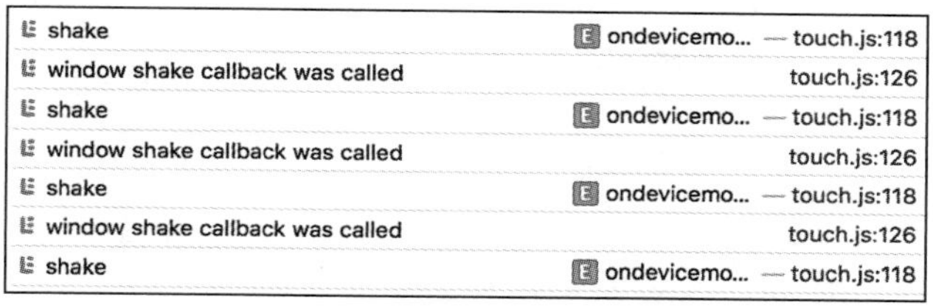

图 6-99 摇一摇实验

这样就实现了一个摇一摇 shake 事件。还有一个问题就是：这个 shake 会不会很容易触发，即使不是摇一摇操作它也触发了？根据实验上面代码如果不摇是不容易触发 shake 的，同时摇的时候比较容易触发。如果太难触发可以把阈值改小一点。

当然判断是否摇一摇的算法不止上面一个，你还可以想出其他更好的方法。

综上，本文比较了移动端 touch 事件和 click 事件的区别，并讨论了怎么去掉 click 事件迟钝的 300ms 延迟，怎么实现一个快速响应的 tap 事件，怎么封装和触发自定义事件，以及摇一摇的原理是怎么样的，怎么实现一个摇一摇的 shake 事件。

相信阅读了本文，你就知道了怎么用一些基本事件进行组合触发一些高级事件。通常把这些基本事件封装起来，如上面用一个 $Element 的类，由它负责决定是否触发 tap，而高层的调用者不需要关心 tap 事件触发的细节，这个 $Element 就相当于一个事件代理，或者也可以把 tap 当作一个门面。所以它是一个代理模式或者门面模式。我们在第五章《Effective 21：学会 JS 与面向对象》已经讨论过设计模式，这一篇是一个实际的应用。

Effective 前端 32：学习 JS 高级技巧

前面"Effective 31"中讨论了自定义事件，本篇将会讨论安全的类型检测、惰性载入函数、冻结对象、定时器等话题。这一篇是根据《JS高级程序设计》第22章"高级技巧"的思路以及自己的理解和经验，进行扩展延伸得到的，同时在本文中我还指出《JS高级程序设计》书中可能存在的问题。

安全的类型检测

这个问题是怎么安全地检测一个变量的类型，例如判断一个变量是否为一个数组。通常的做法是使用 instanceof，如代码清单 6-101 所示。

代码清单 6-101　判断一个变量是否是一个 Array 实例

```
let data = [1, 2, 3];
console.log(data instanceof Array); //true
```

但是上面的判断在一定条件下会失败——就是在 iframe 里面判断一个父窗口的变量的时候。写个 demo 验证一下，如代码清单 6-102 所示主页面的 main.html。

代码清单 6-102　main.html

```
<script>
    window.global = {
        arrayData: [1, 2, 3]
    }
    console.log("parent arrayData installof Array: " +
        (window.global.arrayData instanceof Array));
</script>
<iframe src="iframe.html"></iframe>
```

在 iframe.html 判断一下父窗口的变量类型，如代码清单 6-103 所示。

代码清单 6-103　iframe.html

```
<script>
    console.log("iframe window.parent.global.arrayData instanceof Array: " +
        (window.parent.global.arrayData instanceof Array));
</script>
```

在 iframe 里面使用 window.parent 得到父窗口的全局 window 对象，这个不管跨不跨域都没有问题，进而可以得到父窗口的变量，然后用 instanceof 判断。最后运行结果如图 6-100 所示。

```
parent arrayData installof Array: true                          (index):11
iframe window.parent.global.arrayData instanceof Array: false   iframe.html:2
```

图 6-100　iframe 里面的判断为 false

可以看到父窗口的判断是正确的，而子窗口的判断是 false，因此一个变量明明是 Array，但却不是 Array，这是为什么呢？既然这个是父子窗口才会有的问题，于是试一下把 Array 改成父窗口的 Array，即 window.parent.Array，如图 6-101 所示。

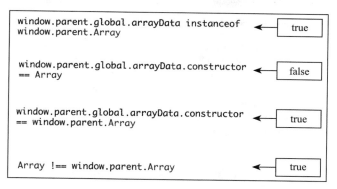

图 6-101　和父窗口的 Array 进行比较

这次返回了 true，然后再变换一下其他的判断，最后可以知道根本原因是图 6-101 的最后一个判断：

```
Array !== window.parent.Array
```

它们分别是两个函数，父窗口定义了一个，子窗口又定义了一个，内存地址不一样，内存地址不一样的 Object 等式判断不成立，而 window.parent.arrayData.constructor 返回的是父窗口的 Array，比较的时候是在子窗口，使用的是子窗口的 Array，这两个 Array 不相等，所以导致判断不成立。

那怎么办呢？

由于不能使用 Object 的内存地址判断，可以使用字符串的方式，因为字符串是基本类型，字符串比较只要每个字符都相等就好了。ES5 提供了这么一个方法 Object.prototype.toString，我们先小试牛刀，试一下不同变量的返回值，如图 6-102 所示。

```
var toString = Object.prototype.toString;
toString.call([1, 2, 3]);
                                        [object Array]
toString.call({});
                                        [object Object]
toString.call(function(){});
                                        [object Function]
toString.call("");
                                        [object String]
toString.call(1);
                                        [object Number]
toString.call(null);
                                        [object Null]
toString.call(undefined);
                                        [object Undefined]
```

图 6-102　各种不同变量的类型

可以看到如果是数组返回 "[object Array]"，ES5 对这个函数是这么规定⊖的，如图 6-103 所示。

⊖　http://ecma-international.org/ecma-262/5.1/#sec-15.2.4.2

15.2.4.2 Object.prototype.toString ( )

When the **toString** method is called, the following steps are taken:

1. If the **this** value is **undefined**, return "**[object Undefined]**".
2. If the **this** value is **null**, return "**[object Null]**".
3. Let *O* be the result of calling ToObject passing the **this** value as the argument.
4. Let *class* be the value of the [[Class]] internal property of *O*.
5. Return the String value that is the result of concatenating the three Strings "**[object** ", *class*, and "**]**".

图 6-103　Object.prototype.toString

也就是说这个函数的返回值是"[object"开头，后面带上变量类型的名称和右括号。因此既然它是一个标准语法规范，所以可以用这个函数安全地判断变量是不是数组。

可以如代码清单 6-104 这么写。

代码清单　6-104

```
Object.prototype.toString.call([1, 2, 3]) === "[object Array]"
```

注意要使用 call，而不是直接调用，call 的第一个参数是 context 执行上下文，把数组传给它作为执行上下文。

有一个比较有趣的现象是 ES6 的 class 也是返回 function，如图 6-104 所示。

```
class Person{}
toString.call(Person);
                                        [object Function]
toString.call(new Person());
                                        [object Object]
```

图 6-104　class 也是 function

所以可以知道 class 也是用 function 实现的原型，也就是说 class 和 function 本质上是一样的，只是写法上不一样。

那是不是说不能再使用 instanceof 判断变量类型了？不是的，**本页面的变量还是可以使用 instanceof 或者 constructor 的方法判断**，只要你能确保这个变量不会跨页面。因为对于大多数人来说，很少会写 iframe 的代码，所以没有必要搞一个比较麻烦的方式，还是用简单的方式就好了。

惰性载入函数

有时候需要在代码里面做一些兼容性判断，或者是做一些 UA 的判断，如代码清单 6-105 所示。

代码清单 6-105　获取 UA 的类型函数

```javascript
// UA 的类型
getUAType: function() {
    let ua = window.navigator.userAgent;
    if (ua.match(/renren/i)) {
        return 0;
    }
    else if (ua.match(/MicroMessenger/i)) {
        return 1;
    }
    else if (ua.match(/weibo/i)) {
        return 2;
    }
    return -1;
}
```

　　这个函数的作用是判断用户是在哪个环境打开的网页，以便于统计哪个渠道的效果比较好。

　　这种类型的判断都有一个特点，就是它的结果是死的，不管执行判断多少次，都会返回相同的结果，例如用户的 UA 在这个网页不可能会发生变化（除了调试设定的之外）。所以为了优化，才有了惰性函数一说，上面的代码可以改成如代码清单 6-106 所示。

代码清单 6-106　使用惰性函数给函数重新赋值

```javascript
getUAType: function() {
    let ua = window.navigator.userAgent;
    if(ua.match(/renren/i)) {
        pageData.getUAType = () => 0;
        return 0;
    }
    else if(ua.match(/MicroMessenger/i)) {
        pageData.getUAType = () => 1;
        return 1;
    }
    else if(ua.match(/weibo/i)) {
        pageData.getUAType = () => 2;
        return 2;
    }
    return -1;
}
```

　　在每次判断之后，把 getUAType 这个函数重新赋值，变成一个新的 function，而这个 function 直接返回一个确定的变量，这样以后的每次获取都不用再判断了，这就是惰性函数的作用。你可能会说这么几个判断能优化多少时间呢？这么点时间对于用户来说几乎是没有区别的呀。确实如此，但是作为一个有追求的码农，还是会想办法尽可能优化自己的代码，而不是只是为了完成需求完成功能。并且当你的这些优化累积到一个量的时候就会发生质变。我上大学的时候 C++ 的老师举了一个例子，说有个系统比较慢找她去看一下，其中她做的一个优化是把小数的双精度改成单精度，最后是快了不少。

但其实上面的例子我们有一个更简单的实现，那就是直接用个变量存起来就好了，如代码清单 6-107 所示。

代码清单 6-107　直接用变量存储

```
let ua = window.navigator.userAgent;
let UAType = ua.match(/renren/i) ? 0 :
             ua.match(/MicroMessenger/i) ? 1 :
             ua.match(/weibo/i) ? 2 : -1;
```

连函数都不用写了，缺点是即使没有使用到 UAType 这个变量，也会执行一次判断，但是我们认为这个变量被用到的概率还是很高的。

我们再举一个比较有用的例子，由于 Safari 的无痕浏览会禁掉本地存储，因此需要写一个兼容性判断，如代码清单 6-108 所示。

代码清单 6-108　如果禁掉本地存储则用 cookie 存

```
Data.localStorageEnabled = true;
// Safari 的无痕浏览会禁用 localStorage
try{
    window.localStorage.trySetData = 1;
} catch(e) {
    Data.localStorageEnabled = false;
}

setLocalData: function(key, value) {
    if (Data.localStorageEnabled) {
        window.localStorage[key] = value;
    }
    else {
        util.setCookie("_L_" + key, value, 1000);
    }
}
```

在设置本地数据的时候，需要判断一下是不是支持本地存储，如果是的话就用 localStorage，否则改用 cookie。可以用惰性函数改造一下，如代码清单 6-109 所示。

代码清单 6-109　使用惰性函数

```
setLocalData: function(key, value) {
    if(Data.localStorageEnabled) {
        util.setLocalData = function(key, value){
            return window.localStorage[key];
        }
    } else {
        util.setLocalData = function(key, value){
            return util.getCookie("_L_" + key);
```

```
        }
    }
    return util.setLocalData(key, value);
}
```

这里可以减少一次 if/else 的判断,但好像不是特别实惠,毕竟为了减少一次判断,引入了一个惰性函数的概念,所以你可能要权衡一下这种引入是否值得,如果有三五个判断应该还是比较好的。

函数绑定

有时候要把一个函数当作参数传递给另一个函数执行,此时函数的执行上下文往往会发生变化,如代码清单 6-110 所示。

代码清单 6-110　一个 this 指向有问题的代码

```
class DrawTool {
    constructor() {
        this.points = [];
    }
    handleMouseClick(event) {
        this.points.push(event.latLng);
    }
    init() {
        $map.on('click', this.handleMouseClick);
    }
}
```

click 事件的执行回调里面 this 不是指向了 DrawTool 的实例了,所以里面的 this.points 将会返回 undefined。第一种解决方法是使用闭包,先把 this 缓存一下,变成 that,如代码清单 6-111 所示。

代码清单 6-111　使用闭包解决

```
class DrawTool {
    constructor() {
        this.points = [];
    }
    handleMouseClick(event) {
        this.points.push(event.latLng);
    }
    init() {
        let that = this;
        $map.on('click', event => that.handleMouseClick(event));
    }
}
```

由于回调函数是用 that 执行的,而 that 是指向 DrawTool 的实例,因此就没有问题了。

相反如果没有 that 它就用的是 this，所以就要看 this 指向哪里了。

因为我们用了箭头函数，而箭头函数的 this 还是指向父级的上下文，因此这里不用自己创建一个闭包，直接用 this 就可以，如代码清单 6-112 所示。

代码清单 6-112

```
init() {
    $map.on('click', event => this.handleMouseClick(event));
}
```

这种方式更加简单，第二种方法是使用 ES5 的 bind 函数绑定，如代码清单 6-113 所示。

代码清单 6-113 使用 bind

```
init() {
    $map.on('click',
            this.handleMouseClick.bind(this));
}
```

这个 bind 看起来好像很神奇，但其实只要一行代码就可以实现一个 bind 函数，如代码清单 6-114 所示。

代码清单 6-114 bind 的实现

```
Function.prototype.bind = function(context) {
    return () => this.call(context);
}
```

就是返回一个函数，这个函数的 this 是指向的原始函数，然后让它 call（context）绑定一下执行上下文就可以了。

柯里化

柯里化就是函数和参数值结合产生一个新的函数，如代码清单 6-115 所示，假设有一个 curry 的函数。

代码清单 6-115 使用 curry 化

```
function add(a, b) {
    return a + b;
}

let add1 = add.curry(1);
console.log(add1(5)); // 6
console.log(add1(2)); // 3
```

怎么实现这样一个 curry 的函数？它的重点是要返回一个函数，这个函数有一些闭包的变量记录了创建时的默认参数，然后执行这个返回函数的时候，把新传进来的参数和默认参数拼一下变成完整参数列表去调用原本的函数，所以有了如代码清单 6-116 所示的代码。

代码清单 6-116　柯里化的不完整实现

```
Function.prototype.curry = function() {
    let defaultArgs = arguments;
    let that = this;
    return function(){
        return that.apply(this, defulatArgs.concat(arguments));
    }
};
```

但是由于参数不是一个数组，没有 concat 函数，所以需要把伪数组转成一个数组，可以用 Array.prototype.slice，如代码清单 6-117 所示。

代码清单 6-117　柯里化的完整实现

```
Function.prototype.curry = function() {
    let slice = Array.prototype.slice;
    let defaultArgs = slice.call(arguments);
    let that = this;
    return function() {
        return that.apply(this,
                defaultArgs.concat(slice.call(arguments)));    }
};
```

现在举一下柯里化一个有用的例子，当需要把一个数组降序排序的时候，需要如代码清单 6-118 这样写。

代码清单 6-118　降序排序

```
let data = [1,5,2,3,10];
data.sort((a, b) => b - a); // [10, 5, 3, 2, 1]
```

给 sort 传一个函数的参数，但是如果你的降序操作比较多，每次都写一个函数参数还是有点烦的，因此可以用柯里化把这个参数固化起来，如代码清单 6-119 所示。

代码清单 6-119　降序函数

```
Array.prototype.sortDescending =
                Array.prototype.sort.curry((a, b) => b - a);
```

这样用起来就方便多了，如代码清单 6-120 所示。

代码清单 6-120

```
let data = [1,5,2,3,10];
data.sortDescending();
console.log(data); // [10, 5, 3, 2, 1]
```

防止篡改对象

有时候你可能怕你的对象被误改了，所以需要把它保护起来。

1. Object.seal 防止新增和删除属性

如图 6-105 所示的代码，当把一个对象 seal 之后，将不能添加和删除属性。

```
let person = {
    name: "yin"
};
Object.seal(person);
// 不能删                    // 不能加
delete person.name;         person.age = 18;
// 输出 yin                  // 输出 undefined
console.log(person.name);   console.log(person.age);
```

图 6-105　Object.seal

当使用严格模式将会抛异常，如图 6-106 所示。

```
⊗ ▶Uncaught TypeError: Cannot add property age,      VM8304:2
    object is not extensible
        at <anonymous>:2:12
⊗ ▶Uncaught TypeError: Cannot delete property 'name'  VM8313:7
    of #<Object>
        at <anonymous>:7:1
```

图 6-106　被 seal 的 Object 抛的异常

2. Object.freeze 冻结对象

这个方法是不能改属性值，如图 6-107 所示。

```
> Object.freeze(person);
< ▶{name: "yin"}
> person.name = "cheng";
< "cheng"
> person
< ▶{name: "yin"}
> "use strict";
  person.name = "cheng";
⊗ ▶Uncaught TypeError: Cannot assign to read    VM8446:2
    only property 'name' of object '#<Object>'
        at <anonymous>:2:13
```

图 6-107　Object.feeze

同时可以使用 Object.isFrozen、Object.isSealed、Object.isExtensible 判断当前对象的状态。

3. defineProperty 冻结单个属性

如图 6-108 所示，设置 enumable/writable 为 false，那么这个属性将不可遍历和写。

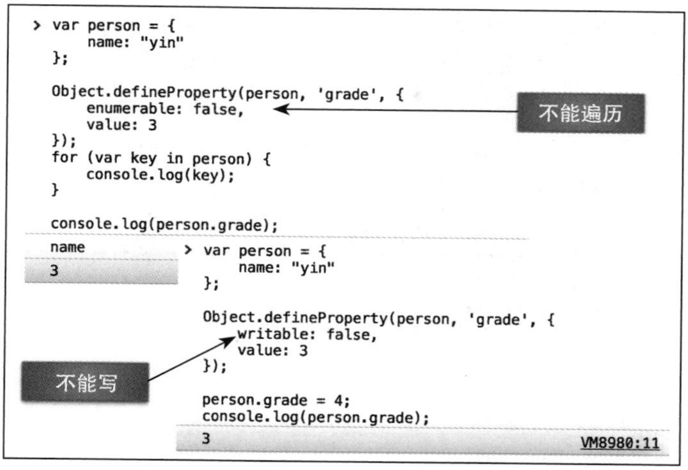

```
> var person = {
    name: "yin"
};
Object.defineProperty(person, 'grade', {    ← 不能遍历
    enumerable: false,
    value: 3
});
for (var key in person) {
    console.log(key);
}
console.log(person.grade);
```
name
3

```
> var person = {
    name: "yin"
};
Object.defineProperty(person, 'grade', {
    writable: false,     ← 不能写
    value: 3
});
person.grade = 4;
console.log(person.grade);
3
```

图 6-108　defineProperty

定时器

怎么实现一个 JS 版的 sleep 函数？因为在 C/C++/Java 等语言都是有 sleep 函数的，但是 JS 没有。sleep 函数的作用是让线程进入休眠，当到了指定时间后再重新唤起。你不能写一个 while 循环然后不断地判断当前时间和开始时间的差值是不是到了指定时间，因为这样会占用 CPU，就不是休眠了。

这个实现比较简单，我们可以使用 setTimeout + 回调，如代码清单 6-121 所示。

代码清单 6-121　使用回调实现 sleep

```
function sleep(millionSeconds, callback) {
    setTimeout(callback, millionSeconds);
}
// sleep 2 秒
sleep(2000, () => console.log("sleep recover"));
```

但是使用回调让我的代码不能够和平常的代码一样像瀑布流一样写下来，我得搞一个回调函数当作为参数传值。于是想到了 Promise，现在用 Promise 改写一下，如代码清单 6-122 所示。

代码清单 6-122　使用 Promise 实现 sleep

```
function sleep(millionSeconds) {
    return new Promise(resolve =>
                        setTimeout(resolve, millionSeconds));
}
sleep(2000).then(() => console.log("sleep recover"));
```

但好像还是没有办法解决上面的问题，仍然需要传递一个函数参数。

虽然使用 Promise 本质上是一样的，但是它有一个 resolve 的参数，方便你告诉它什么时候异步结束，然后它就可以执行 then 了，特别是在回调比较复杂的时候，使用 Promise 还是会更加的便利。

ES7 新增了两个新的属性 async/await 用于处理的异步的情况，让异步代码的写法就像同步代码一样，如下代码清单 6-123 为 async 版本的 sleep。

代码清单 6-123　使用 async 实现 sleep

```
function sleep(millionSeconds) {
    return new Promise(resolve =>
                    setTimeout(resolve, millionSeconds));
}
async function init() {
    await sleep(2000);
    console.log("sleep recover");
}

init();
```

相对于简单的 Promise 版本，sleep 的实现还是没变。不过在调用 sleep 的前面加一个 await，这样只有 sleep 这个异步完成了，才会接着执行下面的代码。同时需要把代码逻辑包在一个 async 标记的函数里面，这个函数会返回一个 Promise 对象，当里面的异步都执行完了就可以 then 了，如代码清单 6-124 所示。

代码清单　6-124

```
init().then(() => console.log("init finished"));
```

ES7 的新属性让我们的代码更加简洁自然。

关于定时器还有一个很重要的话题，那就是 setTimeout 和 setInterval 的区别。如图 6-109 所示。

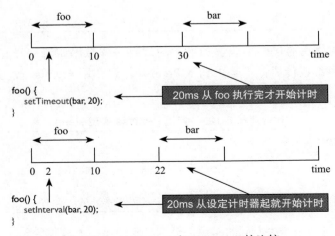

图 6-109　setTimeout 和 setInterval 的比较

setTimeout 是在当前执行单元都执行完才开始计时，而 setInterval 是在设定完计时器后就立马计时。可以用一个实际的例子做说明，这个例子我在 Effective 前端 21 里面提到过，这里用代码实际地运行一下，如代码清单 6-125 所示。

代码清单 6-125

```
let scriptBegin = Date.now();
fun1();
fun2();

// 需要执行 20ms 的工作单元
function act(functionName) {
    console.log(functionName, Date.now() - scriptBegin);
    let begin = Date.now();
    while(Date.now() - begin < 20);
}
function fun1() {
    let fun3 = () => act("fun3");
    setTimeout(fun3, 0);
    act("fun1");
}
function fun2() {
    act("fun2 - 1");
    var fun4 = () => act("fun4");
    setInterval(fun4, 20);
    act("fun2 - 2");
}
```

如图 6-110 所示，这个代码的执行模型是这样的。

图 6-110　代码执行顺序

实际运行结果如图 6-111 所示。

```
fun1 0
fun2 - 1 22
fun2 - 2 43
fun3 64
fun4 84
```

图 6-111　代码运行结果

与上面的模型分析一致。

接着再讨论最后一个话题，函数节流。

函数节流 throttling

节流的目的是为了不想触发执行得太快，如：

- 监听 input 触发搜索；
- 监听 resize 做响应式调整；
- 监听 mousemove 调整位置。

在笔者电脑的 Chrome 上，resize 事件大概 1s 触发 40 次，mousemove 事件 1s 触发 60 次，如果你需要监听 resize 事件做 DOM 调整的话，这个调整比较费时，1s 要调整 40 次，这样可能会响应不过来，并且不需要调整得这么频繁，所以要节流。

怎么实现一个节流呢，《JS 高级程序设计》一书里是这么实现的，如代码清单 6-126 所示。

代码清单 6-126

```
function throttle(method, context) {
    clearTimeout(method.tId);
    method.tId = setTimeout(function() {
        method.call(context);
    }, 100);
}
```

每次执行都要 setTimeout 一下，如果触发得很快就把上一次的 setTimeout 清掉重新 setTimeout，这样就不会执行很快了。但是这样有个问题，就是这个回调函数可能永远不会执行，因为它一直在触发，一直在清掉 tId，这样就有点尴尬，上面代码的本意应该是 100ms 内最多触发一次，而实际情况是可能永远不会执行。这种实现应该叫防抖，不是节流。

把上面的代码稍微改造一下，如代码清单 6-127 所示。

代码清单 6-127

```
function throttle(method, context) {
    if (method.tId) {
        return;
    }
    method.tId = setTimeout(function() {
        method.call(context);
        method.tId = 0;
    }, 100);
}
```

这个实现就是正确的，每 100ms 最多执行一次回调，原理是在 setTimeout 里面把 tId 给置成 0，这样能让下一次的触发执行。实际实验一下。结果如图 6-112 所示。

大概每 100ms 就执行一次，这样就达到我们的目的。

但是这样有一个小问题，就是每次执行都是要延迟 100ms，有时候用户可能就是最大化了窗口，只触发了一次 resize 事件，但是这次还是得延迟 100ms 才能执行，假设你的时间是 500ms，那就得延迟半秒，因此这个实现不太理想。

```
117 "resize handle called"
221 "resize handle called"
334 "resize handle called"
451 "resize handle called"
568 "resize handle called"
684 "resize handle called"
802 "resize handle called"
```

图 6-112　大概 100ms 触发一次

需要优化，如代码清单 6-128 所示。

代码清单 6-128　解决第一次触发延迟的问题

```javascript
function throttle(method, context) {
    // 如果是第一次触发，立刻执行
    if (typeof method.tId === "undefined") {
        method.call(context);
    }
    if (method.tId) {
        return;
    }
    method.tId = setTimeout(function() {
        method.call(context);
        method.tId = 0;
    }, 100);
}
```

先判断是否为第一次触发，如果是的话立刻执行。这样就解决了上面提到的问题，但是这个实现还是有问题，因为它只是全局的第一次，用户最大化之后，隔了一会又取消最大化了就又有延迟了，并且第一次触发会执行两次。那怎么办呢？

笔者想到了一个方法，如代码清单 6-129 所示。

代码清单 6-129　每次第一次触发都能立刻执行

```javascript
function throttle(method, context) {
    if (!method.tId) {
        method.call(context);
        method.tId = 1;
        setTimeout(() => method.tId = 0, 100);
    }
}
```

每次触发的时候立刻执行，然后再设定一个计时器，把 tId 置成 0，实际的效果如图 6-113 所示。

这个实现比之前的实现还要简洁，并且能够解决延迟的问题。但还是有一个问题就是最后 100ms 的信息将会被丢弃，一般应该是希望最后的那次触发能够执行，因为那个才是最终的状态，这个实现交给读者思考。

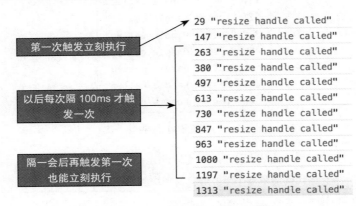

图 6-113　改良版节流实际运行效果

所以通过节流，把执行次数降到了 1s 执行 10 次，节流时间也可以控制，但同时失去了灵敏度，如果你需要高灵敏度就不应该使用节流，例如做一个拖拽的应用。如果拖拽节流了会怎么样？用户会发现拖起来一卡一卡的。

笔者重新看了《JS 高级程度设计》的"高级技巧"这一章，结合自己的理解和实践总结了这么一篇文章，我的体会是如果看书看博客只是当作睡前读物看一看其实收获不是很大，没有实际地把书里的代码实践一下，没有结合自己的编码经验，就不能用自己的理解去融入这个知识点，从而转化为自己的知识。你可能会说我看了之后就会印象啊，有印象还是好的，但是你花了那么多时间看了那本书只是得到了一个印象，你自己都没有实践过的印象，这个印象又有多靠谱呢。如果别人问到了这个印象，你可能会回答出一些连不起来的碎片，就会给人一种背书的感觉。还有有时候书里可能会有一些错误或者过时的东西，只有实践了才能出真知。

问答

1. 文中柯里化的章节给 Array 添加了两个属性，但是一般不推荐给原生对象添加属性？

答：是的，文中只是为了方便，因为直接给 Array 添加方法属性它有一个现成的当前执行上下文 context，如果再写一个独立的函数得再多传一个参数，实际看具体的情况。

2. 防抖和节流有什么区别？

答：防抖是只执行重复操作的最后一次，而节流是每多少单位时间内只执行一次。

本章小结

在这一章里，我们讨论了跨域、上传文件、CSS 居中、CSS 布局、响应式开发等前端的重要技术支柱以及移动端的单击事件。看完本章并不能让你变成一个优秀的前端工程师,如果要成为一名厉害的工程师,还是得多实践,多写代码,遇到问题多思考、多总结,形成一套自己的技术体系。实践永远比理论重要。就算你看了再多本书,但是你一行代码都没写,一个实际的项目也没做,其实没什么用,你不能从自己的角度去理解和体会这个技术知识,就不能走出自己的路。就像本书就是从我理解的视角进行阐述和分析,将我对前端、对程序的理解,还有我的思维方式表述出来。相信看完本书对你会有所启发。其实知识并不是最重要的,思维方式才是最重要的。因为知识是会过时,甚至你可能会换一个行业,但是你在上一个行业学到的思维能力能够应用到下一个行业,就会让你迅速地学会另外一个行业并做好。相反如果你只是学会了一些工具和框架的使用,当你跨行的时候这些东西就不适用了,离开这些东西你可能一下子就变得无所适从了。

当然用好一些工具还是能够提高效率的,下一章将会介绍一些工具作为本书的一个补充。

第 7 章

运用恰当的工具

所谓工具就是用来提高干活的效率的，恰当地使用一些好的工具可以事半功倍。当然如果离开工具就不能活了还是不可取的，工具始终只是起辅助作用的。本书的宗旨是提升编程功底，谈工具好像有点偏离主题，工具的使用应该是属于工程化方面的。但是写代码还是需要一些工具帮助的，我们在 Effective10 中已经介绍了一个工具——Chrome 的控制台，由于这个比较重要，所以排在了本书靠前的位置。本章将介绍另外两个工具，一个是用于前端的单元测试和自动化测试工具，另外一个是做动画用到的工具。第一个比较有用，第二个比较好玩。

Effective 前端 33：前端的单元测试与自动化测试

为什么要做单元测试

你可能会觉得单元测试没什么太大的必要，因为自己每次把代码写完肯定会找一些测试数据或者操作把每行代码都跑一遍，为什么还要花很多时间来写单元测试呢？

但是，我们经常会面临这样的问题：

（1）这块代码比较复杂，还是别人写的，我不敢随便改，万一改出问题就不好了；

（2）你怎么不小心把我那块代码给改了，虽然改动小，但是改出问题了；

（3）我很久前做的一个功能，现在要加点新的功能，但是不小心破坏了老的功能。

一方面我们是团队协作，我写的代码可能下一次版本会被另一个人改，另一方面就算是自己写的，在改动的时候也可能会改出问题。因此我们需要测试，如果能把这些测试固化成代码，覆盖到所有的逻辑，那么每次改动的时候先跑一下所写的这些测试，如果不小心改坏了将无法通过测试，这样代码的质量就能得到保证。单元测试的很大作用就在这里了。

所谓单元就是要小而精，并且全，覆盖率高。能够在很快的速度内跑完，并且稳定，今天花了 1 个小时写的测试代码，明天就不能用了就没有意义了。

前端怎么做单元测试

所用的工具需要：测试框架 + 断言库，假如现在我写了一个 reverse 函数可以把一个文本反转，现在要给这个函数写下单元测试，那么可写如代码清单 7-1 所示的代码。

代码清单 7-1　一个简单的单元测试

```
describe("util", function(){
    it("reverse word", function(){
        expect(util.reverse("abc")).toEqual("cba");
    });
});
```

其中 describe 定义了一个模块，而 it 定义一个测试点，这两个是测试框架，而 expect().toEqual 是一个断言。

常用的测试框架有 Karma、mocha，其中 Karma 是一个以浏览器为引擎的测试，而 mocha 用的是 Node.js，淘宝推出了一个类 Karma 的开源框架叫 Totoro，如图 7-1 所示。

图 7-1　三个常用的框架

由于 Karma 是使用真实的浏览器环境，并且可以测试兼容性，所以我们采用 Karma 作为框架。

而常用的断言库有 Node.js 的 assert、Jasmine、expect、Chai，和 Karma 比较配套的是 Jasmine。

安装 Karma + Jasmine

需要安装：

```
npm install karma jasmine-core karma-jasmine karma-chrome-launcher
sudo npm install karma -g
```

安装一个全局的 karma 命令，然后执行 karma init 生成 karma.config.js，如图 7-2 所示。

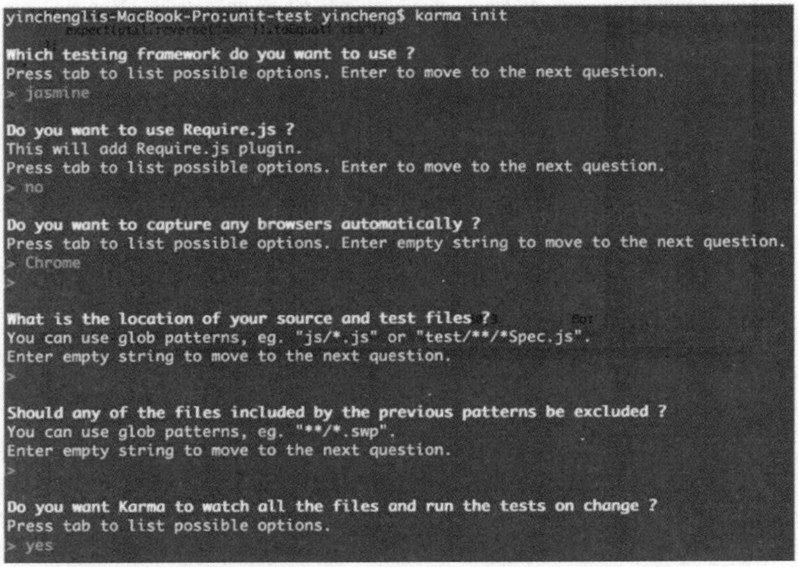

图 7-2　生成 karma.config.js

一路回车就好，然后新建一个 src 目录写源文件（如写一个 src/util.js），如代码清单 7-2 所示。

代码清单 7-2　reverse 函数的实现

```
var util = {
    reverse(str){
        return str.split("").reverse().join("");
    }  }
```

然后为这个 util 写测试文件 test/util-test.js，如代码清单 7-3 所示。

代码清单 7-3　单元测试文件

```
describe("reverse", function(){
    it("reverse word", function(){
        expect(util.reverse("abc")).toEqual("cba");
    });
});
```

接下来把文件添加到 karma.config.js 里面，如代码清单 7-4 所示。

代码清单 7-4　config 文件添加 files 的配置

```
module.exports = function(config) {
    config.set({
        // list of files / patterns to load in the browser
        files:[
```

```
            'test/*.js',
            'src/*.js'
        ],
        //other conifg
}
```

告诉它要在浏览器加载哪些文件，然后运行 karma start 执行测试，如果遇到报 karma 的模块找不到的情况，则可以把找不到的模块安装成全局的。

成功运行后，终端将会输出测试结果，如图 7-3 所示。

图 7-3　单元测试成功

浏览器的控制台也会输出结果，如图 7-4 所示。

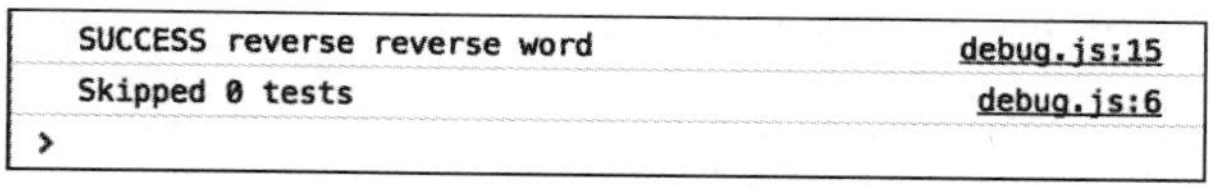

图 7-4　浏览器的控制台也输出成功

可以看到测试通过，然后再来看一下不通过的情况，如代码清单 7-5 所示。

代码清单 7-5　测试会失败的代码

```
describe("reverse", function(){
    it("reverse word", function(){
        expect(util.reverse("abc")).toEqual("abc");
    });
});
```

终端输出如图 7-5 所示。

图 7-5　测试不通过

浏览器控制台会抛异常，如图 7-6 所示。

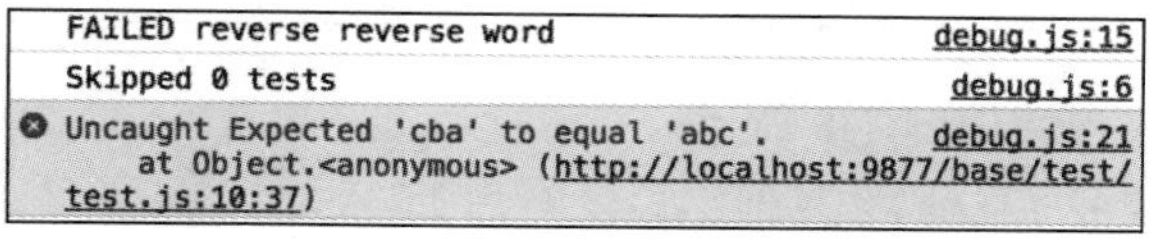

图 7-6　浏览器控制台抛异常

这样就实现了一个最基本的单元测试，现在来看一下测试的覆盖率。

测试覆盖率报告

一般测试的覆盖率要越高越好，Karma 支持查看测试代码的覆盖率，安装一个包：

```
npm install karma-coverage
```

然后在 karma.config.js 里面添加配置，如代码清单 7-6 所示。

代码清单 7-6　添加一个 coverage 预处理配置

```
preprocessors: {
    'src/*.js': ['coverage']
}
coverageReporter: {
    type : 'html',
    dir : 'coverage/'
}
```

添加一个预处理，告诉它 src 下的源文件需要用 coverage 预处理一下，然后生成的 report 放在 coverage 目录下面，用 HTML 的形式。重新运行 karma start，将会生成 HTML 文件，打开这个 HTML 文件就可以看到覆盖率报告，如图 7-7 所示。

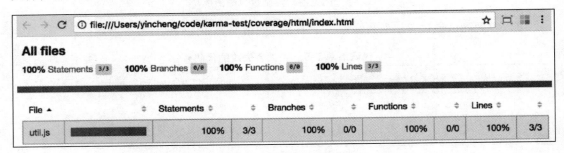

图 7-7　测试覆盖率报告

如上图所示，覆盖率为 100%，现在给源 util 添加一个逻辑分支，如代码清单 7-7 所示。

代码清单 7-7　添加一个 if 分支

```
var util = {
    reverse(str){
        if(str.length <= 1) return str;
        return str.split("").reverse().join("");
    }
}
```

然后再看覆盖率报告，如图 7-8 所示。

可以看到，分支变成了 50%，其他字段的意思如图 7-8 中所示。

现在我再添加一个分支，如代码清单 7-8 所示。

覆盖率报告变成图 7-9 所示。

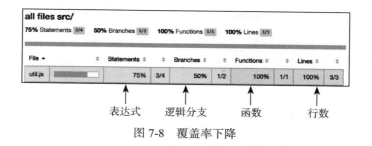

图 7-8　覆盖率下降

代码清单 7-8　再添加一个 if 分支

```
var util = {
    reverse(str){
        if(typeof str !== "string"){
            throw new Error("util.reverse should pass a string argument");
        }
        if(str.length <= 1){
            return str;
        }
        else return str.split("").reverse().join("");
    }
};
```

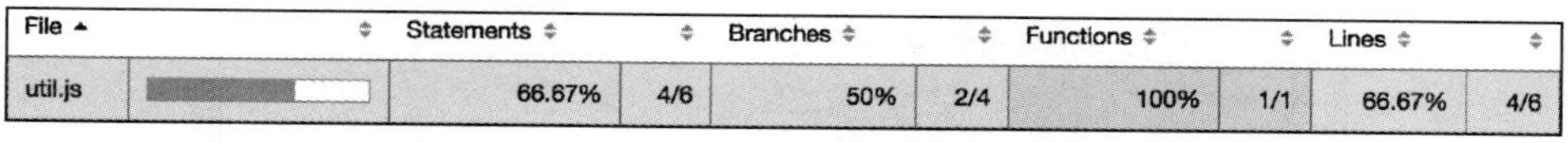

图 7-9　覆盖率继续下降

我们看到好像不太对，但没关系，一会就知道为什么了。并且点进 util.js 也可以看到哪些代码没覆盖到，如图 7-10 所示。

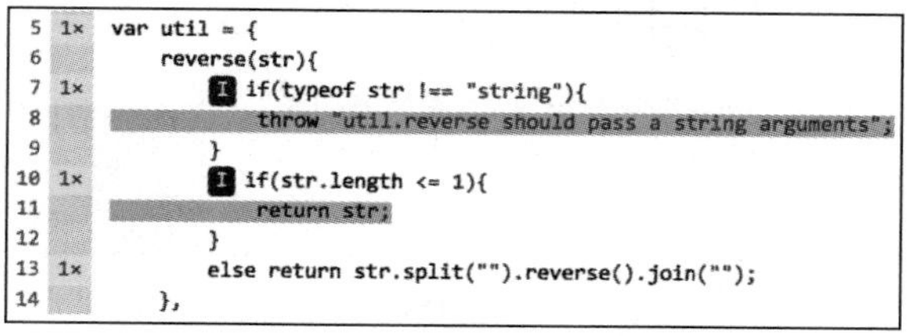

图 7-10　标红的表示没覆盖到

黑色的 I 表示没覆盖到的 if 分支，而 E 表示 else 分支，可以看到，两个 if 分支没覆盖到。在 util-test.js 里面添加测试代码，如代码清单 7-9 所示。

代码清单 7-9　测试用例

```
it("reverse 字符串长度为 1 时返回自己", function(){
    expect(util.reverse("a")).toBe("a");
});
```

覆盖率会提高，如图 7-11 所示。

图 7-11　覆盖率得到提到

再写一个 it，如代码清单 7-10 所示。

代码清单 7-10

```
it("reverse 传值不是字符串时会抛异常 ", function(){
    expect(function(){util.reverse(null)}).toThrow();
});
```

这个时候覆盖率会变成 100%，如图 7-12 所示。

图 7-12　覆盖率 100%

现在来看一下覆盖率的实现原理，打开浏览器加载的 util.js，原本的代码变成了图 7-13 所示。

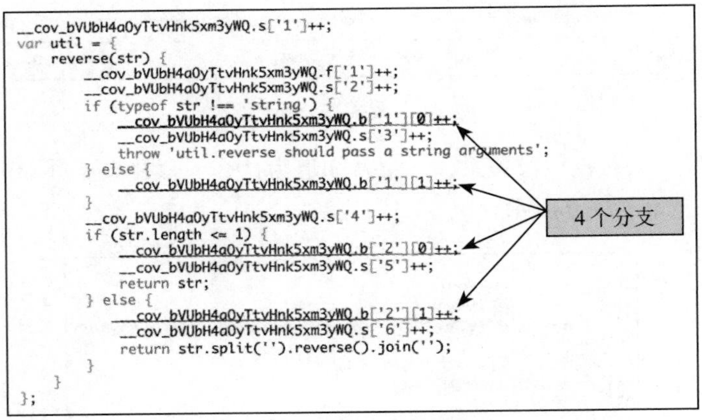

图 7-13　源代码被转换

总共被改成了 4 个分支，每个分支如果有执行就会顺带着执行 ++ 操作。这样它就可以统计到有多少代码被执行到了。

Jasmine 提供的断言 API 除了上面的 toEqual/toBe/toThrow 之外，具体还有如代码清单 7-11 所示。

代码清单 7-11　断言 API

```
expect(result).toBeDefined();
expect(result).toBeGreaterThan(3);
```

```
expect(result).toBeLessThan(0);
expect(thing).toBeNaN();
expect(string).toContain(substring);
expect("my string").toMatch(/^my/);
```

接入实际工程

现在把单元测试接入到实际的工程，由于现在很流行使用 webpack 进行打包，所以以 webpack 为例做说明，需要加一个 karma-webpack 的处理器：

```
npm install karma-webpack
```

这个作用是让 karma 能够去调用 webpack，相当于一个桥梁。

然后加入 webpack 的配置，如图 7-14 所示。

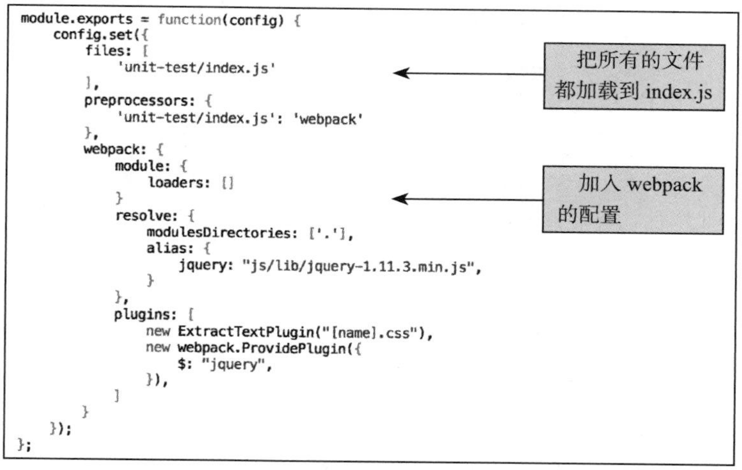

```
module.exports = function(config) {
    config.set({
        files: [
            'unit-test/index.js'
        ],
        preprocessors: {
            'unit-test/index.js': 'webpack'
        },
        webpack: {
            module: {
                loaders: []
            },
            resolve: {
                modulesDirectories: ['.'],
                alias: {
                    jquery: "js/lib/jquery-1.11.3.min.js",
                }
            },
            plugins: [
                new ExtractTextPlugin("[name].css"),
                new webpack.ProvidePlugin({
                    $: "jquery",
                }),
            ]
        }
    });
};
```

把所有的文件都加载到 index.js

加入 webpack 的配置

图 7-14　修改 karma.config.js

webpack 里面添加相应的库，如 jQuery/React 等，这样代码里面的全局变量如 $ 就能找到，然后再添加一个 bable/sass 的 loader 等，根据你原本工程的配置。然后把所有的文件都加载到同一个文件 unit-test/index.js，你要像之前一样单独引入也可以，这里这样做主要是为了后面的覆盖率报告。

然后在这个 index.js 里面加载所有的 src/test 的文件，如代码清单 7-12 所示。

代码清单 7-12　index.js 加载所有源文件和测试文件

```
// 加载 `unit-test/test/*.js` 里所有的测试文件
const tests = require.context('./test', true, /\.js$/);
tests.keys().forEach(tests);
// 加载 `js/lib/*.js` 里的 lib 文件
const libs = require.context('../js/lib', true, /util\.js$/);
libs.keys().forEach(libs);
```

```
// 加载 `js/module/*.js` 里所有的 module 文件
const modules = require.context('../js/module', true, /\.js$/);
modules.keys().forEach(modules);
```

然后再安装 istanbul 测试覆盖率的包：

```
npm install karma-istanbul karma-coverage-istanbul-reporter istanbul-instrumenter-loader
```

因为刚刚那个 coverage 在引入 webpack 之后就不能正常使用，需要换另外一个。

然后在 webpack 的配置里面添加一个 loader，如代码清单 7-13 所示。

代码清单 7-13　添加 webpack 的 js 的 istanbul 预处理

```
module.exports = function(config) {
    config.set({
        webpack: {
            module: {
                loaders: [
                // instrument only testing sources with Istanbul
                {
                    test: /\.js$/,
                    loader: 'istanbul-instrumenter-loader',
                    // 这里一定要加上 path.resolve，否则无法生成覆盖率报告
                    include: [path.resolve('./js/lib/util'),
                        path.resolve('./js/module')]
                }
                ]
            }
        }
    });
}
```

还要再添加一个 reporter，如代码清单 7-14 所示。

代码清单 7-14　添加覆盖率 reporter

```
coverageIstanbulReporter: {
    reports: [ 'text-summary', 'html' ],
    fixWebpackSourcePaths: true,
    dir: 'coverage'
}
```

源文件主要是 js/lib/util.js 和 js/module/*.js，测试文件写在 unit-test/test 目录下面。现在来测一下 util.js，util 的部分代码如图 7-15 所示。

util 里面有两个函数，getCookie 和 setCookie，我们对这两个函数做单元测试，如代码清单 7-15 所示（unit-test/test/util-test.js）。

在 beforeAll 的时候添加一个 cookie，测试了之后在 afterAll 删掉，几个 it 是为了能完整覆盖分支。现在来看一下覆盖率，所有文件夹的覆盖率，如图 7-16 所示。

```
var util = {
    getCookie: function(cname){
        var name = cname + "=";
        var ca = document.cookie.split(';');
        for(var i=0; i<ca.length; i++) {
            var c = ca[i];
            while (c.charAt(0)==' ') c = c.substring(1);
            if (c.indexOf(name) == 0) return c.substring(name.length, c.length);
        }
        return "";
    },
    setCookie: function(cname, cvalue, exdays){
        var expires = "";
        if(typeof exdays !== "undefined" && exdays !== null){
            var d = new Date();
            d.setTime(d.getTime() + (exdays*24*60*60*1000));
            expires = "expires="+d.toUTCString();
        }
        document.cookie = cname + "=" + cvalue + "; " + expires+";"+"path=/";
    },
};
```

图 7-15 util 里的两个函数

代码清单 7-15 util 的单元测试

```
describe("util.js 模块 ", function(){
    describe(" 操作 cookie 的函数 ", function(){
        beforeAll(function(){
            document.cookie = "test_token=1234abcdefg;";
        });
        it("getCookie 要返回正确的值 ", function(){
            expect(util.getCookie("test_token")).toEqual("1234abcdefg");
        });
        it("getCookie 如果没有要返回空字符串 ", function(){
            expect(util.getCookie("not-exist-key")).toEqual("");
        });
        it("setCookie 要设置正确 ", function(){
            util.setCookie("test_tag", "hello, world", 2, true);
            expect(util.getCookie("test_tag")).toEqual("hello, world");
        });
        afterAll(function(){
            document.cookie = `test_token=;expires=${(new Date(Date.now() - 100).toGMTString())}`;
        });
    });
});
```

图 7-16 所有文件夹的覆盖率

util.js 的覆盖率，如图 7-17 所示。

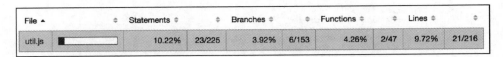

图 7-17　util.js 的覆盖率

可以看到 util 里面有 47 个函数，然后我们测了其中两个。可以继续写其他函数的测试代码，提高覆盖率。

对于这种只有输入输出的不需要和 DOM 交互的比较好处理，对于那种需要和 DOM 有交互并且还要发请求的，应该怎么做单元测试呢？

DOM 交互的单元测试

我们大部分的代码都是要和 DOM 有交互的，对这些代码怎么做单元测试呢？以一个 module/sign-log.js 为例，这个模块是控制导航上登录和注册的，如图 7-18 所示。

图 7-18　模块的作用

这个模块还顺带着用了其他几个模块，如图 7-19 所示。

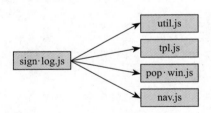

图 7-19　模块的引用关系

sign-log 依赖的 DOM 结构比较简单，所以在测试前把需要的 DOM 结构准备好，因为在使用 karma 测试的时候打开的是一个空白页面，如代码清单 7-16 所示。

代码清单 7-16　初始好必要的准备

```
describe("导航登录注册sign-log.js", function(){
    beforeAll(function(){
        var tpl = `<nav><div class="register"></div></nav>
            <div class="pop"></div><div class="pop-mask"></div>`;
        $("body").append(tpl);
        require("js/app-init"); // 初始化一些设置
    });
});
```

pop 是一个弹框的容器，由于打开的是一个空白页面，没有这些结构，所以在测试前手动添加一下。

sign-log.js 里面有一个 showSignUp 函数，现在来检查一下这个函数能否正常工作，即能否正常在 pop 里面加一个弹框，如代码清单 7-17 所示。

代码清单 7-17　弹框测试用例实现

```
it("showSignup函数：单击登录的时候能够弹出注册框", function(){
    var signHandler = require("../../js/module/sign-log");
    signHandler.showSignUp();
    expect($("#chat-pop[pop-type=sign]").length).toEqual(1);
});
```

很接近集成测试了，不太像单元测试。但是由于这里的依赖比较小，能检测某个函数单元是否能正常工作，同时能够快速运行。

浏览器上面会显示一个没有样式的框，如图 7-20 所示。

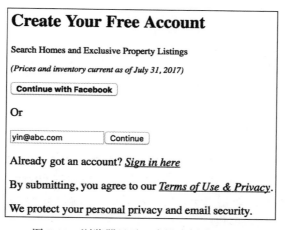

图 7-20　浏览器显示一个没有样式的弹框

这个框里有表单，现在来检查一下这个表单检验能否正常工作，先检查一下非空判断，如代码清单 7-18 所示。

代码清单 7-18　表单验证测试

```
describe("表单验证checkValidity", function(){
    it("表单验证如果没有填信息要给出必填提示文案", function(done){
        var $form = $("#chat-pop[pop-type=sign] form"),
            form = $form[0];
        setTimeout(function(){
            $form.find("input[type=submit]").click();
            var $error = $(form.account).next(".error");
            expect($error.length).toEqual(1);
            expect($error.text()).toEqual("Please fill out this field");
            done();
```

```
        }, 0);
    });
});
```

代码里先获取提交按钮的 DOM 元素，然后触发 click 事件，然后期待邮箱的输入框后面会添加一个 .error 的错误提示，同时检查它的文案是否正确。由于 sign-log 代码里面用到了 setTimeout，为了确保表单验证的逻辑已经加上了再测试，所以这里也要 setTimout，setTimeout 之后就变成异步的了，异步的检测在完成测试之后要调一下 karma 的 done 函数。

接着做第三个测试，如果输入一个已经注册的邮箱，会提示邮箱已注册，如代码清单 7-19 所示。

代码清单 7-19　账号已存在检测

```
it("如果邮箱存在，要给出已存在出错提示", function(done){
    var $form = $("#chat-pop[pop-type=sign] form");
        form = $form[0];
    setTimeout(function(){
        form.account.value = "yin@abc.com";
        $form.find("input[type=submit]").click();
        setTimeout(function(){
            var $error = $(form.account).next(".error");
            expect($error.text()).toEqual("Email has been registerd, please log in");
            done();
        }, 100);
    }, 0)
});
```

先往邮箱的输入框填上一个邮箱，然后触发提交按钮的 click，这个时候会发一个异步请求检查邮箱是否已存在。但是由于代码是运行在本地的 karma 服务，并没有这个后端接口，所以会报 404，如图 7-21 所示。

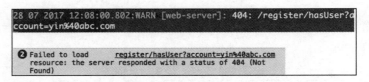

图 7-21　本地没有相应的接口

所以无法继续下一步检测，那怎么办呢？这个时候我们需要配置一个 mock server，用来模拟后端服务返回数据。

Mock Server

首先在 karma.config.js 里面添加一个 middleware 代理的配置，如代码清单 7-20 所示。

代码清单 7-20　添加代理配置

```
module.exports = function(config) {
    config.set({
        middleware: ['mock'],
    });
}
```

如果直接启动 karma start 的话，将会报错：

Error: No provider for "middleware:mock"! (Resolving: webServer -> middleware:mock)

即没有这个 mock 的 middleware，所以现在来注册一个，写一个 unit-test/mock/middleware.js 文件，然后添加到 plugins 里面，如代码清单 7-21 所示。

代码清单 7-21　引入依赖

```
module.exports = function(config) {
    config.set({
        plugins: [
            require('./unit-test/mock/middleware.js'),
            "karma-webpack",
            "karma-jasmine",
            "karma-coverage-istanbul-reporter",
            "karma-chrome-launcher"
        ],
        middleware: ['mock'],
    });
}
```

这个 middleware.js 的内容如代码清单 7-22 所示。

代码清单 7-22　middleware.js

```
var urlParser = require("url");
function mockFactory(config) {
    return function (req, res, next) {
        var parsedUrl = urlParser.parse(req.url);
        if(parsedUrl.pathname === "/register/hasUser"){
            var data = {"data":{"isUser":true}, "status":{"msg": "success", "code":0}};
            res.setHeader("Content-Type", "text/json");
            res.end(JSON.stringify(data));
        } else {
            // 如果不是需要 mock 的 url 则使用默认处理
            next();
        }
    };
};
module.exports = {
    'middleware:mock': ['factory', mockFactory]
};
```

在 mockFactory 里面返回一个函数，这个函数就是 Node.js 服务的响应函数，在这个响应函数里检查 url 是不是需要 mock 的 url，例如我们需要 mock 的 url 是"/register/hasUser"，返回一个 JSON 数据。如果不是需要 mock 的就调 karma 的默认处理函数。

这个时候重启 karma，就不会报 404 的错误了，并且返回了我们 mock 的数据，如图 7-22 所示。

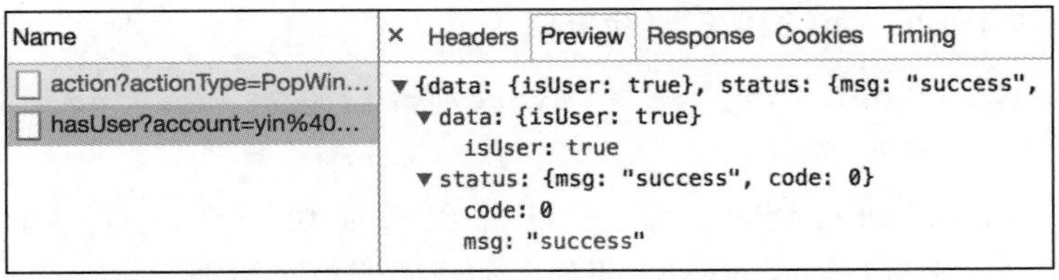

图 7-22 hasUser 接口正常返回数据

然后再回过头来看我们的测试代码，如图 7-23 所示。

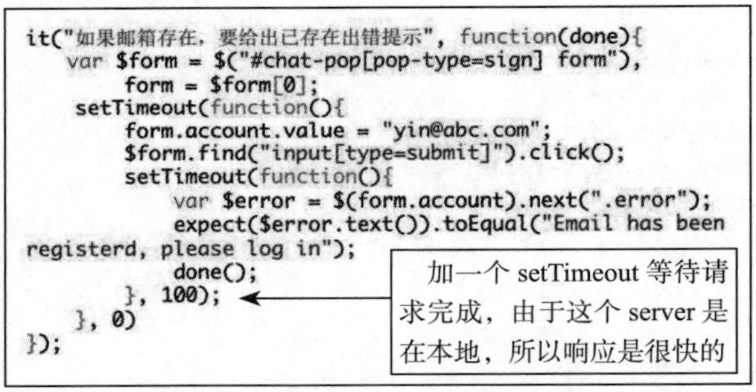

图 7-23 测试需要请求数据的接口

在 click 之后，加了一个 setTimeout，为了等待本地的服务响应了，由于这个服务是在本地的，所以可以认为响应应该是很快的。

现在来看一下写的几个检测，可以看到，都能正常运行并且通过，如图 7-24 所示。

图 7-24 测试通过

然后再比较一下覆盖率，加上检测的之前为图 7-25 所示。

图 7-25 sign-log.js 之前的覆盖率

加上检测后，覆盖率变成如图 7-26 所示。

图 7-26 加上检测后的覆盖率

可以看到 sign-log.js 的覆盖率得到了提高。

现在我们把 mock server 增强一下，因为刚刚那个实在是太简单了。首先应该让它能够支持不同页面的不同函数的不同传参，返回不同的数据，如图 7-27 所示。

```
var allMockUrl = {
    home: {
        "/register/hasUser": function(data){
            if(!data) return null;
            if(data.account === "yin@abc.com"){
                return {"data":{"isUser":true},"status":{"msg":"success","code":0}};
            } else {
                return {"data":{"isUser":false},"status":{"msg":"success","code":0}};
            }
        }
    }
}
```

可以区分不同的页面，不同的 URL，不同的参数值

图 7-27 把 mock 的 url 和返回数据独立出来

然后要能根据 GET/POST 请求去获取参数值，如图 7-28 所示。

```
var urlParser = require("url");
function mockFactory(config) {
    //const mockUrl = config.mockUriStart || "/register";
    return function (req, res, next) {
        //如果不是需要mock的url则返回
        var parsedUrl = urlParser.parse(req.url);
        if(!mockUtil.isMockUrl(parsedUrl.pathname)){
            next();
            return;
        }
        res.setHeader("Content-Type", "text/json");
        var queryData = null;
        if(req.method === "GET"){
            queryData = mockUtil.getUrlQueryData(parsedUrl.query);
            res.end(JSON.stringify(mockUtil.getMockData(parsedUrl.pathname, queryData)));
        } else {
            var queryStr = "";
            req.on("data", function(data){
                queryStr += data;
            });
            req.on("end", function(){
                if(queryStr) queryData = JSON.parse(queryStr);
                res.end(JSON.stringify(mockUtil.getMockData(queryData)));
            });
        }
    }
};
```

需要区分 GET/POST 去获取参数

图 7-28 获取参数值

这样通过一个 sign-log 的 module 就演示了怎么单元测试需要和 DOM 交互和发请求的逻辑，但是对于一些交互比较复杂，可能还不是特别好写，但是可以慢慢摸索。

上面，已经处理了 util/modules/components 这种模块化的测试，但是对于具体页面的逻辑没有模块化的又该怎么处理呢？

具体页面逻辑处理

这种相对来说，会比较封闭，它不像模块那样可以 require 或者 import 进来测试，我能想到的一个方法是改成模块化的方法，如图 7-29 所示的 listing-detail.js。

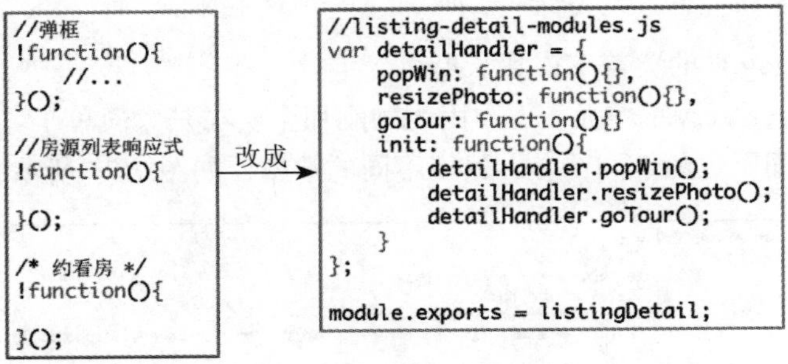

图 7-29 改成模块化的方式

但是改动老代码需要慎重。

然后正常的页面 js 就可以 require 进来，而 test 的 js 也可以 require 进来测试，如代码清单 7-23 所示。

代码清单 7-23 改造后的驱动代码

```
// 正常的 listing-detail.js
var detailHandler = require("listing-detail-modules");
detailHandler.init();

//listing-detail-test.js
var detailHandler = require("listing-detail-modules");
// 测试弹框 popWin
detailHandler.popWin();
```

讲完单元测试，再来讲自动化测试。

自动化测试

自动化测试一般用 E2E 测试，即端到端测试。它的工具也有几种，如图 7-30 所示。

我们使用 Protractor，因为它提供了一些方便的操控浏览器的 API 以及断言库。

首先安装 protractor：

```
npm install -g protractor
```

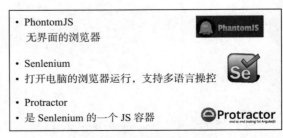

图 7-30 自动化测试工具

```
webdriver-manager update
webdriver-manager start
```

然后写一个 conf.js，如代码清单 7-24 所示。

代码清单 7-24　config.js

```
exports.config = {
    seleniumAddress: 'http://localhost:4444/wd/hub',
    specs: ['test-spec.js']
};
```

接着写一个 test-spec.js，如代码清单 7-25 所示。

代码清单 7-25　自动化测试代码

```
describe("site", function(){
    it(" 登录框正常使用 ", function(){
        browser.waitForAngularEnabled(false);
        browser.get("https://test.com");
        expect(browser.getTitle()).toEqual("Search Listings in Las Vegas - tes");
        $$("nav .sign-icon + li.sign-in").click();
        expect($$(".sign-log").count()).toEqual(1);
        $$(".sign-log input[name=account]").sendKeys("yin@abc.com");
        $$(".sign-log input[name=password]").sendKeys("3345983893");
        $$(".sign-log input[type=submit]").click();
        browser.driver.sleep(1000);
        expect($$(".sign-log").count()).toEqual(0);
    });
});
```

我们测试登录框能否正常使用，先调 browser.get 打开一个网页，在 load 完成之后会继续执行下面的逻辑：先单击导航的 sign-in 弹出登录框，然后往两个输入框填入账号密码，再点提交按钮，让浏览器等待 1s，最后检测弹框是否消失了。因为注册完会刷新页面。

然后运行 protractor start，它就会打开浏览器，自动打开网页，按照我们的设定一步步执行。

开始写测试

首先来看一下我们现在的工程目录是怎么样的，如图 7-31 所示。

我们的单元测试使用 karma + jasmine + webpack，要尽可能地提高覆盖率，并且测试要尽可能稳定，理想状态是多个版本迭代还能持续使用，每次上线前或者改完代码后都可以跑一下单元测试。对一些复杂、关键的操作使用自动化测试。

自动化测试写起来比较简单，就是比较烦琐。

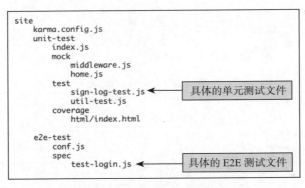

图 7-31　工程目录

问答

1. 什么是测试驱动开发，有什么意义？

答：所谓测试驱动开发就是在开发前先写好测试用例，当开发完成后，测试用例也就都通过了。使用测试驱动开发 TDD 的好处是可以让你很清楚地记住你要开发什么功能，相当于开发前先规划好。

2. 加班上线都来不及，哪里有时间写单元测试？

答：写测试确实会费时间，你可以写一些重要的功能点的单元测试，并且如果你使用框架的话，注意你使用的框架有没有提供配套的单元测试框架，可以让你写单元测试更加便利。

Effective 前端 34：使用 AE + bodymovin 制作网页动画

我们知道，做动画有多种形式，可以用 CSS 的 animation，也可以用 Canvas，或者是用 JS 控制 CSS 的属性形成动画。我们经常使用 CSS 做一些比较简单的动画，像过度、加载的动画，我们在"Effective 前端 13"中已经介绍过。对于一些比较复杂的，可能会做成 gif，或者是用 Canvas，使用 Canvas 的控制粒度可以很细，同时工作量相对也比较大。做动画还有其他的方式，那就是使用 After Effect(AE)/Flash/Premiere(Pr)/ 会声会影等视频软件，这种可视化的制作方式相对于直接写代码来说，会更简单自然。做动画本身应该使用工具进行制作，但是这种视频软件做出来的动画最后都是生成视频文件，并且通常体积还很大，没有办法直接移植到网页上去。

然而好消息是，现在我们可以使用 AE 做动画，然后使用 bodymovin 插件导出成 HTML 文件进行播放。AE 是 Adobe 推出的一个很出名的视频后期处理软件，有些电影就是用 AE 做的，如变形金刚，还有人把 AE 当成加强版 PS 使用。也就是说假如我们可以用 AE 做出一些电影级别的效果，然后用 HTML 播放，那是一件多么酷炫的事情。

安装 bodymovin

bodymovin 是一个 AE 的一个开源的第三方扩展，可以在它的 github 上面下载这个插件。然后再安装一个 ZXPInstaller 来安装这个文件，然后重启 AE 就可以了，当然前提是你要安装一个 AE。它支持 AE CC 版本：

After Effects CC 2017, CC 2015.3, CC 2015, CC 2014

安装完之后，单击 AE 的菜单 Window -> Extensions -> Bodymovin 就会弹出一个窗口，如图 7-32 所示。

图 7-32　bodymovin 的界面

使用 AE 制作动画

我相信很多人都没有玩过 AE，所以这里我简单地介绍一下。首先新建一个工程（project），然后新建一个合成（composition），选择 1080p/29fps，时长为 10s，它就会创建一个 10s 的合成。如图 7-33 所示时间轴面板的显示。

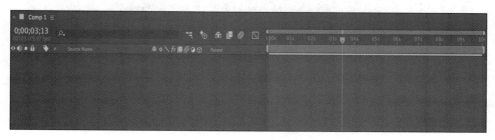

图 7-33　AE 的时间轴面板

这个时间轴将会是频繁操作的地方。单击文字工具，在上方的预览窗口选中一个位置单击创建文字，然后把它拖到窗口外面，因为我们准备做一个文字从外面进来的动画，所以刚开始它是在外面的。把图 7-33 右边的蓝色竖线表示的时间线拖到 0s 的位置，然后在左边的文字图层的 Position 属性打一个关键帧，如图 7-34 所示。

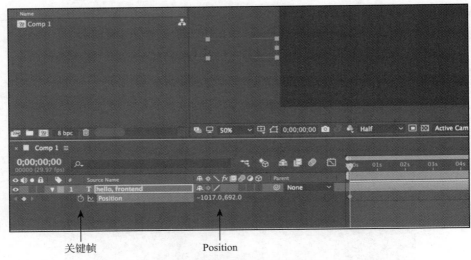

图 7-34　添加一个关键帧

然后把时间线挪到 3s 的位置，改变文字的 Position，把它挪到窗口的中间，这个时候 AE 会自动在时间线的位置打一个关键帧，如图 7-35 所示。

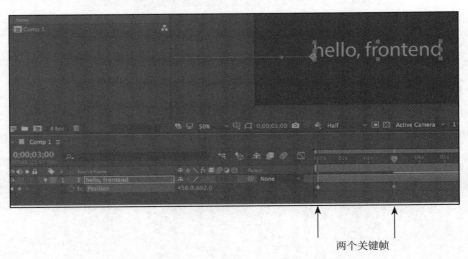

图 7-35　插入第二个关键帧

然后按一下空格键进行预览，预览窗口就会播放起了我们刚刚设定的动画，如图 7-36 所示。

你会发现，这个过程不是和 CSS 的 keyframe 动画一样的吗？没错！动画的原理都是一样，通过设定关键帧制作动画。现在来比较一下用 AE 和用 CSS/Canvas 做这个动画的区别。

图 7-36 动画效果示意

关键帧动画

现在用 CSS 做这个动画,如代码清单 7-26 所示。

代码清单 7-26　CSS 的关键帧动画

```
<style>
.text{
    animation: move 3s linear infinite;
}

@keyframes move{
    from{
        transform: translateX(-320px);
    }
    to{
        transform: translateX(100px);
    }
}
</style>
<div class="container">
    <p class="text">Hello, frontend</p>
</div>
```

我们给 animation 添加一个动画,这个动画有两个关键帧,分别在 0% 和 100% 的位置,需要变化的是 transform 的属性。这段代码在浏览器运行,就会有刚刚用 AE 做的动画的效果了。如果用 Canvas 呢,应该怎么实现呢?如代码清单 7-27 所示。

代码清单 7-27　Canvas 动画

```
<canvas id="text-move" width="600" height="400"></canvas>
<script>
!function(){
    window.requestAnimationFrame(draw);
    var canvas = document.querySelector("#text-move"),
        ctx = canvas.getContext("2d");
    function draw(){
        // 计算文字 position
        var textPosition = getPosition();
        drawText();
```

```
        window.requestAnimationFrame(draw);
    }
}();
```

这个是 Canvas 动画的基本框架，先注册 requestAnimationFrame 的 draw 函数，使得浏览器在重新绘制屏幕时会先调用一下这个函数，理想情况下 1s 会绘制 60 幅图片，也就是说 1s 为 60 帧即 60fps。

上面代码最关键的地方是在于计算文字位置 position，同样地，也是要先设定初始位置和终点位置还有动画时间，从而知道移动的速度 v，即每 1s 多少距离，记录一个动画开始时间，然后在每次 draw 的时候用 Date.now() 获取当前时间减掉开始时间，就得到时间 t，然后用 $v*t$ 就可以得到位移。这就是用 Canvas 做动画的基本原理，我们看到，用 Canvas 需要自己实现一个关键帧系统。

从抽象级别来看的话，AE > CSS >> Canvas，使用 AE 我只需要拖一拖，然后打上几个关键帧，而使用 CSS，我需要把我的操作写成代码，而使用 Canvas 我需要从 0 开始一点一点去控制，当然你可以使用一些动画和游戏的引擎提高效率。所以如果有一个可视化界面让你去完成一些复杂的操作，和让你一行一行去写代码的方式选择的话，我想大部分人应该会选择前者。当然这两者的区别不仅仅是操作上的简便性，使用 AE 借用插件还可以快速地制作出一些复杂的效果。

bodymovin 小试牛刀

刚刚已经用 AE 做了一个最简单的动画，现在用 bodymovin 把它导出来。打开 bodymovin，选中合成，选择输出路径，如图 7-37 所示。

图 7-37　bodymovin 输入输出设置

然后单击 Render，完成后它会输出一个 JSON 文件，打开这个导出的文件：

```
{"v":"4.10.1"  ,"fr":29.9700012207031,"ip":0,"op":95.0000038694293,"w":1920,"h":1080,"nm":"Comp 1"  ,"ddd":0,"assets":[],"fonts":{"list":[{"origin":0,"fPath":"","fClass":"","fFamily":"Myriad Pro","fWeight":"","fStyle":"Regular","fName":"MyriadPro-Regular","ascent":70.9991455078125}]},"layers":[{"ddd":0,"ind":1,"ty":5,"nm":"hello, frontend","sr":1,"ks":{"o":{"a":0,"k":100,"ix":11},"r":{"a":0,"k":0,"ix":10},"p":{"a":1,"k":[{"i":{"x":0.833,"y":0.833},"o":{"x":0.167,"y":0.167},"n":"0p833_0p833_0p167_0p167”,"t":0,"s":[-1017,692,0],"e":[458,692,0],"to":[245.83332824707,0,0],"ti":[-245.83332824707,0,0]},{"t":90.0000036657751}],"ix":2},"a":{"a":0,"k":[0,0,0],"ix":1},"s":{"a":0,"k":[100,100,100],"ix":6}},"ao":0,"t":{"d":{"k":[{"s":{"s":164,"f":"MyriadPro-Regular","t":"hello, frontend","j":0,"tr":0,"lh":196.8,"ls":0,"fc":[0,0.64,1]},"t":0}]},"p":{},"m":{"g":1,"a":{"a":0,"k":[0,0],"ix":2}},"a":[]},"ip":0,"op":300.00001221925,"st":0,"bm":0}]}
```

这个文件记录了所有动画的过程，如上加粗字体是我们刚刚打的两个关键帧的位置。然后安装一下 bodymovin 的 JS 引擎，可以在 github 上面下载 bodymovin.js 或者是 npm install 一下：

```
npm install bodymovin
```

然后就可以使用 bodymovin 了，如代码清单 7-28 所示。

代码清单 7-28　引入 bodymovin.js

```html
<!DOCType html>
<html>
<head>
    <meta charset="utf-8">
</head>
<body>
    <div id="animation-container" style="width:100%"></div>
    <script src="node_modules/bodymovin/build/player/bodymovin.js">
     </script>
    <script src="index.js"></script>
</body>
</html>
```

index.js 如代码清单 7-29 所示。

代码清单 7-29　驱动代码

```js
var animation = bodymovin.loadAnimation({
    container: document.getElementById('animation-container'),
    renderer: 'canvas', //svg、html
    loop: true,
    autoplay: true,
    path: 'data.json'
})
```

调用它的 loadAnimation 的 API，传几个参数，它支持 Canvas、svg、HTML 三种形式，也就是说它可以用 Canvas 做动画，也可以用 svg 和 HTML，其中 Canvas 的性能最高，但是 Canvas 有很多效果不支持。data.json 的位置通过 path 告诉它。所有的动画就通过改变 path 指向的 data.json 文件区分，而其他的参数不用变。也就是说所有的动画内容和效果都是通过 data.json 控制的。

现在在浏览器上面运行一下，你会发现报了一个错，如图 7-38 所示。

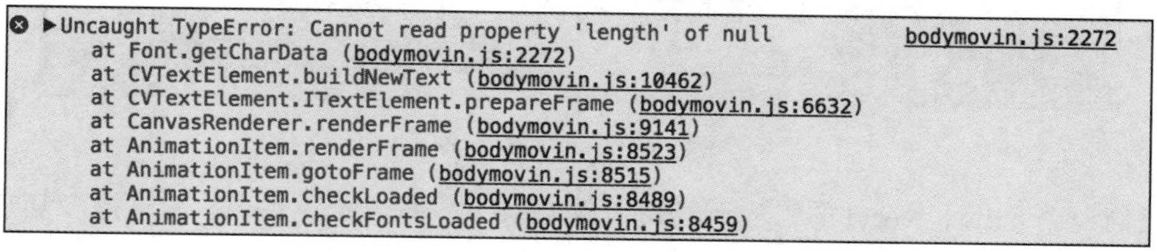

图 7-38　bodymovin 的 bug

后来发现这个错误是因为文字的原因，如果是用 Canvas 的方式要把文字导成 svg 的形式，而不是一个纯文本然后通过设置 font-family，这个可以在 bodymovin 里面进行设置，如图 7-39 所示。

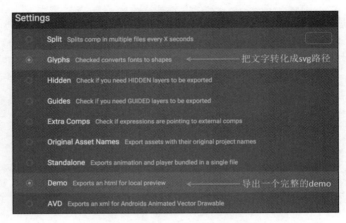

图 7-39 bodymovin 的导出设置

还可以直接导出一个完整的 demo，直接打开 HTML 就可以运行，这样比较方便。效果如图 7-40 所示。

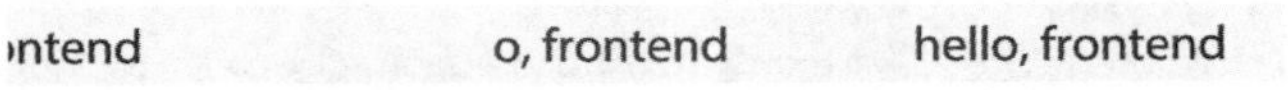

图 7-40 bodymovin 导出的 HTML 动画效果

并且我们发现，它的大小和位移都是相对于容器的，当你把窗口拉小，它也会跟着变小。当使用 svg 的时候，它是用 JS 控制 svg path 标签的 transform，如图 7-41 所示。

```
▼<g clip-path="url(#animationMask_EDWMg3PtHv)">
  ▼<g fill="rgb(0,163,255)" font-size="164" font-family="Myriad Pro" font-style=
  "normal" font-weight="400" transform="matrix(1,0,0,1,-238.71859733755753,692)"
  opacity="1">
```

图 7-41 控制 transform 做动画

当使用 HTML 时，它是控制 CSS 的 transform，如图 7-42 所示。

```
▶<div style="position: absolute; top: 0px; left: 0px; display: block;
transform-origin: 0px 0px 0px; backface-visibility: visible; transform-
style: preserve-3d; fill: rgb(0, 163, 255); color: rgb(0, 163, 255);
transform: matrix3d(1, 0, 0, 0, 0, 1, 0, 0, 0, 0, 1, 0, -394.32, 692, 0, 1);
opacity: 1;">…</div> == $0
```

图 7-42 改变 CSS 的 transform

我们一个 hello，world 的工程已经可以跑起来了，那么 bodymovin 能支持多复杂的动画呢？

AE 的摄像机

用 AE 做动画的时候经常会用到 AE 的摄像机图层，所谓摄像机就是一个视角，默认情况下这台摄像机是从正前方中间拍过去的，我们可以改变这台摄像机的位置，如把摄像机往前推那么内容就会放大，把摄像机往左右移动，那么看到的内容就会发生倾斜，它有很多仿摄像机的参数可以控制，如图 7-43 所示。

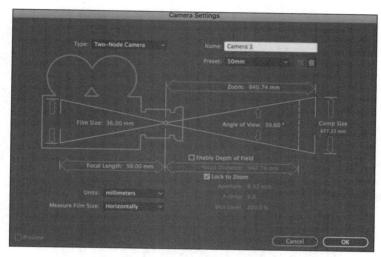

图 7-43　AE 的摄像机配置

摄像机属性都可以通过打关键帧做动画，现在我们加上摄像机做 3D 的动画。做完后，如果还用 Canvas 的话，它会提示你不能使用 Canvas，因为它不支持 WebGL 转换，如图 7-44 所示。

```
▶Uncaught Error: You're using a 3d camera. Try the html renderer.
    at CanvasRenderer.BaseRenderer.createCamera (bodymovin.js:4753)
    at CanvasRenderer.BaseRenderer.createItem (bodymovin.js:4745)
    at CanvasRenderer.buildItem (bodymovin.js:9161)
    at CanvasRenderer.BaseRenderer.buildAllItems (bodymovin.js:4759)
    at CanvasRenderer.BaseRenderer.initItems (bodymovin.js:4786)
    at AnimationItem.checkLoaded (bodymovin.js:8484)
    at AnimationItem.checkFontsLoaded (bodymovin.js:8459)
    at AnimationItem.waitForFontsLoaded (bodymovin.js:8466)
    at AnimationItem.configAnimation (bodymovin.js:8447)
    at XMLHttpRequest.xhr.onreadystatechange (bodymovin.js:8289)
```

图 7-44　不能使用 Canvas 播放导出的 3D 动画

提示说使用了一个 3D camera，尝试使用 html renderer，这里要改成 HTML。最后的效果如图 7-45 所示。

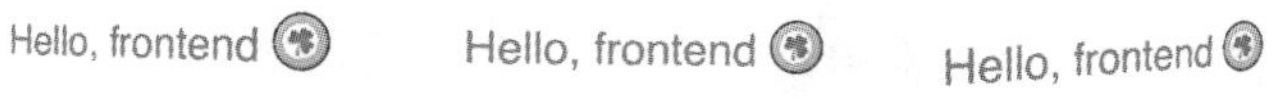

图 7-45　导出的 3D 动画

通过检查,可以看到摄像机也是用 transform 的 matrix 控制的。

然后我们再继续做复杂的动画。

复杂动画

在所有特效里面,笔者最喜欢的是粒子效果,这种效果也是电影里面经常用到的特效,如冰雪女王的冰雪魔法,如图 7-46 所示。

图 7-46　粒子效果

还有文字的粒子效果,如图 7-47 所示。

图 7-47　文字的粒子效果

但是这种效果我试了一下没有办法导出来,这种效果本身就比较复杂,渲染起来比较耗时,在 HTML 实时播放也不太现实。

还有有时候会报一些奇怪的错误,最常报的一个错误是这个:

`bodymovin.js:9249 Uncaught TypeError: this.addTo3dContainer is not a function`

可能是使用了一些特定效果,触发了它的 bug。

但是不要沮丧,我们还是可以导出一些复杂的效果的,做动画这种关键还是在于 idea。例如可以做一个装饰的小动画,如图 7-48 所示。

图 7-48　一个装饰动画示意

还可以做一个相册视频,效果如图 7-49 所示。

图 7-49　相册视频效果示意

从 Chrome 的任务管理器可以看到这个相册视频 svg 动画还是很耗 CPU 的，但是你开一个视频播放器也同样挺消耗 CPU 资源的。

不管怎么样，bodymovin 提供了另外一种做网页动画的全新方式，摆脱那种纯代码控制的黑暗，甚至你都不用学 Canvas 和 WebGL，也可以做出很酷炫的动画。但是由于 AE 做的是纯动画，这种方式能够提供参数控制吗？例如我做一个愤怒的小鸟，我得通过拉弓的方向和力度以及小鸟的重量去计算它的轨迹。答案是可以的，可以动态地改变生成的数据，从而达到参数控制的目的，网上有一些 demo 能够随着鼠标的移动而改变动画的方向。

bodymovin 还支持转成 iOS/Android 代码，我感觉这个东西还在初级发展阶段，网上也没有很多关于这个的介绍。但是随着它的认可度提升，发展越来越好，说不定以后能够支持更多的特效，甚至可以提供参数支持。

问答

有没有其他类似的可以导出 HTML 动画的工具？

答：有的，Flash 的 Animate CC 也可以导出 HTML 动画，在使用这些工具之前，你要有做动画的概念，还要知道怎么使用这些软件，这可以通过一些视频教程实现。

本章小结

本章主要介绍了两个工具，一个用于单元测试，另一个用于做动画。工具的使用是为了提供便利以及提高效率，其他比较常用的工具还有做代码规范检查的 ESLinit/CSSLint、查询兼容性的 caniuse、压缩图片的 tinypng、写 CSS 的 Sass 等等。

当然，不要以为会用几个工具就很了不起了，真正了不起的应该是发明工具让别人使用。

推荐阅读

华章前端经典

推荐阅读

架构即未来：现代企业可扩展的Web架构、流程和组织（原书第2版）

作者：马丁 L. 阿伯特 等　ISBN：978-7-111-53264-4　定价：99.00元

互联网技术管理与架构设计的"孙子兵法"

跨越横亘在当代商业增长和企业IT系统架构之间的鸿沟

有胆识的商业高层人士必读经典

李大学、余晨、唐毅 亲笔作序　涂子沛、段念、唐彬等 联合力荐

任何一个持续成长的公司最终都需要解决系统、组织和流程的扩展性问题。本书汇聚了作者从eBay、VISA、Salesforce.com到Apple超过30年的丰富经验，全面阐释了经过验证的信息技术扩展方法，对所需要掌握的产品和服务的平滑扩展做了详尽的论述，并在第1版的基础上更新了扩展的策略、技术和案例。

针对技术和非技术的决策者，马丁·阿伯特和迈克尔·费舍尔详尽地介绍了影响扩展性的各个方面，包括架构、过程、组织和技术。通过阅读本书，你可以学习到以最大化敏捷性和扩展性来优化组织机构的新策略，以及对云计算（IaaS/PaaS）、NoSQL、DevOps和业务指标等的新见解。而且利用其中的工具和建议，你可以系统化地清除扩展性道路上的障碍，在技术和业务上取得前所未有的成功。

推荐阅读

系统架构：复杂系统的产品设计与开发

作者：[美] 爱德华·克劳利 等　ISBN: 978-7-111-55143-0　定价：119.00元

本书由系统架构领域3位领军人物亲笔撰写，系统架构领域资深专家Norman R. Augustine作序推荐，Amazon全五星评价。

阐述了架构思维的强大之处，目标是帮助系统架构师规划并引领系统开发过程中的早期概念性阶段，为整个开发、部署、运营及演变的过程提供支持。

架构真经：互联网技术架构的设计原则（原书第2版）

作者：[美] 马丁 L. 阿伯特 等　ISBN: 978-7-111-56388-4　定价：79.00元

本书系统阐释50条支持企业高速增长的有效而且易用的架构原则，将技术架构和商业实践完美地结合在一起，可以帮助互联网企业的工程师快速找到解决问题的方向。

多位业内专家联袂力荐。

软件架构

作者：[法] 穆拉德·沙巴纳·奥萨拉赫　ISBN: 978-7-111-54264-3　定价：59.00元

从软件架构的概念、发展和最常见的架构范式入手，详细介绍20年来软件架构领域取得的研究成果；

全面讲解软件架构的知识、工具和应用，涵盖复杂分布式系统开发、服务复合和自适应软件系统等当今最炙手可热的主题。

DevOps：软件架构师行动指南

作者：[澳] 伦恩·拜斯 等　ISBN: 978-7-111-56261-0　定价：69.00元

本书从软件架构师视角讲解了引入DevOps实践所需要掌握的技术能力，涵盖了运维、部署流水线、监控、安全与审计以及质量关注。

通过3个经典案例研究，讲解了在不同场景下应用DevOps实践的方法，这对于想应用DevOps实践的组织具有切实的指导意义。